자기주도학습 체크리스트

- 선생님의 친절한 강의로 여러분의 예습·복습을 도와 드릴게요.
- 공부를 마친 후에 확인란에 체크하면서 스스로를 칭찬해 주세요.
- 강의를 듣는 데에는 30분이면 충분합니다.

날짜	강의명		확인
	강		
	강		
	강		
	강		
	강		
	강		
	강		
	강		
	강		
	강		
	강		
	강		
	강		
	강		
	강		
	강		
	강		
	강		
	강		
	강		
	강		
	강		
	강		
	강		

날짜	강의명		확인
	강		
	강		
	강		
	강		
	강		
	강		
	강		
	강		
	강		
	강		
	강		
	강		
	강		
	강		
	강		
	강		
	강		
	강		
	강		
	강		
	강		
	강		
	강		
	강		

자기주도학습 체크리스트로 공부의 기쁨이 차곡차곡 쌓일 것입니다.

EBS 초등

인터넷·모바일·TV
무료 강의 제공

초 | 등 | 부 | 터 EBS

만점왕

수학 3-1

예습, 복습, 숙제까지 해결되는
교과서 완전 학습서

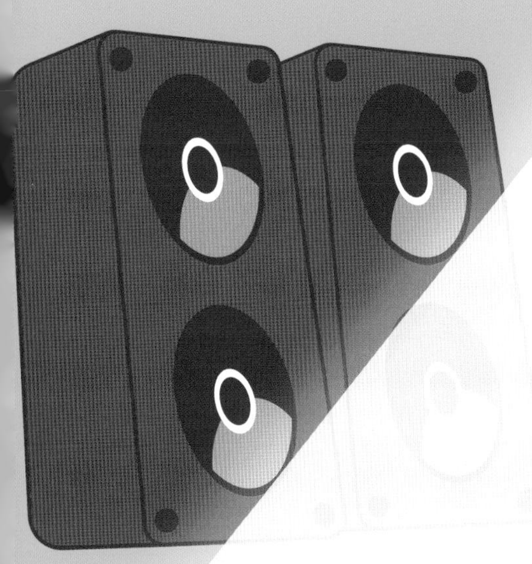

BOOK 1
개념책

BOOK 1

개념책

BOOK 1 개념책으로
교과서에 담긴 **학습 개념**을
꼼꼼하게 공부하세요!

수학 3-1

이 책의 **구성과 특징**

BOOK 1 개념책

단원 도입

단원을 시작할 때마다 도입 그림을 눈으로 확인하며 안내 글을 읽으면, 공부할 내용에 대해 흥미를 갖게 됩니다.

교과서 개념 배우기

본격적인 학습에 돌입하는 단계입니다. 자세한 개념 설명과 그림으로 제시한 예시를 통해 핵심 개념을 분명하게 파악할 수 있습니다.

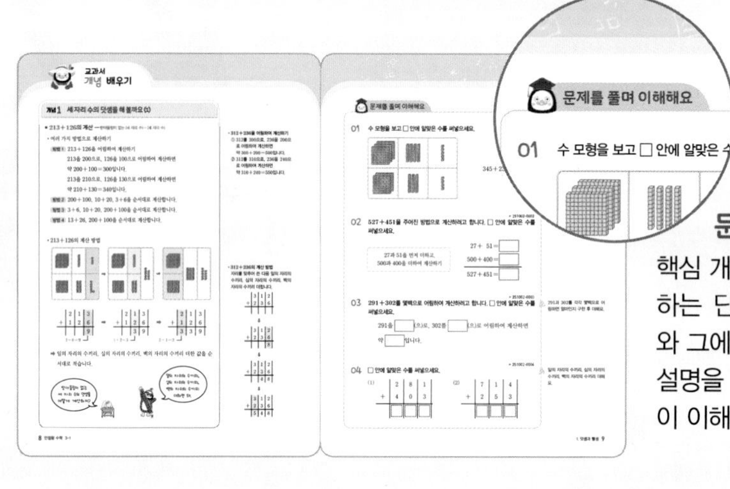

문제를 풀며 이해해요

핵심 개념을 심층적으로 학습하는 단계입니다. 개념 문제와 그에 대한 출제 의도, 보조 설명을 통해 개념을 보다 깊이 이해할 수 있습니다.

교과서 문제 해결하기

교과서 핵심 집중 탐구로 공부한 내용을 문제를 통해 하나하나 꼼꼼하게 살펴보며 교과서에 담긴 내용을 빈틈없이 학습할 수 있습니다.

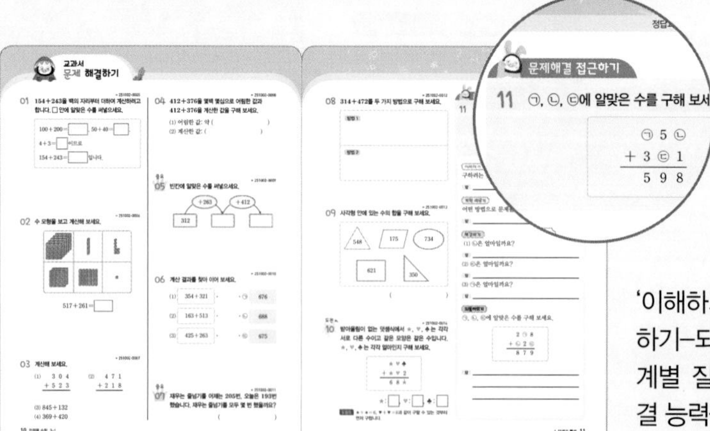

문제해결 접근하기

'이해하기–계획 세우기–해결하기–되돌아보기' 4단계의 단계별 질문에 답하며 문제 해결 능력을 기를 수 있습니다.

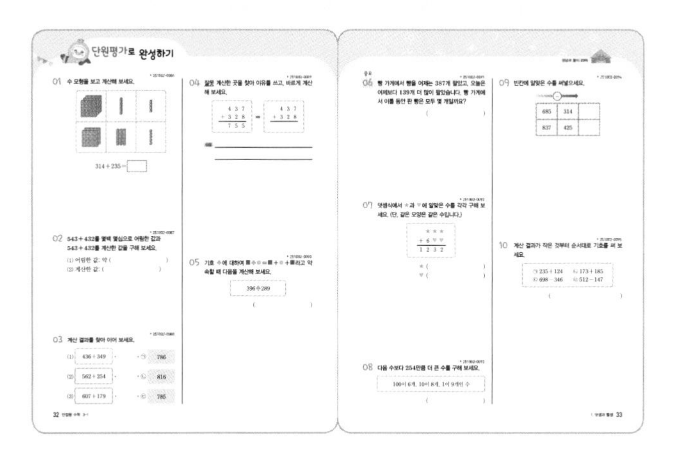

단원평가로 완성하기

평가를 통해 단원 학습을 마무리하고, 자신이 보완해야 할 점을 파악할 수 있습니다.

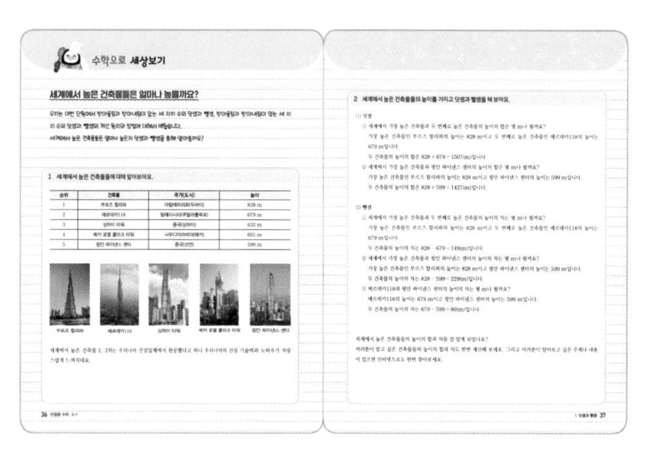

수학으로 세상보기

실생활 속 수학 이야기와 활동을 통해 단원에서 학습한 개념을 다양한 상황에 적용하고 수학에 대한 흥미를 키울 수 있습니다.

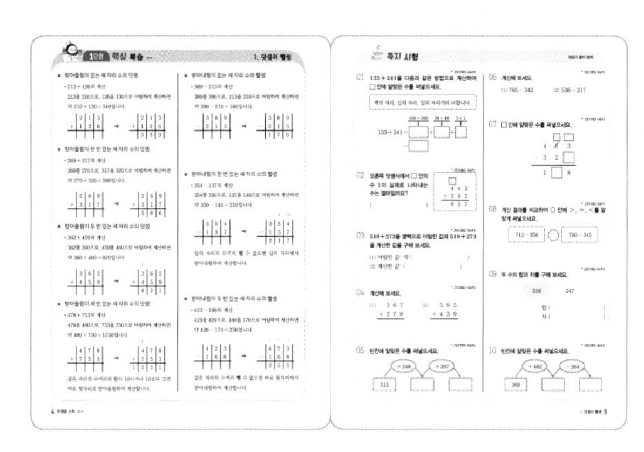

핵심 복습 + 쪽지 시험

핵심 정리를 통해 학습한 내용을 복습하고, 간단한 쪽지 시험을 통해 자신의 학습 상태를 확인할 수 있습니다.

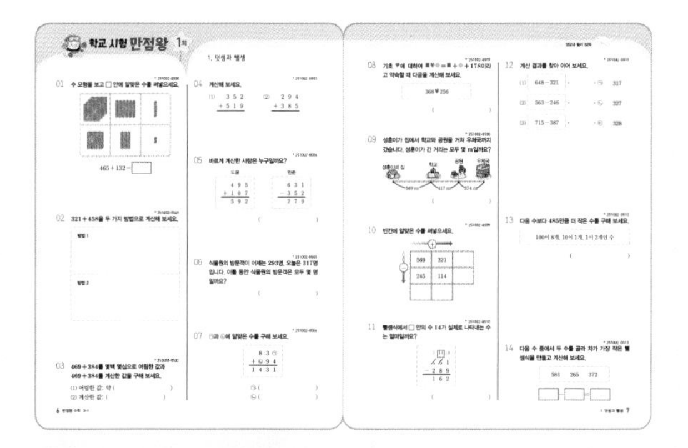

학교 시험 만점왕

앞서 학습한 내용을 바탕으로 보다 다양한 문제를 경험하며 단원별 평가를 대비할 수 있습니다.

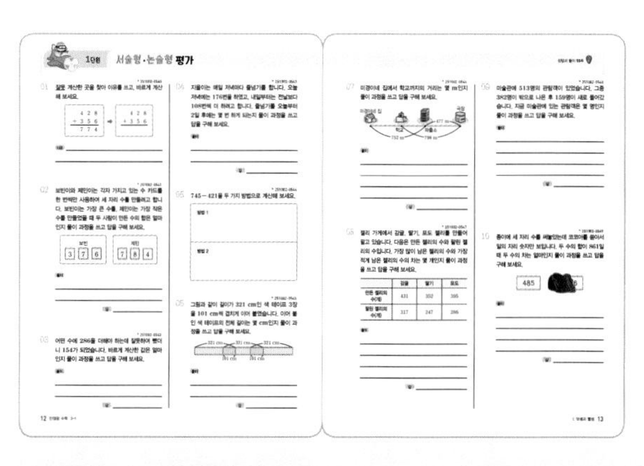

서술형·논술형 평가

단원의 주요 개념과 관련된 서술형 문항을 심층적으로 학습하는 단계로, 강화될 서술형 평가에 대비할 수 있습니다.

자기주도 활용 방법

BOOK
1
개념책

평상 시 진도 공부는

교재(북1 개념책)로 공부하기

만점왕 북1 개념책으로 진도에 따라 공부해 보세요.
개념책에는 학습 개념이 자세히 설명되어 있어요.
따라서 학교 진도에 맞춰 만점왕을 풀어 보면
혼자서도 쉽게 공부할 수 있습니다.

TV(인터넷) 강의로 공부하기

개념책으로 혼자 공부했는데, 잘 모르는 부분이 있나요?
더 알고 싶은 부분도 있다고요?
만점왕 강의가 있으니 걱정 마세요.
만점왕 강의는 TV를 통해 방송됩니다.
방송 강의를 보지 못했거나 다시 듣고 싶은 부분이 있다면
인터넷(EBS 초등사이트)을 이용하면 됩니다.

이 부분은
잘 모르겠으니
인터넷으로 다시
봐야겠어.

만점왕 방송 시간: EBS홈페이지 편성표 참조
EBS 초등사이트: primary.ebs.co.kr

시험 대비 공부는 북2 실전책으로! (북2 2쪽 자기주도 활용 방법을 읽어 보세요.)

이 책의 **차례**

1	덧셈과 뺄셈	6
2	평면도형	38
3	나눗셈	58
4	곱셈	78
5	길이와 시간	106
6	분수와 소수	130

BOOK 1 개념책

인공지능 DANCHOQ 푸리봇 문|제|검|색

EBS 초등사이트와 **EBS 초등 APP** 하단의 **AI 학습도우미 푸리봇**을 통해 문항코드를 검색하면 푸리봇이 해당 문제의 해설 강의를 찾아 줍니다.

[251002-0001]

1. 아래 그래프를 이해한 내용으로 가장 적절한 것은?

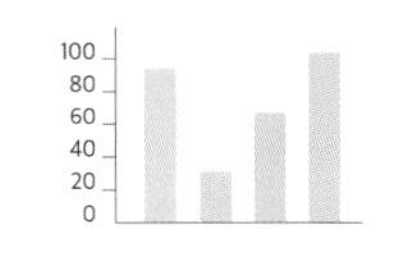

251002-0001

1

덧셈과 뺄셈

미경이네 가족은 주말에 식물원에 갔어요. 식물원에 열대식물은 323종, 식충식물은 370종이 있다고 해요. 열대식물과 식충식물은 모두 몇 종이 있는지 덧셈으로 알아볼 수 있고, 열대식물과 식충식물 중 어느 것이 몇 종 더 많은지 뺄셈으로 알아볼 수 있어요.

이번 1단원에서는 세 자리 수의 덧셈과 뺄셈에 대해서 배울 거예요.

단원 학습 목표

1. 받아올림이 없는 세 자리 수의 덧셈의 계산 원리를 이해하고 그 계산을 할 수 있습니다.
2. 받아올림이 한 번, 두 번, 세 번 있는 세 자리 수의 덧셈의 계산 원리를 이해하고 그 계산을 할 수 있습니다.
3. 받아내림이 없는 세 자리 수의 뺄셈의 계산 원리를 이해하고 그 계산을 할 수 있습니다.
4. 받아내림이 한 번, 두 번 있는 세 자리 수의 뺄셈의 계산 원리를 이해하고 그 계산을 할 수 있습니다.
5. 세 자리 수의 덧셈과 뺄셈의 계산 결과를 어림하고 그 값을 확인할 수 있습니다.

단원 진도 체크

회차	학습 내용		진도 체크
1차	교과서 개념 배우기 + 문제 해결하기	**개념 1** 세 자리 수의 덧셈을 해 볼까요(1)	✓
2차	교과서 개념 배우기 + 문제 해결하기	**개념 2** 세 자리 수의 덧셈을 해 볼까요(2)	✓
3차	교과서 개념 배우기 + 문제 해결하기	**개념 3** 세 자리 수의 덧셈을 해 볼까요(3)	✓
4차	교과서 개념 배우기 + 문제 해결하기	**개념 4** 세 자리 수의 뺄셈을 해 볼까요(1)	✓
5차	교과서 개념 배우기 + 문제 해결하기	**개념 5** 세 자리 수의 뺄셈을 해 볼까요(2)	✓
6차	교과서 개념 배우기 + 문제 해결하기	**개념 6** 세 자리 수의 뺄셈을 해 볼까요(3)	✓
7차	단원평가로 완성하기		✓
8차	수학으로 세상보기		

해당 부분을 공부하고 나서 ✓표를 하세요.

OO 식물원
열대식물
323종
난·온대식물
64종
식충식물
370종
기타수목류
830종

교과서 개념 배우기

개념 1 세 자리 수의 덧셈을 해 볼까요 (1)

■ **213＋126의 계산** — 받아올림이 없는 (세 자리 수)＋(세 자리 수)

• 여러 가지 방법으로 계산하기

방법 1 213＋126을 어림하여 계산하기

213을 200으로, 126을 100으로 어림하여 계산하면
약 200＋100＝300입니다.
213을 210으로, 126을 130으로 어림하여 계산하면
약 210＋130＝340입니다.

방법 2 200＋100, 10＋20, 3＋6을 순서대로 계산합니다.

방법 3 3＋6, 10＋20, 200＋100을 순서대로 계산합니다.

방법 4 13＋26, 200＋100을 순서대로 계산합니다.

• 213＋126의 계산 방법

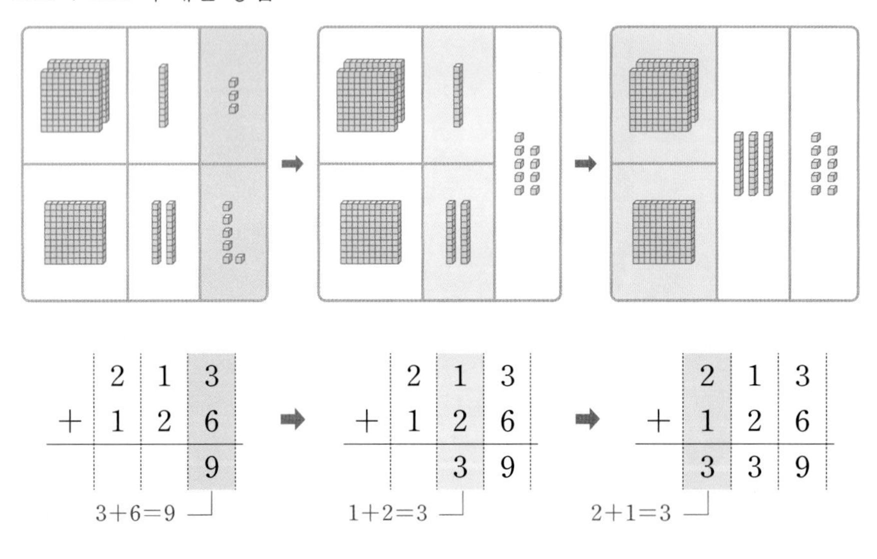

	2	1	3
＋	1	2	6
			9

3＋6＝9

➡

	2	1	3
＋	1	2	6
		3	9

1＋2＝3

➡

	2	1	3
＋	1	2	6
	3	3	9

2＋1＝3

➡ 일의 자리의 수끼리, 십의 자리의 수끼리, 백의 자리의 수끼리 더한 값을 순서대로 적습니다.

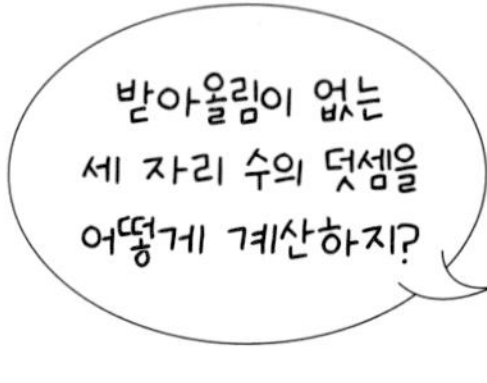
받아올림이 없는
세 자리 수의 덧셈을
어떻게 계산하지?

일의 자리의 수끼리,
십의 자리의 수끼리,
백의 자리의 수끼리
더하면 돼.

• **312＋236을 어림하여 계산하기**

① 312를 300으로, 236을 200으로 어림하여 계산하면
약 300＋200＝500입니다.

② 312를 310으로, 236을 240으로 어림하여 계산하면
약 310＋240＝550입니다.

• **312＋236의 계산 방법**

자리를 맞추어 쓴 다음 일의 자리의 수끼리, 십의 자리의 수끼리, 백의 자리의 수끼리 더합니다.

	3	1	2
＋	2	3	6

⬇

	3	1	2
＋	2	3	6
			8

⬇

	3	1	2
＋	2	3	6
		4	8

⬇

	3	1	2
＋	2	3	6
	5	4	8

문제를 풀며 이해해요

01 수 모형을 보고 □ 안에 알맞은 수를 써넣으세요. ▸ 251002-0001

$345+234=$ □

받아올림이 없는 세 자리 수의 덧셈을 계산할 수 있는지 묻는 문제예요.

백 모형, 십 모형, 일 모형끼리 더하여 수 모형으로 합을 알아보아요.

02 $527+451$을 주어진 방법으로 계산하려고 합니다. □ 안에 알맞은 수를 써넣으세요. ▸ 251002-0002

27과 51을 먼저 더하고,
500과 400을 더하여 계산하기

$27+51=$ □

$500+400=$ □

$527+451=$ □

03 $291+302$를 몇백으로 어림하여 계산하려고 합니다. □ 안에 알맞은 수를 써넣으세요. ▸ 251002-0003

291을 □(으)로, 302를 □(으)로 어림하여 계산하면 약 □입니다.

291과 302를 각각 몇백으로 어림하면 얼마인지 구한 후 더해요.

04 □ 안에 알맞은 수를 써넣으세요. ▸ 251002-0004

(1)

	2	8	1
+	4	0	3
	□	□	□

(2)

	7	1	4
+	2	5	3
	□	□	□

일의 자리의 수끼리, 십의 자리의 수끼리, 백의 자리의 수끼리 더해요.

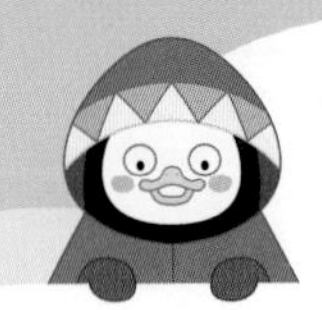

교과서 문제 해결하기

01 $154+243$을 백의 자리부터 더하여 계산하려고 합니다. □ 안에 알맞은 수를 써넣으세요. ▸251002-0005

$100+200=$ □, $50+40=$ □,
$4+3=$ □ 이므로
$154+243=$ □ 입니다.

02 수 모형을 보고 계산해 보세요. ▸251002-0006

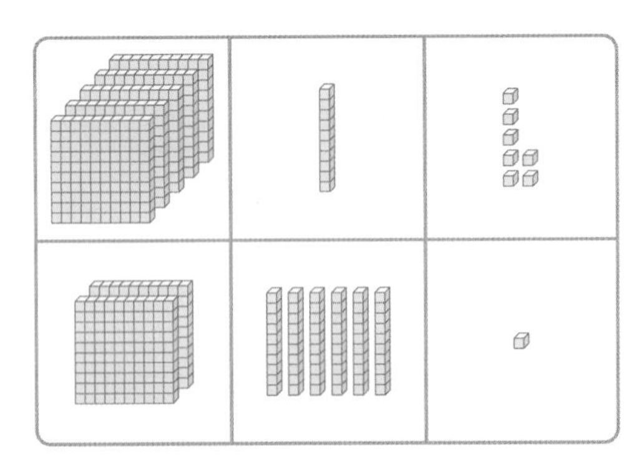

$517+261=$ □

03 계산해 보세요. ▸251002-0007

(1)
$$\begin{array}{r} 3\ 0\ 4 \\ +\ 5\ 2\ 3 \\ \hline \end{array}$$

(2)
$$\begin{array}{r} 4\ 7\ 1 \\ +\ 2\ 1\ 8 \\ \hline \end{array}$$

(3) $845+132$

(4) $369+420$

04 $412+376$을 몇백 몇십으로 어림한 값과 $412+376$을 계산한 값을 구해 보세요. ▸251002-0008

(1) 어림한 값: 약 (　　　　　　)
(2) 계산한 값: (　　　　　　)

중요
05 빈칸에 알맞은 수를 써넣으세요. ▸251002-0009

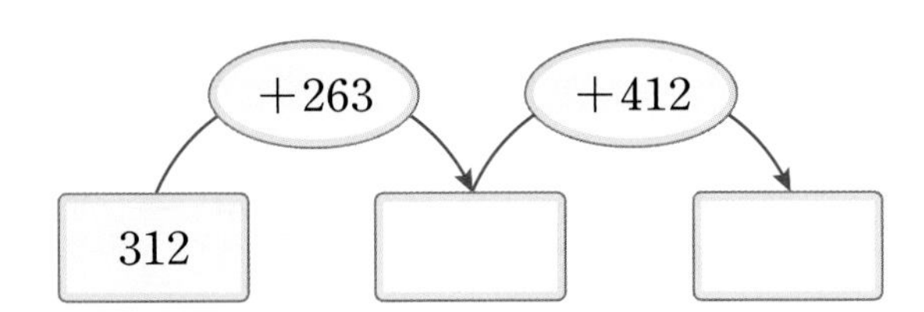

06 계산 결과를 찾아 이어 보세요. ▸251002-0010

(1) $354+321$ •　　　• ㉠ 676
(2) $163+513$ •　　　• ㉡ 688
(3) $425+263$ •　　　• ㉢ 675

중요
07 재우는 줄넘기를 어제는 205번, 오늘은 193번 했습니다. 재우는 줄넘기를 모두 몇 번 했을까요? ▸251002-0011

(　　　　　　)

▸ 251002-0012

08 **314+472를 두 가지 방법으로 구해 보세요.**

▸ 251002-0013

09 **사각형 안에 있는 수의 합을 구해 보세요.**

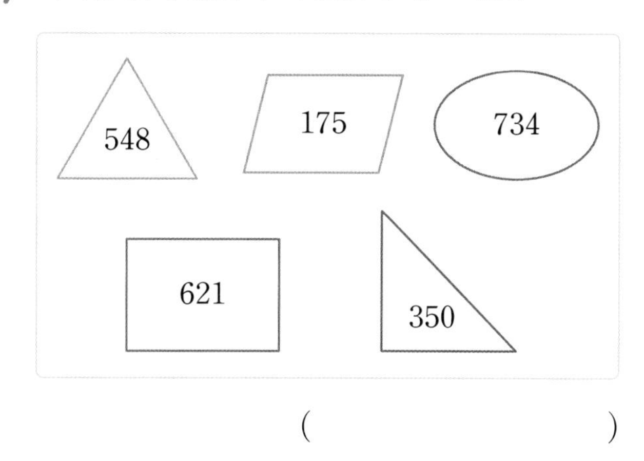

(   )

도전

▸ 251002-0014

10 **받아올림이 없는 덧셈식에서 ★, ♥, ♣는 각각 서로 다른 수이고 같은 모양은 같은 수입니다. ★, ♥, ♣는 각각 얼마인지 구해 보세요.**

	★	♥	♣
+	★	♥	2
	6	8	★

★: ☐, ♥: ☐, ♣: ☐

도움말 ★+★=6, ♥+♥=8과 같이 구할 수 있는 것부터 먼저 구합니다.

문제해결 접근하기

▸ 251002-0015

11 **㉠, ㉡, ㉢에 알맞은 수를 구해 보세요.**

	㉠	5	㉡
+	3	㉢	1
	5	9	8

이해하기

구하려는 것은 무엇인가요?

답 ____________________

계획 세우기

어떤 방법으로 문제를 해결하면 좋을까요?

답 ____________________

해결하기

(1) ㉡은 얼마일까요?

답 ____________________

(2) ㉢은 얼마일까요?

답 ____________________

(3) ㉠은 얼마일까요?

답 ____________________

되돌아보기

㉠, ㉡, ㉢에 알맞은 수를 구해 보세요.

	2	㉠	8
+	㉡	2	㉢
	8	7	9

답 ____________________

개념 2 세 자리 수의 덧셈을 해 볼까요 (2)

■ **269＋317의 계산** — 받아올림이 한 번 있는 (세 자리 수)＋(세 자리 수)

• 269＋317을 어림하여 계산하기

269를 270으로, 317을 320으로 어림하여 계산하면 약 270＋320＝590입니다.

• 269＋317의 계산 방법

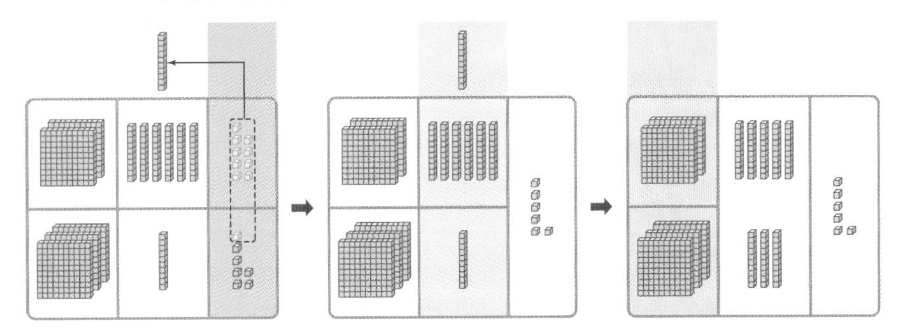

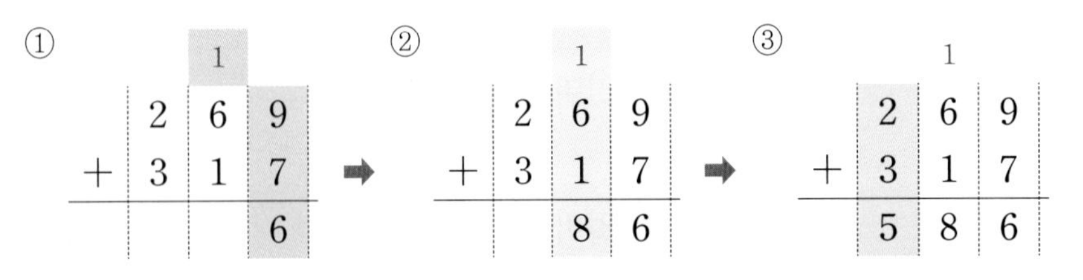

① 일의 자리 계산: 9＋7＝16이므로 6은 일의 자리에 쓰고 10은 십의 자리로 받아올림합니다.

② 십의 자리 계산: 1＋6＋1＝8 (받아올림한 수)

③ 백의 자리 계산: 2＋3＝5

16＝10＋6이니까
6은 일의 자리에 쓰고
10은 십의 자리 위에
작게 1로 써.

십의 자리 위에
작게 쓴 1은
10을 나타내.

• **491＋382를 어림하여 계산하기**

491을 490으로, 382를 380으로 어림하여 계산하면 약 490＋380＝870입니다.

• **491＋382의 계산 방법**

자리를 맞추어 쓴 다음 일의 자리의 수끼리, 십의 자리의 수끼리, 백의 자리의 수끼리 더합니다.

이때 십의 자리의 수끼리의 합이 10이거나 10보다 크면 백의 자리로 받아올림하여 계산합니다.

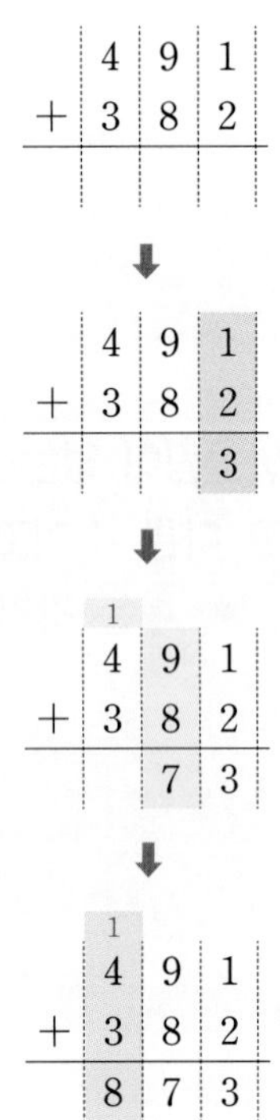

문제를 풀며 이해해요

▸ 251002-0016

01 수 모형을 보고 □ 안에 알맞은 수를 써넣으세요.

(1)

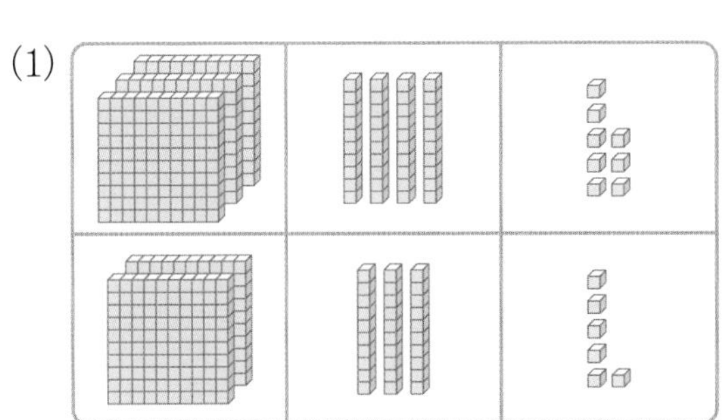

$348+236=$ □

(2)

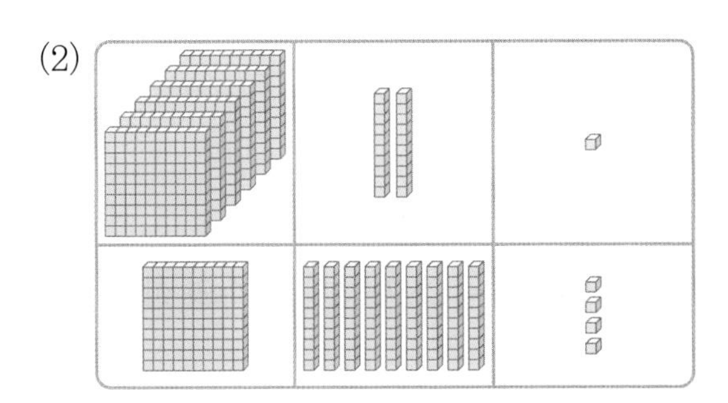

$621+194=$ □

받아올림이 한 번 있는 세 자리 수의 덧셈을 계산할 수 있는지 묻는 문제예요.

일 모형이 10개 모이면 십 모형 1개, 십 모형이 10개 모이면 백 모형 1개가 되는 것을 알도록 해요.

▸ 251002-0017

02 $321+288$을 몇백으로 어림하여 계산하려고 합니다. □ 안에 알맞은 수를 써넣으세요.

321을 □(으)로, 288을 □(으)로 어림하여 계산하면 약 □입니다.

321과 288을 각각 몇백으로 어림하면 얼마인지 구한 후 더해요.

▸ 251002-0018

03 □ 안에 알맞은 수를 써넣으세요.

(1)

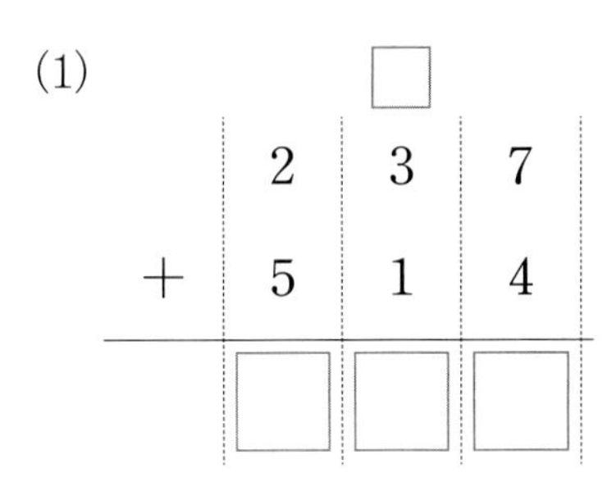

	□		
	2	3	7
+	5	1	4
	□	□	□

(2)

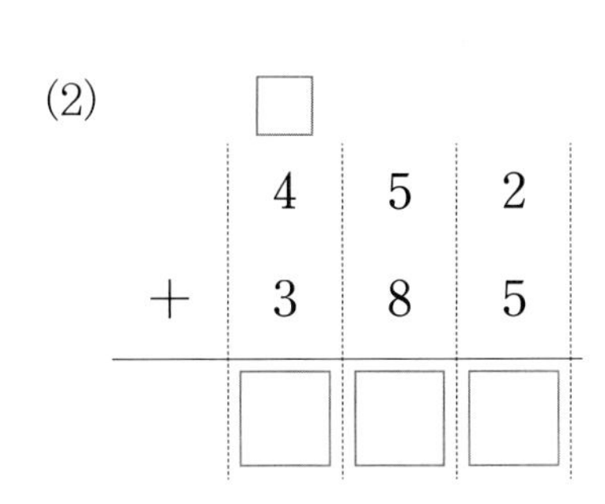

	□		
	4	5	2
+	3	8	5
	□	□	□

같은 자리의 수끼리의 합이 10이거나 10보다 크면 바로 윗자리로 받아올림해요.

교과서 문제 해결하기

▸ 251002-0019

01 수 모형을 보고 계산해 보세요.

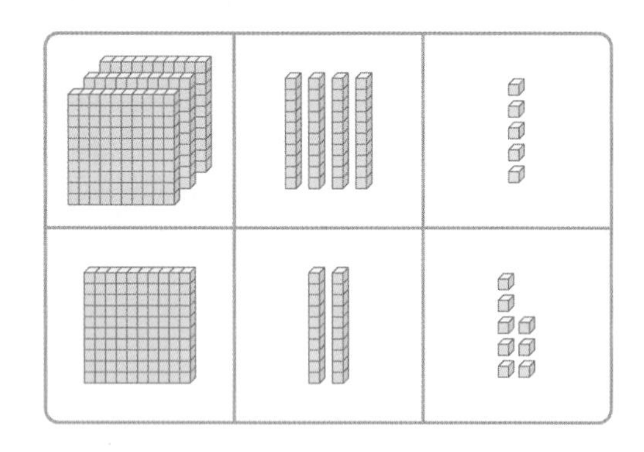

345+128=□

▸ 251002-0020

02 546+307을 몇백 몇십으로 어림한 값과 546+307을 계산한 값을 구해 보세요.

(1) 어림한 값: 약 (　　　　　　)

(2) 계산한 값: (　　　　　　)

▸ 251002-0021

03 계산해 보세요.

(1)
$$\begin{array}{r} 4\ 5\ 8 \\ +\ 2\ 3\ 5 \\ \hline \end{array}$$

(2)
$$\begin{array}{r} 5\ 9\ 1 \\ +\ 1\ 4\ 6 \\ \hline \end{array}$$

(3) 315+537

(4) 293+421

중요

▸ 251002-0022

04 잘못 계산한 곳을 찾아 이유를 쓰고, 바르게 계산해 보세요.

$$\begin{array}{r} 6\ 3\ 7 \\ +\ 2\ 1\ 6 \\ \hline 8\ 4\ 3 \end{array} \Rightarrow \begin{array}{r} 6\ 3\ 7 \\ +\ 2\ 1\ 6 \\ \hline \end{array}$$

이유 ______________________

▸ 251002-0023

05 가장 큰 수와 가장 작은 수의 합을 구해 보세요.

765	367	192	281

(　　　　　　)

▸ 251002-0024

06 계산 결과를 비교하여 ○ 안에 >, =, <를 알맞게 써넣으세요.

645+174 ○ 456+361

중요

▸ 251002-0025

07 어느 미술관의 관람객이 토요일에는 219명이었고, 일요일에는 토요일보다 136명이 더 많았습니다. 이 미술관의 토요일과 일요일 관람객은 모두 몇 명일까요?

(　　　　　　)

▸ 251002-0026

08 재민이네 집에서 소방서를 거쳐 공원까지 가는 거리는 몇 m일까요?

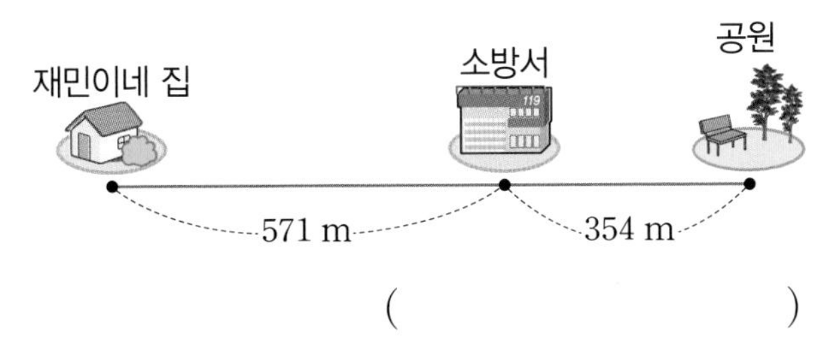

(　　　　　　　　)

▸ 251002-0027

09 다음 수보다 146만큼 더 큰 수를 구해 보세요.

100이 7개, 10이 3개, 1이 4개인 수

(　　　　　　　　)

도전

▸ 251002-0028

10 □ 안에 알맞은 수를 써넣으세요.

$$\begin{array}{cccc} & 4 & \square & 8 \\ + & 3 & 1 & \square \\ \hline & 7 & 8 & 5 \end{array}$$

도움말 각 자리의 수끼리의 합을 계산할 때 받아올림이 있는지 없는지 생각합니다.

문제해결 접근하기

▸ 251002-0029

11 4장의 수 카드 중에서 2장을 골라 두 수의 합이 가장 큰 덧셈식을 만들려고 합니다. 두 수의 합을 구해 보세요.

521	278	386	105

이해하기

구하려는 것은 무엇인가요?

답 ______________________

계획 세우기

어떤 방법으로 문제를 해결하면 좋을까요?

답 ______________________

해결하기

(1) 4장의 수 카드 중에서 가장 큰 수와 두 번째로 큰 수는 얼마일까요?

답 ______________________

(2) (1)에서 구한 두 수의 합은 얼마일까요?

답 ______________________

되돌아보기

위 4장의 수 카드 중에서 2장을 골라 두 수의 합이 가장 작은 덧셈식을 만들려고 합니다. 두 수의 합을 구해 보세요.

답 ______________________

개념 3 세 자리 수의 덧셈을 해 볼까요 (3)

■ **362＋459의 계산** — 받아올림이 두 번 있는 (세 자리 수)＋(세 자리 수)

• 362＋459의 계산 방법

일의 자리의 수끼리의 합이 10이거나 10보다 크면 십의 자리로, 십의 자리의 수끼리의 합이 10이거나 10보다 크면 백의 자리로 받아올림하여 계산합니다.

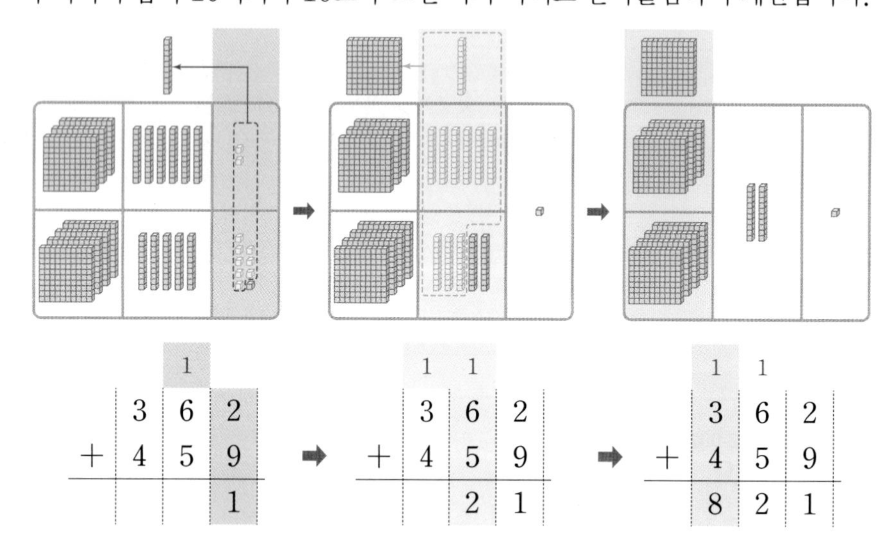

• **362＋459의 계산**
362를 360으로, 459를 460으로 어림하여 계산하면
약 360＋460＝820입니다.
362＋459＝821이므로 어림한 값과 비슷합니다.

■ **478＋753의 계산** — 받아올림이 세 번 있는 (세 자리 수)＋(세 자리 수)

• 478＋753의 계산 방법

같은 자리의 수끼리의 합이 10이거나 10보다 크면 바로 윗자리로 받아올림하여 계산합니다.

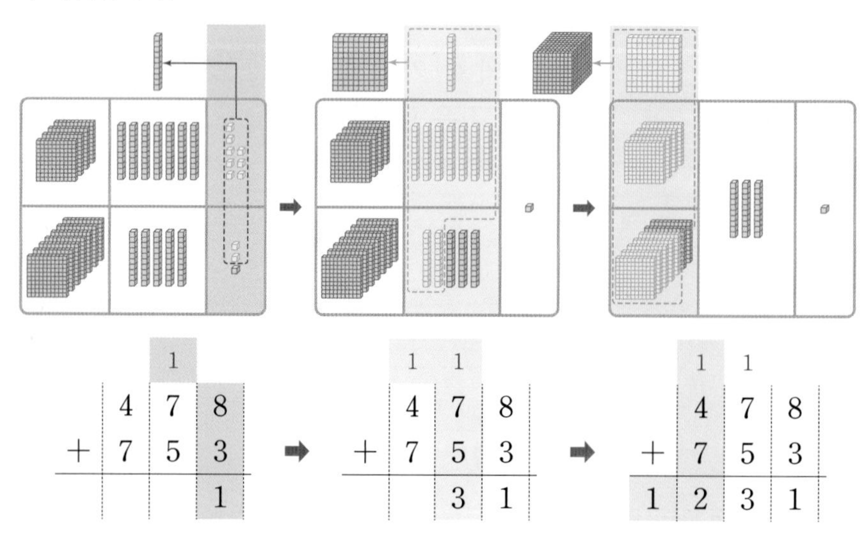

• **478＋753의 계산**
478을 480으로, 753을 750으로 어림하여 계산하면
약 480＋750＝1230입니다.
478＋753＝1231이므로 어림한 값과 비슷합니다.

문제를 풀며 이해해요

▸ 251002-0030

01 수 모형을 보고 □ 안에 알맞은 수를 써넣으세요.

(1)

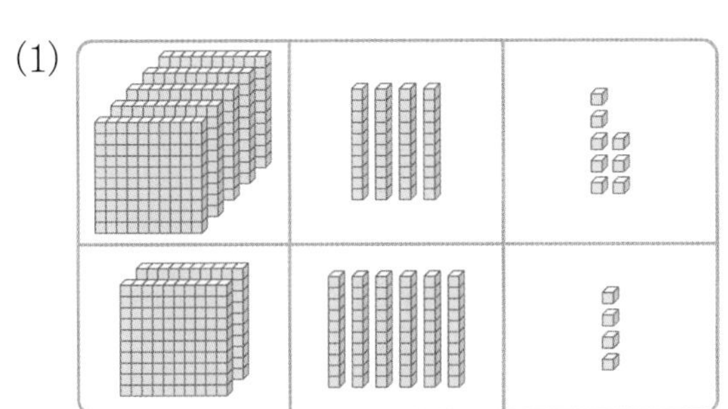

548＋264＝□

(2)

759＋476＝□

받아올림이 두 번, 세 번 있는 세 자리 수의 덧셈을 계산할 수 있는지 묻는 문제예요.

일 모형이 10개 모이면 십 모형 1개, 십 모형이 10개 모이면 백 모형 1개, 백 모형이 10개 모이면 천 모형 1개가 돼요.

▸ 251002-0031

02 582＋369를 몇백으로 어림하여 계산하려고 합니다. □ 안에 알맞은 수를 써넣으세요.

582를 □(으)로, 369를 □(으)로 어림하여 계산하면

약 □입니다.

582와 369를 각각 몇백으로 어림하면 얼마인지 구한 후 더해요.

▸ 251002-0032

03 □ 안에 알맞은 수를 써넣으세요.

(1)

	□	□	
	4	2	9
＋	3	8	5
	□	□	□

(2)

	□	□	
	6	8	3
＋	7	4	8
□	□	□	□

같은 자리의 수끼리의 합이 10이거나 10보다 크면 바로 윗자리로 받아올림해요.

교과서 문제 해결하기

▸251002-0033

01 수 모형을 보고 계산해 보세요.

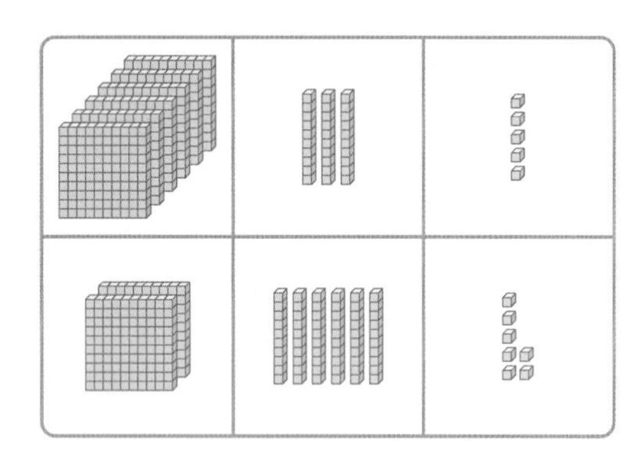

$635+267=\square$

▸251002-0034

02 **293+419**를 몇백 몇십으로 어림한 값과 **293+419**를 계산한 값을 구해 보세요.

(1) 어림한 값: 약 (　　　　　)

(2) 계산한 값: (　　　　　)

▸251002-0035

03 계산해 보세요.

(1)
$$\begin{array}{r} 1\ 8\ 5 \\ +\ 4\ 6\ 7 \\ \hline \end{array}$$

(2)
$$\begin{array}{r} 5\ 9\ 8 \\ +\ 4\ 8\ 7 \\ \hline \end{array}$$

(3) $769+156$

(4) $546+857$

▸251002-0036

04 덧셈식에서 □ 안에 들어갈 수가 실제로 나타내는 수는 얼마일까요?

$$\begin{array}{r} 1\ \square\ \ \\ 3\ 6\ 4 \\ +\ 3\ 9\ 7 \\ \hline 7\ 6\ 1 \end{array}$$

(　　　　　)

중요

▸251002-0037

05 바르게 계산한 사람은 누구일까요?

선우	시영	민준
576 + 849 = 1325	576 + 849 = 1425	576 + 849 = 1315

(　　　　　)

▸251002-0038

06 빈칸에 알맞은 수를 써넣으세요.

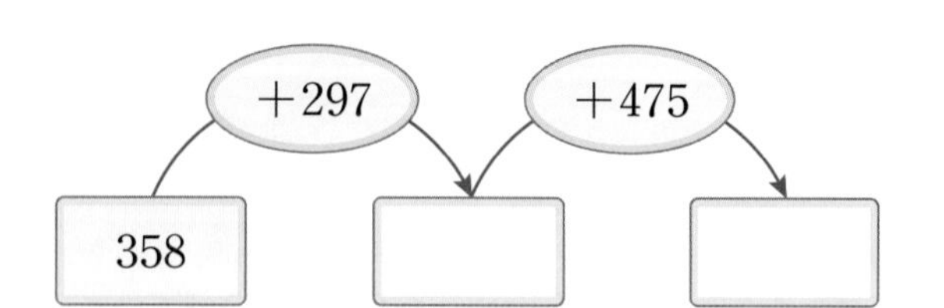

중요

▸251002-0039

07 빨간색 리본의 길이는 **695 cm**이고, 노란색 리본의 길이는 **728 cm**입니다. 빨간색 리본과 노란색 리본의 길이는 모두 몇 **cm**일까요?

(　　　　　)

▸251002-0040

08 4장의 수 카드 중에서 3장을 골라 한 번씩만 사용하여 세 자리 수를 만들려고 합니다. 만들 수 있는 가장 큰 수와 가장 작은 수의 합을 구해 보세요.

8　2　7　4

(　　　　　　　　)

▸251002-0041

09 민준이는 매일 저녁마다 달리기를 합니다. 오늘 저녁에는 358 m를 달렸고, 내일부터는 전날보다 129 m씩 더 달리려고 합니다. 오늘부터 2일 후에는 몇 m를 달려야 할까요?

(　　　　　　　　)

도전

▸251002-0042

10 다음 덧셈식에는 받아올림이 3번 있습니다. 1부터 9까지의 수 중에서 □ 안에 들어갈 수 있는 수는 모두 몇 개일까요?

$$\begin{array}{r} 3\ 9\ 4 \\ +\ \square\ 5\ 8 \\ \hline \end{array}$$

(　　　　　　　　)

도움말 일의 자리에서, 십의 자리에서, 백의 자리에서 받아올림이 있습니다.

문제해결 접근하기

▸251002-0043

11 □ 안에 들어갈 수 있는 세 자리 수 중에서 가장 큰 수를 구해 보세요.

374＋569＞□

이해하기

구하려는 것은 무엇인가요?

답 ______________________

계획 세우기

어떤 방법으로 문제를 해결하면 좋을까요?

답 ______________________

____

해결하기

(1) 374＋569를 계산해 보세요.

답 ______________________

____

(2) □ 안에 들어갈 수 있는 세 자리 수 중에서 가장 큰 수는 얼마일까요?

답 ______________________

____

되돌아보기

□ 안에 들어갈 수 있는 세 자리 수 중에서 가장 큰 수를 구해 보세요.

465＋385＞□

답 ______________________

____

____

개념 4 세 자리 수의 뺄셈을 해 볼까요 (1)

■ **389－213의 계산** — 받아내림이 없는 (세 자리 수)－(세 자리 수)

• 여러 가지 방법으로 계산하기

방법 1 389－213을 어림하여 계산하기

389를 400으로, 213을 200으로 어림하여 계산하면

약 400－200＝200입니다.

389를 390으로, 213을 210으로 어림하여 계산하면

약 390－210＝180입니다.

방법 2 300－200, 80－10, 9－3을 순서대로 계산합니다.

방법 3 9－3, 80－10, 300－200을 순서대로 계산합니다.

방법 4 89－13, 300－200을 순서대로 계산합니다.

• 389－213의 계산 방법

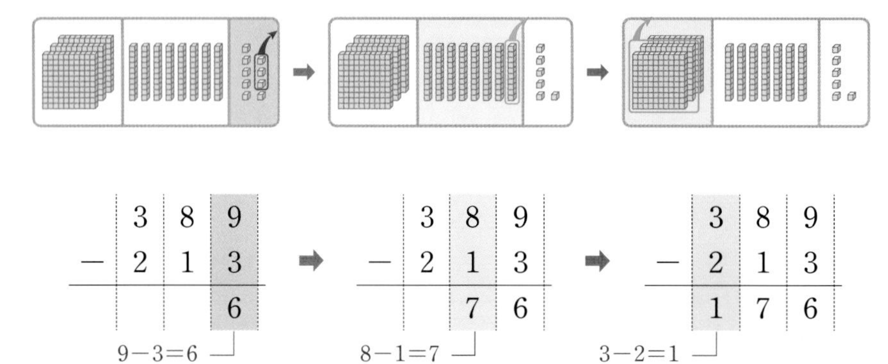

➡ 일의 자리의 수끼리, 십의 자리의 수끼리, 백의 자리의 수끼리 뺀 값을 순서대로 적습니다.

일의 자리의 수끼리,
십의 자리의 수끼리,
백의 자리의 수끼리
빼면 돼.

• **693－241을 어림하여 계산하기**

① 693을 700으로, 241을 200으로 어림하여 계산하면
약 700－200＝500입니다.

② 693을 690으로, 241을 240으로 어림하여 계산하면
약 690－240＝450입니다.

• **693－241의 계산 방법**

자리를 맞추어 쓴 다음 일의 자리의 수끼리, 십의 자리의 수끼리, 백의 자리의 수끼리 뺍니다.

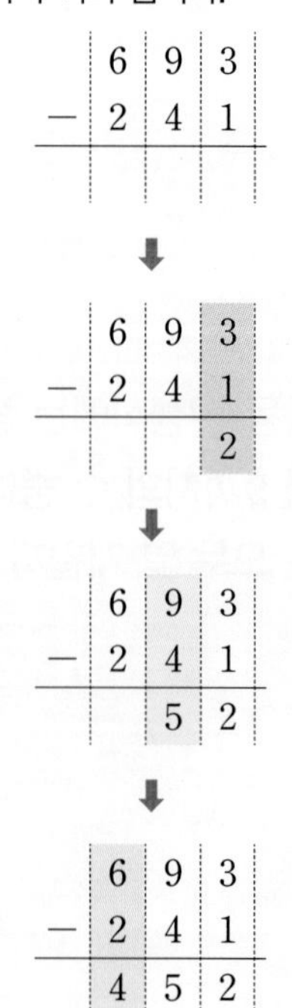

문제를 풀며 이해해요

▸ 251002-0044

01 수 모형을 보고 □ 안에 알맞은 수를 써넣으세요.

(1)

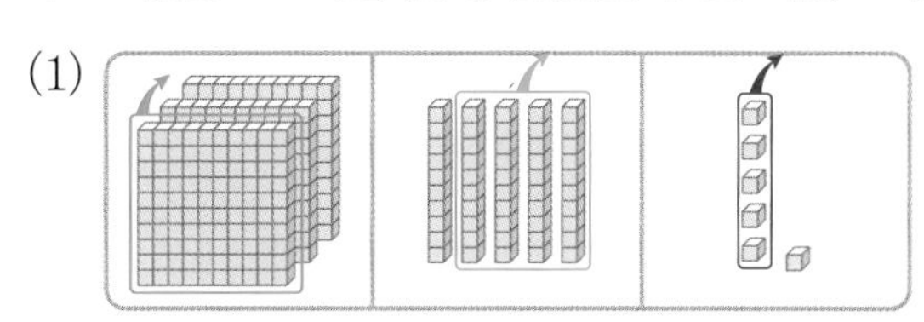

356 − 145 = □

(2)

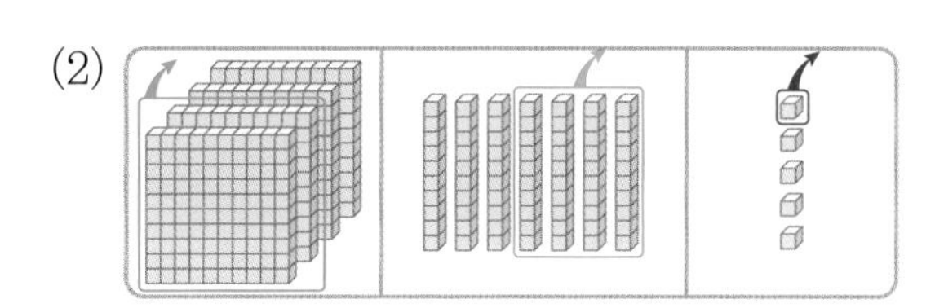

475 − 241 = □

받아내림이 없는 세 자리 수의 뺄셈을 계산할 수 있는지 묻는 문제예요.

백 모형, 십 모형, 일 모형끼리 빼서 수 모형으로 차를 알아보아요.

▸ 251002-0045

02 487 − 312를 몇백으로 어림하여 계산하려고 합니다. □ 안에 알맞은 수를 써넣으세요.

487을 □(으)로, 312를 □(으)로 어림하여 계산하면 약 □입니다.

487과 312를 각각 몇백으로 어림하면 얼마인지 구한 후 빼요.

▸ 251002-0046

03 □ 안에 알맞은 수를 써넣으세요.

(1)

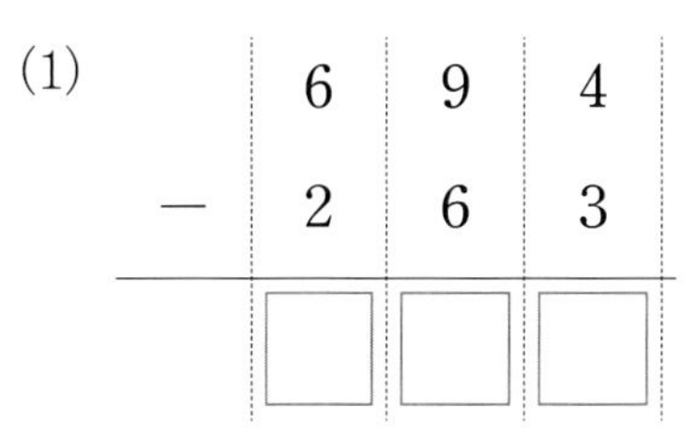

	6	9	4
−	2	6	3
	□	□	□

(2)

	7	8	3
−	4	2	1
	□	□	□

일의 자리의 수끼리, 십의 자리의 수끼리, 백의 자리의 수끼리 빼요.

교과서 문제 해결하기

▸ 251002-0047

01 수 모형을 보고 계산해 보세요.

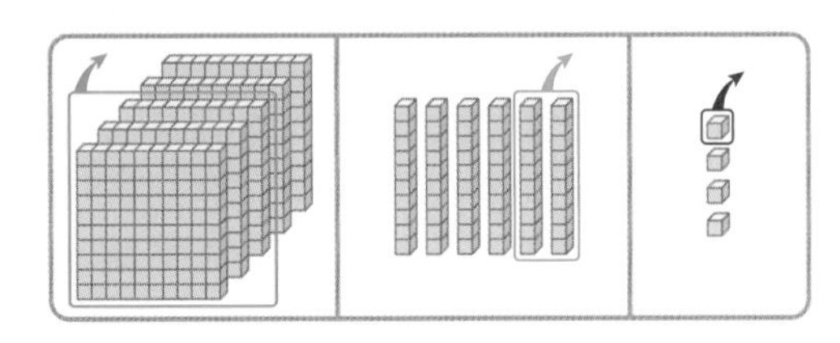

$564-321=\square$

▸ 251002-0048

02 729−317을 몇백 몇십으로 어림한 값과 729−317을 계산한 값을 구해 보세요.

(1) 어림한 값: 약 (　　　　　　)

(2) 계산한 값: (　　　　　　)

▸ 251002-0049

03 계산해 보세요.

(1)
$$\begin{array}{r} 473 \\ -\ 132 \\ \hline \end{array}$$

(2)
$$\begin{array}{r} 598 \\ -\ 246 \\ \hline \end{array}$$

(3) $647-324$

(4) $876-415$

중요

▸ 251002-0050

04 계산 결과를 찾아 이어 보세요.

(1) $685-451$ • 　　• ㉠ 254

(2) $753-512$ • 　　• ㉡ 241

(3) $467-213$ • 　　• ㉢ 234

▸ 251002-0051

05 다음 수 중에서 □ 안에 알맞은 수를 써넣어 뺄셈식을 완성해 보세요.

341	895	552	683

$\square-\square=342$

▸ 251002-0052

06 785−263을 두 가지 방법으로 구해 보세요.

방법 1

방법 2

중요

▸ 251002-0053

07 은재는 전체 쪽수가 264쪽인 동화책을 152쪽만큼 읽었습니다. 은재가 동화책을 모두 읽으려면 몇 쪽을 더 읽어야 할까요?

(　　　　　　)

▸ 251002-0054

08 가현이와 윤서가 다음과 같이 줄넘기를 했습니다. 가현이는 윤서보다 줄넘기를 몇 번 더 많이 했을까요?

가현	857번
윤서	715번

( )

▸ 251002-0055

09 5장의 수 카드 중에서 3장을 골라 한 번씩만 사용하여 세 자리 수를 만들었습니다. 만들 수 있는 가장 큰 수와 가장 작은 수의 차를 구해 보세요.

1 2 4 5 9

( )

도전

▸ 251002-0056

10 영서네 학교와 호린이네 학교의 학생 수입니다. 영서네 학교와 호린이네 학교 중 어느 학교 학생 수가 몇 명 더 많을까요?

	영서네 학교	호린이네 학교
남학생	453명	442명
여학생	426명	425명

( ), ( )

도움말 각 학교에 다니고 있는 학생 수는 남학생 수와 여학생 수의 합입니다.

문제해결 접근하기

▸ 251002-0057

11 어떤 수에 321을 더했더니 796이 되었습니다. 어떤 수에서 214를 빼면 얼마인지 구해 보세요.

이해하기

구하려는 것은 무엇인가요?

답 ______

계획 세우기

어떤 방법으로 문제를 해결하면 좋을까요?

답 ______

해결하기

(1) 어떤 수는 얼마일까요?

답 ______

(2) 어떤 수에서 214를 빼면 얼마일까요?

답 ______

되돌아보기

어떤 수에 145를 더했더니 698이 되었습니다. 어떤 수에서 412를 빼면 얼마인지 구해 보세요.

답 ______

개념 5 세 자리 수의 뺄셈을 해 볼까요 (2)

■ 354－137의 계산 — 받아내림이 한 번 있는 (세 자리 수)－(세 자리 수)

• 354－137을 어림하여 계산하기

354를 350으로, 137을 140으로 어림하여 계산하면 약 350－140＝210입니다.

• 354－137의 계산 방법

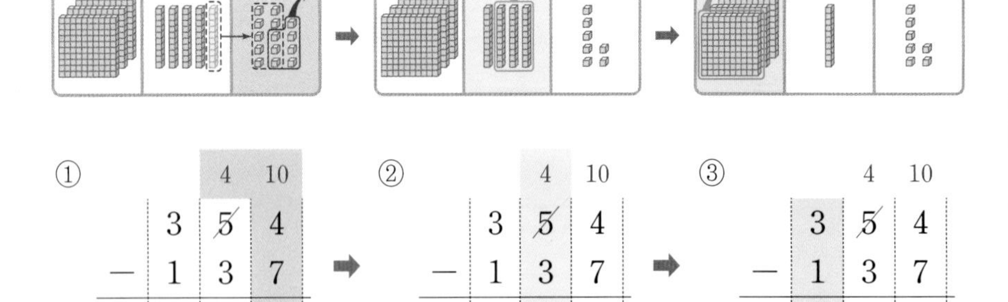

①

		4	10
	3	~~5~~	4
－	1	3	7
			7

➡ ②

		4	10
	3	~~5~~	4
－	1	3	7
		1	7

➡ ③

		4	10
	3	~~5~~	4
－	1	3	7
	2	1	7

① 일의 자리 계산: 4에서 7을 뺄 수 없으므로 십의 자리에서 받아내림하여 계산하면 10＋4－7＝7이 됩니다.

② 십의 자리 계산: 일의 자리로 받아내림하였으므로 5－1－3＝1이 됩니다.

③ 백의 자리 계산: 3－1＝2

일의 자리를 계산할 때 4에서 7을 못 빼는데 어떻게 하지?

십의 자리 수 5에서 받아내림을 하여 일의 자리로 10을 내려 줘. 십의 자리 수 5는 4로 바꿔서 계산하면 돼.

• **725－384를 어림하여 계산하기**

725를 730으로, 384를 380으로 어림하여 계산하면 약 730－380＝350입니다.

• **725－384의 계산 방법**

일의 자리의 수끼리, 십의 자리의 수끼리, 백의 자리의 수끼리 뺍니다. 이때 십의 자리의 수끼리 뺄 수 없으면 백의 자리에서 받아내림하여 계산합니다.

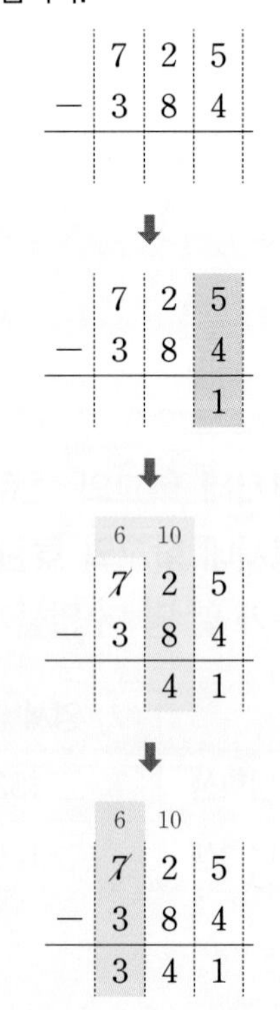

문제를 풀며 이해해요

▸ 251002-0058

01 수 모형을 보고 □ 안에 알맞은 수를 써넣으세요.

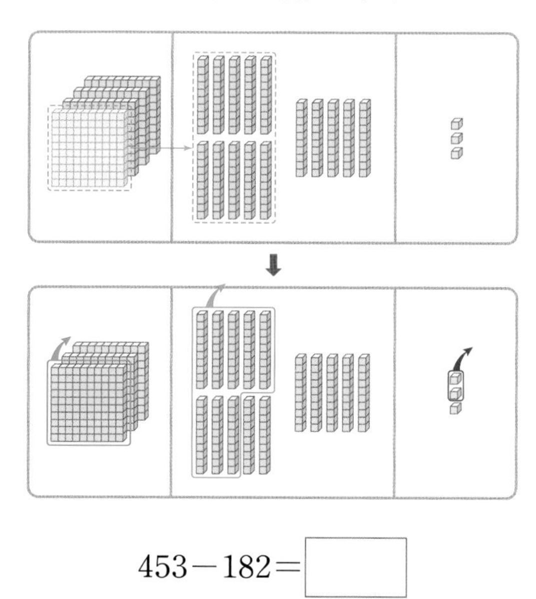

$453-182=$ □

받아내림이 한 번 있는 세 자리 수의 뺄셈을 계산할 수 있는지 묻는 문제예요.

십 모형끼리 뺄 수 없으면 백 모형 1개를 십 모형 10개로 바꿔서 계산해요.

▸ 251002-0059

02 **572−159를 몇백으로 어림하여 계산하려고 합니다. □ 안에 알맞은 수를 써넣으세요.**

572를 □(으)로, 159를 □(으)로 어림하여 계산하면 약 □입니다.

572와 159를 각각 몇백으로 어림하면 얼마인지 구한 후 빼요.

▸ 251002-0060

03 □ 안에 알맞은 수를 써넣으세요.

(1)

	□	□	
	~~5~~	2	6
−	2	9	5
	□	□	□

(2)

		□	□
	8	~~4~~	2
−	3	1	4
	□	□	□

같은 자리 수끼리 뺄 수 없으면 바로 윗자리에서 받아내림해요.

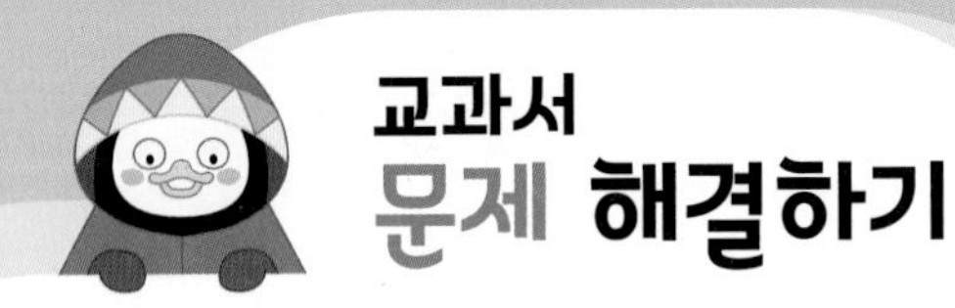

▸ 251002-0061

01 수 모형을 보고 계산해 보세요.

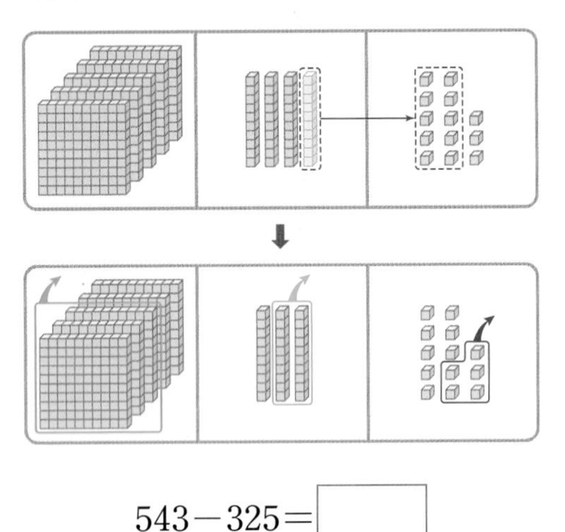

$543-325=$ □

▸ 251002-0062

02 469－293을 몇백 몇십으로 어림한 값과 469－293을 계산한 값을 구해 보세요.

(1) 어림한 값: 약 (　　　　　　　　)

(2) 계산한 값: (　　　　　　　　)

▸ 251002-0063

03 계산해 보세요.

(1)
$$\begin{array}{r} 7\ 5\ 1 \\ -\ 4\ 3\ 9 \\ \hline \end{array}$$

(2)
$$\begin{array}{r} 6\ 2\ 8 \\ -\ 2\ 5\ 3 \\ \hline \end{array}$$

(3) $874-548$

(4) $529-286$

▸ 251002-0064

04 빈칸에 알맞은 수를 써넣으세요.

(－) →

681	457	
435	192	

중요

▸ 251002-0065

05 ○ 안에 >, =, <를 알맞게 써넣으세요.

584－257 ○ 326

▸ 251002-0066

06 다음 수 중에서 □ 안에 알맞은 수를 써넣어 뺄셈식을 완성해 보세요.

271　　509　　519　　841

□ － □ ＝238

중요

▸ 251002-0067

07 종이에 세 자리 수를 써놓았는데 한 장이 찢어져서 백의 자리 숫자만 보입니다. 두 수의 합이 781일 때 찢어진 종이에 적힌 세 자리 수를 구해 보세요.

419　　3

(　　　　　　　　)

▸ 251002-0068

08 나예는 624 cm인 끈 중에서 271 cm를 사용했고, 시우는 582 cm인 끈 중에서 267 cm를 사용했습니다. 사용하고 남은 끈의 길이가 더 긴 사람은 누구이고, 몇 cm 더 길까요?

(　　　　　　　), (　　　　　　　)

▸ 251002-0069

09 ㉠, ㉡, ㉢에 알맞은 수의 합을 구해 보세요.

```
   7 ㉠ 5
 - 5  8 ㉡
 ---------
   ㉢ 4  2
```

(　　　　　　　)

도전

▸ 251002-0070

10 그림과 같이 길이가 176 cm인 색 테이프 3장을 67 cm씩 겹치게 이어 붙였습니다. 이어 붙인 색 테이프의 전체 길이는 몇 cm일까요?

176 cm　176 cm　176 cm

67 cm　67 cm

(　　　　　　　)

도움말 이어 붙인 색 테이프의 전체 길이는 색 테이프 3장의 길이의 합에서 겹쳐진 부분의 길이의 합을 뺍니다.

문제해결 접근하기

▸ 251002-0071

11 0부터 9까지의 수 중에서 □ 안에 들어갈 수 있는 수를 모두 구해 보세요.

$492+4□3>957$

이해하기

구하려는 것은 무엇인가요?

답 ____________________

계획 세우기

어떤 방법으로 문제를 해결하면 좋을까요?

답 ____________________

해결하기

(1) 957－492를 계산해 보세요.

답 ____________________

(2) 4□3이 (1)에서 구한 값보다 클 때 □ 안에 들어갈 수 있는 수를 모두 구해 보세요.

답 ____________________

되돌아보기

0부터 9까지의 수 중에서 □ 안에 들어갈 수 있는 수를 모두 구해 보세요.

$381+2□1>624$

답 ____________________

개념 6 세 자리 수의 뺄셈을 해 볼까요 (3)

■ **423－168의 계산** — 받아내림이 두 번 있는 (세 자리 수)－(세 자리 수)

• 423－168을 어림하여 계산하기

423을 420으로, 168을 170으로 어림하여 계산하면 약 420－170＝250입니다.

• 423－168의 계산 방법

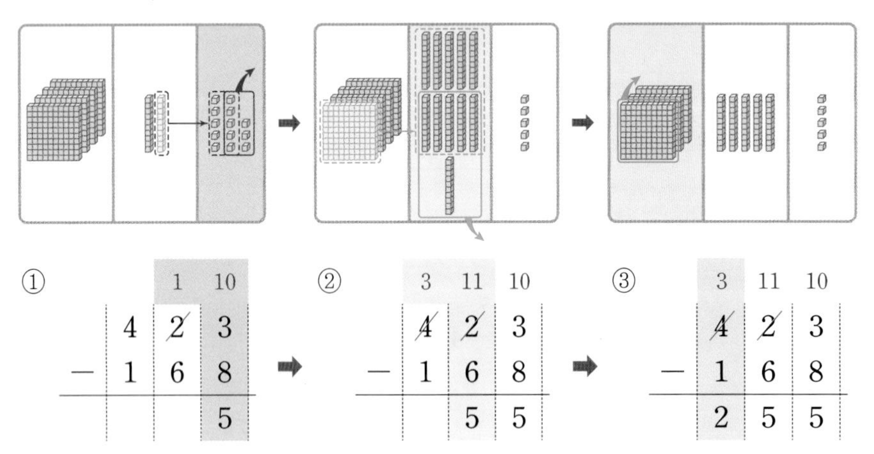

① 일의 자리 계산: 3에서 8을 뺄 수 없으므로 십의 자리에서 받아내림하여 계산하면 10＋3－8＝5가 됩니다.

② 십의 자리 계산: 1에서 6을 뺄 수 없으므로 백의 자리에서 받아내림하여 계산하면 10＋1－6＝5가 됩니다.

③ 백의 자리 계산: 십의 자리로 받아내림하였으므로 4－1－1＝2가 됩니다.

받아내림이 있는 (세 자리 수)－(세 자리 수)의 계산에서 같은 자리의 수끼리 뺄 수 없으면 바로 윗자리에서 받아내림하여 계산합니다.

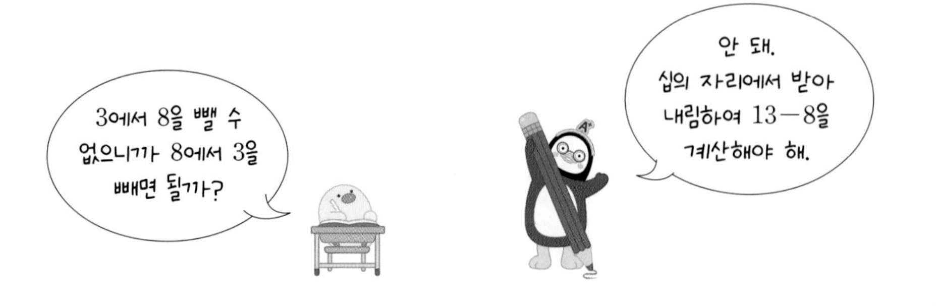

• **832－589를 어림하여 계산하기**
832를 830으로, 589를 590으로 어림하여 계산하면
약 830－590＝240입니다.

• **832－589의 계산 방법**
일의 자리의 수끼리, 십의 자리의 수끼리, 백의 자리의 수끼리 뺍니다. 이때 같은 자리의 수끼리 뺄 수 없으면 바로 윗자리에서 받아내림하여 계산합니다.

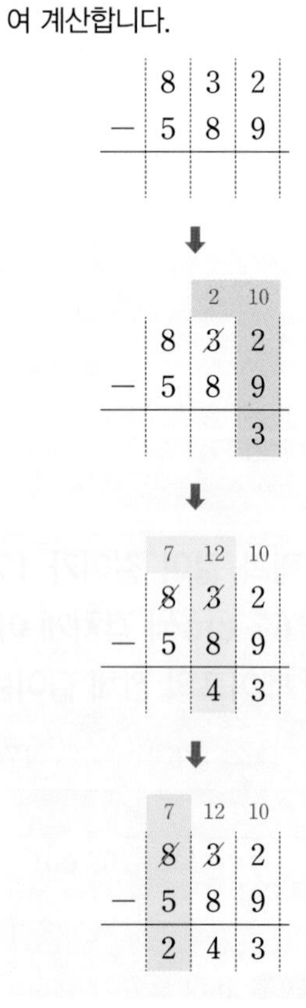

정답과 풀이 22쪽

문제를 풀며 이해해요

▸ 251002-0072

01 수 모형을 보고 □ 안에 알맞은 수를 써넣으세요.

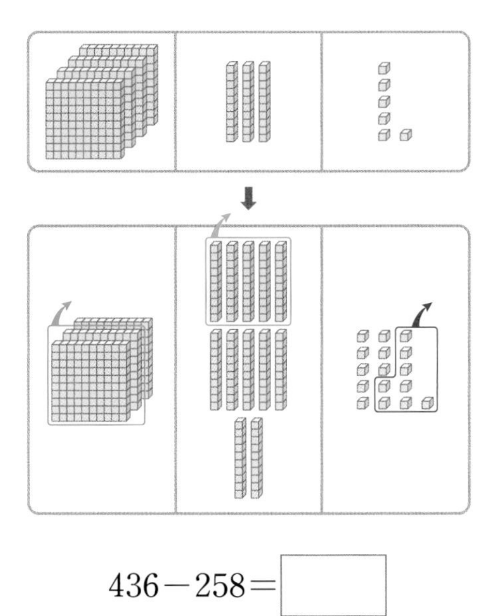

$436-258=$ □

받아내림이 두 번 있는 세 자리 수의 뺄셈을 계산할 수 있는지 묻는 문제예요.

백 모형 1개를 십 모형 10개로, 십 모형 1개를 일 모형 10개로 바꿔서 계산해요.

▸ 251002-0073

02 $712-487$을 몇백으로 어림하여 계산하려고 합니다. □ 안에 알맞은 수를 써넣으세요.

712를 □(으)로, 487을 □(으)로 어림하여 계산하면

약 □입니다.

712와 487을 각각 몇백으로 어림하면 얼마인지 구한 후 빼요.

▸ 251002-0074

03 □ 안에 알맞은 수를 써넣으세요.

(1)

	□	□	□
	~~5~~	~~1~~	3
−	2	6	8
	□	□	□

(2)

	□	□	□
	~~8~~	~~4~~	1
−	3	9	5
	□	□	□

일의 자리는 십의 자리에서, 십의 자리는 백의 자리에서 받아내림해서 계산해요.

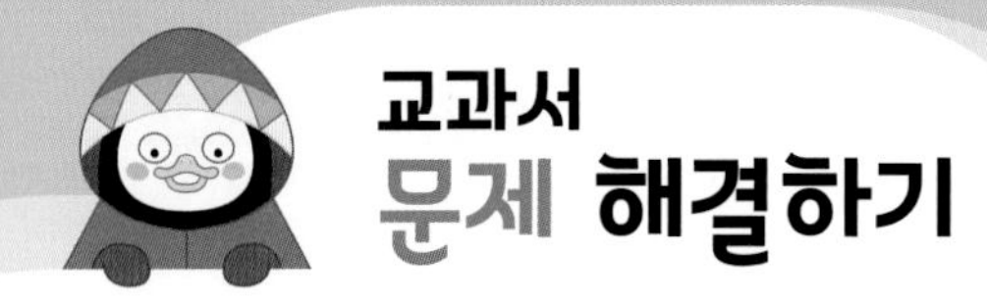

▸251002-0075

01 수 모형을 보고 계산해 보세요.

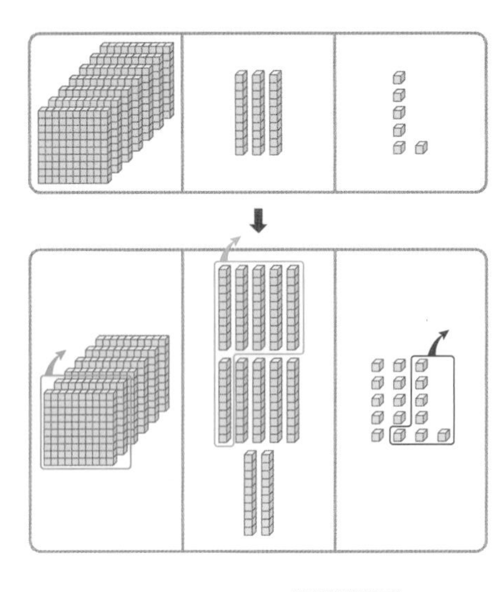

736－267＝☐

▸251002-0076

02 521－179를 몇백 몇십으로 어림한 값과 521－179를 계산한 값을 구해 보세요.

(1) 어림한 값: 약 (　　　　　　)

(2) 계산한 값: (　　　　　　)

▸251002-0077

03 계산해 보세요.

(1)
```
  5 1 2
- 2 8 9
```

(2)
```
  7 3 4
- 1 8 6
```

(3) 825－568

(4) 605－297

▸251002-0078

04 빈칸에 알맞은 수를 써넣으세요.

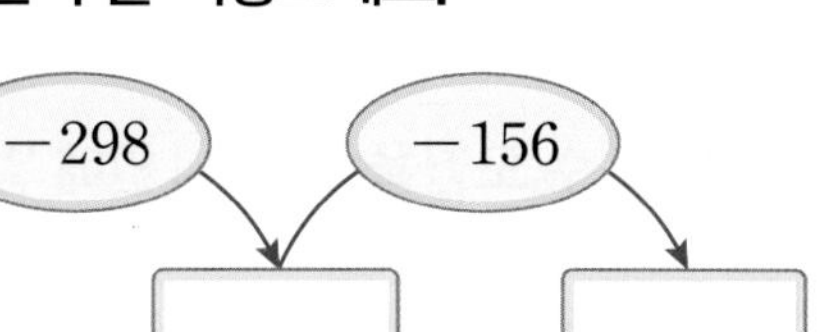

▸251002-0079

05 계산 결과가 더 큰 것에 ○표 하세요.

611－354　　　823－569

(　　　)　　　(　　　)

중요

▸251002-0080

06 잘못 계산한 곳을 찾아 이유를 쓰고, 바르게 계산해 보세요.

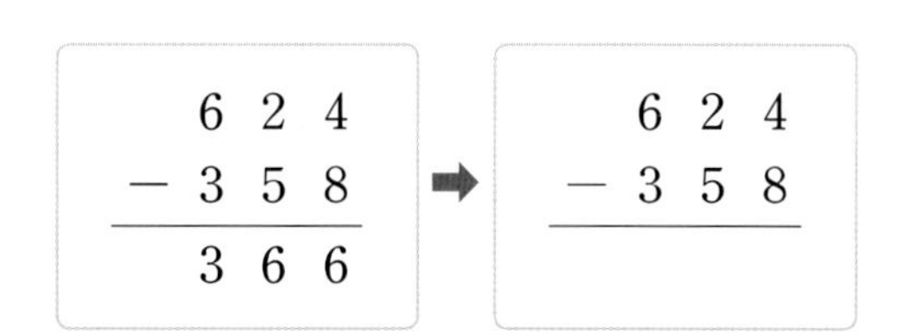

이유 ________________

▸251002-0081

07 석현이네 학교 3학년 학생들이 한 달 동안 모은 우유갑의 수입니다. 우유갑의 수가 가장 많은 반과 가장 적은 반의 우유갑 수의 차는 몇 개일까요?

1반	2반	3반	4반
397개	389개	408개	421개

(　　　　　　)

중요

▸ 251002-0082

08 ㉠, ㉡, ㉢에 알맞은 수를 구해 보세요.

$$\begin{array}{r} 6\ ㉠\ 1 \\ -\ ㉡\ 8\ ㉢ \\ \hline 3\ 5\ 4 \end{array}$$

㉠ (　　　　　　　　)
㉡ (　　　　　　　　)
㉢ (　　　　　　　　)

▸ 251002-0083

09 소영이네 집에서 경찰서까지 가는 길을 나타낸 것입니다. 소방서에서 경찰서까지의 거리는 몇 m일까요?

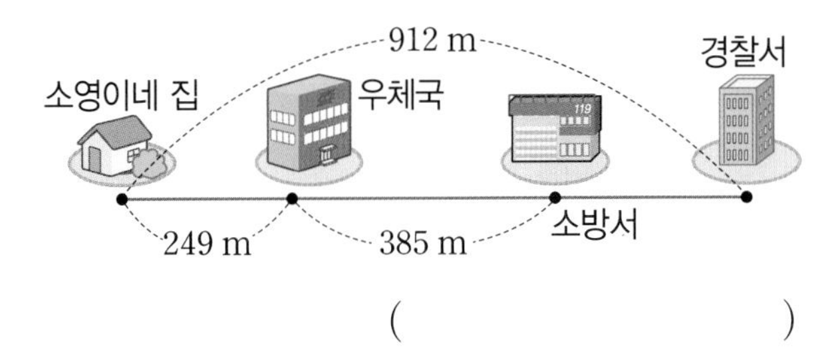

(　　　　　　　　)

도전

▸ 251002-0084

10 4장의 수 카드 중에서 2장을 골라 두 수의 차가 가장 큰 뺄셈식을 만들려고 합니다. 두 수의 차를 구해 보세요.

785　801　652　394

(　　　　　　　　)

도움말 두 수의 차가 가장 큰 뺄셈식은 가장 큰 수에서 가장 작은 수를 뺍니다.

문제해결 접근하기

▸ 251002-0085

11 어떤 수에서 268을 빼야 하는데 잘못하여 더했더니 721이 되었습니다. 바르게 계산한 값을 구해 보세요.

이해하기

구하려는 것은 무엇인가요?

답 ____________________

계획 세우기

어떤 방법으로 문제를 해결하면 좋을까요?

답 ____________________

____

해결하기

(1) 어떤 수는 얼마일까요?

답 ____________________

____

(2) 바르게 계산한 값은 얼마일까요?

답 ____________________

____

되돌아보기

어떤 수에서 369를 빼야 하는데 잘못하여 더했더니 935가 되었습니다. 바르게 계산한 값을 구해 보세요.

답 ____________________

____

____

____

단원평가로 완성하기

▸251002-0086

01 수 모형을 보고 계산해 보세요.

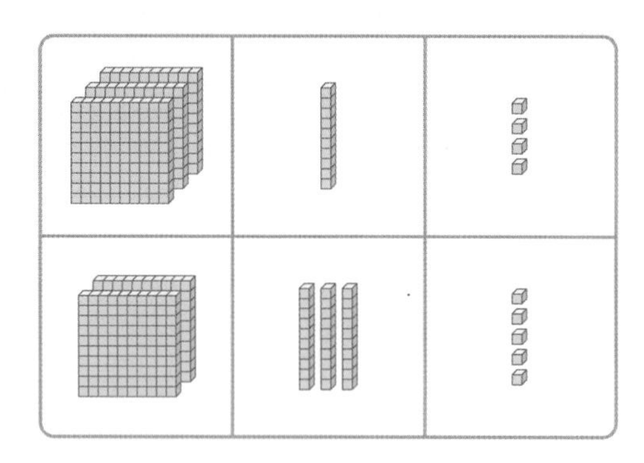

$314+235=$ □

▸251002-0087

02 $543+432$를 몇백 몇십으로 어림한 값과 $543+432$를 계산한 값을 구해 보세요.

(1) 어림한 값: 약 (　　　　)

(2) 계산한 값: (　　　　)

▸251002-0088

03 계산 결과를 찾아 이어 보세요.

(1) $436+349$ •　　• ㉠ 786

(2) $562+254$ •　　• ㉡ 816

(3) $607+179$ •　　• ㉢ 785

▸251002-0089

04 잘못 계산한 곳을 찾아 이유를 쓰고, 바르게 계산해 보세요.

$$\begin{array}{r} 4\ 3\ 7 \\ +\ 3\ 2\ 8 \\ \hline 7\ 5\ 5 \end{array} \Rightarrow \begin{array}{r} 4\ 3\ 7 \\ +\ 3\ 2\ 8 \\ \hline \end{array}$$

이유 ______________________________

▸251002-0090

05 기호 ♣에 대하여 ■♣●=■+●+■라고 약속할 때 다음을 계산해 보세요.

396♣289

(　　　　)

중요

▸ 251002-0091

06 빵 가게에서 빵을 어제는 387개 팔았고, 오늘은 어제보다 139개 더 많이 팔았습니다. 빵 가게에서 이틀 동안 판 빵은 모두 몇 개일까요?

( )

▸ 251002-0092

07 덧셈식에서 ★과 ♥에 알맞은 수를 각각 구해 보세요. (단, 같은 모양은 같은 수입니다.)

$$\begin{array}{r} ★★★ \\ +\ 6♥♥ \\ \hline 1232 \end{array}$$

★ ( )

♥ ( )

▸ 251002-0093

08 다음 수보다 254만큼 더 큰 수를 구해 보세요.

100이 6개, 10이 8개, 1이 9개인 수

( )

▸ 251002-0094

09 빈칸에 알맞은 수를 써넣으세요.

(−)

685	314	
837	425	

▸ 251002-0095

10 계산 결과가 작은 것부터 순서대로 기호를 써 보세요.

㉠ 235+124 ㉡ 173+185

㉢ 698−346 ㉣ 512−147

( )

▸ 251002-0096

11 지민이는 지난달까지 붙임딱지를 513장 가지고 있었습니다. 이번 달에 붙임딱지를 125장 사고, 친구에게 257장 주었습니다. 지금 지민이가 가지고 있는 붙임딱지는 몇 장일까요?

(　　　　　　　　)

중요

▸ 251002-0097

12 4장의 수 카드 중에서 3장을 골라 한 번씩만 사용하여 세 자리 수를 만들려고 합니다. 만들 수 있는 두 번째로 큰 수에서 349를 빼면 얼마일까요?

0　　3　　7　　8

(　　　　　　　　)

▸ 251002-0098

13 ㉠, ㉡, ㉢에 알맞은 수를 구해 보세요.

$$\begin{array}{r} ㉠\ 1\ 7 \\ -\ 6\ ㉡\ 5 \\ \hline 1\ 7\ ㉢ \end{array}$$

㉠ (　　　　　　　　)

㉡ (　　　　　　　　)

㉢ (　　　　　　　　)

▸ 251002-0099

14 두 수를 골라 차가 가장 큰 뺄셈식을 만들고 계산해 보세요.

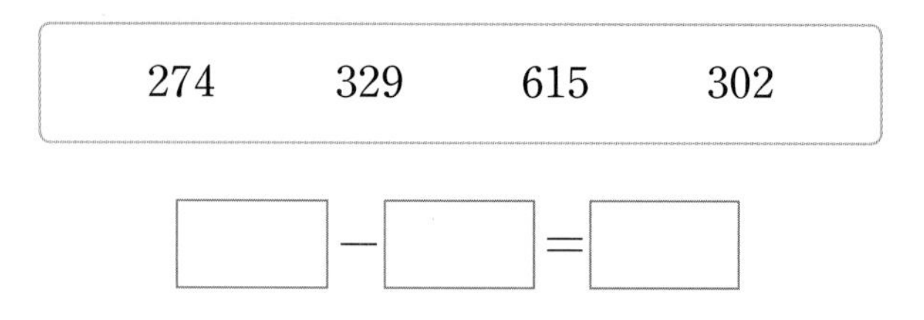

□ − □ = □

서술형

▸ 251002-0100

15 준형이가 집에서 현우네 집에 들렀다가 학교에 가는 거리와 준형이가 집에서 학교에 바로 가는 거리의 차는 몇 m인지 풀이 과정을 쓰고 답을 구해 보세요.

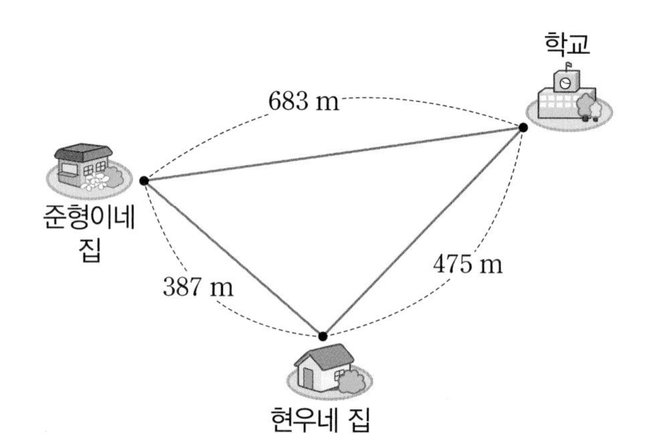

풀이

(1) 준형이가 집에서 현우네 집에 들렀다가 학교에 가는 거리는 (　　　　) m입니다.

(2) 준형이가 집에서 학교에 바로 가는 거리는 (　　　　) m입니다.

(3) 따라서 준형이가 집에서 현우네 집에 들렀다가 학교에 가는 거리와 학교에 바로 가는 거리의 차는 (　　　　) m입니다.

답 ______________

▸ 251002-0101

16 접은 종이학 수의 차가 200에 가장 가까운 두 친구의 이름을 써 보세요.

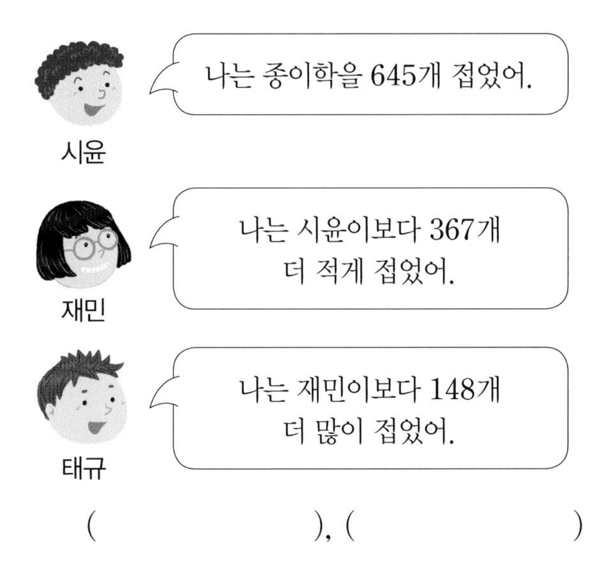

나는 종이학을 645개 접었어.
시윤
나는 시윤이보다 367개 더 적게 접었어.
재민
나는 재민이보다 148개 더 많이 접었어.
태규

( ), ( )

▸ 251002-0102

17 두 사람 중 철사를 더 많이 사용한 사람은 누구일까요?

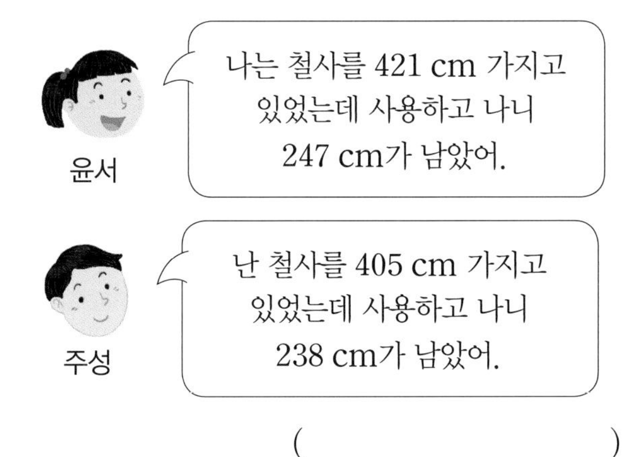

나는 철사를 421 cm 가지고 있었는데 사용하고 나니 247 cm가 남았어.
윤서
난 철사를 405 cm 가지고 있었는데 사용하고 나니 238 cm가 남았어.
주성

( )

▸ 251002-0103

18 종이에 세 자리 수를 써놓았는데 한 장에 잉크가 묻어서 일의 자리 숫자만 보입니다. 두 수의 합이 824일 때 두 수의 차는 얼마일까요?

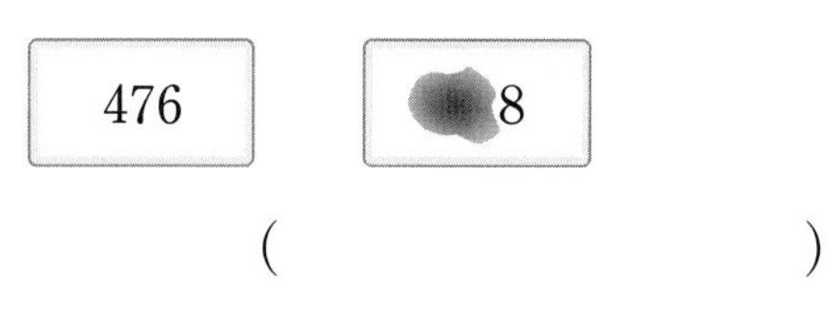

( )

▸ 251002-0104

19 □ 안에 알맞은 수를 써넣으세요.

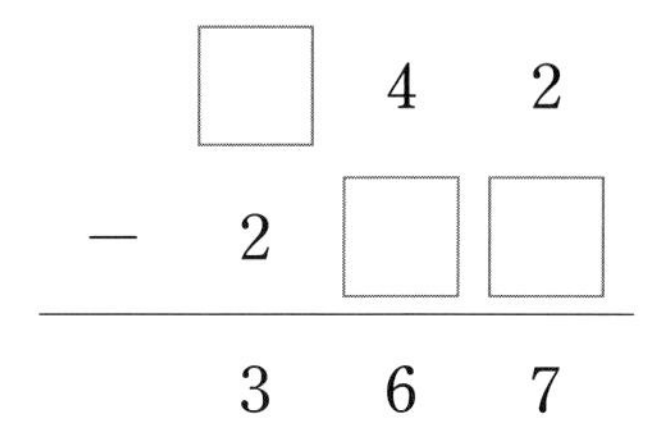

도전

▸ 251002-0105

20 0부터 9까지의 수 중에서 □ 안에 들어갈 수 있는 수는 모두 몇 개인지 구해 보세요.

$731-34\square<385$

( )

수학으로 세상보기

세계에서 높은 건축물들은 얼마나 높을까요?

우리는 이번 단원에서 받아올림과 받아내림이 없는 세 자리 수의 덧셈과 뺄셈, 받아올림과 받아내림이 있는 세 자리 수의 덧셈과 뺄셈의 계산 원리와 방법에 대해서 배웠습니다.

세계에서 높은 건축물들은 얼마나 높은지 덧셈과 뺄셈을 통해 알아볼까요?

1 세계에서 높은 건축물들에 대해 알아보아요.

순위	건축물	국가(도시)	높이
1	부르즈 할리파	아랍에미리트(두바이)	828 m
2	메르데카118	말레이시아(쿠알라룸푸르)	679 m
3	상하이 타워	중국(상하이)	632 m
4	메카 로열 클라크 타워	사우디아라비아(메카)	601 m
5	핑안 파이낸스 센터	중국(선전)	599 m

부르즈 할리파

메르데카118

상하이 타워

메카 로열 클라크 타워

핑안 파이낸스 센터

세계에서 높은 건축물 1, 2위는 우리나라 건설업체에서 완공했다고 하니 우리나라의 건설 기술력과 노하우가 자랑스럽게 느껴지네요.

2 세계에서 높은 건축물들의 높이를 가지고 덧셈과 뺄셈을 해 보아요.

(1) 덧셈

① 세계에서 가장 높은 건축물과 두 번째로 높은 건축물의 높이의 합은 몇 m나 될까요?

가장 높은 건축물인 부르즈 할리파의 높이는 828 m이고 두 번째로 높은 건축물인 메르데카118의 높이는 679 m입니다.

두 건축물의 높이의 합은 828＋679＝1507(m)입니다.

② 세계에서 가장 높은 건축물과 핑안 파이낸스 센터의 높이의 합은 몇 m나 될까요?

가장 높은 건축물인 부르즈 할리파의 높이는 828 m이고 핑안 파이낸스 센터의 높이는 599 m입니다.

두 건축물의 높이의 합은 828＋599＝1427(m)입니다.

(2) 뺄셈

① 세계에서 가장 높은 건축물과 두 번째로 높은 건축물의 높이의 차는 몇 m나 될까요?

가장 높은 건축물인 부르즈 할리파의 높이는 828 m이고 두 번째로 높은 건축물인 메르데카118의 높이는 679 m입니다.

두 건축물의 높이의 차는 828－679＝149(m)입니다.

② 세계에서 가장 높은 건축물과 핑안 파이낸스 센터의 높이의 차는 몇 m나 될까요?

가장 높은 건축물인 부르즈 할리파의 높이는 828 m이고 핑안 파이낸스 센터의 높이는 599 m입니다.

두 건축물의 높이의 차는 828－599＝229(m)입니다.

③ 메르데카118과 핑안 파이낸스 센터의 높이의 차는 몇 m나 될까요?

메르데카118의 높이는 679 m이고 핑안 파이낸스 센터의 높이는 599 m입니다.

두 건축물의 높이의 차는 679－599＝80(m)입니다.

세계에서 높은 건축물들의 높이의 합과 차를 잘 알게 되었나요?

여러분이 알고 싶은 건축물들의 높이의 합과 차도 한번 계산해 보세요. 그리고 여러분이 알아보고 싶은 주제나 내용이 있으면 인터넷으로도 한번 찾아보세요.

2

평면도형

승우는 올림픽을 보고 세계 여러 나라의 국기를 찾아보았어요. 우리나라의 국기에서는 원 모양과 사각형 모양을 찾을 수 있어요. 체코의 국기에서는 삼각형 모양도 찾을 수 있어요. 또 아랍에미리트 국기에서는 다양한 사각형 모양을 찾을 수 있네요.

이번 2단원에서는 여러 가지 선, 각과 직각삼각형, 직사각형, 정사각형에 대해 배울 거예요.

단원 학습 목표

1. 선분, 반직선, 직선을 알고 구별할 수 있습니다.
2. 각을 이해하고 각을 찾을 수 있습니다.
3. 직각을 이해하고 직각을 찾을 수 있습니다.
4. 여러 가지 모양의 삼각형에 대한 분류 활동을 통하여 직각삼각형을 이해할 수 있습니다.
5. 여러 가지 모양의 사각형에 대한 분류 활동을 통하여 직사각형, 정사각형을 이해할 수 있습니다.

단원 진도 체크

회차	학습 내용		진도 체크
1차	교과서 개념 배우기 + 문제 해결하기	**개념 1** 선분, 반직선, 직선을 알아볼까요 **개념 2** 각을 알아볼까요	✓
2차	교과서 개념 배우기 + 문제 해결하기	**개념 3** 직각을 알아볼까요 **개념 4** 직각삼각형을 알아볼까요	✓
3차	교과서 개념 배우기 + 문제 해결하기	**개념 5** 직사각형을 알아볼까요 **개념 6** 정사각형을 알아볼까요	✓
4차	단원평가로 완성하기		✓
5차	수학으로 세상보기		

해당 부분을 공부하고 나서 ✓표를 하세요.

○○올림픽
영국
아랍에미리트
프랑스
대한민국
체코
남아프리카공화국

개념 1 선분, 반직선, 직선을 알아볼까요

■ 선의 종류 알아보기

• 곧은 선:
반듯하게 쭉 뻗은 선

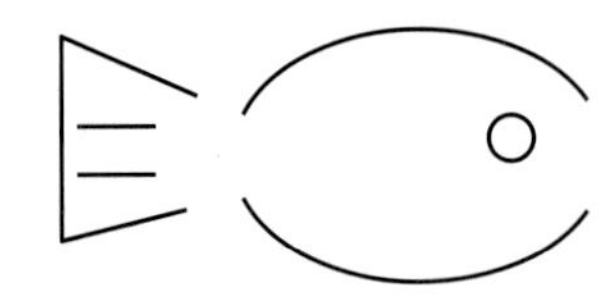

• 굽은 선:
구부러지거나 휘어진 선

• 곧은 선은 자를 사용하여 반듯하게 그을 수 있습니다.

■ 선분, 반직선, 직선 알아보기

• 선분: 두 점을 곧게 이은 선

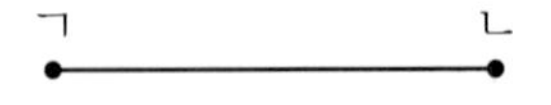

선분 ㄱㄴ 또는 선분 ㄴㄱ

• 선분, 반직선, 직선은 모두 곧은 선입니다.

• 반직선: 한 점에서 시작하여 한쪽으로 끝없이 늘인 곧은 선

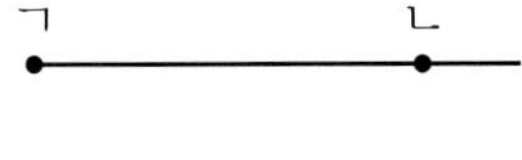

반직선 ㄱㄴ —점 ㄱ에서 시작하여 점 ㄴ을 지나는 반직선

반직선 ㄴㄱ —점 ㄴ에서 시작하여 점 ㄱ을 지나는 반직선

• 반직선은 시작점을 먼저 읽고, 늘인 방향 쪽의 점을 나중에 읽습니다.

• 직선: 선분을 양쪽으로 끝없이 늘인 곧은 선

직선 ㄱㄴ 또는 직선 ㄴㄱ

• 선분은 끝이 있고, 직선은 끝이 없습니다.

개념 2 각을 알아볼까요

■ 각 알아보기

• 각: 한 점에서 그은 두 반직선으로 이루어진 도형

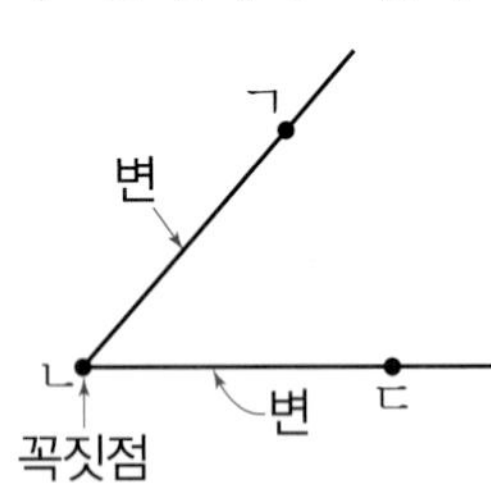

각 ㄱㄴㄷ 또는 각 ㄷㄴㄱ이라고 읽습니다.
점 ㄴ을 각의 꼭짓점이라고 합니다.
반직선 ㄴㄱ과 반직선 ㄴㄷ을 각의 변이라 하고,
이 변을 변 ㄴㄱ과 변 ㄴㄷ이라고 합니다.

• 각을 읽을 때에는 꼭짓점이 가운데 오도록 읽습니다.

• 각이 아닌 예

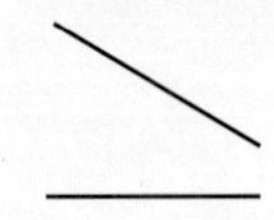

두 반직선이 만나지 않음.

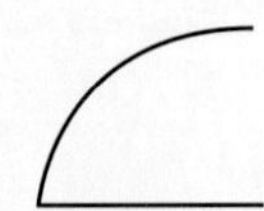

두 변 중 하나가 굽은 선임.

■ 각 찾아보기

문제를 풀며 이해해요

▸ 251002-0106

01 굽은 선을 찾아 ○표 하세요.

( )　( )　( )

선분, 반직선, 직선과 각을 알고 있는지 묻는 문제예요.

굽은 선은 구부러지거나 휘어진 선이에요.

▸ 251002-0107

02 도형의 이름을 바르게 읽은 것을 찾아 ○표 하세요.

(1) ㄷ ㄹ

선분 ㄷㄹ ( )
반직선 ㄷㄹ ( )
직선 ㄷㄹ ( )

(2) ㅁ ㅂ

선분 ㅁㅂ ( )
반직선 ㅁㅂ ( )
직선 ㅁㅂ ( )

(3) ㅅ ㅇ

선분 ㅅㅇ ( )
반직선 ㅅㅇ ( )
직선 ㅅㅇ ( )

선분은 두 점을 곧게 이은 선이에요. 반직선은 한 점에서 시작하여 한쪽으로 끝없이 늘인 곧은 선이에요. 직선은 선분을 양쪽으로 끝없이 늘인 곧은 선이에요.

▸ 251002-0108

03 그림을 보고 알맞은 것에 ○표 하세요.

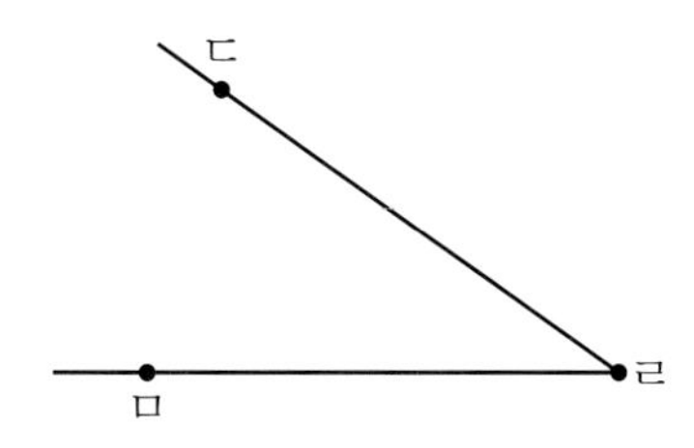

(1) 한 점에서 그은 두 반직선으로 이루어진 도형을 (원 , 삼각형 , 각) 이라고 합니다.

(2) 각의 꼭짓점은 (점 ㄷ , 점 ㄹ , 점 ㅁ)입니다.

각의 꼭짓점은 두 반직선이 시작하는 점이에요.

교과서 문제 해결하기

▸251002-0109

01 곧은 선을 모두 찾아 ○표 하세요.

(　　) (　　) (　　) (　　)

▸251002-0110

02 그림을 보고 물음에 답하세요.

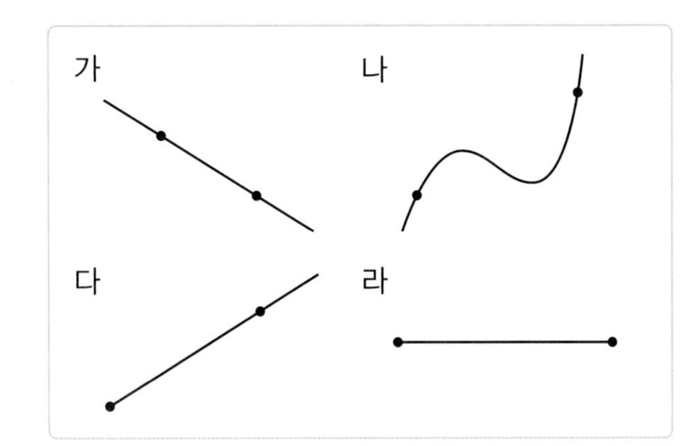

(1) 선분을 찾아 기호를 써 보세요.

(　　　　　　)

(2) 반직선을 찾아 기호를 써 보세요.

(　　　　　　)

(3) 직선을 찾아 기호를 써 보세요.

(　　　　　　)

▸251002-0111

03 도형의 이름을 써 보세요.

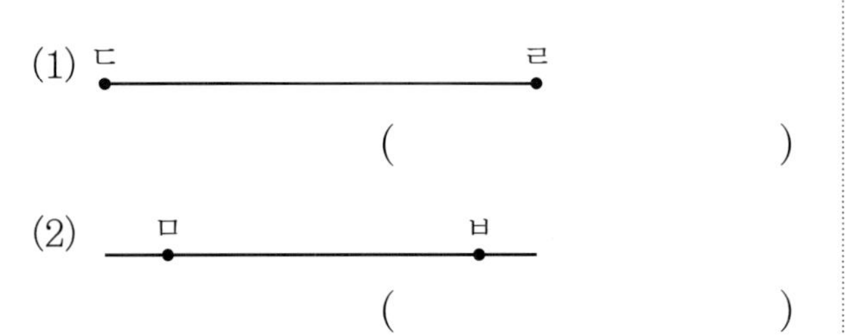

(1) (　　　　　　)

(2) (　　　　　　)

중요

▸251002-0112

04 오른쪽 도형에 대해 잘못 설명한 사람의 이름을 써 보세요.

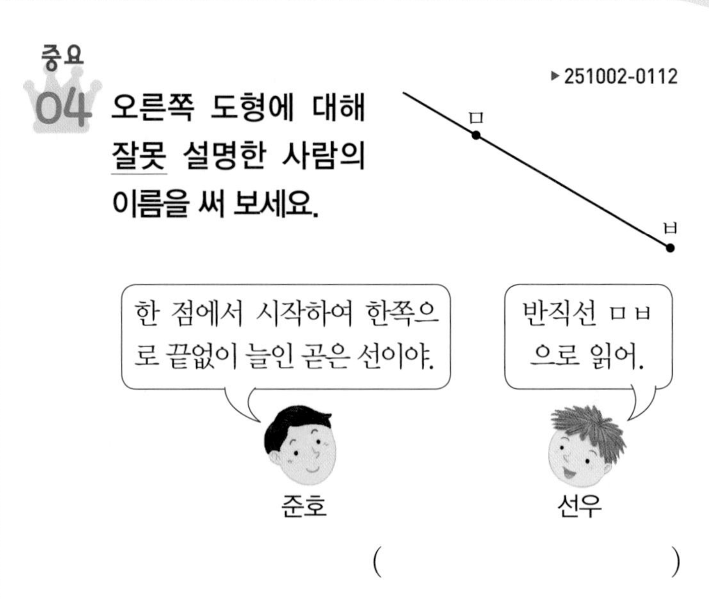

ㅁ
ㅂ
한 점에서 시작하여 한쪽으로 끝없이 늘인 곧은 선이야.
반직선 ㅁㅂ으로 읽어.
준호
선우

(　　　　　　)

▸251002-0113

05 두 점을 이용하여 직선 ㅁㅅ을 그어 보세요.

중요

▸251002-0114

06 각을 모두 찾아 기호를 써 보세요.

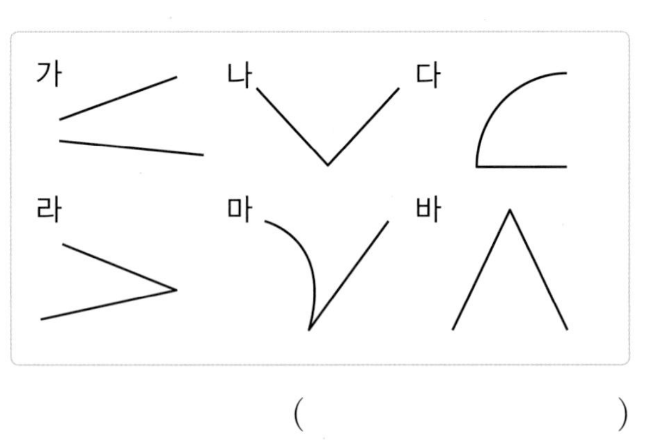

(　　　　　　)

▸251002-0115

07 오른쪽 각의 이름을 써 보세요.

ㅅ ㅇ ㅈ

(　　　　　　)

▸251002-0116

08 오른쪽 도형을 보고 바르게 설명한 것을 찾아 기호를 써 보세요.

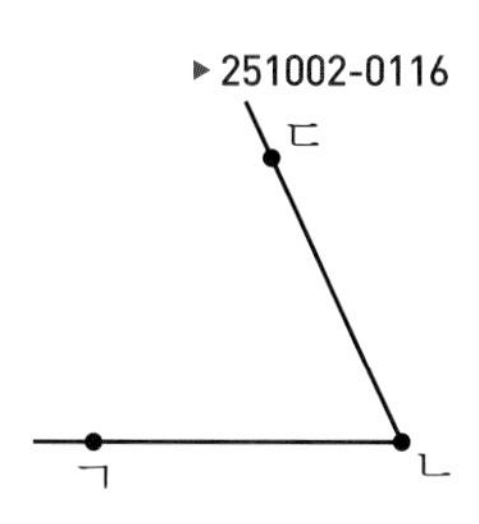

㉠ 각 ㄴㄷㄱ이라고 읽습니다.
㉡ 각의 변은 2개입니다.
㉢ 각의 꼭짓점은 3개입니다.

( )

▸251002-0117

09 각을 찾을 수 있는 물건은 모두 몇 개일까요?

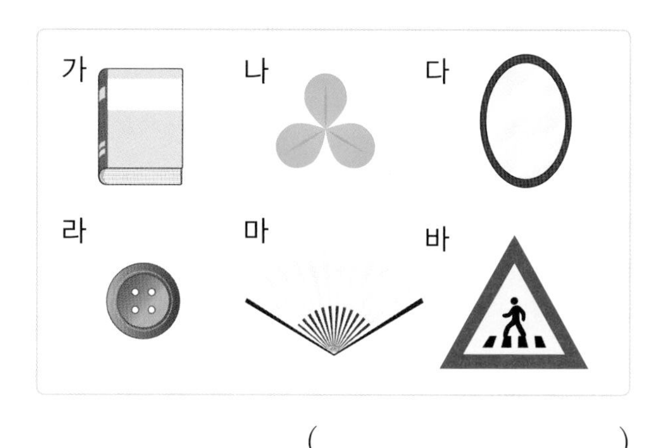

( )

도전

▸251002-0118

10 점 ㄴ을 꼭짓점으로 하여 그릴 수 있는 각을 모두 찾아 각의 이름을 써 보세요.

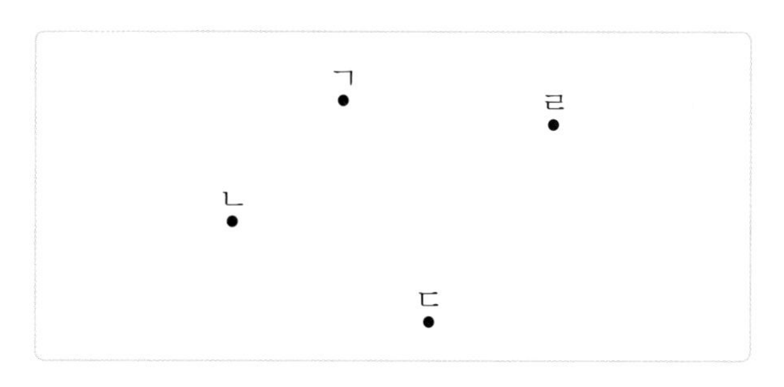

도움말 점 ㄴ에서 시작하는 두 반직선을 그어 각을 찾습니다.

문제해결 접근하기

▸251002-0119

11 각이 가장 많은 도형을 찾아 기호를 써 보세요.

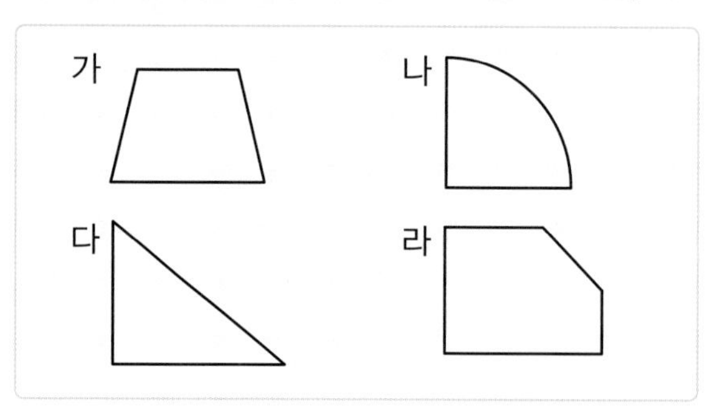

이해하기

구하려는 것은 무엇인가요?

답

계획 세우기

어떤 방법으로 문제를 해결하면 좋을까요?

답

해결하기

(1) 가, 나, 다, 라에 각이 각각 몇 개 있나요?

답

(2) 각이 가장 많은 도형을 찾아 기호를 써 보세요.

답

되돌아보기

위 그림에서 각이 가장 적은 도형을 찾아 기호를 써 보세요.

답

교과서
개념 배우기

개념 3 직각을 알아볼까요

■ 직각 알아보기

• 직각: 그림과 같이 종이를 반듯하게 두 번 접었을 때 생기는 각

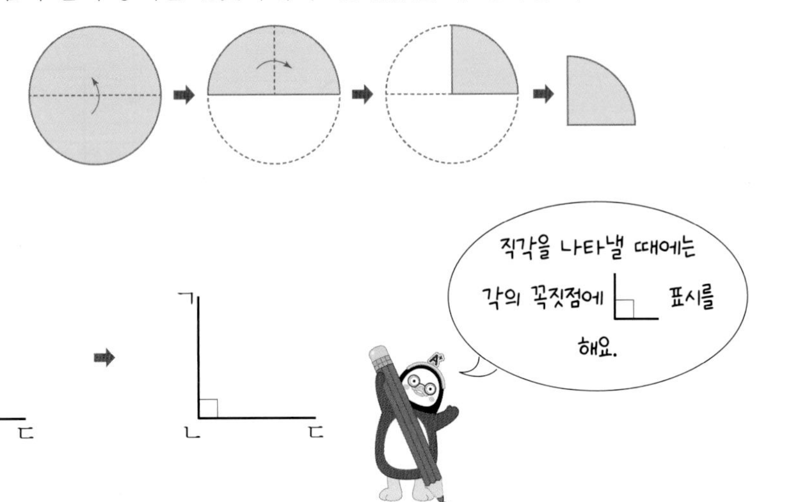
ㄱ
ㄴ
ㄷ
ㄱ
ㄴ
ㄷ
직각을 나타낼 때에는
각의 꼭짓점에 표시를
해요.

• 삼각자에서 직각 찾기

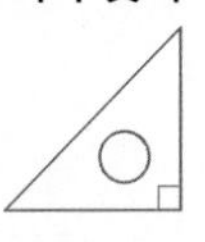

개념 4 직각삼각형을 알아볼까요

■ 직각삼각형 알아보기

• 직각삼각형: 한 각이 직각인 삼각형

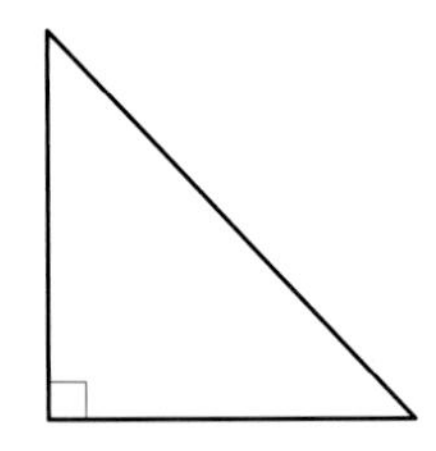

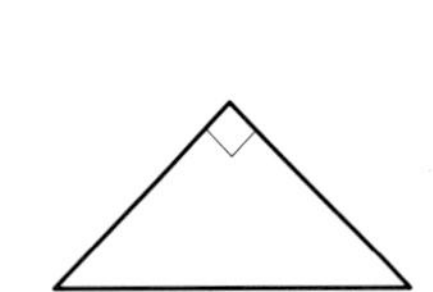

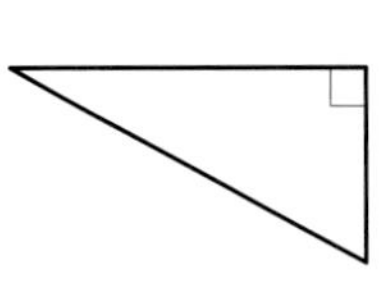

■ 직각삼각형의 특징

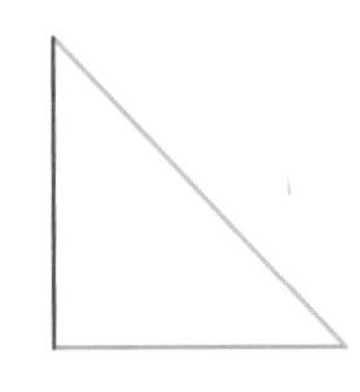

변이 3개 있습니다.

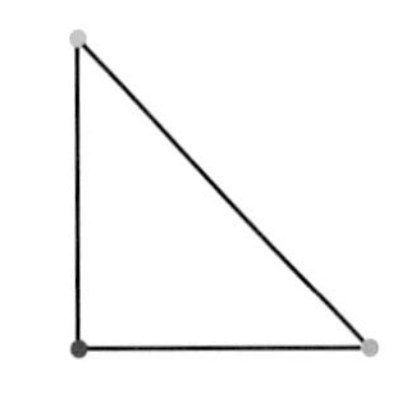

꼭짓점이 3개 있습니다.

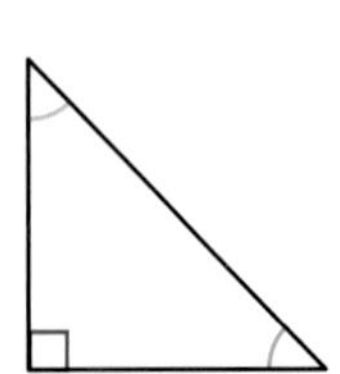

각이 3개 있고
그중 한 각이 직각입니다.

• 직각삼각형 모양 찾기
삼각자

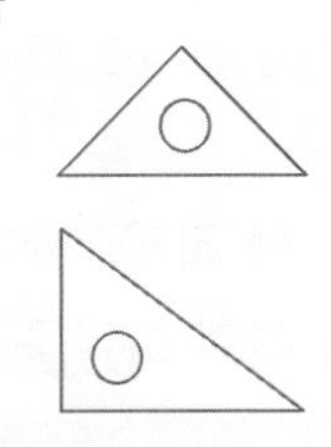

칠교판 조각

정답과 풀이 26쪽

문제를 풀며 이해해요

▸ 251002-0120

01 □ 안에 알맞은 말을 써넣으세요.

직각과 직각삼각형을 알고 있는지 묻는 문제예요.

그림과 같이 종이를 반듯하게 두 번 접었을 때 생기는 각을 □(이)라고 합니다.

▸ 251002-0121

02 보기 와 같이 직각을 모두 찾아 ∟로 표시해 보세요.

삼각자의 직각 부분을 각에 맞대어 직각을 찾아보아요.

보기

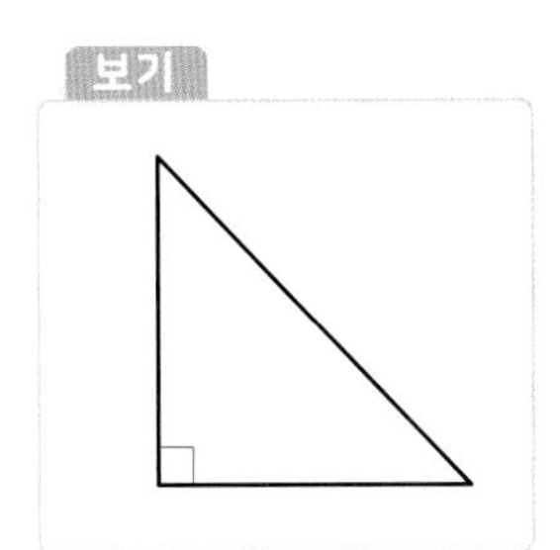

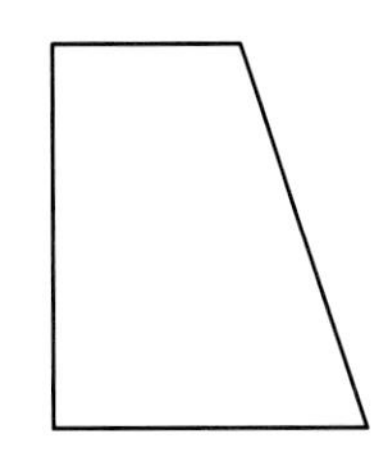

▸ 251002-0122

03 그림을 보고 물음에 답하세요.

직각이 1개 있는 삼각형을 찾아보아요.

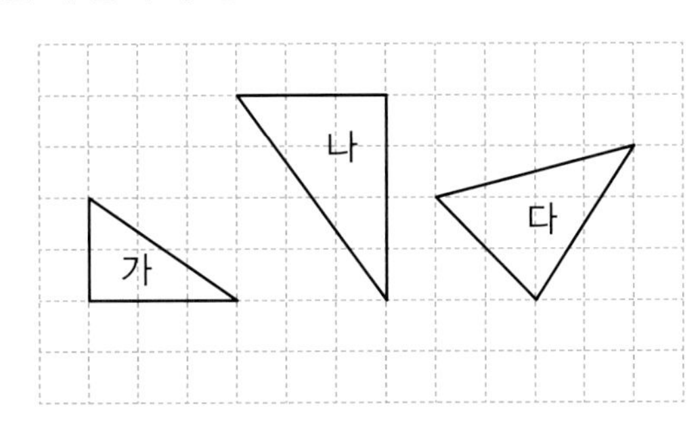

(1) 직각이 있는 삼각형을 모두 찾아 기호를 써 보세요.

( )

(2) (1)에서 찾은 도형의 이름을 써 보세요.

( )

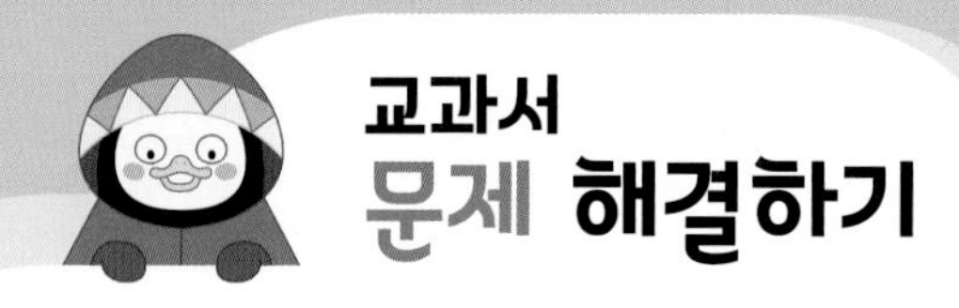

교과서 문제 해결하기

▸251002-0123

01 직각을 바르게 그린 것을 찾아 ○표 하세요.

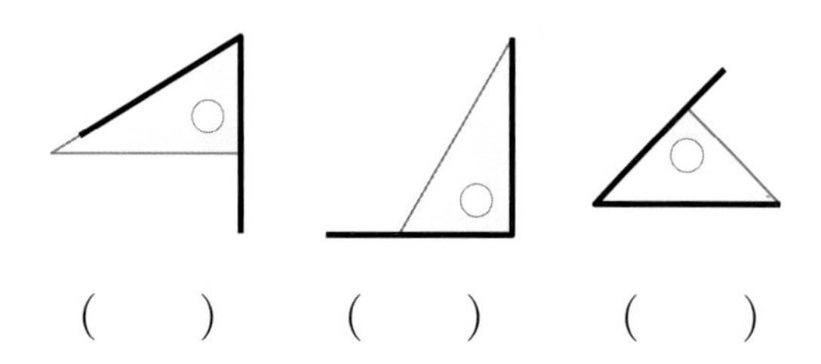

(　　)　　(　　)　　(　　)

중요

▸251002-0124

02 도형에서 직각을 모두 찾아 ⌞ 로 표시해 보세요.

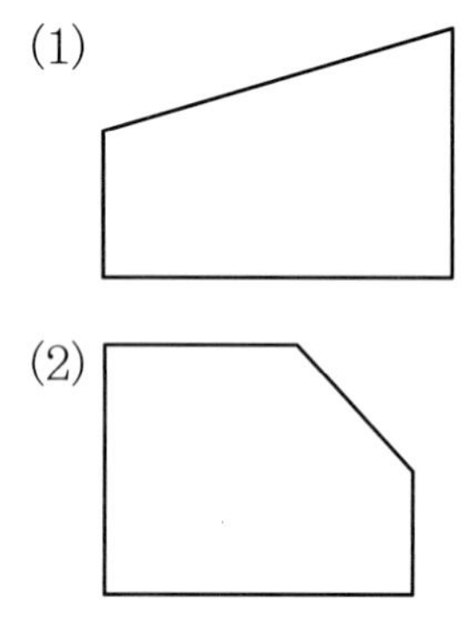

▸251002-0125

03 직각삼각형을 모두 찾아 기호를 써 보세요.

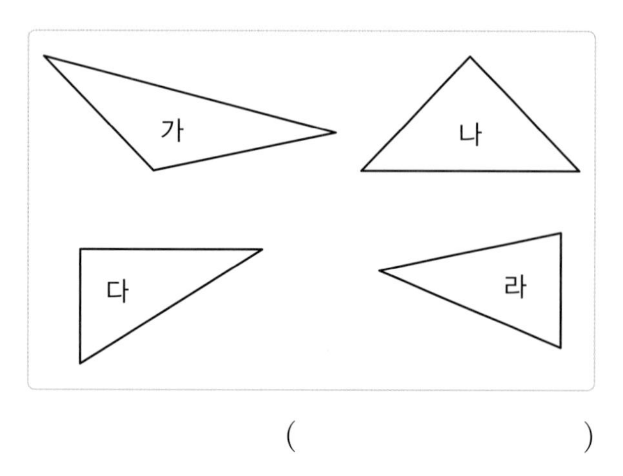

(　　　　　　　　　　)

중요

▸251002-0126

04 직각삼각형에 대한 설명 중 옳지 않은 것을 찾아 기호를 써 보세요.

㉠ 변이 3개 있습니다.
㉡ 꼭짓점이 3개 있습니다.
㉢ 직각이 3개 있습니다.

(　　　　　　　　　　)

▸251002-0127

05 주어진 선분을 한 변으로 하는 직각을 각각 그려 보세요.

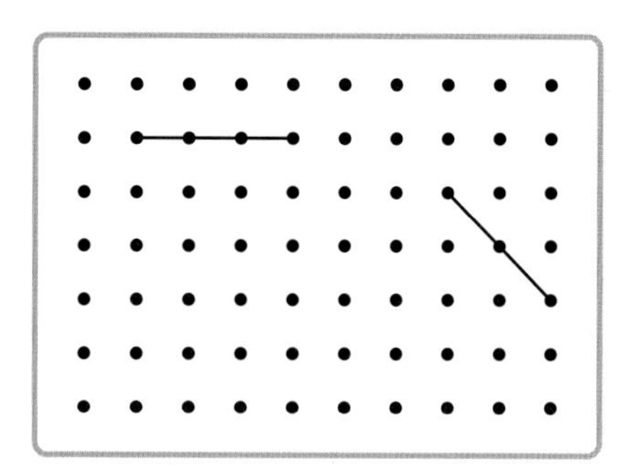

▸251002-0128

06 시계의 긴바늘과 짧은바늘이 이루는 작은 쪽의 각이 직각인 시각은 어느 것일까요? (　　)

① 1시　　② 4시　　③ 5시
④ 9시　　⑤ 12시

▸251002-0129

07 색종이를 점선을 따라 모두 잘랐을 때 생기는 직각삼각형은 몇 개일까요?

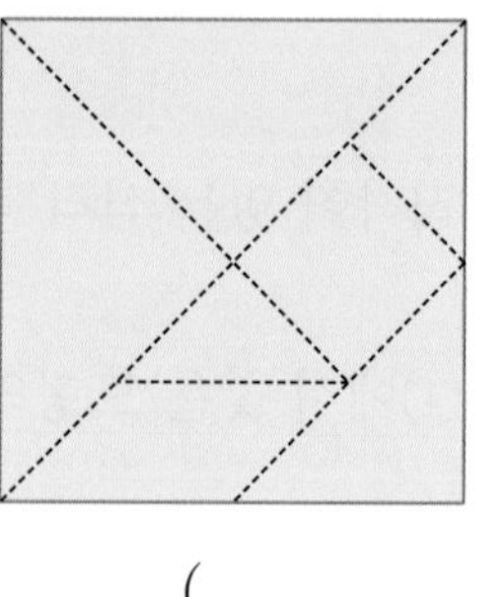

(　　　　　　　　　　)

▸ 251002-0130

08 직각이 많은 도형부터 순서대로 기호를 써 보세요.

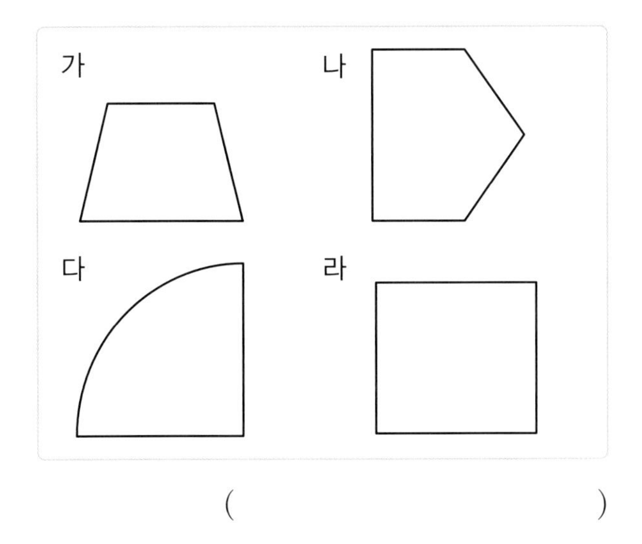

( )

▸ 251002-0131

09 점 종이에 모양과 크기가 다른 직각삼각형 2개를 그려 보세요.

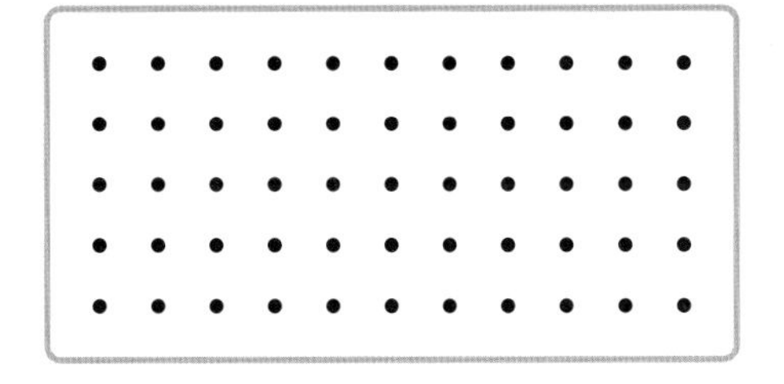

도전

▸ 251002-0132

10 그림에서 직각을 모두 찾아 써 보세요.

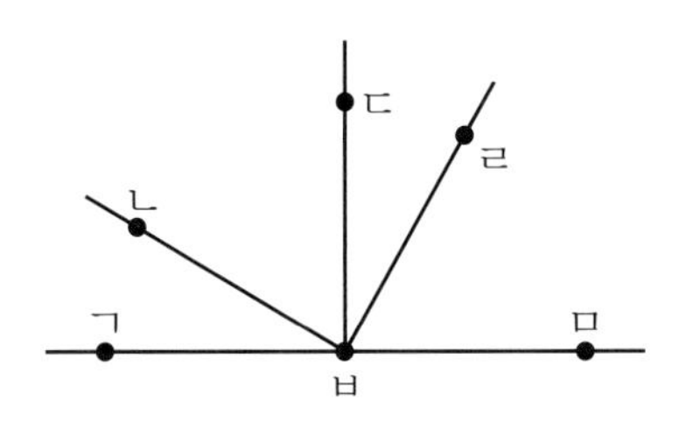

( )

도움말 삼각자의 직각 부분을 맞대었을 때 꼭 맞게 겹쳐지는 각을 찾습니다.

문제해결 접근하기

▸ 251002-0133

11 오른쪽 도형에서 찾을 수 있는 크고 작은 직각삼각형은 모두 몇 개인지 구해 보세요.

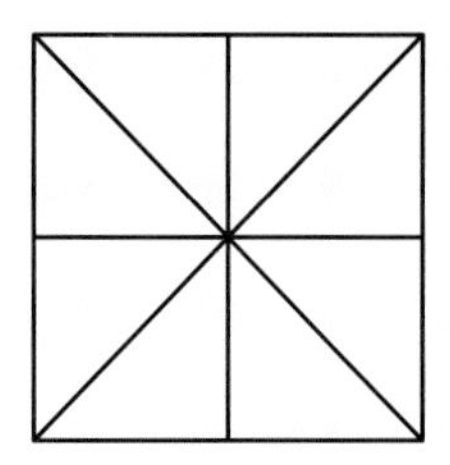

이해하기

구하려는 것은 무엇인가요?

답 ______________________

계획 세우기

어떤 방법으로 문제를 해결하면 좋을까요?

답 ______________________

____

해결하기

(1) 작은 직각삼각형 1개, 2개, 4개로 이루어진 직각삼각형은 각각 몇 개일까요?

답 ______________________

____

(2) 크고 작은 직각삼각형은 모두 몇 개일까요?

답 ______________________

되돌아보기

도형에서 찾을 수 있는 크고 작은 직각삼각형은 모두 몇 개인지 구해 보세요.

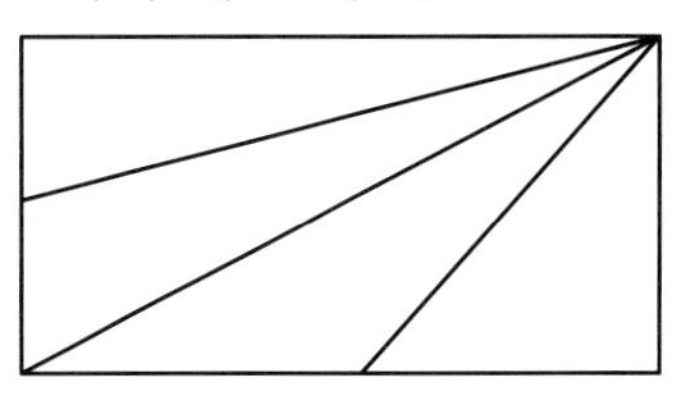

답 ______________________

____

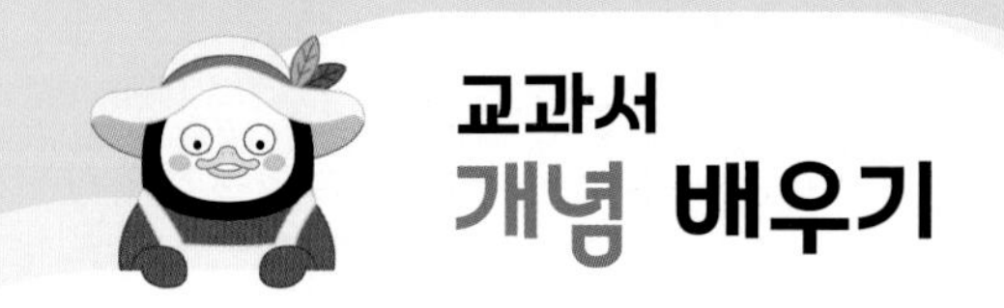

개념 5 직사각형을 알아볼까요

■ **직사각형 알아보기**

• 직사각형: 네 각이 모두 직각인 사각형

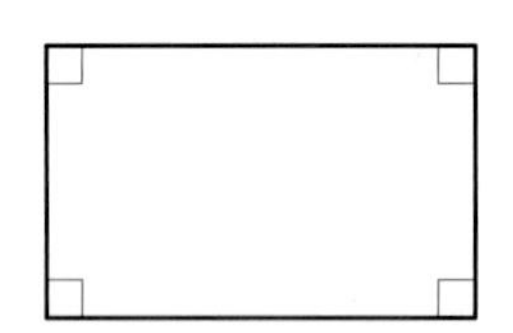
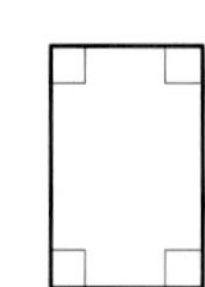
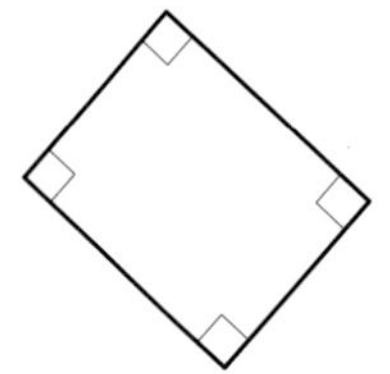

■ **직사각형의 특징**

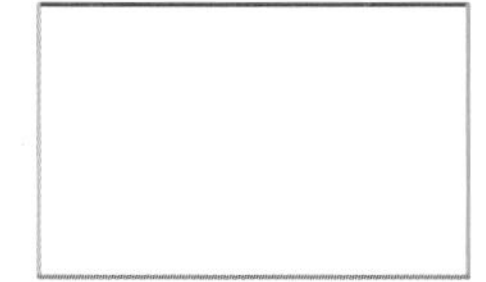

변이 4개 있습니다.

꼭짓점이 4개 있습니다.

각이 4개 있고 모두 직각입니다.

• **직사각형의 변의 특징**
직사각형은 마주 보는 두 변의 길이가 같습니다.

개념 6 정사각형을 알아볼까요

■ **정사각형 알아보기**

• 정사각형: 네 각이 모두 직각이고 네 변의 길이가 모두 같은 사각형

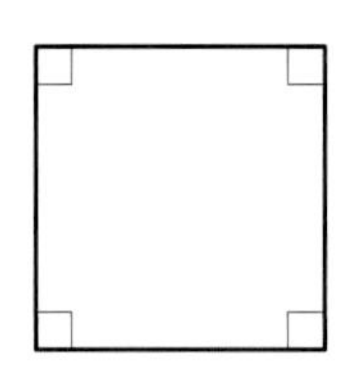
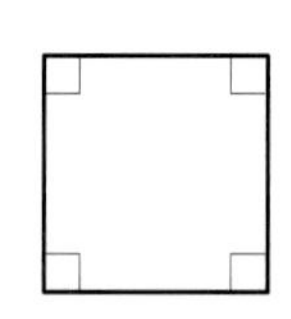
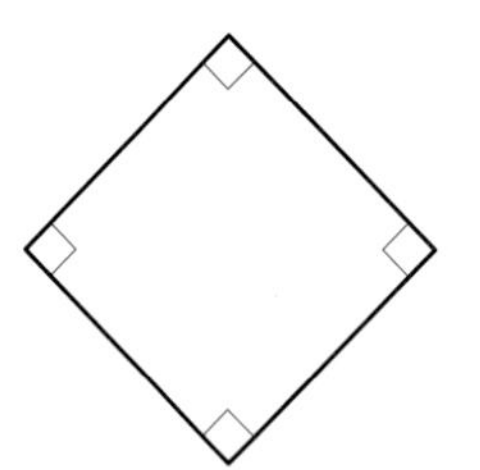

■ **정사각형의 특징**

변이 4개 있고 길이가 모두 같습니다.

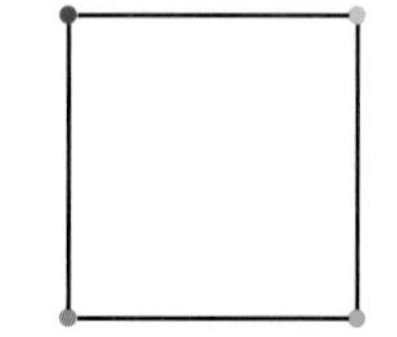

꼭짓점이 4개 있습니다.

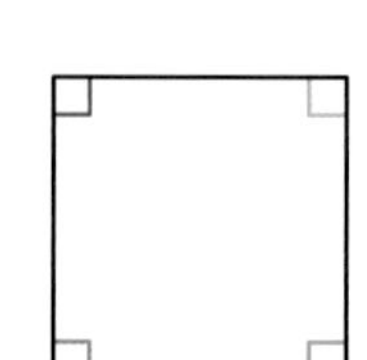

각이 4개 있고 모두 직각입니다.

• **정사각형이 아닌 예**

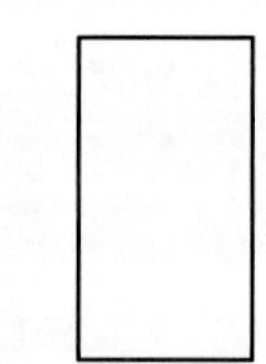

네 각이 모두 직각이지만 변의 길이가 모두 같지는 않습니다.

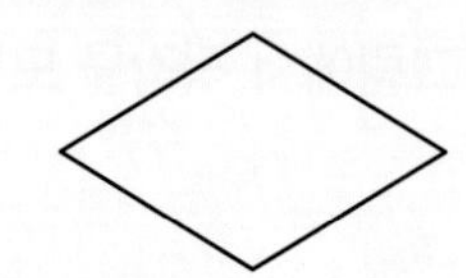

네 변의 길이가 모두 같지만 각이 직각이 아닙니다.

문제를 풀며 이해해요

▸ 251002-0134

01 **그림을 보고 물음에 답하세요.**

(1) 네 각이 모두 직각인 사각형을 모두 찾아 기호를 써 보세요.

( )

(2) (1)에서 찾은 도형의 이름을 써 보세요.

( )

직사각형과 정사각형을 알고 있는지 묻는 문제예요.

네 각이 모두 직각인 사각형은 무엇인지 생각해 보아요.

▸ 251002-0135

02 **그림을 보고 물음에 답하세요.**

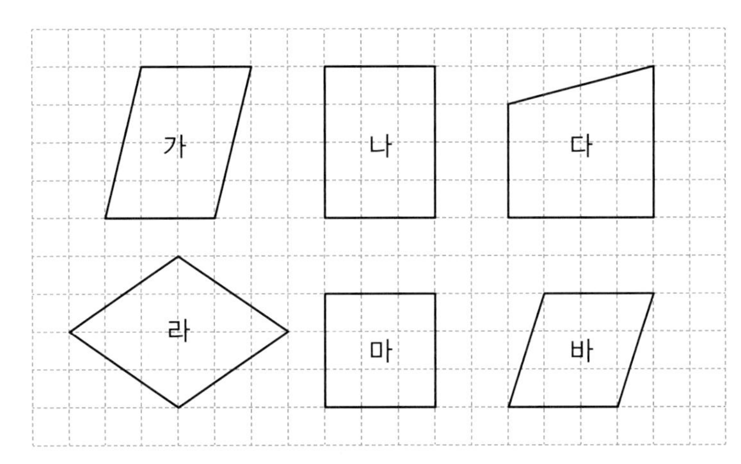

(1) 네 각이 모두 직각인 사각형을 모두 찾아 기호를 써 보세요.

( )

(2) 네 변의 길이가 모두 같은 사각형을 모두 찾아 기호를 써 보세요.

( )

(3) 네 각이 모두 직각이고 네 변의 길이가 모두 같은 사각형을 찾아 기호를 써 보세요.

( )

(4) (3)에서 찾은 도형의 이름을 써 보세요.

( )

네 각이 모두 직각이고, 네 변의 길이가 모두 같은 사각형은 무엇인지 생각해 보아요.

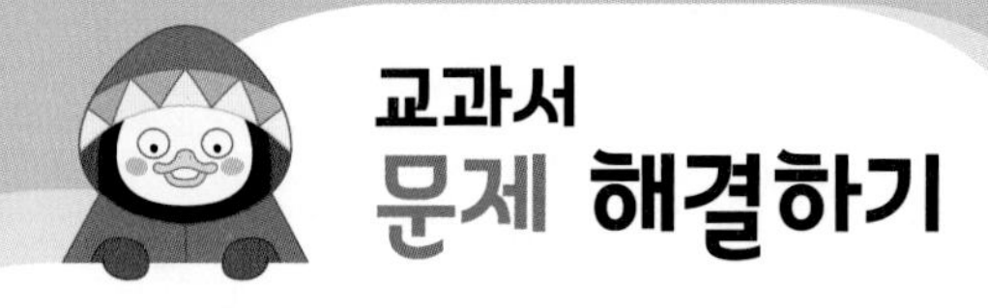

▸ 251002-0136

01 그림을 보고 □ 안에 알맞은 말을 써넣으세요.

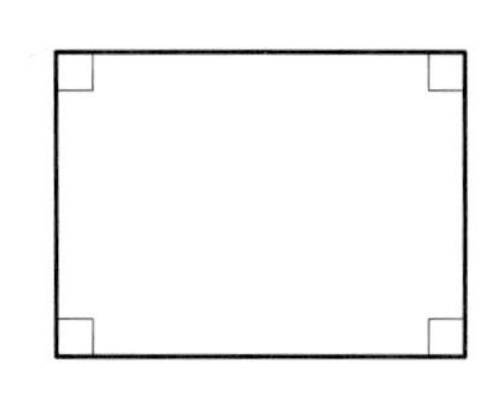

네 각이 모두 □인 사각형을

□(이)라고 합니다.

▸ 251002-0137

02 정사각형을 모두 찾아 기호를 써 보세요.

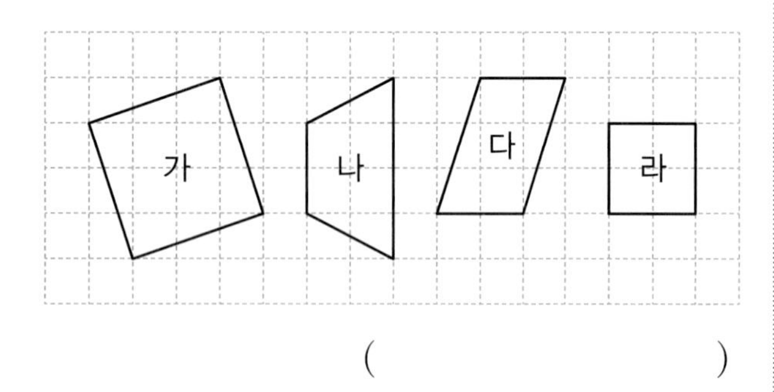

(　　　　　　　　)

▸ 251002-0138

03 주어진 선분을 이용하여 직사각형을 완성해 보세요.

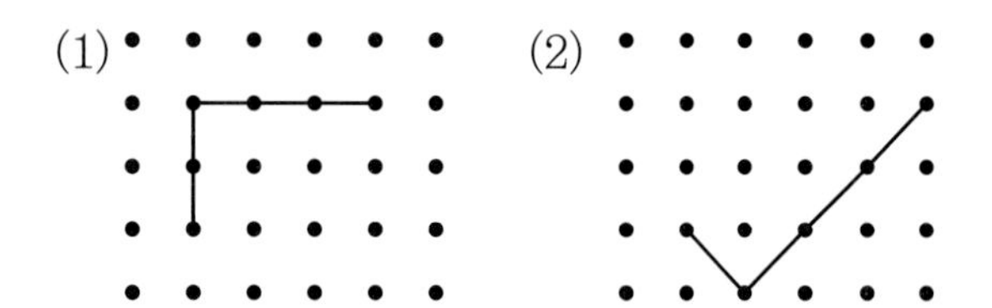

▸ 251002-0139

04 잘못된 설명을 찾아 기호를 써 보세요.

㉠ 직사각형의 네 각은 모두 직각입니다.
㉡ 정사각형은 직사각형이라고 할 수 있습니다.
㉢ 직사각형은 네 변의 길이가 모두 같습니다.

(　　　　　　　　)

▸ 251002-0140

05 직사각형을 찾을 수 있는 물건을 모두 찾아 기호를 써 보세요.

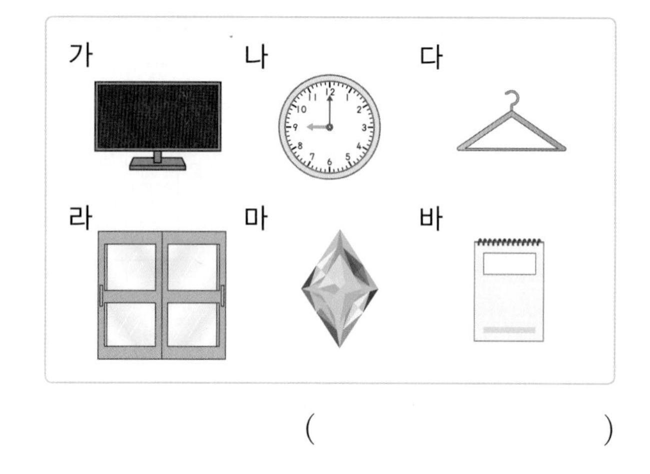

(　　　　　　　　)

▸ 251002-0141

06 주어진 사각형을 직사각형으로 만들려고 합니다. 꼭짓점 가를 어느 점으로 옮겨야 할까요? (　　)

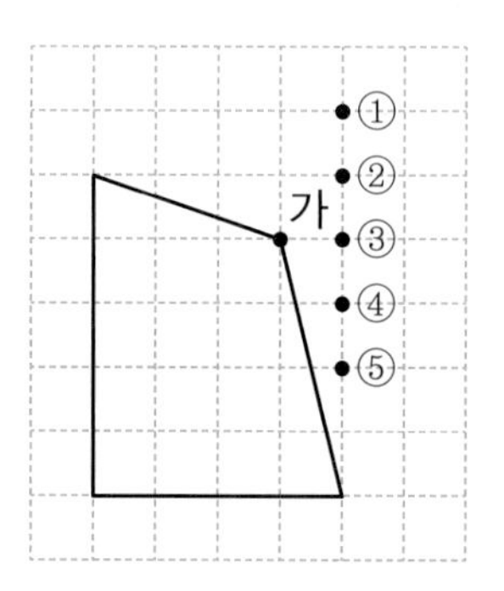

중요

▸ 251002-0142

07 다음은 정사각형입니다. □ 안에 알맞은 수를 써넣으세요.

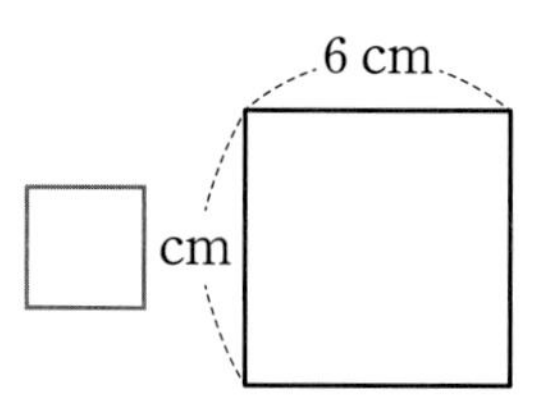

▸ 251002-0143

08 모눈종이에 크기가 다른 정사각형을 2개 그려 보세요.

중요

▸ 251002-0144

09 다음 도형이 직사각형이 아닌 이유를 써 보세요.

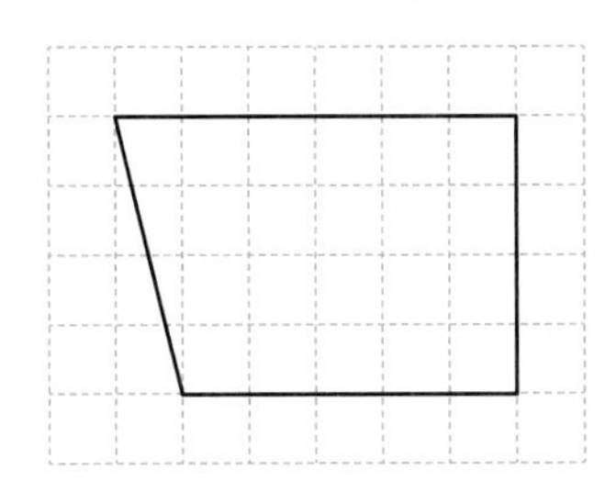

이유 ______________________

____

도전

▸ 251002-0145

10 작은 정사각형 3개와 큰 정사각형 2개를 이어 붙여 직사각형을 만들었습니다. □ 안에 알맞은 수를 써넣으세요.

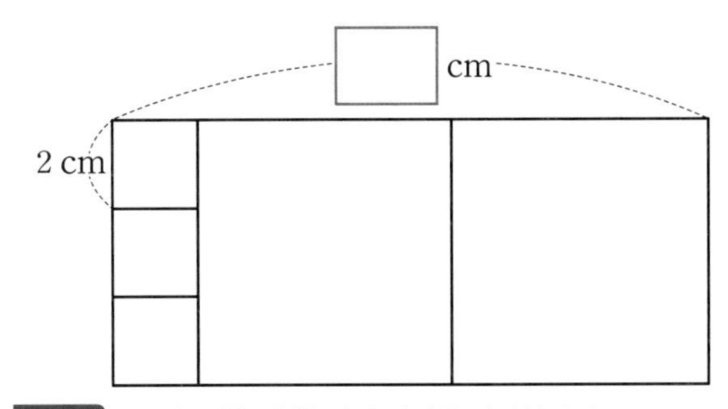

도움말 큰 정사각형의 한 변의 길이를 알아봅니다.

문제해결 접근하기

▸ 251002-0146

11 도형에서 찾을 수 있는 크고 작은 직사각형은 모두 몇 개인지 구해 보세요.

이해하기

구하려는 것은 무엇인가요?

답 ______________________

계획 세우기

어떤 방법으로 문제를 해결하면 좋을까요?

답 ______________________

____

해결하기

(1) 작은 직사각형 1개, 2개, 3개, 4개, 6개로 이루어진 직사각형은 각각 몇 개일까요?

답 ______________________

____

(2) 크고 작은 직사각형은 모두 몇 개일까요?

답 ______________________

되돌아보기

오른쪽 도형에서 찾을 수 있는 크고 작은 정사각형은 모두 몇 개인지 구해 보세요.

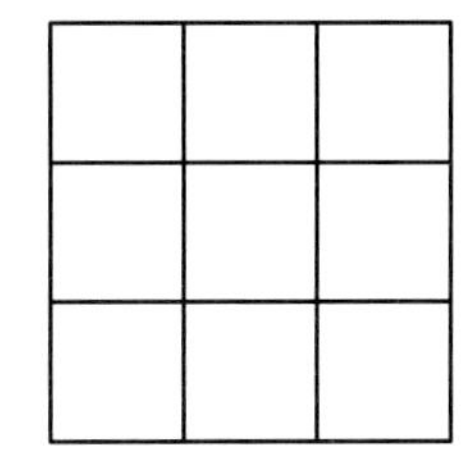

답 ______________________

____

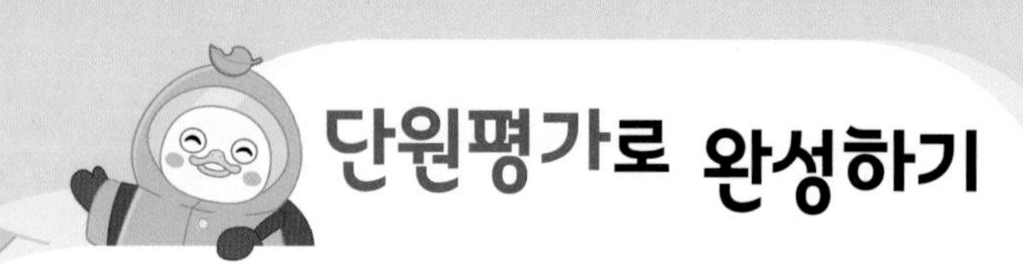

단원평가로 완성하기

▸251002-0147

01 곧은 선을 모두 찾아 ○표 하세요.

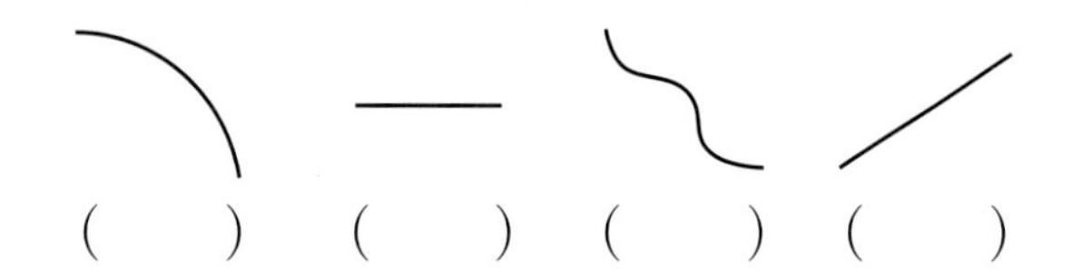

( ) ( ) ( ) ( )

▸251002-0148

02 관계있는 것끼리 이어 보세요.

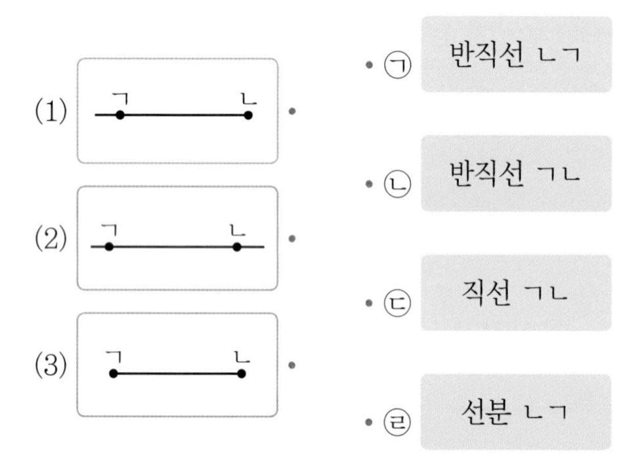

▸251002-0149

03 선분 ㄱㄴ과 반직선 ㅁㄷ을 그어 보세요.

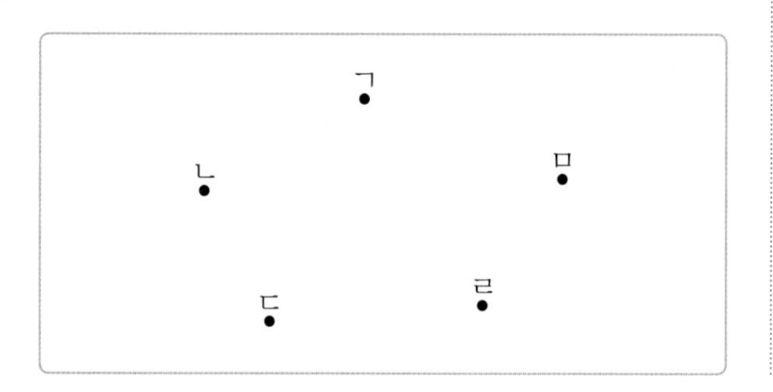

▸251002-0150

04 다음 도형에 대한 설명으로 잘못된 것은 어느 것일까요? ( )

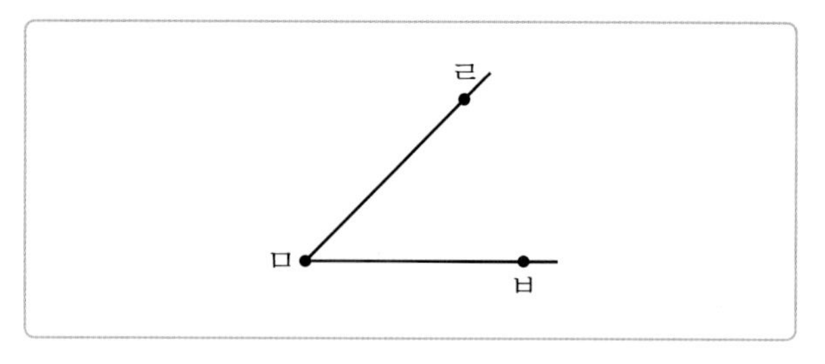

① 도형의 이름은 각입니다.
② 변은 2개입니다.
③ 꼭짓점은 3개입니다.
④ 각 ㄹㅁㅂ이라고 읽습니다.
⑤ 두 반직선으로 이루어진 도형입니다.

▸251002-0151

05 각을 잘못 그린 이유를 바르게 말한 사람을 찾아 이름을 써 보세요.

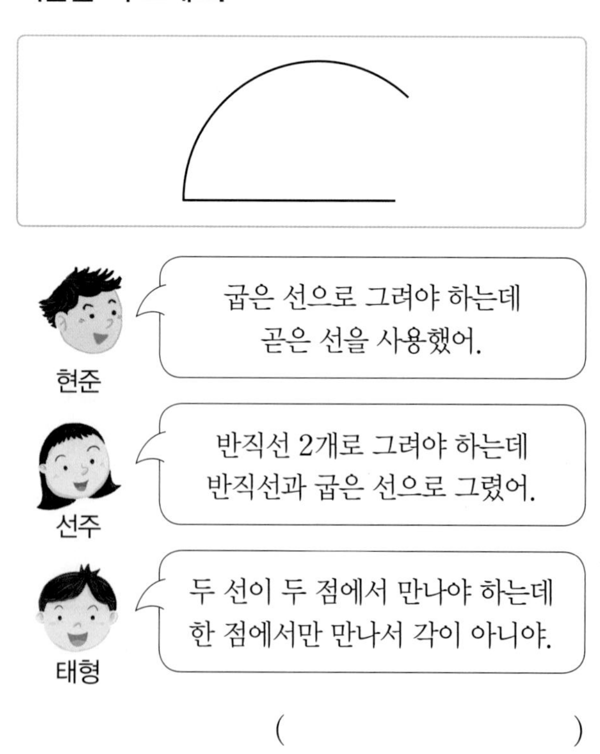

굽은 선으로 그려야 하는데 곧은 선을 사용했어.
현준
반직선 2개로 그려야 하는데 반직선과 굽은 선으로 그렸어.
선주
두 선이 두 점에서 만나야 하는데 한 점에서만 만나서 각이 아니야.
태형

( )

▸251002-0152

06 직각을 찾아 바르게 읽은 것은 어느 것일까요?

(　　)

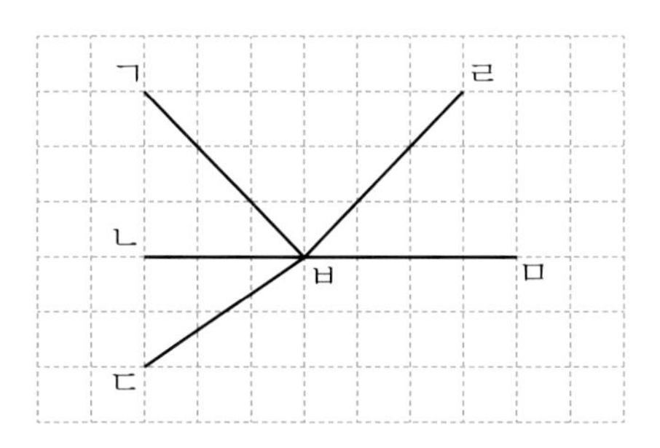

① 각 ㄱㅂㄴ　② 각 ㄱㅂㄷ
③ 각 ㄱㅂㄹ　④ 각 ㄴㅂㄷ
⑤ 각 ㄹㅂㅁ

▸251002-0153

07 직각삼각형을 모두 찾아 기호를 써 보세요.

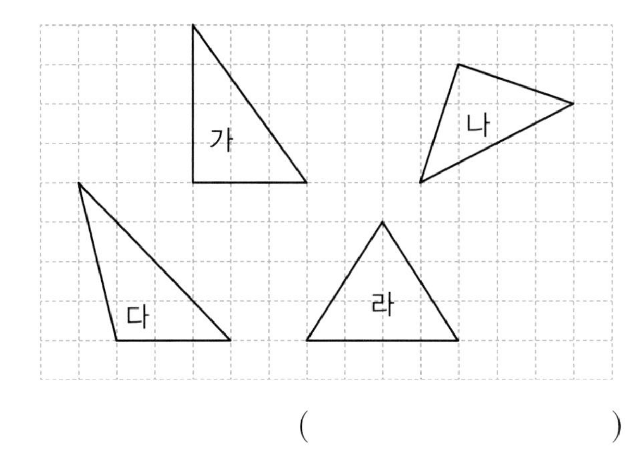

(　　　　　　　　)

▸251002-0154

08 옳은 설명을 찾아 기호를 써 보세요.

㉠ 직각삼각형에는 직각이 3개 있습니다.
㉡ 정사각형은 네 각이 모두 직각입니다.
㉢ 직사각형은 정사각형이라고 할 수 있습니다.

(　　　　　　　　)

▸251002-0155

09 정사각형 모양의 색종이를 점선을 따라 모두 자르면 직각삼각형은 몇 개가 생길까요?

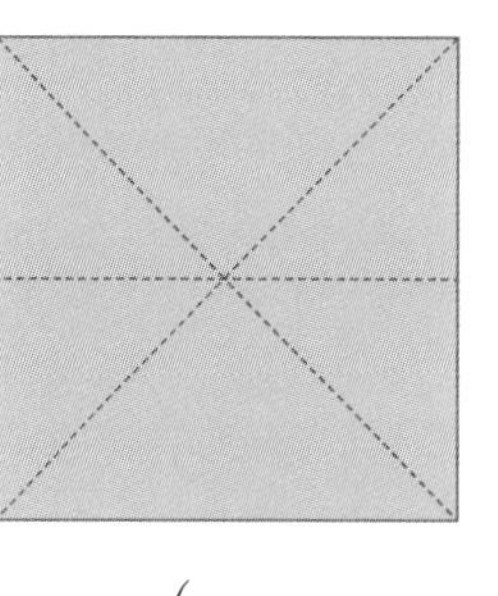

(　　　　　　　　)

▸251002-0156

10 네 각이 모두 직각인 사각형을 찾아 기호를 써 보세요.

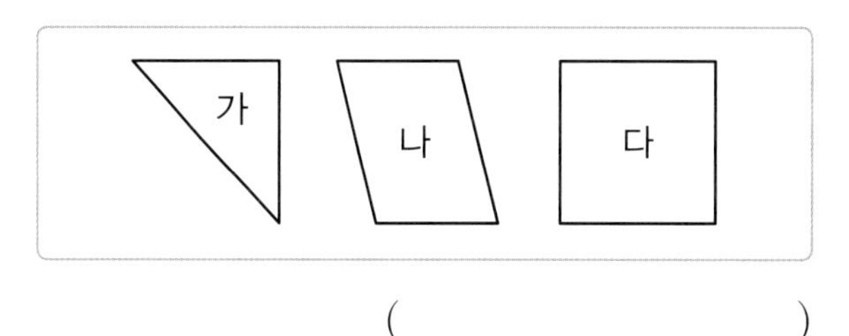

(　　　　　　　　)

▸ 251002-0157

11 직사각형입니다. ㉠과 ㉡에 알맞은 수의 합은 얼마일까요?

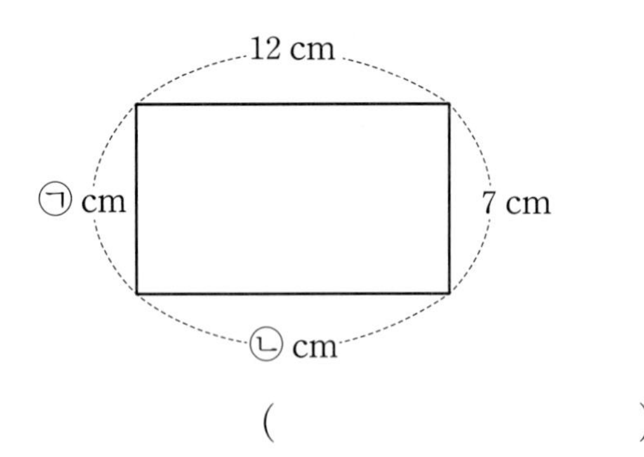

(　　　　　　　　　　)

▸ 251002-0158

12 주아는 직각삼각형 2개와 직사각형 1개를 그렸습니다. 주아가 그린 도형에 있는 직각은 모두 몇 개일까요?

(　　　　　　　　　　)

중요

▸ 251002-0159

13 삼각형 ㄱㄴㄷ의 꼭짓점 ㄴ을 옮겨 직각삼각형을 만들려고 합니다. 꼭짓점 ㄴ을 어느 점으로 옮겨야 할까요? (　　　)

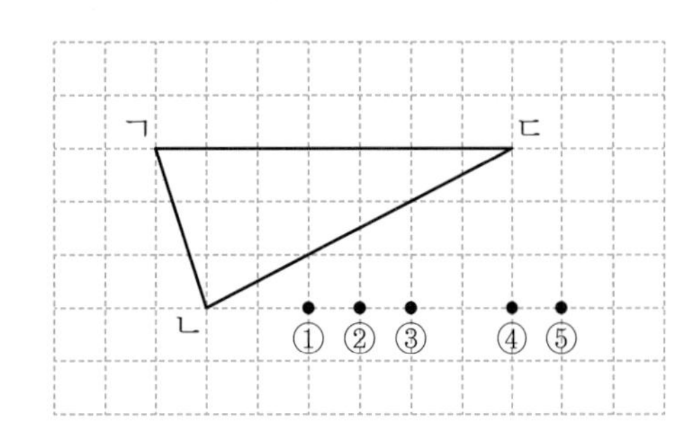

▸ 251002-0160

14 정사각형을 모두 찾아 기호를 써 보세요.

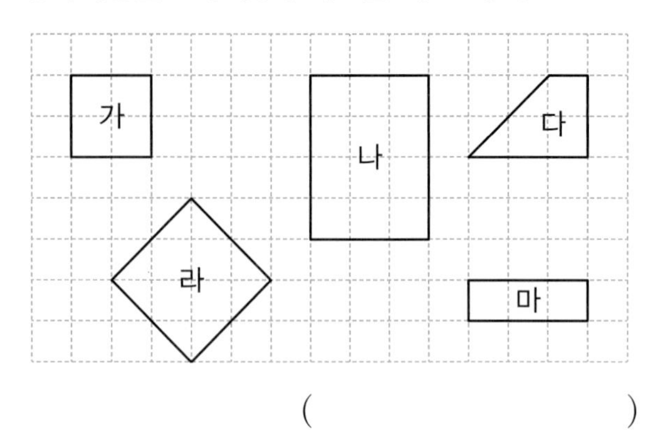

(　　　　　　　　　　)

▸ 251002-0161

15 가, 나, 다는 모두 정사각형입니다. 정사각형 다의 한 변의 길이는 몇 cm일까요?

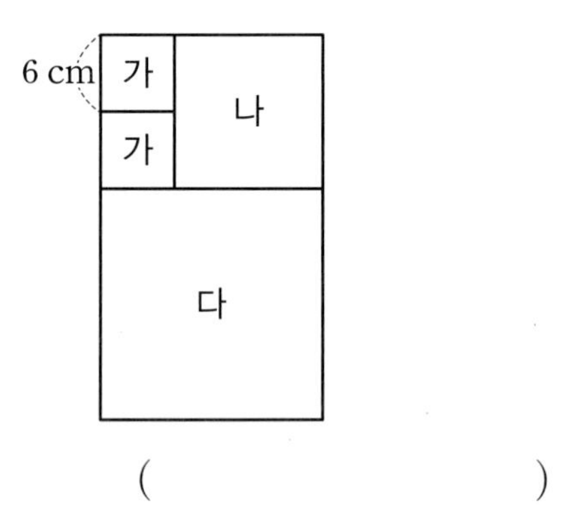

(　　　　　　　　　　)

중요

▸251002-0162

16 도형의 이름이 될 수 없는 것은 어느 것일까요?

( )

① 사각형　② 직사각형
③ 정사각형　④ 직각삼각형
⑤ 평면도형

▸251002-0163

17 끈으로 한 변의 길이가 9 cm인 정사각형 1개와 한 변의 길이가 4 cm인 정사각형 2개를 만들었습니다. 사용한 끈의 길이는 모두 몇 cm일까요?

( )

▸251002-0164

18 주어진 선분을 한 변으로 하는 직사각형을 그려 보세요.

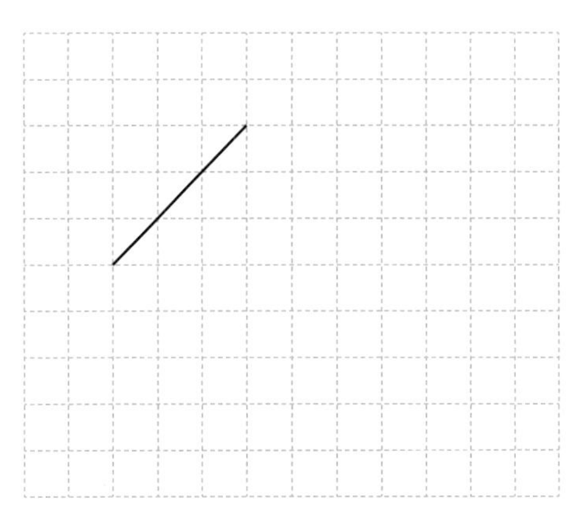

서술형

▸251002-0165

19 철사 26 cm로 다음과 같은 직사각형을 만들었습니다. □ 안의 알맞은 수는 얼마인지 풀이 과정을 쓰고 답을 구해 보세요.

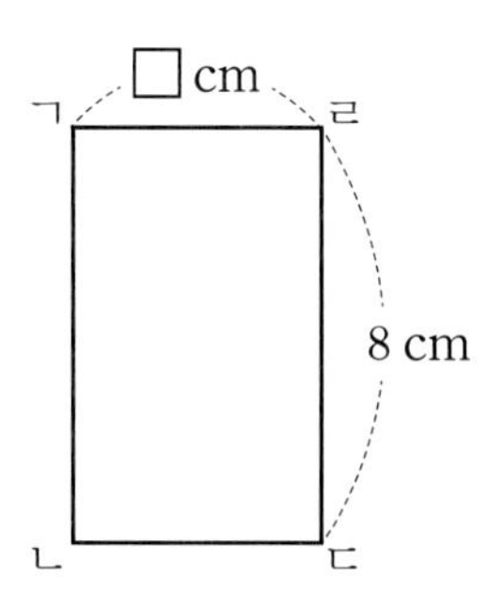

풀이

(1) 직사각형은 마주 보는 두 변의 길이가 같으므로 변 ㄱㄴ의 길이는 ( ) cm입니다.

(2) 네 변의 길이의 합이 26 cm이므로 변 ㄱㄹ과 변 ㄴㄷ의 길이의 합은 ( ) cm입니다.

(3) 변 ㄱㄹ과 변 ㄴㄷ의 길이는 같고, 두 변의 길이의 합이 ( ) cm이므로 □ 안의 알맞은 수는 ( )입니다.

답 ______________

도전

▸251002-0166

20 칠교판에서 찾을 수 있는 크고 작은 직각삼각형은 모두 몇 개일까요?

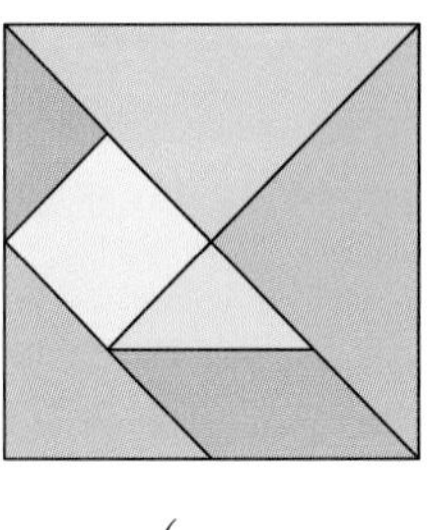

( )

수학으로 세상보기

몬드리안 따라 잡기

몬드리안은 네덜란드의 화가입니다. 그림과 같이 몬드리안은 서로 직각이 되도록 곧은 선을 긋고, 선을 따라 생기는 직사각형과 정사각형을 빨강, 노랑, 파랑, 검정 등으로 색칠하여 작품을 만들었습니다.

위의 그림에서 어떤 도형을 찾을 수 있나요?

검은색 선들이 만나는 곳에서 직각을 찾을 수 있습니다.

노란색 사각형은 네 각이 모두 직각이므로 직사각형입니다.

1 몬드리안처럼 그림을 그려 보세요.

① 자와 두꺼운 검은색 사인펜을 사용하여 직각이 되도록 곧은 선을 그려 보세요.
② 사각형을 빨강, 노랑, 파랑, 검정 등으로 색칠해 보세요.

3

나눗셈

지수는 장미, 카네이션, 튤립, 백합을 꽃병에 나누어 꽂으려고 해요. 장미 12송이를 꽃병 3개에 똑같이 나누어 꽂으려면 꽃병 한 개에 장미를 몇 송이씩 꽂아야 할까요?

이번 3단원에서는 똑같이 나누는 활동을 통해서 나눗셈에 대해 배울 거예요.

단원 학습 목표

1. 전체를 똑같이 몇 묶음으로 나누는 활동을 통해 나눗셈을 이해하고 나눗셈식으로 나타낼 수 있습니다.
2. 전체를 똑같은 양으로 묶어 세는 활동을 통해 나눗셈을 이해하고 나눗셈식으로 나타낼 수 있습니다.
3. 곱셈과 나눗셈의 관계를 알 수 있습니다.
4. 나눗셈의 몫을 곱셈식과 곱셈구구로 구할 수 있습니다.

단원 진도 체크

회차	학습 내용		진도 체크
1차	교과서 개념 배우기 + 문제 해결하기	**개념 1** 똑같이 나누어 볼까요(1) **개념 2** 똑같이 나누어 볼까요(2)	✓
2차	교과서 개념 배우기 + 문제 해결하기	**개념 3** 곱셈과 나눗셈의 관계를 알아볼까요 **개념 4** 나눗셈의 몫을 곱셈식으로 구해 볼까요	✓
3차	교과서 개념 배우기 + 문제 해결하기	**개념 5** 나눗셈의 몫을 곱셈구구로 구해 볼까요	✓
4차	단원평가로 완성하기		✓
5차	수학으로 세상보기		

해당 부분을 공부하고 나서 ✓표를 하세요.

개념 1 똑같이 나누어 볼까요 (1)

■ 쿠키 12개를 3명에게 똑같이 나누어 주기

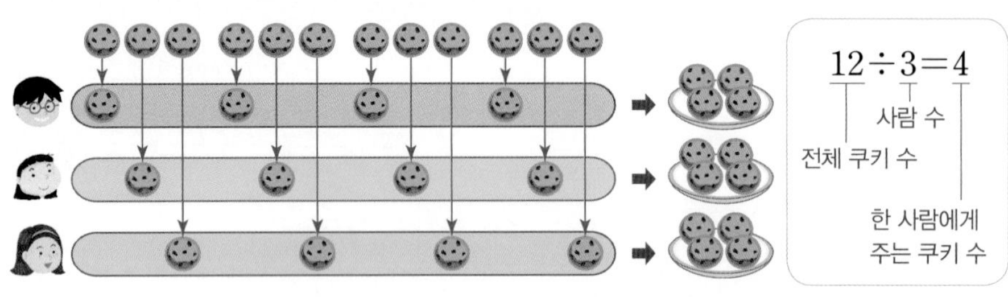

$12 \div 3 = 4$
전체 쿠키 수 / 사람 수 / 한 사람에게 주는 쿠키 수

12를 3으로 나누는 것과 같은 계산을 나눗셈이라고 합니다.

12를 3으로 나누면 4가 됩니다.

이를 기호 ÷를 사용하여 식으로 나타내면 $12 \div 3 = 4$입니다.

이때 $12 \div 3 = 4$에서 12는 나누어지는 수, 3은 나누는 수, 4는 12를 3으로 나눈 몫이라고 합니다.

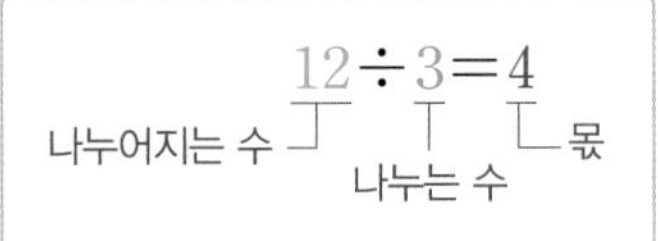

읽기 12 나누기 3은 4와 같습니다.

• 공깃돌 8개를 2묶음으로 똑같이 나누기

방법 1 1개씩 번갈아 가며 놓기

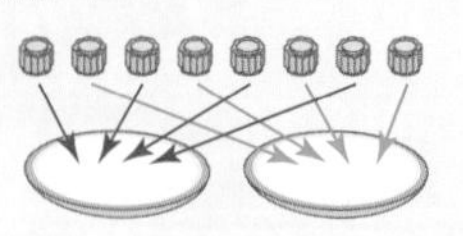

방법 2 2개씩 번갈아 가며 놓기

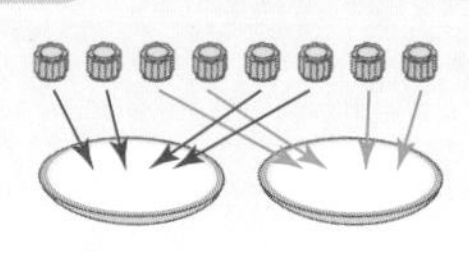

$8 \div 2 = 4$

개념 2 똑같이 나누어 볼까요 (2)

■ 쿠키 12개를 한 사람에게 3개씩 나누어 주기

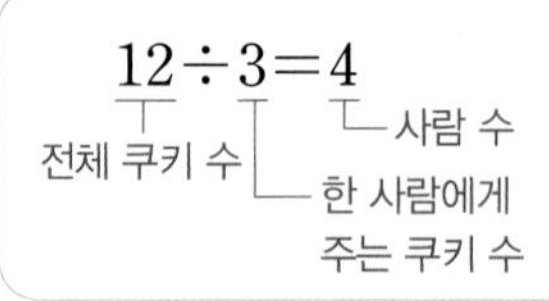

12를 3씩 묶으면 4묶음이 됩니다.

이것을 식으로 나타내면 $12 \div 3 = 4$입니다.

12에서 3씩 4번 빼면 0이 되므로 뺄셈식 $12-3-3-3-3=0$은 $12 \div 3 = 4$로 나타낼 수 있습니다.

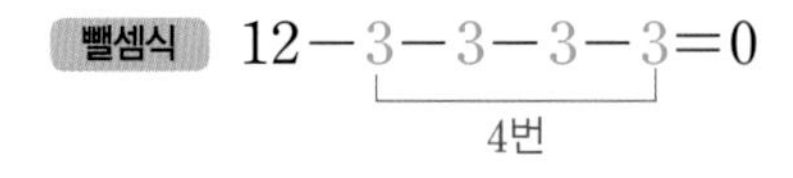

나눗셈식 $12 \div 3 = 4$

• 공깃돌 8개를 2개씩 묶기

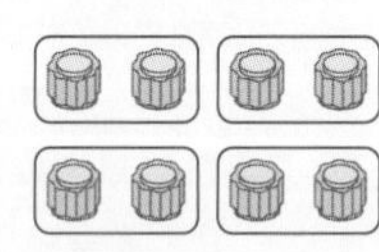

➡ 4묶음

$8 \div 2 = 4$

문제를 풀며 이해해요

▸ 251002-0167

01 **토마토 15개를 3상자에 똑같이 나누어 담으려고 합니다. 🍅 15개를 ○로 3상자에 똑같이 나누어 그려 보고, □ 안에 알맞은 수를 써넣으세요.**

똑같이 나누기에 대해 알고 있는지 묻는 문제예요.

15개를 똑같이 3묶음으로 나누면 한 묶음에 몇 개가 되는지 생각해 보아요.

(1) 한 상자에 그려진 ○는 □개입니다.

(2) 나눗셈식으로 나타내면 □ ÷ □ = □입니다.

(3) 나눗셈식에서 몫은 □입니다.

▸ 251002-0168

02 **귤 18개를 한 봉지에 6개씩 담으려고 합니다. 6개씩 묶어 보고, □ 안에 알맞은 수를 써넣으세요.**

18개를 6개씩 묶으면 몇 묶음이 되는지 생각해 보아요.

(1) 귤 18개를 6개씩 묶으면 □묶음입니다.

(2) 나눗셈식으로 나타내면 □ ÷ □ = □입니다.

(3) 나눗셈식에서 몫은 □입니다.

교과서 문제 해결하기

▸ 251002-0169

01 도넛 8개를 4명이 똑같이 나누어 먹으려고 합니다. 한 명이 도넛을 몇 개씩 먹을 수 있는지 접시에 ○를 그려 알아보세요.

(　　　　　　　　)

중요

▸ 251002-0170

02 문장에 알맞은 나눗셈식이 되도록 □ 안에 알맞은 수를 써넣으세요.

연필 10자루를 필통 2개에 똑같이 나누어 담았더니 5자루씩 담을 수 있었습니다.

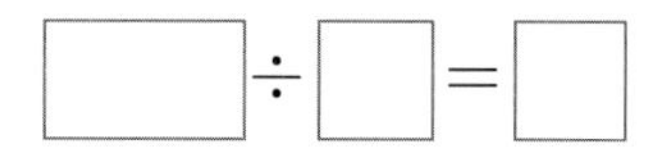

□ ÷ □ = □

▸ 251002-0171

03 인형 6개를 바구니 2개에 똑같이 나누어 담으려고 합니다. 바구니 한 개에 인형을 몇 개씩 담아야 할까요?

(　　　　　　　　)

▸ 251002-0172

04 지우는 호빵 16개를 샀습니다. 한 봉지에 4개씩 담긴 호빵을 몇 봉지 샀는지 바르게 설명한 사람은 누구일까요?

지수: 한 봉지에 4개씩 담겨진 호빵을 16개 샀으니까 $16-4-4-4=4$, 3봉지를 샀어.

철수: 호빵 16개가 한 봉지에 4개씩 담겨져 있으니까 $16\div4=4$, 4봉지를 샀어.

(　　　　　　　　)

중요

▸ 251002-0173

05 뺄셈식을 나눗셈식으로 나타내 보세요.

$20-5-5-5-5=0$

□ ÷ □ = □

▸ 251002-0174

06 축구공 18개를 한 바구니에 3개씩 담으려고 합니다. 바구니는 몇 개 필요할까요?

식 ____________________

답 ____________

▸ 251002-0175

07 □ 안에 알맞은 수를 써넣으세요.

56쪽짜리 책이 있습니다. 매일 7쪽씩 읽는다면 책을 다 읽기 위해서는 □일 동안 읽어야 합니다.

□ ÷ □ = □

▸ 251002-0176

08 **15÷5=3에 대한 설명입니다. 옳지 않은 것을 찾아 번호를 쓰고, 바르게 고쳐 보세요.**

15÷5=3은 나눗셈식①으로 "15 나누기 5는 3과 같습니다."②라고 읽습니다. 15는 나누어지는 수③, 5는 나누는 수④, 3은 나눗셈⑤입니다.

옳지 않은 것 (　　　　　　)

바르게 고치기 ______

▸ 251002-0177

09 **모든 칸의 높이가 같은 3칸 서랍장의 높이가 27 cm일 때 서랍장 한 칸의 높이는 몇 cm일까요?**

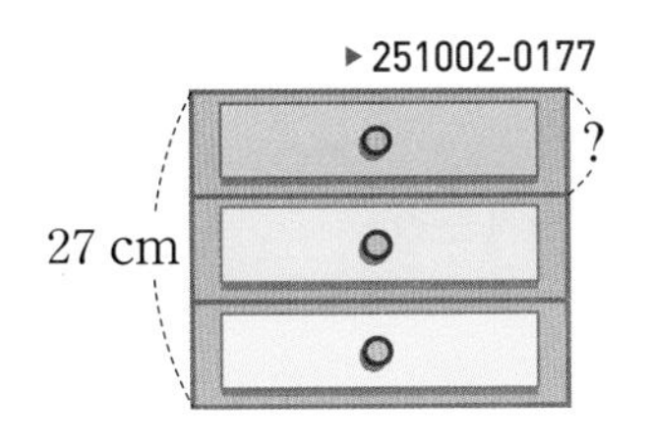

(　　　　　　)

도전

▸ 251002-0178

10 **옷 12벌을 서랍 한 칸에 4벌씩 넣으려고 합니다. 몇 칸에 넣을 수 있는지 두 가지 방법으로 구해 보세요.**

방법 1 뺄셈으로 구하기

방법 2 나눗셈으로 구하기

도움말 12에서 4씩 몇 번 덜어 내면 0이 되는지 생각해 봅니다.

문제해결 접근하기

▸ 251002-0179

11 **블록 27개를 남김없이 똑같이 나누어 가지려고 합니다. 몇 명이 나누어 가질 수 있는지 구해 보세요. (단, 4명보다 많고 10명보다 적습니다.)**

이해하기

구하려는 것은 무엇인가요?

답 ______

계획 세우기

어떤 방법으로 문제를 해결하면 좋을까요?

답 ______

해결하기

(1) 27을 5, 6, 7, 8, 9로 나누었을 때 똑같이 나눌 수 있는 나눗셈식을 써 보세요.

답 ______

(2) 블록 27개를 몇 명이 나누어 가질 수 있을까요?

답 ______

되돌아보기

블록 14개를 남김없이 똑같이 나누어 가지려고 합니다. 몇 명이 나누어 가질 수 있는지 구해 보세요. (단, 4명보다 많고 10명보다 적습니다.)

답 ______

개념 3 곱셈과 나눗셈의 관계를 알아볼까요

■ 곱셈과 나눗셈의 관계 알아보기

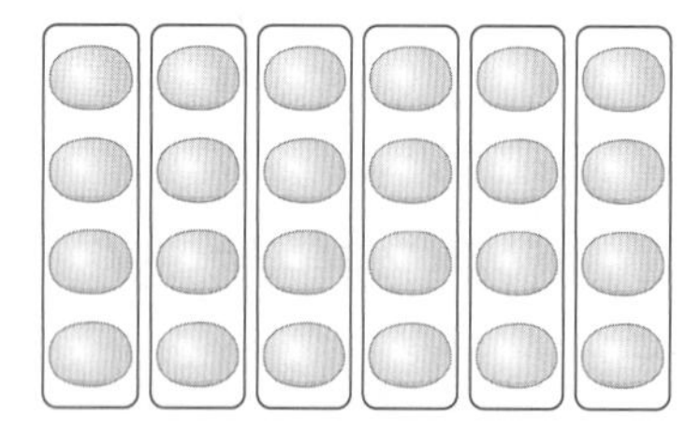

4개씩 6묶음으로 놓여 있는 찹쌀떡의 수는 24개입니다. ➡ $4 \times 6 = 24$

찹쌀떡 24개가 4개씩 6묶음 있습니다. ➡ $24 \div 4 = 6$

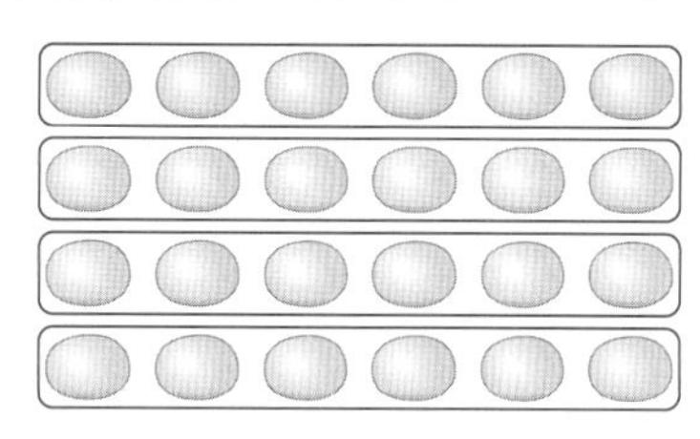

6개씩 4묶음으로 놓여 있는 찹쌀떡의 수는 24개입니다. ➡ $6 \times 4 = 24$

찹쌀떡 24개가 6개씩 4묶음 있습니다. ➡ $24 \div 6 = 4$

• **곱셈식을 나눗셈식으로 나타내기**

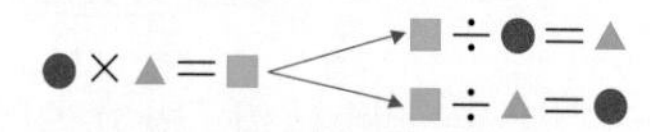

하나의 곱셈식을 2개의 나눗셈식으로 나타낼 수 있습니다.

• **나눗셈식을 곱셈식으로 나타내기**

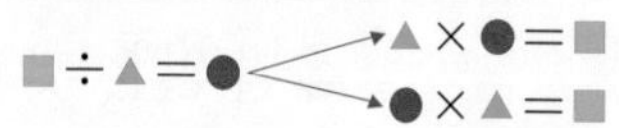

하나의 나눗셈식을 2개의 곱셈식으로 나타낼 수 있습니다.

개념 4 나눗셈의 몫을 곱셈식으로 구해 볼까요

■ 나눗셈의 몫을 곱셈식으로 구하기

$24 \div 8 = \square$

• $8 \times \square = 24$의 곱셈식 이용하기

$24 \div 8 = \square$의 몫 $\square$는 $8 \times 3 = 24$를 이용하여 구할 수 있습니다.

$$24 \div 8 = 3$$
$$8 \times 3 = 24$$

➡ $24 \div 8$의 몫은 3입니다.

• **나눗셈의 몫을 곱셈식으로 구하는 방법**

$28 \div 7 = \square$ ➡ $7 \times \square = 28$

나눗셈식을 곱셈식으로 바꾸어 구할 수 있습니다.

문제를 풀며 이해해요

▸ 251002-0180

01 그림을 보고 물음에 답하세요.

(1) 호두과자가 모두 몇 개인지 곱셈식으로 나타내 보세요.

$4\times\square=\square$, $5\times\square=\square$

(2) 호두과자를 5명에게 똑같이 나누어 주면 한 명이 몇 개씩 가질 수 있는지 나눗셈식으로 나타내 보세요.

$\square\div\square=\square$

(3) 호두과자를 한 사람에게 4개씩 주면 몇 명에게 줄 수 있는지 나눗셈식으로 나타내 보세요.

$\square\div\square=\square$

곱셈과 나눗셈의 관계를 알고, 나눗셈의 몫을 곱셈식으로 구할 수 있는지 묻는 문제예요.

곱셈식을 나눗셈식으로 나타낼 수 있어요.

▸ 251002-0181

02 24명의 학생을 6모둠으로 똑같이 나누면 한 모둠은 몇 명인지 구하려고 합니다. 물음에 답하세요.

(1) 한 모둠이 몇 명인지 구하는 나눗셈식을 써 보세요.

$\square\div\square$

(2) 나눗셈식의 몫을 구하는 곱셈식을 써 보세요.

$6\times\square=\square$

(3) 한 모둠은 몇 명일까요?

(　　　　　　　　)

나눗셈의 몫을 곱셈식을 이용하여 구할 수 있어요.

교과서 문제 해결하기

▸ 251002-0182

01 우유 24개를 3모둠에 똑같이 나누어 주려고 합니다. 한 모둠에 몇 개씩 나누어 줄 수 있는지 구해 보세요.

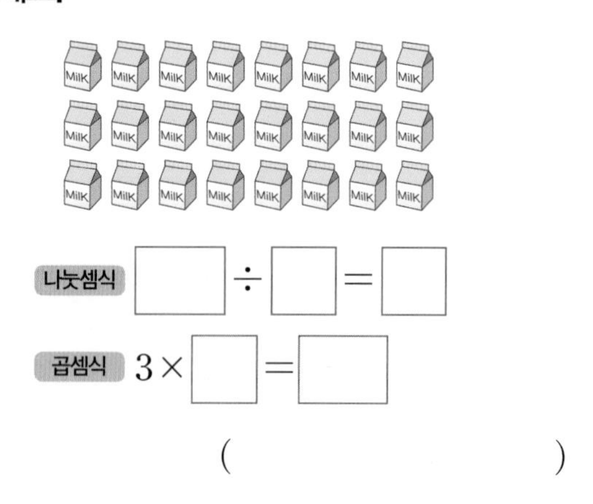

나눗셈식 $\square \div \square = \square$

곱셈식 $3 \times \square = \square$

(　　　　　　　　　)

▸ 251002-0183

02 주어진 곱셈식을 이용하여 몫을 구할 수 있는 나눗셈식을 모두 찾아 기호를 써 보세요.

$3 \times 9 = 27$

㉠ $27 \div 9$	㉡ $21 \div 3$
㉢ $27 \div 3$	㉣ $9 \div 3$

(　　　　　　　　　)

▸ 251002-0184

03 나눗셈식을 곱셈식으로 나타내려고 합니다. □ 안에 알맞은 수를 써넣으세요.

$14 \div 2 = \square$ → $2 \times \square = \square$, $\square \times 2 = \square$

중요

▸ 251002-0185

04 감이 한 봉지에 5개씩 6봉지 있습니다. 감이 모두 몇 개인지 곱셈식을 쓰고 나눗셈식으로 나타내 보세요.

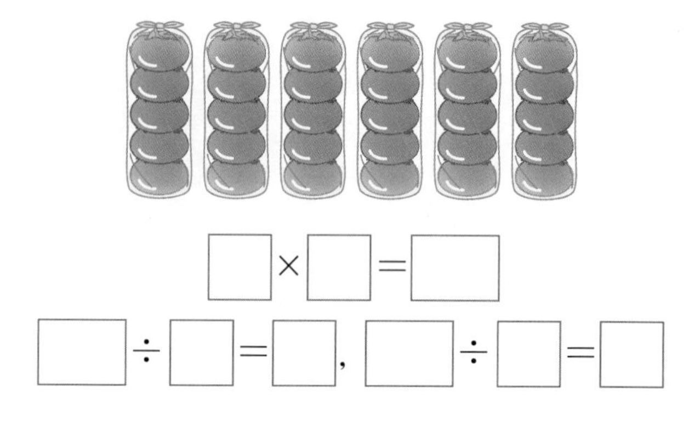

$\square \times \square = \square$

$\square \div \square = \square$, $\square \div \square = \square$

▸ 251002-0186

05 연필 27자루를 연필꽂이 한 개에 9자루씩 꽂으려고 합니다. 연필꽂이는 몇 개 필요할까요?

나눗셈식 ________________

곱셈식 ________________

(　　　　　　　　　)

▸ 251002-0187

06 주어진 세 수를 이용하여 곱셈식과 나눗셈식을 만들어 보세요.

8	48	6

$8 \times \square = \square$, $\square \times \square = \square$

$\square \div 8 = \square$, $\square \div \square = \square$

중요

▸251002-0188

07 나눗셈의 몫을 구하기 위한 곱셈식을 이어 보세요.

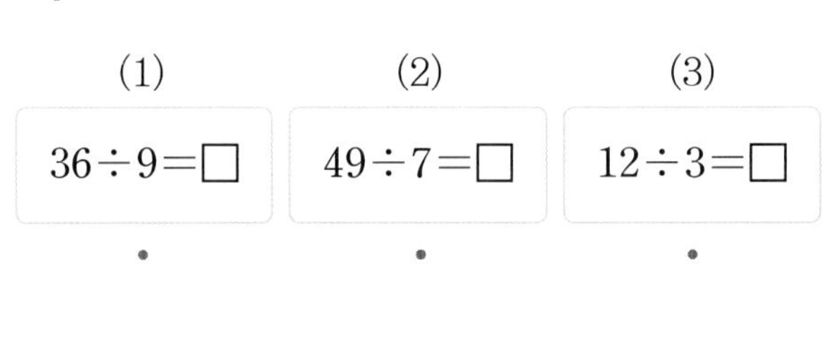

㉠ $3\times4=12$ ㉡ $7\times7=49$ ㉢ $9\times4=36$

[08~09] 나눗셈을 해 보세요.

▸251002-0189

08 $15\div5$
$20\div5$
$25\div5$

▸251002-0190

09 $63\div7$
$56\div7$
$49\div7$

도전

▸251002-0191

10 칭찬 스티커를 16장 모았습니다. 매일 2장씩 모았다면 며칠 동안 모은 것인지 구해 보세요.

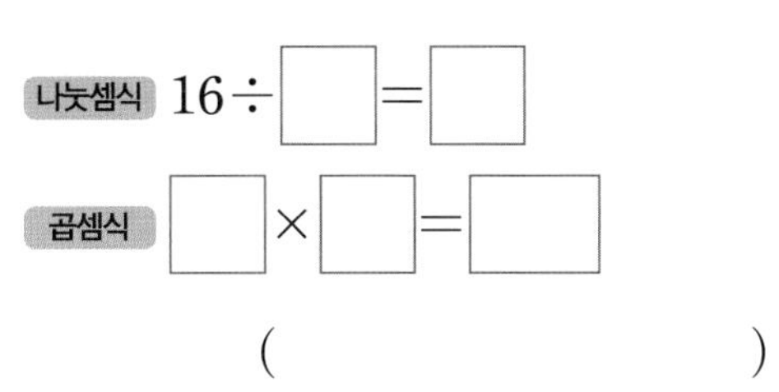

( )

도움말 나눗셈식을 세우고 몫을 구할 수 있는 곱셈식을 생각해 봅니다.

문제해결 접근하기

▸251002-0192

11 어떤 수를 6으로 나누었더니 몫이 3이었습니다. 어떤 수를 2로 나눈 몫을 구해 보세요.

이해하기

구하려는 것은 무엇인가요?

답 ______

계획 세우기

어떤 방법으로 문제를 해결하면 좋을까요?

답 ______

해결하기

(1) 어떤 수는 얼마일까요?

답 ______

(2) 어떤 수를 2로 나눈 몫은 얼마일까요?

답 ______

되돌아보기

어떤 수를 6으로 나누었더니 몫이 4였습니다. 어떤 수를 8로 나눈 몫을 구해 보세요.

답 ______

교과서 개념 배우기

개념 5 나눗셈의 몫을 곱셈구구로 구해 볼까요

■ 나눗셈의 몫을 곱셈구구로 구하기

• 곱셈표를 이용하여 35÷5의 몫 구하기

×	1	2	3	4	5	6	7	8	9
1	1	2	3	4	5	6	7	8	9
2	2	4	6	8	10	12	14	16	18
3	3	6	9	12	15	18	21	24	27
4	4	8	12	16	20	24	28	32	36
5	5	10	15	20	25	30	35	40	45
6	6	12	18	24	30	36	42	48	54
7	7	14	21	28	35	42	49	56	63
8	8	16	24	32	40	48	56	64	72
9	9	18	27	36	45	54	63	72	81

① 나누는 수가 5이므로 5단 곱셈구구를 이용합니다.

② 나누어지는 수가 35이므로 5단 곱셈구구에서 곱이 35가 되는 수를 찾습니다.

$5 \times \square = 35$ ➡ $5 \times 7 = 35$

③ 곱하는 수가 7이므로 35÷5의 몫은 7입니다.

$35 \div 5 = 7$

$5 \times 7 = 35$

• 나눗셈의 몫을 곱셈구구로 구하는 방법

■÷●의 몫을 구하려면 ●단 곱셈구구에서 곱이 ■가 되는 수를 찾습니다.

문제를 풀며 이해해요

▸251002-0193

01 곱셈표를 이용하여 나눗셈의 몫을 구해 보세요.

×	1	2	3	4	5	6	7	8	9
1	1	2	3	4	5	6	7	8	9
2	2	4	6	8	10	12	14	16	18
3	3	6	9	12	15	18	21	24	27
4	4	8	12	16	20	24	28	32	36
5	5	10	15	20	25	30	35	40	45
6	6	12	18	24	30	36	42	48	54
7	7	14	21	28	35	42	49	56	63
8	8	16	24	32	40	48	56	64	72
9	9	18	27	36	45	54	63	72	81

(1) $48 \div 6$의 몫을 구하려면 몇 단 곱셈구구가 필요할까요?

(　　　　　　　　)

(2) □ 안에 알맞은 수를 써넣으세요.

$6 \times \square = 48$ ➡ $48 \div 6 = \square$

나눗셈의 몫을 곱셈구구로 구할 수 있는지 묻는 문제예요.

나누는 수의 단 곱셈구구를 이용해요.

▸251002-0194

02 01의 곱셈표를 이용하여 □ 안에 알맞은 수를 써넣으세요.

(1) $24 \div 4$의 몫을 구하려면 □ 단 곱셈구구를 이용합니다.

곱셈표에서 24를 찾으면 $24 \div 4$의 몫은 □ 입니다.

(2) $63 \div 9$의 몫을 구하려면 □ 단 곱셈구구를 이용합니다.

곱셈표에서 63을 찾으면 $63 \div 9$의 몫은 □ 입니다.

■÷●의 몫을 구할 때 나누는 수가 ●이므로 ●단 곱셈구구에서 곱이 ■인 곱셈식을 찾아요.

교과서 문제 해결하기

▸251002-0195

01 나눗셈의 몫을 구할 때 필요한 곱셈구구의 단을 찾아 이어 보세요.

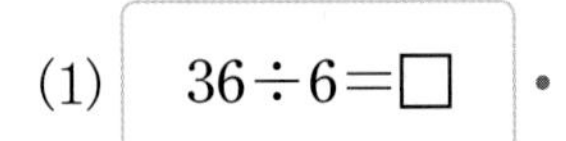

(1) $36 \div 6 = \square$ • • ㉠ 2단

(2) $56 \div 8 = \square$ • • ㉡ 6단

(3) $18 \div 2 = \square$ • • ㉢ 8단

▸251002-0196

02 5단 곱셈구구를 이용하여 빈칸에 알맞은 수를 써넣으세요.

$\div 5$

10	20	30	40
2			

▸251002-0197

03 수 카드 3장을 한 번씩 사용하여 몫이 3인 나눗셈식을 만들어 보세요.

1 8 6

$\square\square \div \square = 3$

중요

▸251002-0198

04 사과 36개를 한 봉지에 4개씩 담아서 판매하려고 합니다. 몇 봉지를 만들 수 있을까요?

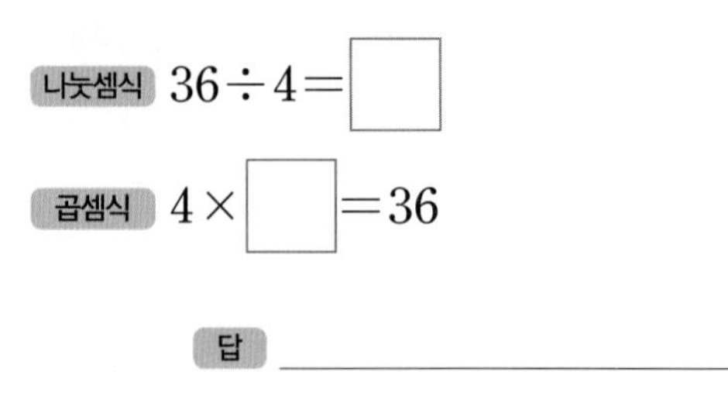

나눗셈식 $36 \div 4 = \square$

곱셈식 $4 \times \square = 36$

답 ______________

▸251002-0199

05 몫의 크기를 비교하여 ○ 안에 >, =, <를 알맞게 써넣으세요.

$6 \div 2$ ○ $27 \div 9$

▸251002-0200

06 리본 24 cm를 똑같이 세 도막으로 자르려고 합니다. 한 도막을 몇 cm로 자르면 될까요?

( )

중요

▸251002-0201

07 몫이 큰 것부터 순서대로 기호를 써 보세요.

㉠ $32 \div 4$ ㉡ $49 \div 7$

㉢ $12 \div 2$ ㉣ $27 \div 3$

( )

정답과 풀이 31쪽

▸ 251002-0202

08 **동훈이는 고구마 72개를 친구들에게 똑같이 나누어 주려고 합니다. 물음에 답하세요.**

(1) 8명에게 똑같이 나누어 주려면 한 명에게 고구마를 몇 개씩 주어야 할까요?

식 ______________________

답 ______________________

(2) 친구 한 명이 더 와서 9명에게 똑같이 나누어 주려면 한 명에게 고구마를 몇 개씩 주어야 할까요?

식 ______________________

답 ______________________

▸ 251002-0203

09 **□ 안에 알맞은 수가 작은 것부터 순서대로 기호를 써 보세요.**

㉠ $24 \div \square = 6$

㉡ $48 \div \square = 6$

㉢ $30 \div \square = 6$

( )

도전

▸ 251002-0204

10 **체리 6개, 블루베리 18개, 망고 9개가 있습니다. 과일을 똑같이 나누어 과일 빙수 3개를 만들려고 합니다. 과일 빙수 한 개에 넣을 과일은 각각 몇 개일까요?**

체리 ( )

블루베리 ( )

망고 ( )

도움말 각 과일의 수를 과일 빙수의 수로 나누어 봅니다.

문제해결 접근하기

▸ 251002-0205

11 **그림과 같이 코딩 로봇을 4 cm 이동한 후 방향을 돌려서 4 cm씩 이동하도록 설정하였습니다. 36 cm를 이동하려면 4 cm씩 몇 번 가야 하는지 구해 보세요.**

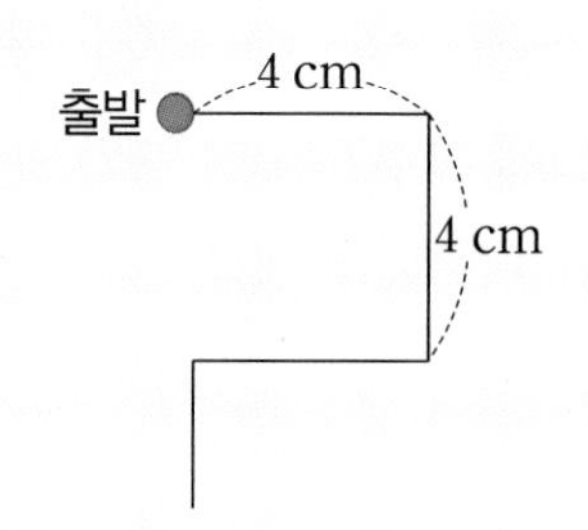

이해하기

구하려는 것은 무엇인가요?

답 ______________________

계획 세우기

어떤 방법으로 문제를 해결하면 좋을까요?

답 ______________________

____

해결하기

(1) 나눗셈식을 세워 계산해 보세요.

답 ______________________

(2) 36 cm를 이동하려면 4 cm씩 몇 번 가야 할까요?

답 ______________________

되돌아보기

코딩 로봇을 5 cm 이동한 후 방향을 돌려서 5 cm씩 이동하도록 설정하였습니다. 30 cm를 이동하려면 5 cm씩 몇 번 가야 하는지 구해 보세요.

답 ______________________

____

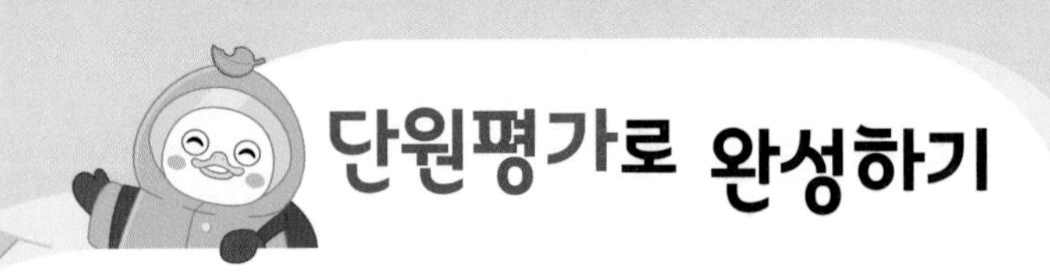

단원평가로 완성하기

[01~03] 야구공 21개를 바구니 3개에 똑같이 나누어 담으려고 합니다. 물음에 답하세요.

▸ 251002-0206

01 한 바구니에 야구공을 몇 개씩 담을 수 있는지 ○를 그려서 나타내 보세요.

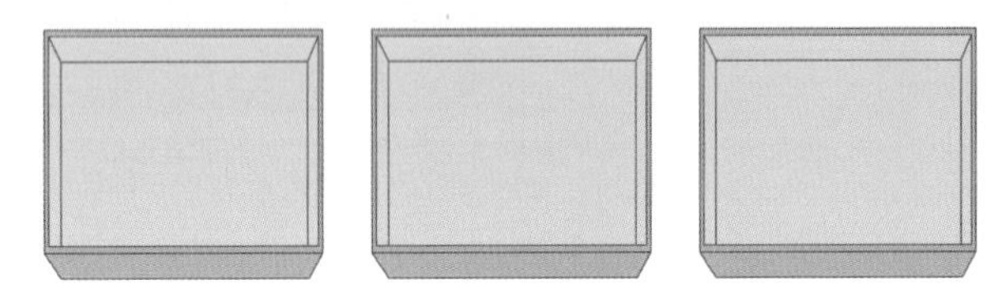

▸ 251002-0207

02 한 바구니에 야구공을 몇 개씩 담을 수 있는지 나눗셈식으로 나타내 보세요.

$\square \div \square = \square$

▸ 251002-0208

03 전체 야구공의 수를 구하는 곱셈식으로 나타내 보세요.

$3 \times \square = 21$

▸ 251002-0209

04 나눗셈식에서 나누어지는 수, 나누는 수, 몫을 찾아 써 보세요.

$45 \div 9 = 5$

나누어지는 수 (　　　　　　)
나누는 수 (　　　　　　)
몫 (　　　　　　)

▸ 251002-0210

05 물고기 6마리를 어항 2개에 똑같이 나누어 넣으면 한 어항에 몇 마리씩 넣을 수 있는지 구하는 나눗셈식을 세웠습니다. 잘못 설명한 것을 찾아 기호를 써 보세요.

$6 \div 2 = 3$

㉠ 6은 전체 물고기의 수
㉡ 2는 어항의 수
㉢ 3은 한 어항에 넣을 수 있는 물고기의 수
㉣ 3은 나누는 수

(　　　　　　)

▸ 251002-0211

06 빨간 색연필 36자루와 검정 매직 12자루를 연필꽂이 6개에 똑같이 나누어 꽂으려고 합니다. 연필꽂이 한 개에 몇 자루씩 꽂으면 될까요?

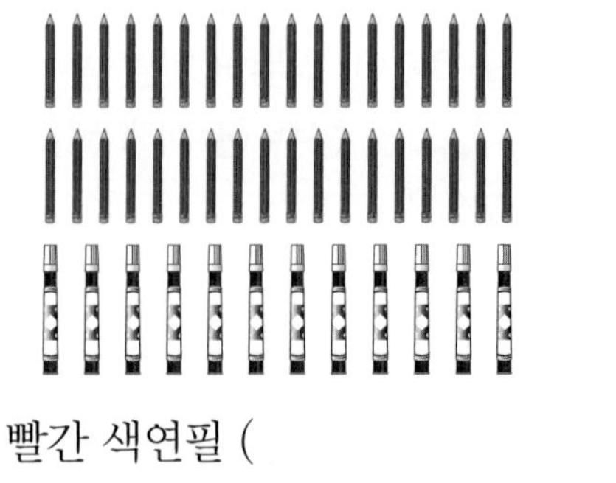

빨간 색연필 (　　　　　　)
검정 매직 (　　　　　　)

중요

▸ 251002-0212

07 **0부터 3씩 뛰어 세어 27까지 세었습니다. 몇 번 뛰어 세었는지 두 가지 방법으로 구해 보세요.**

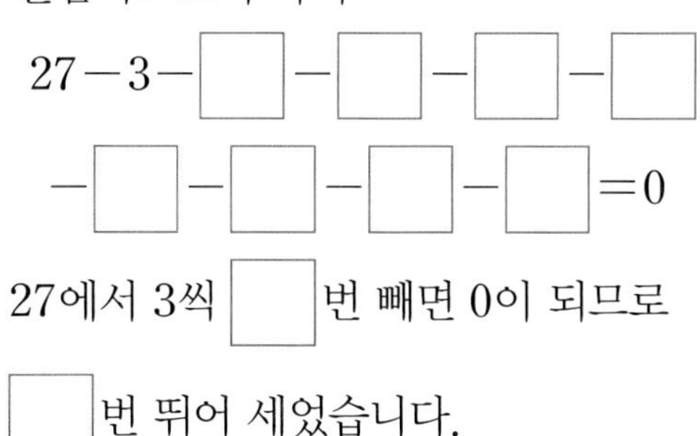

(1) 뺄셈식으로 구하기

$27-3-\square-\square-\square-\square$

$-\square-\square-\square-\square=0$

27에서 3씩 □번 빼면 0이 되므로

□번 뛰어 세었습니다.

(2) 나눗셈식으로 구하기

$27\div\square=\square$(번)

▸ 251002-0213

08 **$36\div4$의 몫을 구하는 데 필요한 곱셈식을 써 보세요.**

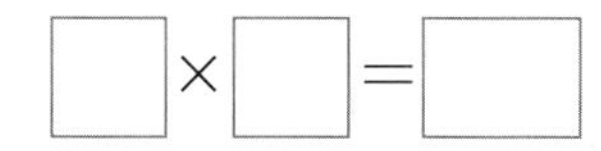

서술형

▸ 251002-0214

09 **귤을 지원이는 20개, 태훈이는 36개 땄습니다. 귤을 지원이는 한 봉지에 4개씩 담고, 태훈이는 6개씩 담으려고 합니다. 필요한 봉지의 수는 누가 몇 개 더 많은지 풀이 과정을 쓰고 답을 구해 보세요.**

풀이

(1) 지원이는 귤 (　　　)개를 한 봉지에 (　　　)개씩 담으므로 봉지가 (　　　)개 필요합니다.

(2) 태훈이는 귤 (　　　)개를 한 봉지에 (　　　)개씩 담으므로 봉지가 (　　　)개 필요합니다.

(3) 따라서 필요한 봉지의 수는 (　　　)이가 (　　　)개 더 많습니다.

답 ________________, ________________

▸ 251002-0215

10 **몫을 구할 때 6단 곱셈구구가 필요한 나눗셈을 모두 찾아 기호를 써 보세요.**

㉠ $54\div6$	㉡ $72\div8$
㉢ $49\div7$	㉣ $36\div6$

(　　　　　　　　)

▸251002-0216

11 몫의 크기를 비교하여 ○ 안에 $>$, $=$, $<$를 알맞게 써넣으세요.

$20\div4$ ○ $72\div9$

▸251002-0217

12 관계있는 것끼리 이어 보세요.

나눗셈식	$10\div5=\square$	$35\div7=\square$	$27\div9=\square$
곱셈식	$7\times5=35$	$5\times2=10$	$9\times3=27$
몫	2	5	3

중요

▸251002-0218

13 그림을 보고 곱셈식과 나눗셈식으로 나타내 보세요.

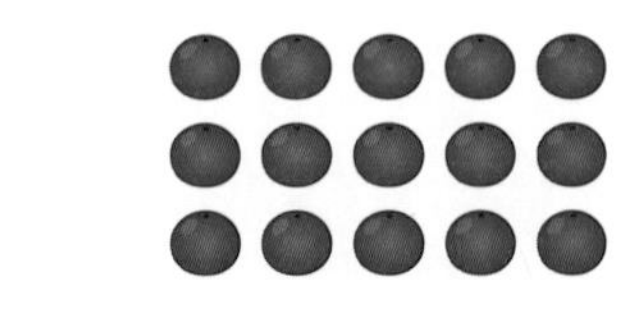

곱셈식 $5\times\square=\square$, $3\times\square=\square$

나눗셈식 $\square\div\square=\square$,

$\square\div\square=\square$

▸251002-0219

14 곱셈표를 이용하여 $64\div8$의 몫을 구하려고 합니다. 곱셈표의 알맞은 칸에 ○표 하고, □ 안에 알맞은 수를 써넣으세요.

×	5	6	7	8
5	25	30	35	40
6	30	36	42	48
7	35	42	49	56
8	40	48	56	64

$64\div8=\square$

▸251002-0220

15 어떤 수에 4를 곱하였더니 36이 되었습니다. 어떤 수를 3으로 나눈 몫은 얼마일까요?

( )

▸ 251002-0221

16 당근 45개를 말 9마리에게 똑같이 나누어 주었습니다. 말 한 마리에게 당근을 몇 개씩 주었을까요?

식 ______________________

답 ______________

▸ 251002-0222

17 세차장에서 기계 3대로 27대의 차를 똑같이 나누어 세차하려고 합니다. 한 기계당 차를 몇 대씩 세차하면 될까요?

( )

▸ 251002-0223

18 한 봉지에 4개씩 담겨 있는 젤리를 9봉지 샀습니다. 한 사람에게 젤리를 6개씩 준다면 몇 명에게 나누어 줄 수 있을까요?

( )

▸ 251002-0224

19 어떤 수를 8로 나누었더니 3이 되었습니다. 어떤 수를 6으로 나눈 몫은 얼마일까요?

( )

도전

▸ 251002-0225

20 지영이네 반 전체 학생 수는 27명입니다. 남학생은 3명씩 5모둠으로 나누고, 여학생은 한 모둠에 4명씩 나누어 블록 놀이를 하려고 합니다. 여학생을 나눈 모둠은 몇 모둠일까요?

( )

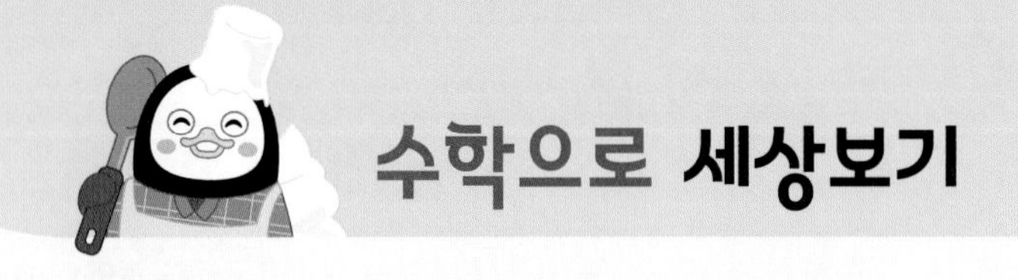

나눈다는 말이 들어가면 나눗셈식을 쓰면 될까요?

희수는 나눗셈을 정말 잘합니다. 나눈다라는 말이 들어가면 무조건 나눗셈식을 쓰면 되니까요.

사과 6개를 3명에게 똑같이 나누어 줄 때 한 사람에게 몇 개씩 줄 수 있는지 구하려면 $6 \div 3=2$라고 나눗셈식을 세우면 돼요. 또 사과 6개를 한 사람에게 3개씩 주면 몇 명에게 나누어 줄 수 있는지 구하려면 $6 \div 3=2$라고 나눗셈식을 세우면 됩니다.

그런데 사과를 한 사람에게 3개씩 2명에게 나누어 주려면 사과는 모두 몇 개 필요한지 구하는 문제는 $3 \div 2$라고 하면 될까요? 이것은 3개씩 2명에게 나누어 주므로 $3 \times 2=6$이라는 곱셈으로 문제를 해결해야 합니다.

나눈다고 무조건 ÷를 하는 것이 아니라 문제를 잘 이해해서 올바른 식을 세워야 합니다.

어떤 문제 상황에서 나눗셈을 활용할까요?

1 몇 묶음으로 묶을 때

나눗셈은 전체를 똑같이 몇 묶음으로 묶을 때 한 묶음에 몇 개씩 묶을 수 있는지 묻는 상황에서 활용합니다.

㉠ 블루베리 10개를 5개의 접시에 똑같이 나누어 담을 때 한 접시에 몇 개씩 담을 수 있을까요?

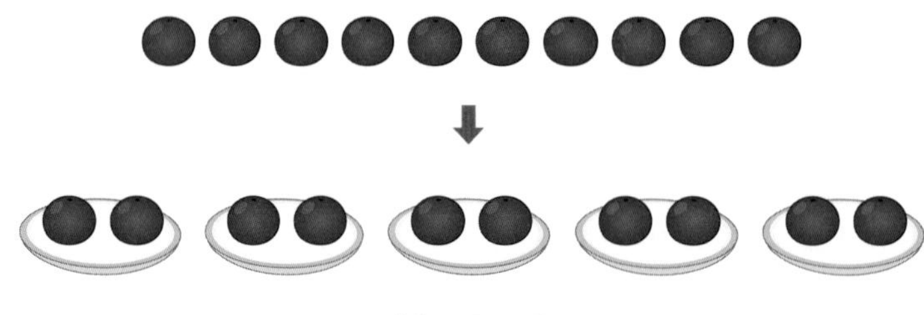

$10 \div 5=2$

2 몇 개씩 묶을 때

전체를 몇 개씩 묶을 때 몇 묶음이 되는지 물을 때 활용합니다.

㉠ 블루베리 10개를 한 접시에 5개씩 담으려면 접시가 몇 개 필요할까요?

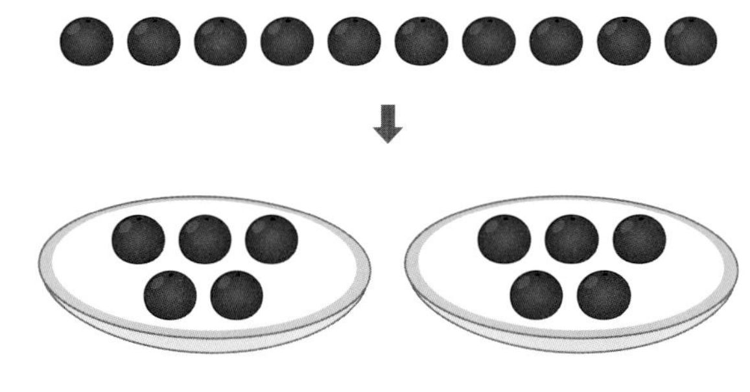

$10 \div 5 = 2$

3 곱셈의 역연산

어떤 수의 몇 배인지를 물을 때 어떤 수를 구하려면 나눗셈을 활용합니다.

㉠ 블루베리를 지원이는 5개, 태훈이는 10개 가지고 있습니다. 태훈이가 가지고 있는 블루베리 수는 지원이가 가지고 있는 블루베리 수의 몇 배일까요?

$5 \times \square = 10$, $10 \div 5 = \square$ ➡ $\square = 2$

4 기본 단위로 나누는 경우

주어진 값을 기본 단위에 해당하는 값으로 나누는 경우에 나눗셈을 활용합니다.

㉠ 쿠폰 5개를 모으면 1점을 받는다고 할 때 쿠폰 25개를 가지고 있다면 몇 점을 받을까요?

쿠폰 쿠폰 쿠폰 쿠폰 쿠폰

1점 1점 1점 1점 1점

$25 \div 5 = 5$

곱셈

제민이는 할아버지, 할머니 댁에 갔어요. 할아버지와 할머니께서는 과수원을 운영하세요. 할아버지께서 복숭아를 따시고, 할머니께서 복숭아를 한 상자에 23개씩 4상자에 담으셨어요. 상자에 담은 복숭아 수는 모두 몇 개일까요? 곱셈으로 알아볼 수 있어요.

이번 4단원에서는 두 자리 수와 한 자리 수의 곱셈의 계산 원리와 계산 방법에 대해서 배울 거예요.

단원 학습 목표

1. (몇십)×(몇)을 계산할 수 있습니다.
2. 올림이 없는 (몇십몇)×(몇)을 계산할 수 있습니다.
3. 십의 자리에서 올림이 있는 (몇십몇)×(몇)을 계산할 수 있습니다.
4. 일의 자리에서 올림이 있는 (몇십몇)×(몇)을 계산할 수 있습니다.
5. 십의 자리와 일의 자리에서 올림이 있는 (몇십몇)×(몇)을 계산할 수 있습니다.
6. (몇십몇)×(몇)의 계산 결과를 어림하고 그 값을 확인할 수 있습니다.

단원 진도 체크

회차	학습 내용		진도 체크
1차	교과서 개념 배우기 + 문제 해결하기	**개념 1** (몇십)×(몇)을 구해 볼까요	✓
2차	교과서 개념 배우기 + 문제 해결하기	**개념 2** (몇십몇)×(몇)을 구해 볼까요(1)	✓
3차	교과서 개념 배우기 + 문제 해결하기	**개념 3** (몇십몇)×(몇)을 구해 볼까요(2)	✓
4차	교과서 개념 배우기 + 문제 해결하기	**개념 4** (몇십몇)×(몇)을 구해 볼까요(3)	✓
5차	교과서 개념 배우기 + 문제 해결하기	**개념 5** (몇십몇)×(몇)을 구해 볼까요(4)	✓
6차	단원평가로 완성하기		✓
7차	수학으로 세상보기		

해당 부분을 공부하고 나서 ✓표를 하세요.

OO복숭아
OO복숭아
OO복숭아
OO복숭아

개념 1 (몇십)×(몇)을 구해 볼까요

■ 20 × 4의 계산

• 여러 가지 방법으로 계산하기

방법 1 20씩 뛰어서 셉니다.

20, 40, 60, 80이므로 $20 \times 4 = 80$입니다.

방법 2 20을 4번 더합니다.

$20 + 20 + 20 + 20 = 80$ ➡ $20 \times 4 = 80$

• 수 모형으로 계산하기

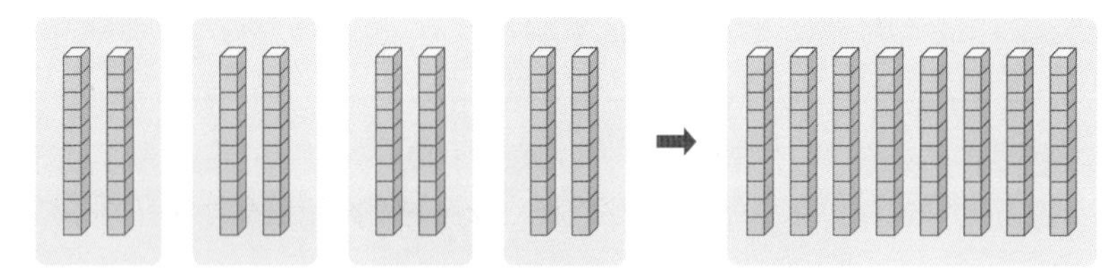

십 모형의 수를 곱셈식으로 나타내기: $2 \times 4 = 8$

십 모형 8개는 일 모형 80개와 같습니다.

$2 \times 4 = 8$ ➡ $20 \times 4 = 80$

(8: 십 모형의 수, 80: 일 모형의 수)

• 2×4를 이용하여 20×4를 계산하기

$2 \times 4 = 8$ (10배) → $20 \times 4 = 80$

$2 \times 4 = 8$ → $20 \times 4 = 80$

➡ 2와 4의 곱 8을 십의 자리에 쓰고 일의 자리에 0을 씁니다.

• 20 × 4의 계산

20＋20＋20＋20
20씩 4묶음
20의 4배
20과 4의 곱

⬇

$20 \times 4 = 80$

• (몇십) × (몇)의 계산
(몇) × (몇)의 계산 결과에 0을 붙입니다.

문제를 풀며 이해해요

▸ 251002-0226

01 수 모형을 보고 □ 안에 알맞은 수를 써넣으세요.

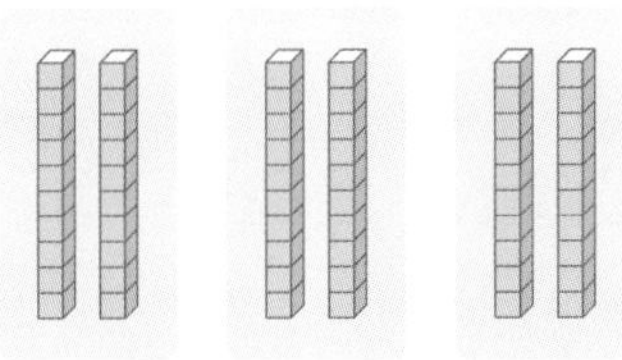

(1) 십 모형의 수를 곱셈식으로 나타내면 2 × □ = □ 입니다.

(2) 십 모형 6개는 일 모형 □ 개와 같습니다.

(3) 20 × □ = □

(몇십)×(몇)을 계산할 수 있는지 묻는 문제예요.

십 모형의 수를 곱셈으로 구한 후 계산한 값에 0을 붙여요.

▸ 251002-0227

02 초콜릿이 한 상자에 40개씩 들어 있습니다. 2상자에 들어 있는 초콜릿의 수를 여러 가지 방법으로 알아보려고 합니다. □ 안에 알맞은 수를 써넣으세요.

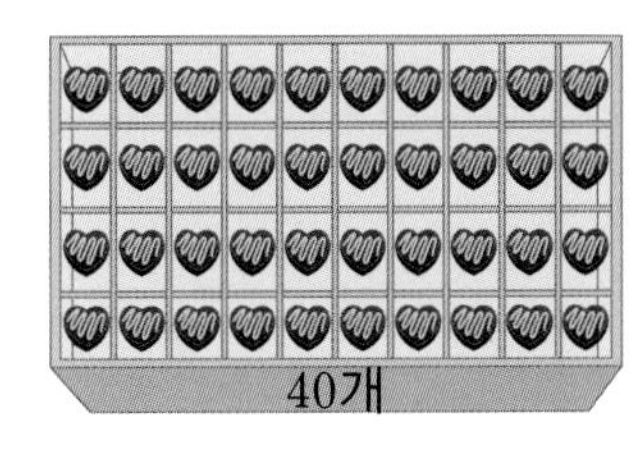

(1) 40씩 뛰어 세면 40, □ 입니다.

(2) 덧셈식으로 나타내면 40 + □ = □ 입니다.

(3) 곱셈식으로 나타내면 40 × □ = □ 입니다.

40개씩 2상자에 들어 있는 초콜릿의 수는 뛰어 세기, 덧셈, 곱셈 등 다양한 방법으로 구할 수 있어요.

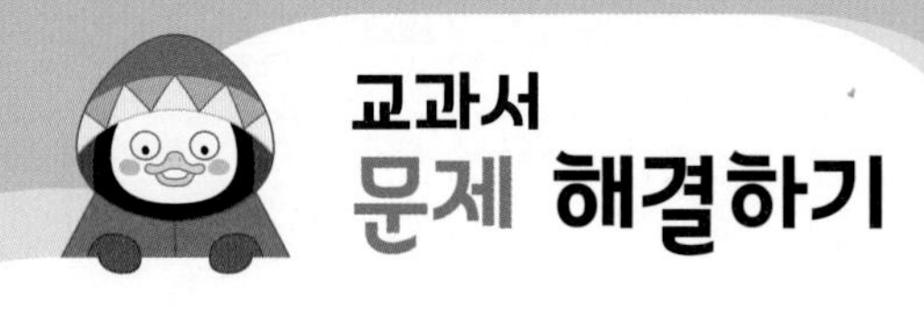

▸251002-0228

01 그림을 보고 □ 안에 알맞은 수를 써넣으세요.

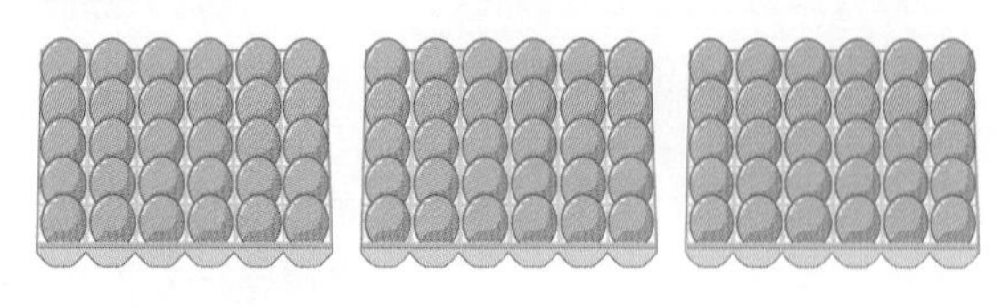

$30+30+30=\square$

➡ $30\times\square=\square$

▸251002-0229

02 수 모형을 보고 □ 안에 알맞은 수를 써넣으세요.

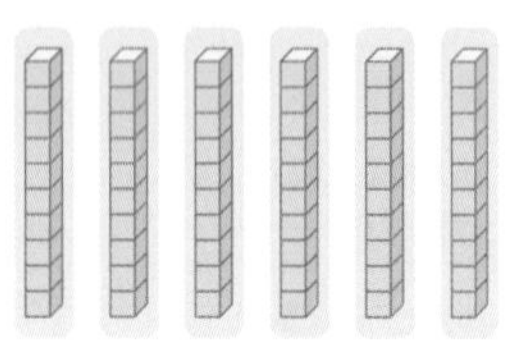

$10\times\square=\square$

중요 ▸251002-0230

03 관계있는 것끼리 이어 보세요.

(1) 10의 7배 •		• ㉠ 40
(2) 20씩 2묶음 •		• ㉡ 70
(3) 40과 2의 곱 •		• ㉢ 80

▸251002-0231

04 계산해 보세요.

(1) 20×3

(2) 30×2

▸251002-0232

05 빈칸에 알맞은 수를 써넣으세요.

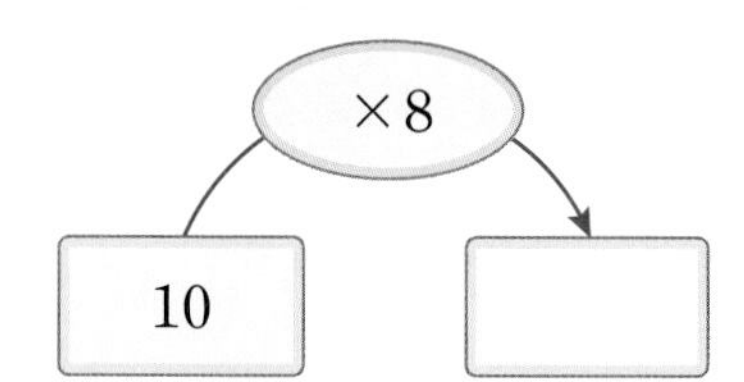

중요 ▸251002-0233

06 계산 결과가 더 큰 것에 ○표 하세요.

20×4	10×9
(　　　)	(　　　)

▸251002-0234

07 지우개가 한 상자에 **10**개씩 들어 있습니다. **5**상자에 들어 있는 지우개는 모두 몇 개일까요?

식 ______________________

답 ____________

▸251002-0235

08 은서가 가지고 있는 붙임딱지는 몇 장인지 두 가지 방법으로 구해 보세요.

성호
나는 붙임딱지를 40장 가지고 있어.

은서
난 성호가 가지고 있는 붙임딱지 수의 2배만큼 가지고 있어.

방법 1

방법 2

▸251002-0236

09 계산 결과가 같은 것끼리 이어 보세요.

(1) 10×6 •   • ㉠ 10×9

(2) 20×4 •   • ㉡ 20×3

(3) 30×3 •   • ㉢ 40×2

도전

▸251002-0237

10 구슬을 호린이는 10개의 2배만큼, 영서는 10개의 4배만큼 가지고 있습니다. 영서는 호린이보다 구슬을 몇 개 더 많이 가지고 있을까요?

( )

도움말 호린이와 영서가 가지고 있는 구슬의 수를 각각 구합니다.

문제해결 접근하기

▸251002-0238

11 가현이네 학교 학생들이 운동장에 한 줄에 20명씩 2줄과 한 줄에 30명씩 3줄로 서 있습니다. 학생들은 모두 몇 명인지 구해 보세요.

이해하기

구하려는 것은 무엇인가요?

답

계획 세우기

어떤 방법으로 문제를 해결하면 좋을까요?

답

해결하기

(1) 한 줄에 20명씩 2줄은 몇 명일까요?

답

(2) 한 줄에 30명씩 3줄은 몇 명일까요?

답

(3) 학생들은 모두 몇 명일까요?

답

되돌아보기

소영이네 학교 학생들이 체육관에 한 줄에 30명씩 2줄과 한 줄에 20명씩 4줄로 앉아 있습니다. 학생들은 모두 몇 명인지 구해 보세요.

답

개념 2 (몇십몇)×(몇)을 구해 볼까요 (1)

■ **21×4의 계산** — 올림이 없는 (몇십몇)×(몇)

• 여러 가지 방법으로 계산하기

방법 1 21을 4번 더합니다.

$21+21+21+21=84$ ➡ $21\times4=84$

방법 2 21은 20과 1의 합입니다.

21의 4배는 20의 4배와 1의 4배를 더한 값과 같습니다.

20의 4배는 80이고, 1의 4배는 4이므로

$21\times4=80+4=84$입니다.

• 수 모형으로 계산하기

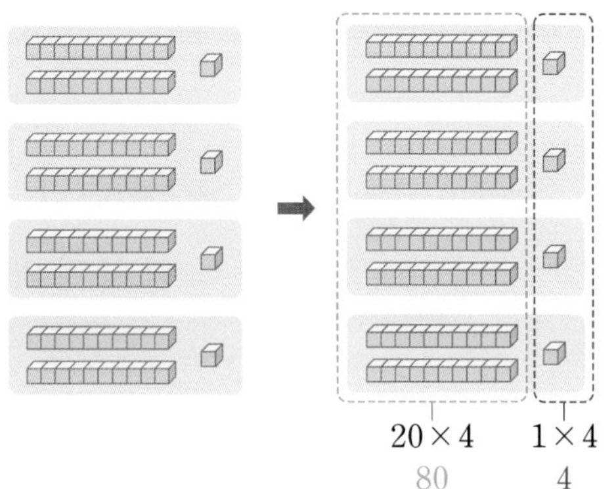

일 모형은 1×4이므로 4개입니다. ➡ $1\times4=4$

십 모형은 2×4이므로 8개입니다. ➡ $20\times4=80$

80을 나타냅니다.

$21\times4=84$

• 세로셈으로 계산하기

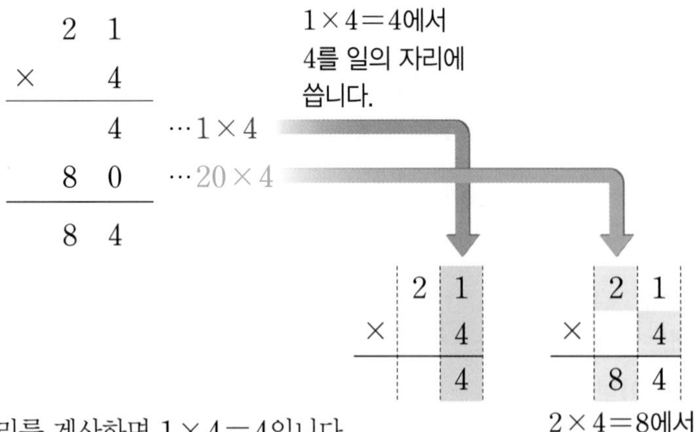

일의 자리를 계산하면 $1\times4=4$입니다.

십의 자리를 계산하면 $20\times4=80$입니다.

➡ $21\times4=4+80=84$

2×4=8에서
8을 십의 자리에
씁니다.

• **21×4의 계산**

$1\times4=4$
$20\times4=80$

⬇

$21\times4=84$

• **21×4를 어림하여 계산하기**

21을 20으로 어림하여 계산하면 약 $20\times4=80$입니다.

• **21×4의 계산 방법**

– 일의 자리부터 계산하기

	2	1	
×		4	
		4	… 1×4
	8	0	… 20×4
	8	4	

– 십의 자리부터 계산하기

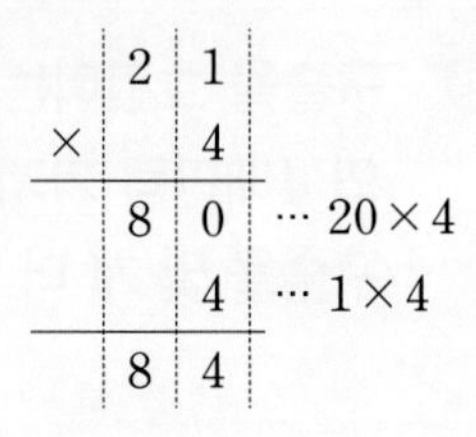

문제를 풀며 이해해요

▸251002-0239

01 수 모형을 보고 □ 안에 알맞은 수를 써넣으세요.

(1) 일 모형은 $2 \times$ □ 이므로 □ 개입니다.

(2) 십 모형은 $1 \times$ □ 이므로 □ 개이고, □ 을/를 나타냅니다.

(3) $12 \times 3 =$ □

올림이 없는 (몇십몇)×(몇)을 계산할 수 있는지 묻는 문제예요.

십 모형 3개는 일 모형 30개와 같아요.

▸251002-0240

02 11×5를 어림하여 계산하려고 합니다. □ 안에 알맞은 수를 써넣으세요.

(1) 11을 어림하면 약 □ 입니다.

(2) 11×5를 어림하여 계산하면 약 □ $\times 5 =$ □ 입니다.

11을 약 몇십으로 어림한 후 11×5를 어림하여 계산해요.

▸251002-0241

03 수 모형이 나타내는 수를 구하는 곱셈식은 어느 것일까요? (　　)

① 23×2　② 23×3　③ 23×4
④ 32×2　⑤ 32×3

수 모형이 몇씩 몇 묶음인지 세어 보아요.

교과서 문제 해결하기

▸251002-0242

01 복숭아가 한 상자에 13개씩 3상자 있습니다. □ 안에 알맞은 수를 써넣으세요.

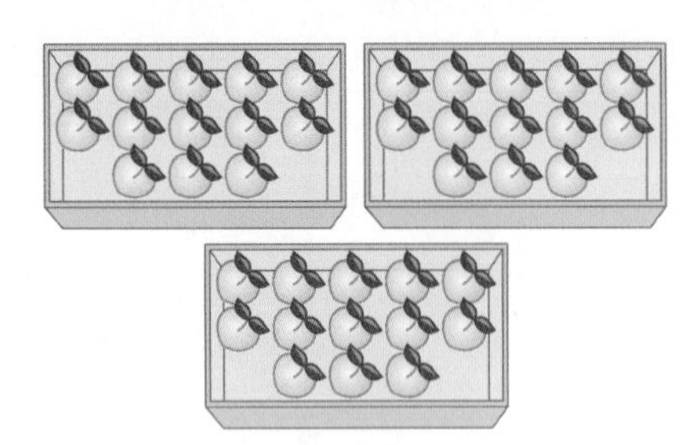

$13+13+13=\square$

➡ $13\times\square=\square$

▸251002-0243

02 그림을 보고 □ 안에 알맞은 수를 써넣으세요.

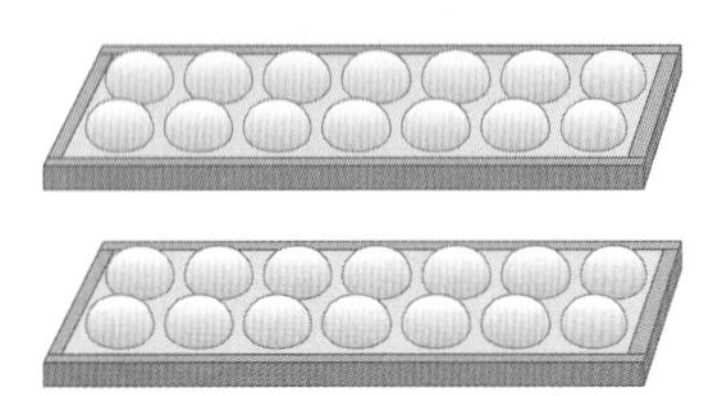

$14\times2=\square$

중요

▸251002-0244

03 수 모형을 보고 □ 안에 알맞은 수를 써넣으세요.

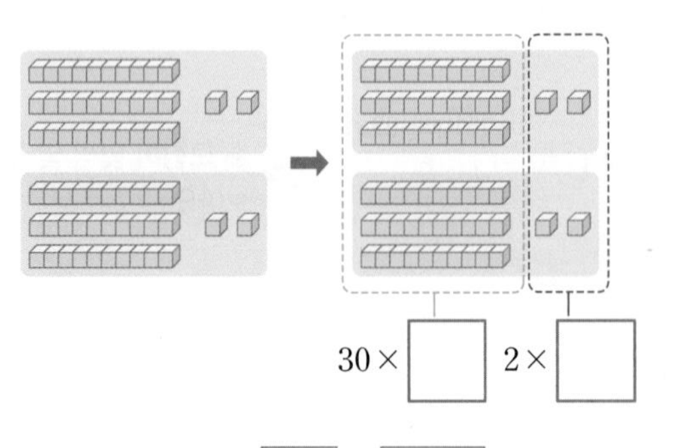

$30\times\square$ $2\times\square$

$32\times\square=\square$

▸251002-0245

04 계산해 보세요.

(1) $\begin{array}{r} 1\ 2 \\ \times\quad 4 \\ \hline \end{array}$

(2) $\begin{array}{r} 2\ 1 \\ \times\quad 3 \\ \hline \end{array}$

(3) 34×2

(4) 43×2

▸251002-0246

05 32×3을 어림한 값과 32×3을 계산한 값을 구해 보세요.

(1) 어림한 값: 약 (　　　　　)

(2) 계산한 값: (　　　　　)

중요

▸251002-0247

06 계산 결과가 가장 큰 것을 찾아 ○표 하세요.

11×6	23×3	34×2
(　　)	(　　)	(　　)

▸251002-0248

07 곱의 크기를 비교하여 ○ 안에 >, =, <를 알맞게 써넣으세요.

21×4 ○ 42×2

▸251002-0249

08 □ 안에 알맞은 수를 써넣으세요.

$$\begin{array}{r} \square\;1 \\ \times\;\;\;2 \\ \hline 8\;2 \end{array}$$

▸251002-0250

09 □ 안에 들어갈 수 있는 가장 작은 수를 구해 보세요.

$33\times3<\square$

( )

도전

▸251002-0251

10 빨간색 색종이가 한 묶음에 31장씩 3묶음 있고, 파란색 색종이가 한 묶음에 22장씩 4묶음 있습니다. 빨간색 색종이와 파란색 색종이는 모두 몇 장일까요?

( )

도움말 빨간색 색종이의 수와 파란색 색종이의 수를 각각 구하여 더합니다.

문제해결 접근하기

▸251002-0252

11 고모의 나이는 몇 살인지 구해 보세요.

소민: 나는 10살이에요.
오빠: 나는 소민이보다 3살 더 많아요.
고모: 내 나이는 소민이 오빠 나이의 3배예요.

이해하기

구하려는 것은 무엇인가요?

답 ______

계획 세우기

어떤 방법으로 문제를 해결하면 좋을까요?

답 ______

해결하기

(1) 소민이 오빠는 몇 살일까요?

답 ______

(2) 고모의 나이는 몇 살일까요?

답 ______

되돌아보기

삼촌의 나이는 몇 살인지 구해 보세요.

소영: 나는 10살이에요.
언니: 나는 소영이보다 2살 더 많아요.
삼촌: 내 나이는 소영이 언니 나이의 4배예요.

답 ______

개념 3 (몇십몇)×(몇)을 구해 볼까요 (2)

■ **32 × 4의 계산** — 십의 자리에서 올림이 있는 (몇십몇)×(몇)

• 수 모형으로 계산하기

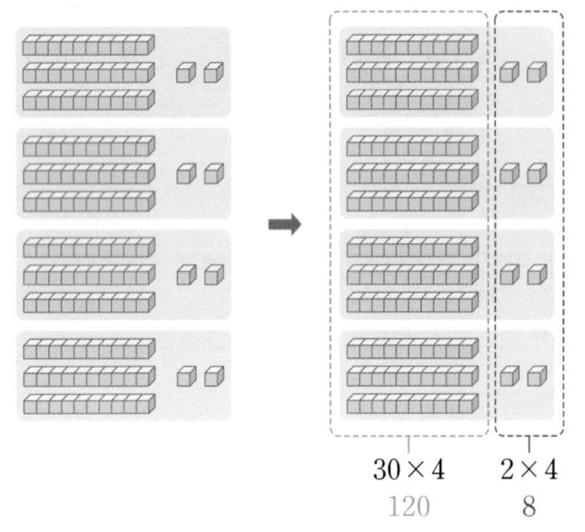

일 모형은 2×4이므로 8개입니다. ➡ $2\times4=\ \ \ 8$

십 모형은 3×4이므로 12개입니다. ➡ $30\times4=120$
(12: 120을 나타냅니다.)

$32\times4=128$

• 세로셈으로 계산하기

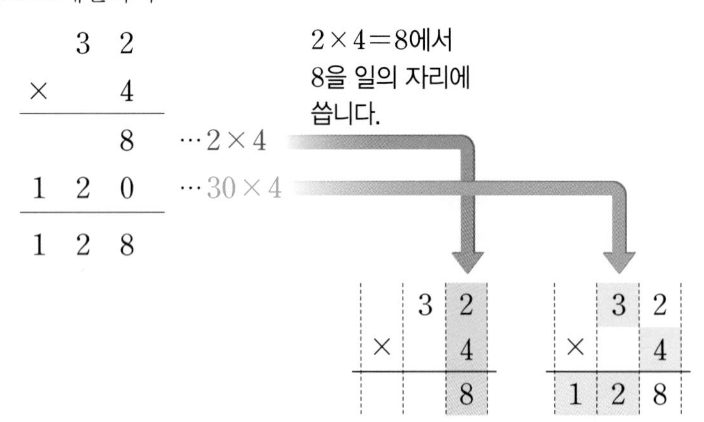

일의 자리를 계산하면 2×4=8입니다.

십의 자리를 계산하면 30×4=120입니다.

➡ 32×4=8+120=128

3×4=12에서
2를 십의 자리에 쓰고
1을 백의 자리에 씁니다.

• **32×4를 어림하여 계산하기**
32를 30으로 어림하여 계산하면
약 30×4=120입니다.

• **32×4의 계산**

2×4=8
30×4=120

⬇

32×4=128

• **32×4의 계산 방법**
– 일의 자리부터 계산하기

	3	2	
×		4	
		8	… 2×4
1	2	0	… 30×4
1	2	8	

– 십의 자리부터 계산하기

	3	2	
×		4	
1	2	0	… 30×4
		8	… 2×4
1	2	8	

정답과 풀이 34쪽

문제를 풀며 이해해요

▸251002-0253

01 **수 모형을 보고 □ 안에 알맞은 수를 써넣으세요.**

십의 자리에서 올림이 있는 (몇십몇)×(몇)을 계산할 수 있는지 묻는 문제예요.

(1) 일 모형은 $1\times$□이므로 □개입니다.

(2) 십 모형은 $3\times$□이므로 □개이고, □을/를 나타냅니다.

(3) $31\times5=$□

십 모형 15개는 백 모형 1개, 십 모형 5개와 같아요.

▸251002-0254

02 **21×7을 어림하여 계산하려고 합니다. □ 안에 알맞은 수를 써넣으세요.**

(1) 21을 어림하면 약 □입니다.

(2) 21×7을 어림하여 계산하면 약 □$\times7=$□입니다.

21을 약 몇십으로 어림한 후 21×7을 어림하여 계산해요.

▸251002-0255

03 **계산이 잘못된 것의 기호를 써 보세요.**

㉠

	6	3
×		2
		6
	1	2
	1	8

㉡

	4	1
×		4
		4
1	6	0
1	6	4

(　　　　　　　　)

십의 자리를 계산하면 ㉠ 60×2, ㉡ 40×4예요.

교과서 문제 해결하기

▸251002-0256

01 공깃돌이 한 상자에 42개씩 3상자 있습니다. □ 안에 알맞은 수를 써넣으세요.

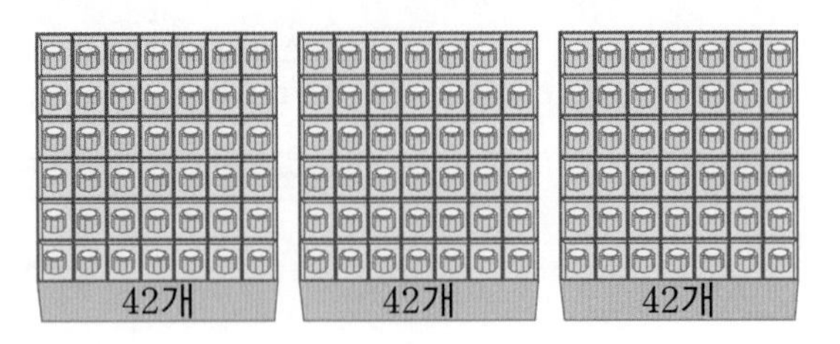

$42+42+42=\square$

➡ $42\times\square=\square$

▸251002-0257

02 수 모형을 보고 □ 안에 알맞은 수를 써넣으세요.

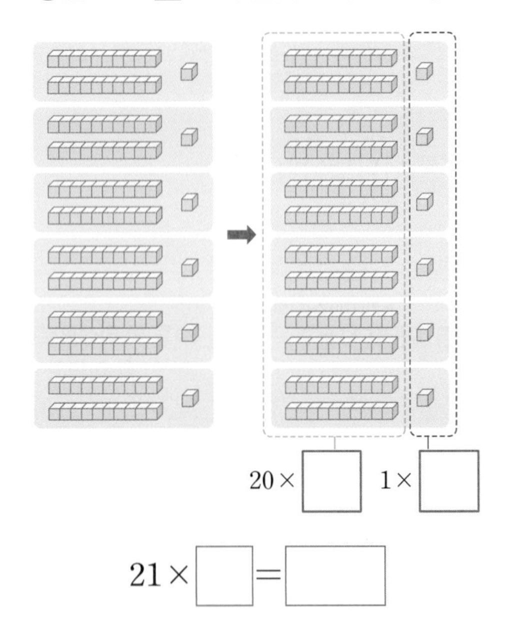

$21\times\square=\square$

▸251002-0258

03 계산해 보세요.

(1)
$$\begin{array}{r} 4\ 1 \\ \times\quad 5 \\ \hline \end{array}$$

(2)
$$\begin{array}{r} 6\ 4 \\ \times\quad 2 \\ \hline \end{array}$$

(3) 53×3

(4) 31×8

중요

▸251002-0259

04 계산이 잘못된 곳을 찾아 바르게 계산해 보세요.

$$\begin{array}{r} 7\ 2 \\ \times\quad 4 \\ \hline 8 \\ 2\ 8 \\ \hline 3\ 6 \end{array}$$

➡ □

▸251002-0260

05 계산 결과가 다른 것을 찾아 기호를 써 보세요.

㉠ $63+63+63$
㉡ 63×3
㉢ $60+3+3$

(　　　　　　　)

중요

▸251002-0261

06 51×4를 두 가지 방법으로 계산하려고 합니다. □ 안에 알맞은 수를 써넣으세요.

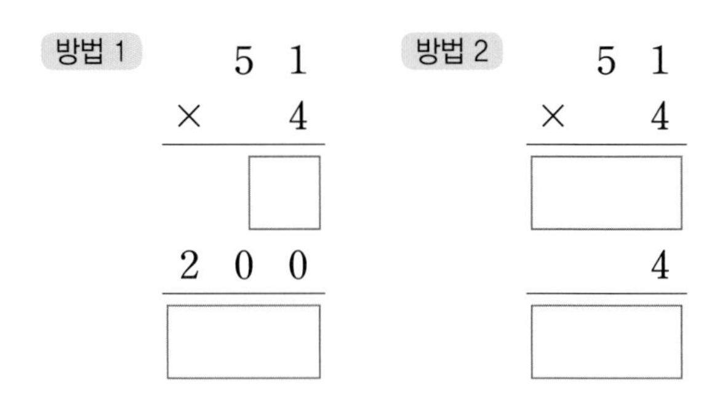

▸251002-0262

07 □ 안의 수 3이 실제로 나타내는 수는 얼마일까요?

$$\begin{array}{r} 9\ 2 \\ \times\quad 4 \\ \hline \boxed{3}\ 6\ 8 \end{array}$$

(　　　　　　　)

▸ 251002-0263

08 빈칸에 알맞은 수를 써넣으세요.

→ ×

73	3	
61	6	

▸ 251002-0264

09 예진이는 줄넘기를 하루에 81번씩 일주일 동안 했습니다. 예진이는 줄넘기를 모두 몇 번 했을까요?

(　　　　　　　　)

도전

▸ 251002-0265

10 세진이는 위인전을 매일 51쪽씩 5일 동안 읽었고, 동화책을 매일 62쪽씩 4일 동안 읽었습니다. 세진이가 읽은 위인전과 동화책은 모두 몇 쪽일까요?

(　　　　　　　　)

도움말 세진이가 읽은 위인전과 동화책의 쪽수를 각각 구하여 더합니다.

문제해결 접근하기

▸ 251002-0266

11 ㉠과 ㉡에 알맞은 수를 각각 구해 보세요.

$$\begin{array}{r} 8\ ㉠ \\ \times\quad ㉡ \\ \hline 2\ 4\ 6 \end{array}$$

이해하기

구하려는 것은 무엇인가요?

답 ______________________

계획 세우기

어떤 방법으로 문제를 해결하면 좋을까요?

답 ______________________

____

해결하기

(1) ㉡은 얼마일까요?

답 ______________________

(2) ㉠은 얼마일까요?

답 ______________________

____

되돌아보기

㉠과 ㉡에 알맞은 수를 각각 구해 보세요.

$$\begin{array}{r} 7\ ㉠ \\ \times\quad ㉡ \\ \hline 3\ 5\ 5 \end{array}$$

답 ______________________

____

____

개념 4 (몇십몇)×(몇)을 구해 볼까요 (3)

■ **18 × 3의 계산** — 일의 자리에서 올림이 있는 (몇십몇) × (몇)

• 수 모형으로 계산하기

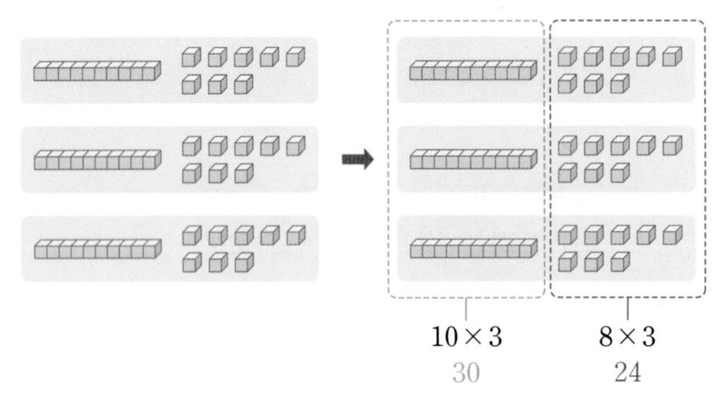

일 모형은 8 × 3이므로 24개입니다. ➡ $8 \times 3 = 24$

십 모형은 1 × 3이므로 3개입니다. ➡ $10 \times 3 = 30$

30을 나타냅니다.

$18 \times 3 = 54$

• 세로셈으로 계산하기

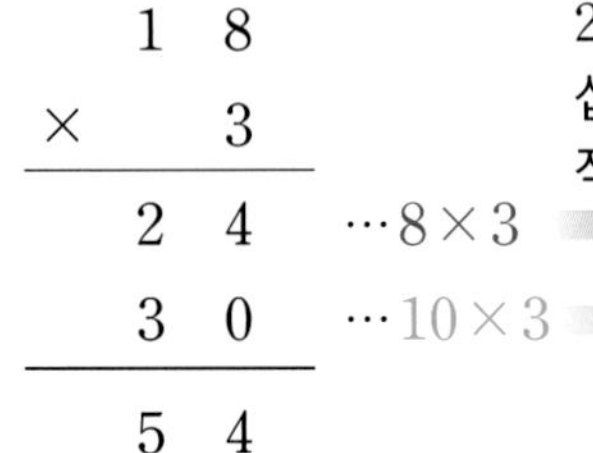

	1	8	
×		3	
	2	4	…8 × 3
	3	0	…10 × 3
	5	4	

8 × 3＝24에서
4를 일의 자리에 쓰고
20을 올림하여
십의 자리 숫자 1 위에
작게 씁니다.

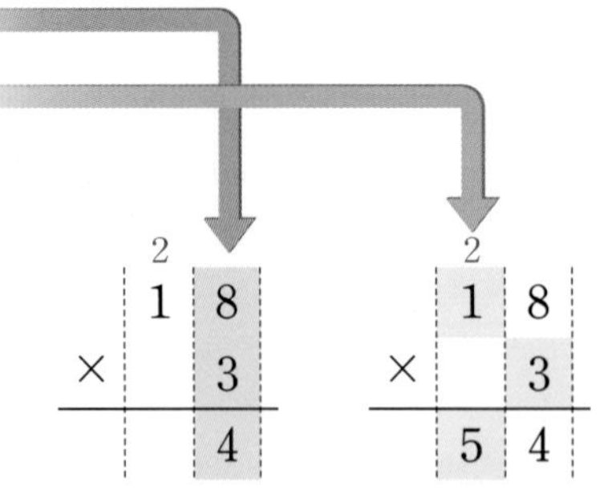

일의 자리를 계산하면 8 × 3＝24입니다.

십의 자리를 계산하면 10 × 3＝30입니다.

➡ $18 \times 3 = 24 + 30 = 54$

1 × 3＝3에서
3과 올림한 수 2를
더하면 5가 되므로
5를 십의 자리에 씁니다.

• **18 × 3을 어림하여 계산하기**
18을 20으로 어림하여 계산하면
약 20 × 3＝60입니다.

• **18 × 3의 계산**

$8 \times 3 = 24$
$10 \times 3 = 30$

⬇

$18 \times 3 = 54$

• **18 × 3의 계산 방법**

– 일의 자리부터 계산하기

	1	8	
×		3	
	2	4	… 8 × 3
	3	0	… 10 × 3
	5	4	

– 십의 자리부터 계산하기

	1	8	
×		3	
	3	0	… 10 × 3
	2	4	… 8 × 3
	5	4	

문제를 풀며 이해해요

▸ 251002-0267

01 수 모형을 보고 □ 안에 알맞은 수를 써넣으세요.

일의 자리에서 올림이 있는 (몇십몇)×(몇)을 계산할 수 있는지 묻는 문제예요.

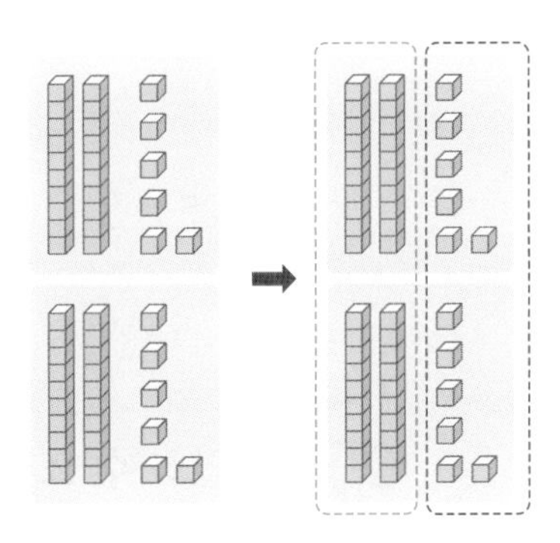

일 모형 12개는 십 모형 1개, 일 모형 2개와 같아요.

(1) 일 모형은 $6\times$□이므로 □개입니다.

(2) 십 모형은 $2\times$□이므로 □개이고, □을/를 나타냅니다.

(3) $26\times2=$□

▸ 251002-0268

02 29×3을 어림하여 계산하려고 합니다. □ 안에 알맞은 수를 써넣으세요.

29를 약 몇십으로 어림한 후 29×3을 어림하여 계산해요.

(1) 29를 어림하면 약 □입니다.

(2) 29×3을 어림하여 계산하면 약 □$\times3=$□입니다.

▸ 251002-0269

03 사과가 한 상자에 15개씩 들어 있습니다. 4상자에 들어 있는 사과는 모두 몇 개인지 □ 안에 알맞은 수를 써넣으세요.

일의 자리를 계산한 값을 구하여 십의 자리를 계산한 값과 더해요.

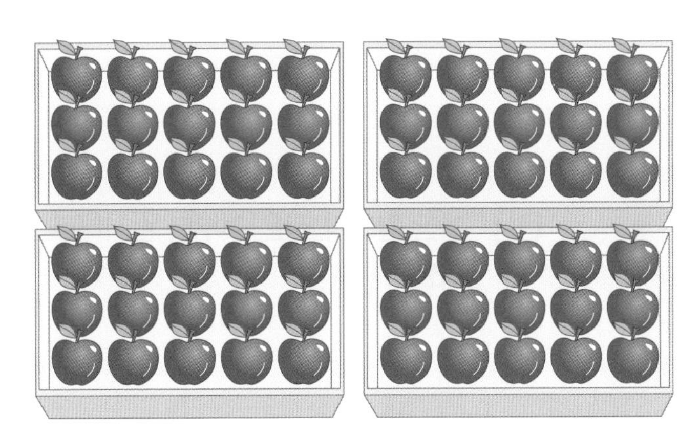

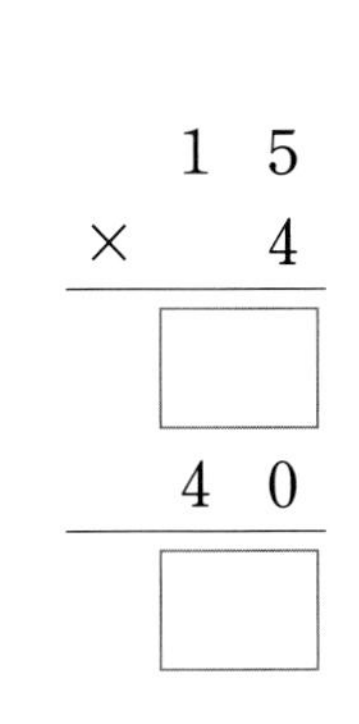

$$\begin{array}{r} 1\ 5 \\ \times\quad 4 \\ \hline \square \\ 4\ 0 \\ \hline \square \end{array}$$

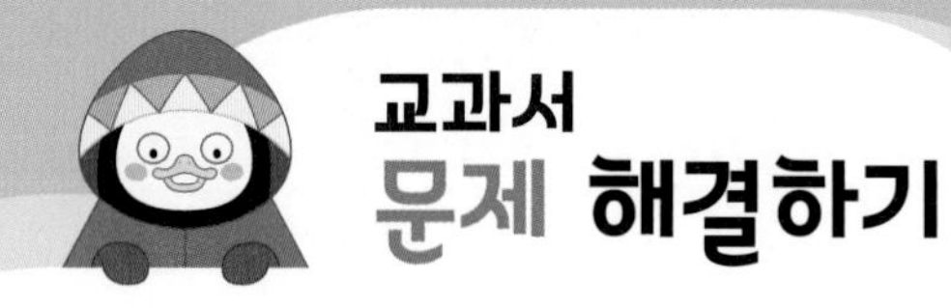

▸251002-0270

01 수 모형을 보고 □ 안에 알맞은 수를 써넣으세요.

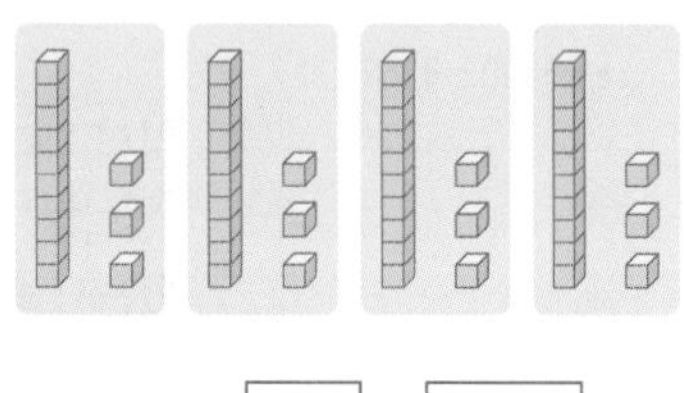

$13 \times \square = \square$

▸251002-0271

02 자두가 한 상자에 28개씩 2상자 있습니다. 자두는 모두 몇 개인지 어림한 값과 28×2를 계산한 값을 구해 보세요.

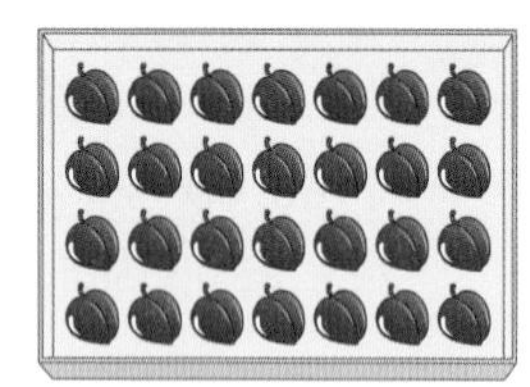
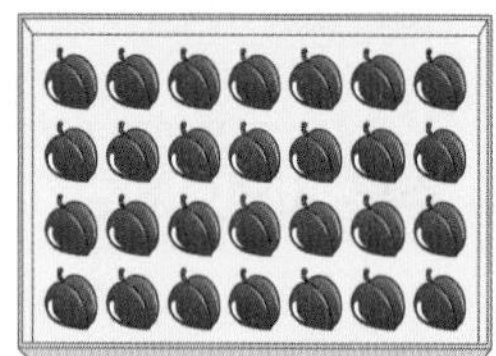

(1) 어림한 값: 약 (　　　　　　)

(2) 계산한 값: (　　　　　　)

중요

▸251002-0272

03 19×5를 바르게 계산한 사람은 누구일까요?

시우

$$\begin{array}{r} 1\;9 \\ \times\quad 5 \\ \hline 5\;5 \end{array}$$

윤재

$$\begin{array}{r} 1\;9 \\ \times\quad 5 \\ \hline 5\;4\;5 \end{array}$$

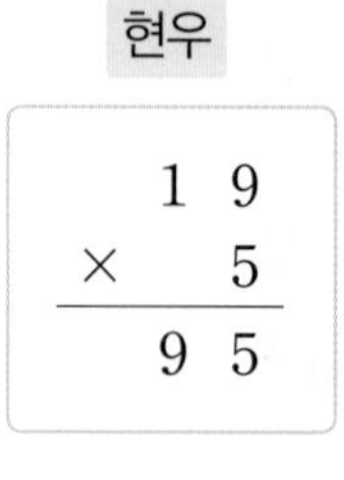

현우

$$\begin{array}{r} 1\;9 \\ \times\quad 5 \\ \hline 9\;5 \end{array}$$

(　　　　　　)

▸251002-0273

04 계산해 보세요.

(1) $$\begin{array}{r} 3\;6 \\ \times\quad 2 \\ \hline \end{array}$$

(2) $$\begin{array}{r} 1\;7 \\ \times\quad 3 \\ \hline \end{array}$$

(3) 25×3

(4) 14×6

중요

▸251002-0274

05 □ 안의 수 2가 실제로 나타내는 수는 얼마일까요?

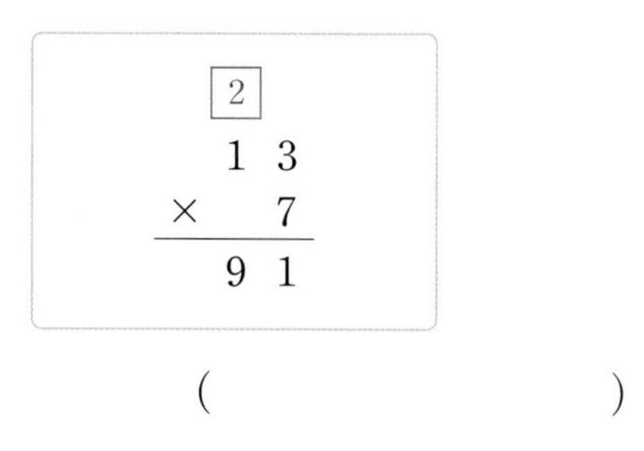

$$\begin{array}{r} \boxed{2} \\ 1\;3 \\ \times\quad 7 \\ \hline 9\;1 \end{array}$$

(　　　　　　)

▸251002-0275

06 계산 결과를 찾아 이어 보세요.

(1) 15×5 •　　　　• ㉠ 64

(2) 16×4 •　　　　• ㉡ 75

(3) 26×3 •　　　　• ㉢ 78

▸251002-0276

07 계산 결과가 작은 것부터 순서대로 기호를 써 보세요.

㉠ 18×5　　㉡ 16×6　　㉢ 23×4

(　　　　　　)

▶ 251002-0277

08 밤 130개를 한 봉지에 12개씩 8봉지에 담았습니다. 봉지에 담고 남은 밤은 몇 개일까요?

( )

▶ 251002-0278

09 가장 큰 수와 가장 작은 수의 곱을 구해 보세요.

39	2	3	47

( )

도전

▶ 251002-0279

10 1부터 9까지의 수 중에서 □ 안에 들어갈 수 있는 수는 모두 몇 개일까요?

$18 \times \square < 29 \times 3$

( )

도움말 29×3의 계산 결과보다 $18 \times \square$의 계산 결과가 작도록 □ 안에 들어갈 수 있는 수를 알아봅니다.

문제해결 접근하기

▶ 251002-0280

11 ㉠보다 크고 ㉡보다 작은 두 자리 수를 모두 구해 보세요.

㉠ 19×5 ㉡ 14×7

이해하기

구하려는 것은 무엇인가요?

답 ______

계획 세우기

어떤 방법으로 문제를 해결하면 좋을까요?

답 ______

______

해결하기

(1) ㉠ 19×5를 계산해 보세요.

답 ______

(2) ㉡ 14×7을 계산해 보세요.

답 ______

(3) ㉠보다 크고 ㉡보다 작은 두 자리 수를 모두 구해 보세요.

답 ______

되돌아보기

㉠보다 크고 ㉡보다 작은 두 자리 수를 구해 보세요.

㉠ 13×4 ㉡ 18×3

답 ______

______

______

개념 5 (몇십몇)×(몇)을 구해 볼까요 (4)

■ **27×5의 계산** — 십의 자리와 일의 자리에서 올림이 있는 (몇십몇)×(몇)

• 수 모형으로 계산하기

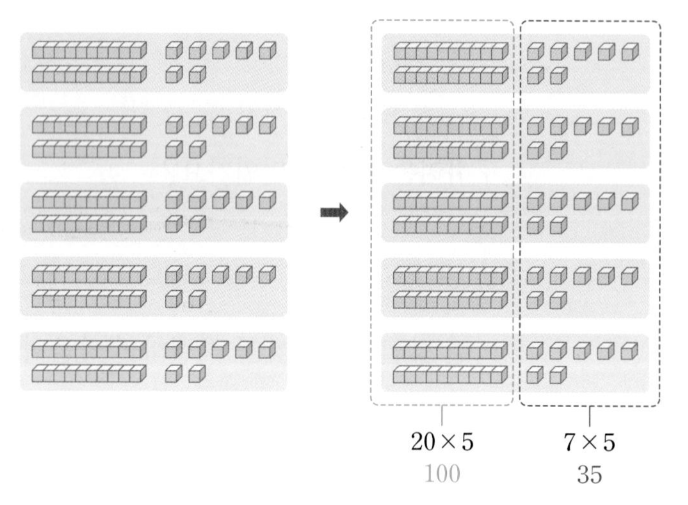

일 모형은 7×5이므로 35개입니다. ➡ $7\times5=35$

십 모형은 2×5이므로 10개입니다. ➡ $20\times5=100$

(10: 100을 나타냅니다.)

$27\times5=135$

• **27×5를 어림하여 계산하기**
27을 30으로 어림하여 계산하면 약 $30\times5=150$입니다.

• **27×5의 계산**

$7\times5=35$
$20\times5=100$

⬇

$27\times5=135$

• 세로셈으로 계산하기

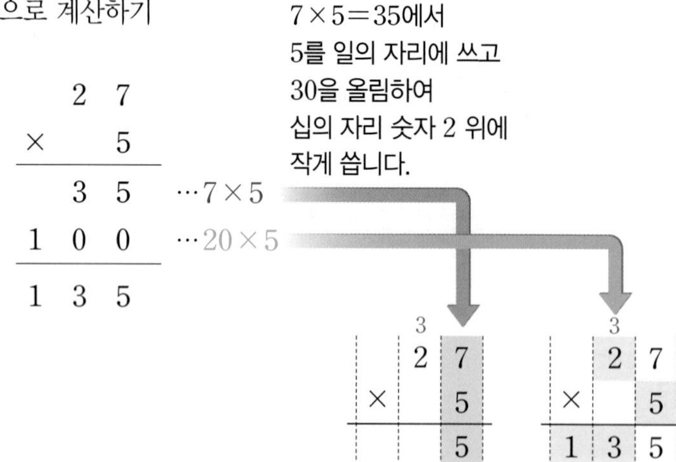

일의 자리를 계산하면 $7\times5=35$입니다.

십의 자리를 계산하면 $20\times5=100$입니다.

➡ $27\times5=35+100=135$

2×5=10에서
10과 올림한 수 3을
더하면 13이 되므로
3을 십의 자리에 쓰고,
1을 백의 자리에 씁니다.

• **27×5의 계산 방법**

– 일의 자리부터 계산하기

	2	7	
×		5	
	3	5	… 7×5
1	0	0	… 20×5
1	3	5	

– 십의 자리부터 계산하기

	2	7	
×		5	
1	0	0	… 20×5
	3	5	… 7×5
1	3	5	

문제를 풀며 이해해요

01 수 모형을 보고 □ 안에 알맞은 수를 써넣으세요.

▸ 251002-0281

(1) 일 모형은 $8\times$ □ 이므로 □ 개입니다.

(2) 십 모형은 $4\times$ □ 이므로 □ 개이고, □ 을/를 나타냅니다.

(3) $48\times3=$ □

십의 자리와 일의 자리에서 올림이 있는 (몇십몇)×(몇)을 계산할 수 있는지 묻는 문제예요.

일 모형 24개는 십 모형 2개, 일 모형 4개와 같아요.
십 모형 12개는 백 모형 1개, 십 모형 2개와 같아요.

02 57×4를 어림하여 계산하려고 합니다. □ 안에 알맞은 수를 써넣으세요.

▸ 251002-0282

(1) 57을 어림하면 약 □ 입니다.

(2) 57×4를 어림하여 계산하면 약 □ $\times4=$ □ 입니다.

57을 약 몇십으로 어림한 후 57×4를 어림하여 계산해요.

03 □ 안에 알맞은 수를 써넣으세요.

▸ 251002-0283

(1)
$$\begin{array}{r} \square \\ 6\ 3 \\ \times\quad 4 \\ \hline \square \end{array}$$

(2)
$$\begin{array}{r} \square \\ 3\ 9 \\ \times\quad 5 \\ \hline \square \end{array}$$

(3)
$$\begin{array}{r} \square \\ 2\ 5 \\ \times\quad 6 \\ \hline \square \end{array}$$

일의 자리를 계산한 값에서 올림한 수를 십의 자리를 계산한 값에 더해요.

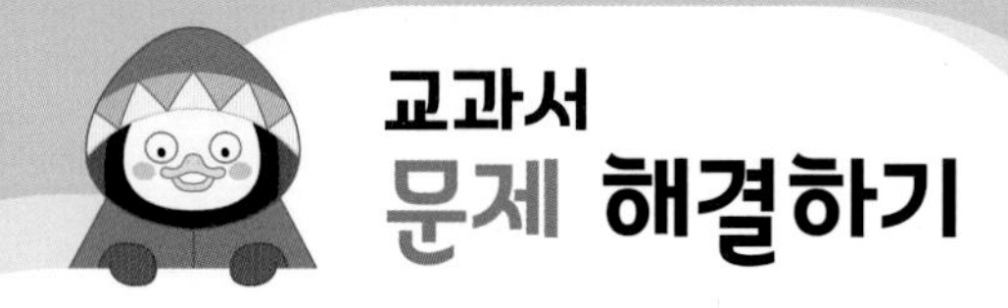

▸251002-0284

01 수 모형을 보고 □ 안에 알맞은 수를 써넣으세요.

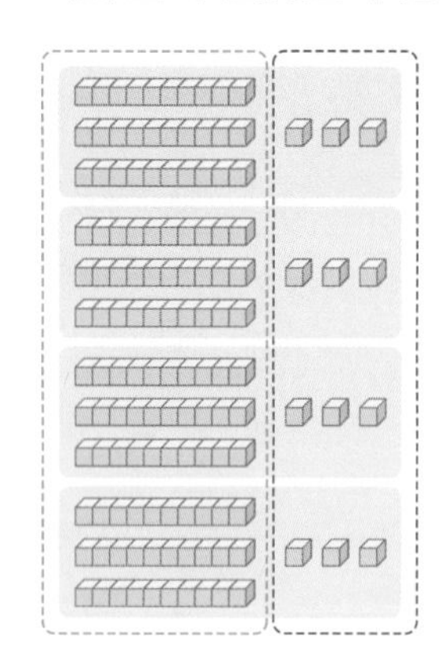

$\square \times 4 = \square$

▸251002-0285

02 곶감이 한 상자에 24개씩 5상자 있습니다. 곶감은 모두 몇 개인지 □ 안에 알맞은 수를 써넣으세요.

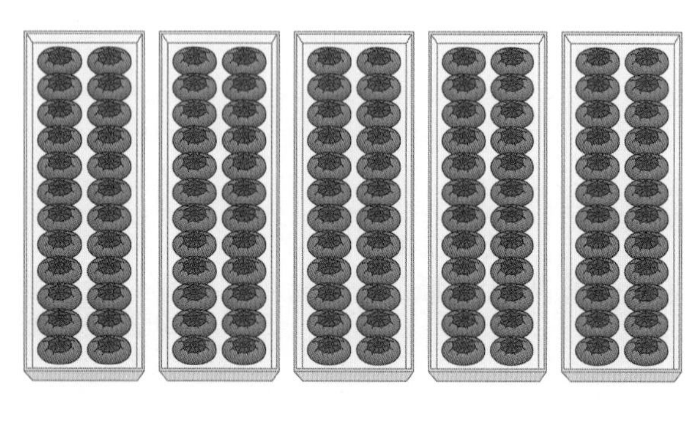

$24 \times \square = \square$(개)

중요

▸251002-0286

03 보기 와 같이 계산해 보세요.

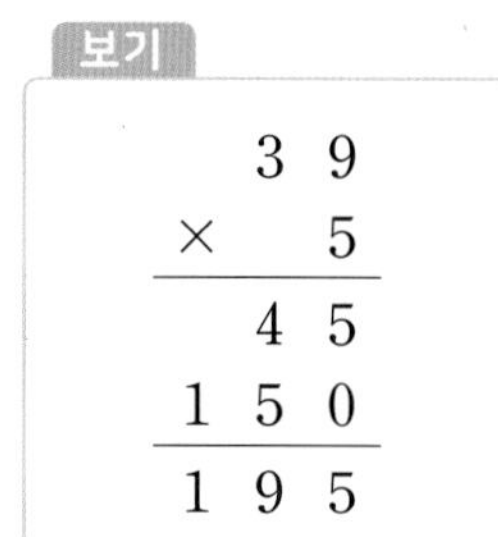
보기

$$\begin{array}{r} 39 \\ \times \quad 5 \\ \hline 45 \\ 150 \\ \hline 195 \end{array}$$

$$\begin{array}{r} 29 \\ \times \quad 6 \\ \hline \end{array}$$

▸251002-0287

04 계산해 보세요.

(1) $$\begin{array}{r} 68 \\ \times \quad 2 \\ \hline \end{array}$$

(2) $$\begin{array}{r} 52 \\ \times \quad 6 \\ \hline \end{array}$$

(3) 39×3

(4) 29×7

중요

▸251002-0288

05 □ 안에 알맞은 수를 써넣으세요.

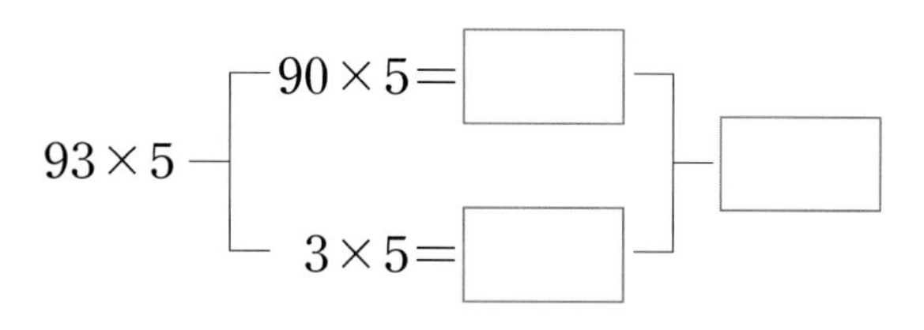

▸251002-0289

06 계산 결과가 더 큰 것에 ○표 하세요.

57×6	48×7
(　　　)	(　　　)

▸251002-0290

07 곱이 두 번째로 작은 것은 어느 것일까요?

(　　)

① 38×7　② 28×9　③ 47×5
④ 86×3　⑤ 64×4

▸251002-0291

08 ㉠과 ㉡에 알맞은 수를 구해 보세요.

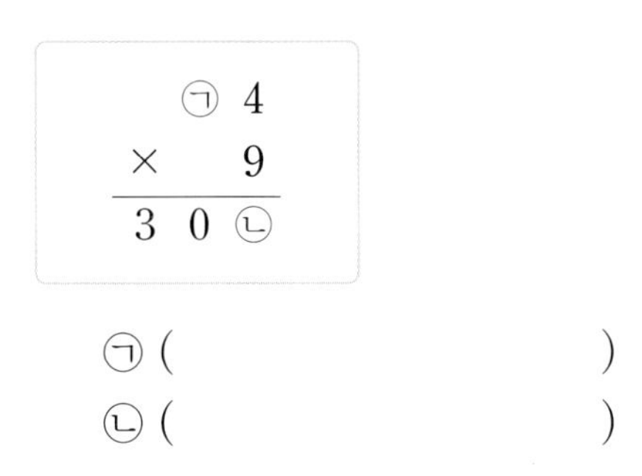

$$\begin{array}{r} ㉠\ 4 \\ \times \quad 9 \\ \hline 3\ 0\ ㉡ \end{array}$$

㉠ (　　　　　　　　)

㉡ (　　　　　　　　)

▸251002-0292

09 같은 기호는 같은 수를 나타냅니다. ●에 알맞은 수를 구해 보세요.

- $49 \times 2 =$ ■
- ■ $\times 3 =$ ●

(　　　　　　　　)

도전

▸251002-0293

10 수 카드 4, 6, 9 를 한 번씩만 사용하여 (몇십몇)×(몇)의 곱셈식을 만들려고 합니다. 곱이 가장 작은 곱셈식을 만들고 계산해 보세요.

□□ × □ = □

도움말 ▲<■<●일 때 ■●×▲의 곱이 가장 작습니다.

문제해결 접근하기

▸251002-0294

11 길이가 29 cm인 색 테이프 5장을 그림과 같이 4 cm씩 겹치게 이어 붙였습니다. 이어 붙인 색 테이프의 전체 길이는 몇 cm인지 구해 보세요.

29 cm　29 cm　29 cm　29 cm　29 cm

4 cm　4 cm　4 cm　4 cm

이해하기

구하려는 것은 무엇인가요?

답 ________________

계획 세우기

어떤 방법으로 문제를 해결하면 좋을까요?

답 ________________

____

해결하기

(1) 색 테이프 5장의 길이의 합은 몇 cm일까요?

답 ________________

(2) 겹쳐진 부분의 길이의 합은 몇 cm일까요?

답 ________________

(3) 이어 붙인 색 테이프의 전체 길이는 몇 cm일까요?

답 ________________

되돌아보기

길이가 27 cm인 색 테이프 4장을 위 그림과 같이 5 cm씩 겹치게 이어 붙였습니다. 이어 붙인 색 테이프의 전체 길이는 몇 cm인지 구해 보세요.

답 ________________

____

____

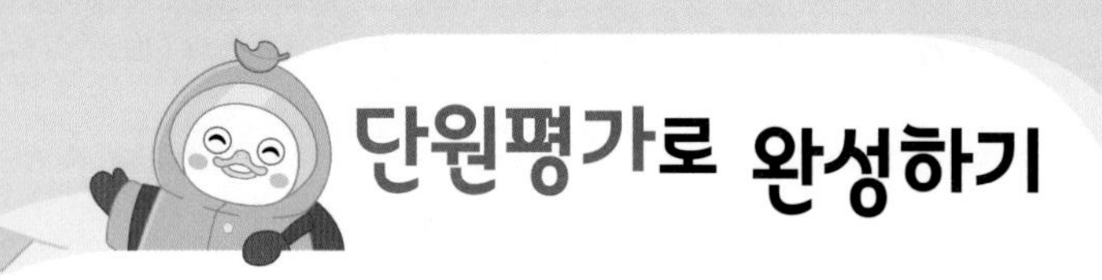

▸ 251002-0295

01 수 모형을 보고 □ 안에 알맞은 수를 써넣으세요.

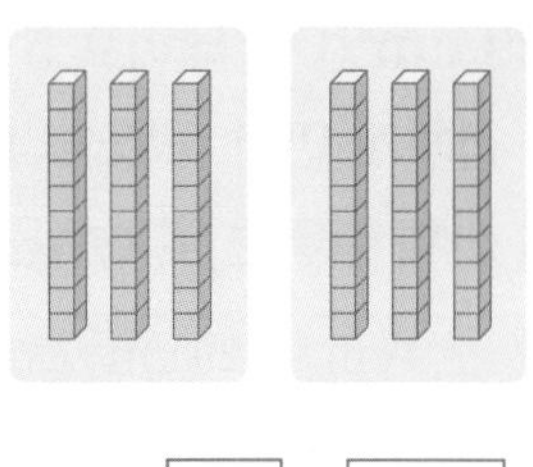

$30 \times \square = \square$

▸ 251002-0296

02 젤리가 한 봉지에 20개씩 들어 있습니다. 4봉지에 들어 있는 젤리는 모두 몇 개일까요?

(　　　　　　　　)

▸ 251002-0297

03 빈칸에 알맞은 수를 써넣으세요.

⊗ →

14	2	
32	3	
21	4	

▸ 251002-0298

04 83×3을 어림한 값과 83×3을 계산한 값을 구해 보세요.

(1) 어림한 값: 약 (　　　　　　　　)

(2) 계산한 값: (　　　　　　　　)

▸ 251002-0299

05 14×5와 계산 결과가 같은 것을 찾아 기호를 써 보세요.

㉠ $14+5$
㉡ 14의 5배
㉢ $14+14+14+14+14+14$

(　　　　　　　　)

▸251002-0300

06 계산 결과를 찾아 이어 보세요.

(1) 27×3 •   • ㉠ 76

(2) 19×4 •   • ㉡ 78

(3) 13×6 •   • ㉢ 81

▸251002-0301

07 ㉠과 ㉡의 합을 구해 보세요.

㉠ 23×4 ㉡ 14×7

(   )

▸251002-0302

08 종이거북을 104개 만들어서 한 상자에 16개씩 6상자에 담았습니다. 상자에 담고 남은 종이거북은 몇 개일까요?

(   )

▸251002-0303

09 □ 안에 알맞은 수를 써넣으세요.

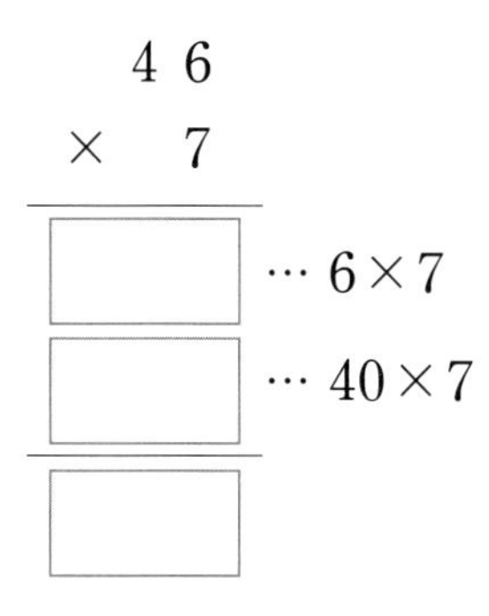

중요

▸251002-0304

10 계산이 잘못된 곳을 찾아 바르게 계산해 보세요.

$$\begin{array}{r} 7\,6 \\ \times \quad 8 \\ \hline 4\,8 \\ 5\,6 \\ \hline 1\,0\,4 \end{array}$$

➡ □

중요

▸ 251002-0305

11 곱셈식에서 □ 안의 수 5가 실제로 나타내는 수는 얼마일까요?

$$\begin{array}{r} 5\ 6 \\ \times\quad 9 \\ \hline \boxed{5}\ 0\ 4 \end{array}$$

( )

▸ 251002-0306

12 가장 큰 수와 가장 작은 수의 곱을 구해 보세요.

49　　5　　6　　81

( )

▸ 251002-0307

13 계산 결과가 작은 것부터 순서대로 기호를 써 보세요.

㉠ 20×4　　㉡ 17×6　　㉢ 26×3

( )

▸ 251002-0308

14 소민이는 매일 산책을 35분씩 합니다. 소민이가 일주일 동안 산책을 한 시간은 모두 몇 분일까요?

( )

▸ 251002-0309

15 □ 안에 알맞은 수를 써넣으세요.

$$20 \times \square = 10 \times 6$$

▸251002-0310

16 □ 안에 알맞은 수를 써넣으세요.

$$\begin{array}{r} \square\ 3 \\ \times\quad 8 \\ \hline 7\ 4\ 4 \end{array}$$

▸251002-0311

17 구슬을 무경이는 24개씩 6봉지, 민진이는 27개씩 5봉지 샀습니다. 누가 구슬을 몇 개 더 많이 샀을까요?

( ), ( )

도전

▸251002-0312

18 34에 어떤 수를 곱해야 할 것을 잘못하여 더했더니 43이 되었습니다. 바르게 계산한 값을 구해 보세요.

( )

▸251002-0313

19 수 카드 [5], [7], [8]을 한 번씩만 사용하여 (몇십몇)×(몇)의 곱셈식을 만들려고 합니다. 곱이 가장 큰 곱셈식을 만들고 계산해 보세요.

□□×□=□

서술형

▸251002-0314

20 1부터 9까지의 수 중에서 □ 안에 들어갈 수 있는 수는 몇 개인지 구하려고 합니다. 풀이 과정을 쓰고 답을 구해 보세요.

32×□<250

풀이

(1) 32와 ( )의 곱은 224로 250보다 작고, 32와 ( )의 곱은 256으로 250보다 큽니다.

(2) 32×□<250에서 □ 안에 들어갈 수 있는 수는 ( )입니다.

(3) 따라서 □ 안에 들어갈 수 있는 수는 모두 ( )개입니다.

답 

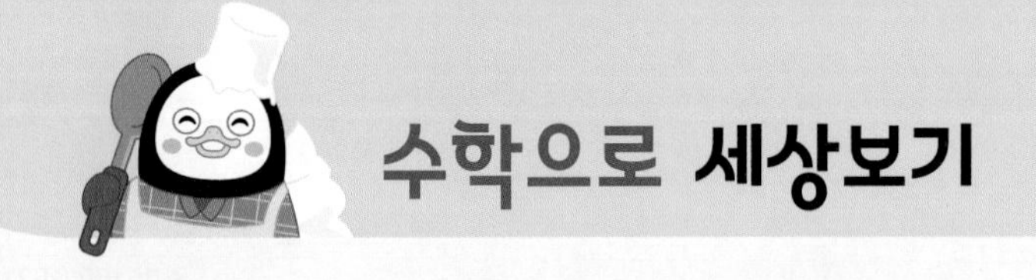

네이피어 막대를 이용하여 (몇십몇)×(몇)을 계산해 봐요.

우리는 이번 단원에서 (몇십)×(몇), 올림이 없는 (몇십몇)×(몇), 십의 자리에서 올림이 있는 (몇십몇)×(몇), 일의 자리에서 올림이 있는 (몇십몇)×(몇), 십의 자리와 일의 자리에서 올림이 있는 (몇십몇)×(몇)의 계산 원리와 방법에 대해서 배웠습니다. 곱셈을 계산할 수 있는 다른 방법을 알아볼까요? 네이피어 막대를 이용해서 (몇십몇)×(몇)의 계산을 해 봐요.

1 수학자 네이피어와 네이피어 막대에 대해 알아보아요.

네이피어는 영국의 수학자예요. 네이피어는 1부터 9까지의 곱셈표(곱셈막대)로 이루어진 막대를 만들어서 간단한 덧셈을 이용하여 곱셈을 하였어요. 이 막대는 네이피어의 이름을 따서 네이피어 막대라고 해요.

2 네이피어 막대를 이용하여 계산하는 방법을 알아보아요.

(1) 23×3의 계산

1	2	3
2	4	6
3	6	9
4	8	1 / 2
5	1 / 0	1 / 5
6	1 / 2	1 / 8
7	1 / 4	2 / 1
8	1 / 6	2 / 4
9	1 / 8	2 / 7

23×3의 계산

① 23을 나타내기 위해 2막대와 3막대를 나란하게 놓아요.

② 3을 곱하므로 세 번째 줄에 적힌 부분만 확인해요.

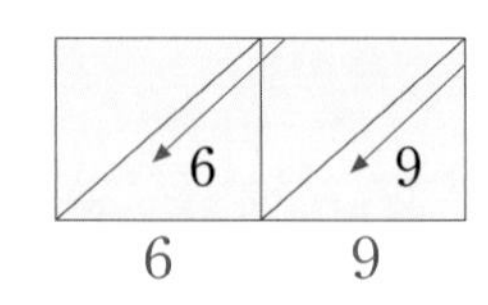

③ 화살표 방향(↙)에 위치한 수를 순서대로 써요.

$23\times3=69$

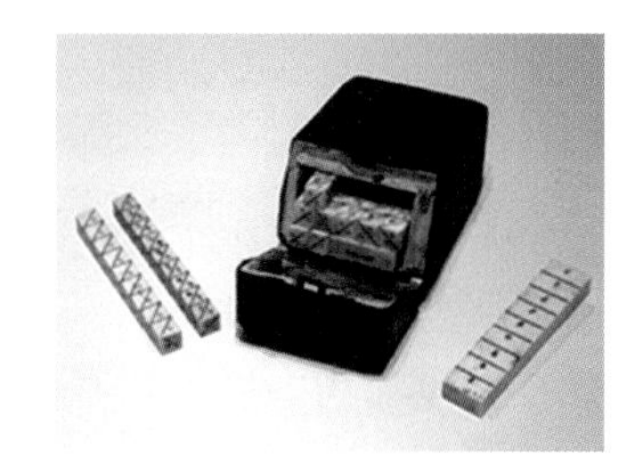

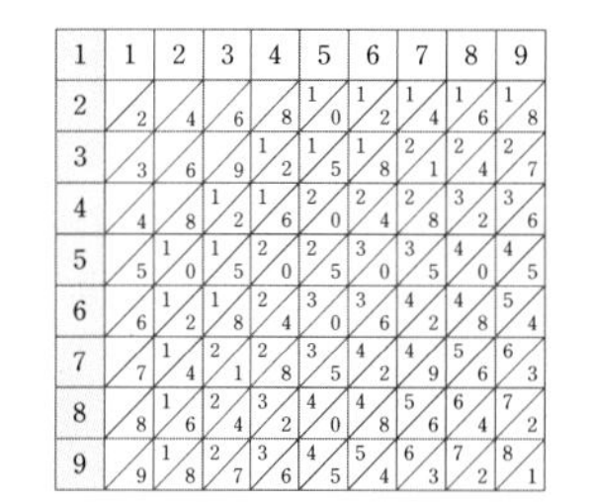

1	1	2	3	4	5	6	7	8	9
2	/2	/4	/6	/8	1/0	1/2	1/4	1/6	1/8
3	/3	/6	/9	1/2	1/5	1/8	2/1	2/4	2/7
4	/4	/8	1/2	1/6	2/0	2/4	2/8	3/2	3/6
5	/5	1/0	1/5	2/0	2/5	3/0	3/5	4/0	4/5
6	/6	1/2	1/8	2/4	3/0	3/6	4/2	4/8	5/4
7	/7	1/4	2/1	2/8	3/5	4/2	4/9	5/6	6/3
8	/8	1/6	2/4	3/2	4/0	4/8	5/6	6/4	7/2
9	/9	1/8	2/7	3/6	4/5	5/4	6/3	7/2	8/1

곱셈을 쉽게 하는 네이피어 막대

⑵ 56×7의 계산

1	5	6
2	1/0	1/2
3	1/5	1/8
4	2/0	2/4
5	2/5	3/0
6	3/0	3/6
7	3/5	4/2
8	4/0	4/8
9	4/5	5/4

56×7의 계산

① 56을 나타내기 위해 5막대와 6막대를 나란하게 놓아요.

② 7을 곱하므로 일곱 번째 줄에 적힌 부분만 확인해요.

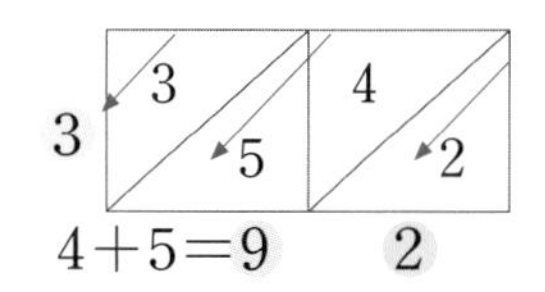

③ 화살표 방향(↙)에 위치한 수를 더해서 순서대로 써요.

56×7=392

네이피어 막대를 이용하여 곱셈을 계산하는 방법을 잘 알게 되었나요? 여러분이 계산해 보고 싶은 문제를 해결해 보세요.

5

길이와 시간

서우네 가족은 등산을 가려고 해요. 버스 정류소 안내판에 현재 시각과 버스가 도착할 때까지 남은 시간이 나타나 있어요. 시간의 덧셈으로 버스가 몇 시 몇 분 몇 초에 도착하는지 알 수 있어요. 등산로 입구에 가니 정상까지의 거리가 1 km 800 m라고 쓰여 있어요. 1 km 800 m는 몇 m일까요?

이번 5단원에서는 새로운 길이 단위와 시간 단위를 이해하고 시간을 더하고 빼는 방법을 배울 거예요.

단원 학습 목표

1. 1 mm의 단위를 이해하고 길이를 나타낼 수 있습니다.
2. 1 km의 단위를 이해하고 길이 또는 거리를 나타낼 수 있습니다.
3. 길이와 거리를 어림하고 잴 수 있습니다.
4. 1초의 단위를 이해하고 초 단위까지 시각을 읽을 수 있습니다.
5. 1분=60초의 관계를 통해 시간을 '몇 분 몇 초'와 '몇 초'로 나타낼 수 있습니다.
6. 초 단위까지의 시간의 덧셈과 뺄셈을 할 수 있습니다.

단원 진도 체크

회차	학습 내용		진도 체크
1차	교과서 개념 배우기 + 문제 해결하기	**개념 1** cm보다 작은 단위를 알아볼까요 **개념 2** m보다 큰 단위를 알아볼까요	✓
2차	교과서 개념 배우기 + 문제 해결하기	**개념 3** 길이와 거리를 어림하고 재어 볼까요	✓
3차	교과서 개념 배우기 + 문제 해결하기	**개념 4** 분보다 작은 단위를 알아볼까요	✓
4차	교과서 개념 배우기 + 문제 해결하기	**개념 5** 시간의 덧셈을 해 볼까요 **개념 6** 시간의 뺄셈을 해 볼까요	✓
5차	단원평가로 완성하기		✓
6차	수학으로 세상보기		

해당 부분을 공부하고 나서 ✓표를 하세요.

현재 시각:10시 30분 15초
17번 - 3분 25초 후 도착
240번 - 5분 10초 후 도착
3262
산 정상
1km 800m

교과서 개념 배우기

개념 1 cm보다 작은 단위를 알아볼까요

■ 1 mm 알아보기

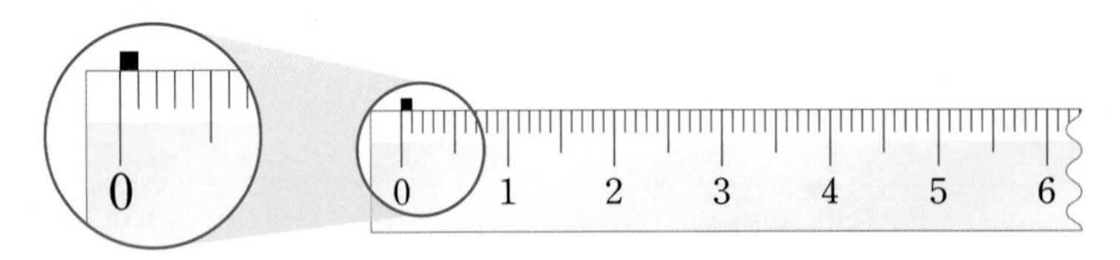

• 1 mm가 10개이면 1 cm와 같습니다.

• 1 cm( )를 10칸으로 똑같이 나누었을 때( ) 작은 눈금 한 칸(■)의 길이를 1 mm라 쓰고 1 밀리미터라고 읽습니다.

1 mm

1 cm=10 mm

0 1 2 3 4 5 6

5 cm 7 mm
=57 mm

• 5 cm보다 7 mm 더 긴 것을 5 cm 7 mm라 쓰고 5 센티미터 7 밀리미터라고 읽습니다.

• 5 cm 7 mm는 57 mm입니다.

• 5 cm 7 mm
=5 cm+7 mm
=50 mm+7 mm
=57 mm

개념 2 m보다 큰 단위를 알아볼까요

■ 1 km 알아보기

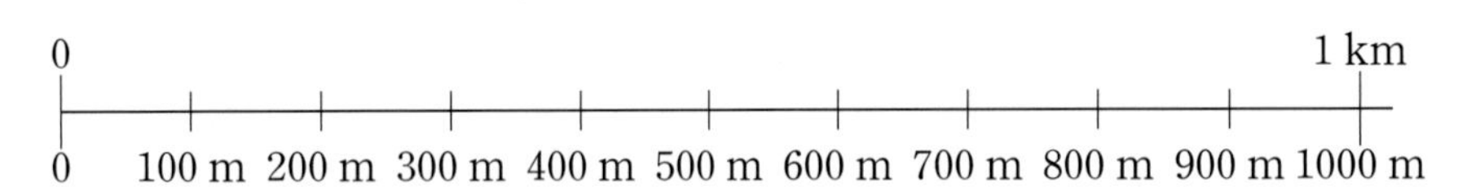

• 길이의 단위
1 km=1000 m
1 m=100 cm
1 cm=10 mm

• 1000 m를 1 km라 쓰고 1 킬로미터라고 읽습니다.

1 km

1000 m=1 km

3 km 800 m

3 km 800 m=3800 m

• 3 km보다 800 m 더 긴 것을 3 km 800 m라 쓰고 3 킬로미터 800 미터라고 읽습니다.

• 3 km 800 m는 3800 m입니다.

• 3 km 800 m
=3 km+800 m
=3000 m+800 m
=3800 m

정답과 풀이 39쪽

문제를 풀며 이해해요

1 mm와 1 km를 알고 주어진 길이를 쓰고 읽을 수 있는지 묻는 문제예요.

▸ 251002-0315

01 □ 안에 알맞은 수를 써넣으세요.

(1)

1 cm= □ mm

(2)

1 km= □ m

1 mm와 1 km의 크기를 생각해 보아요.

▸ 251002-0316

02 주어진 길이를 쓰고 읽어 보세요.

(1) 7 mm

쓰기

읽기 (　　　　)

(2) 3 cm 2 mm

쓰기

읽기 (　　　　)

(3) 5 km

쓰기

읽기 (　　　　)

(4) 2 km 600 m

쓰기

읽기 (　　　　)

길이를 읽는 방법을 알아보아요.
1 mm - 1 밀리미터
1 cm - 1 센티미터
1 m - 1 미터
1 km - 1 킬로미터

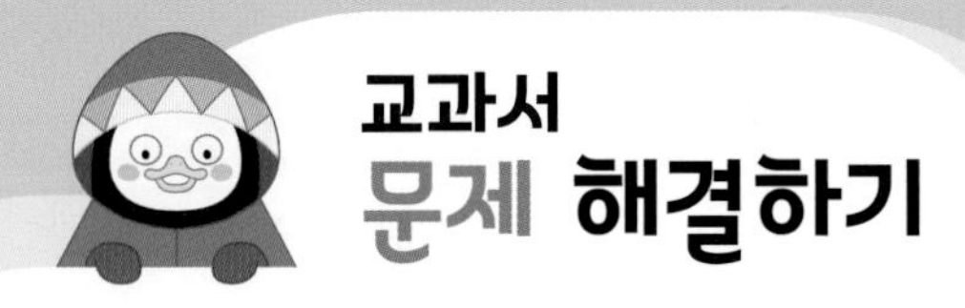

교과서 문제 해결하기

▸251002-0317

01 ▬의 길이를 써 보세요.

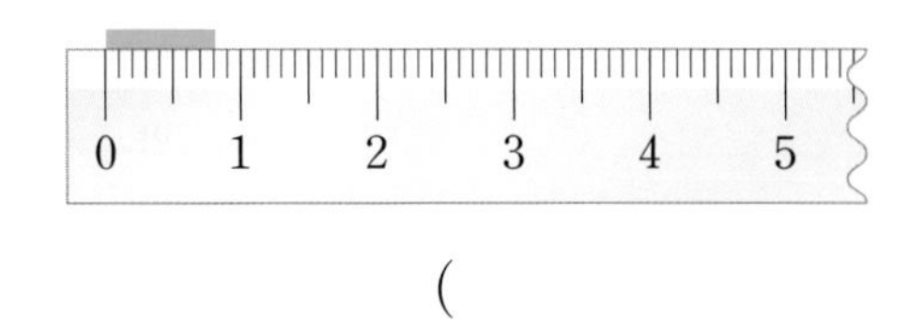

(　　　　　　　)

▸251002-0318

02 길이를 바르게 읽은 것을 찾아 ○표 하세요.

6 mm

6 미터　　6 센티미터　　6 밀리미터

(　　)　　(　　)　　(　　)

▸251002-0319

03 □ 안에 알맞은 수를 써넣으세요.

(1) 7 cm보다 5 mm 더 긴 길이

➡ □ cm □ mm

(2) 3 km보다 80 m 더 긴 길이

➡ □ km □ m

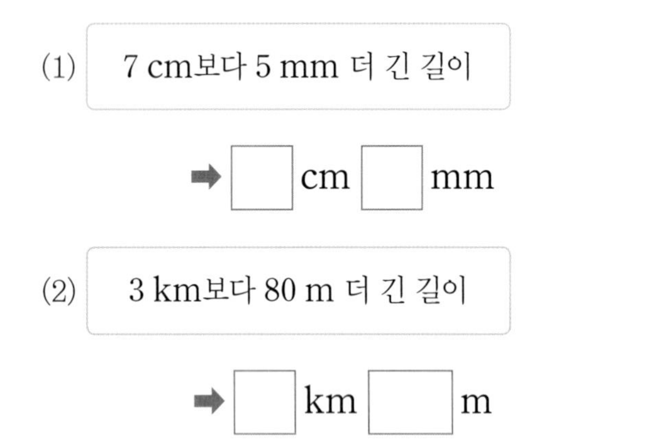

중요

▸251002-0320

04 수직선을 보고 □ 안에 알맞은 수를 써넣으세요.

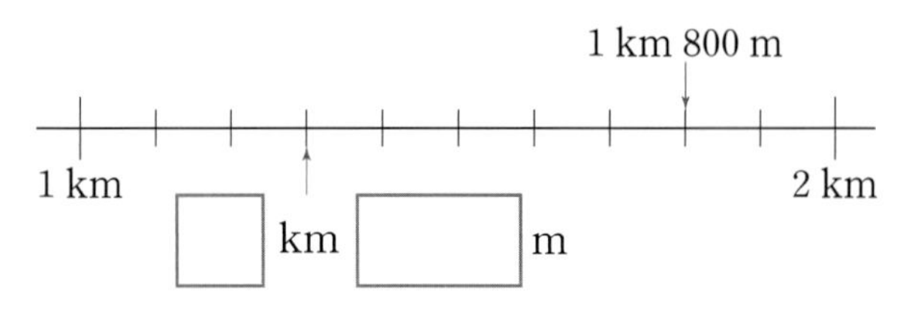

□ km □ m

▸251002-0321

05 그림을 보고 □ 안에 알맞은 수를 써넣으세요.

(1)

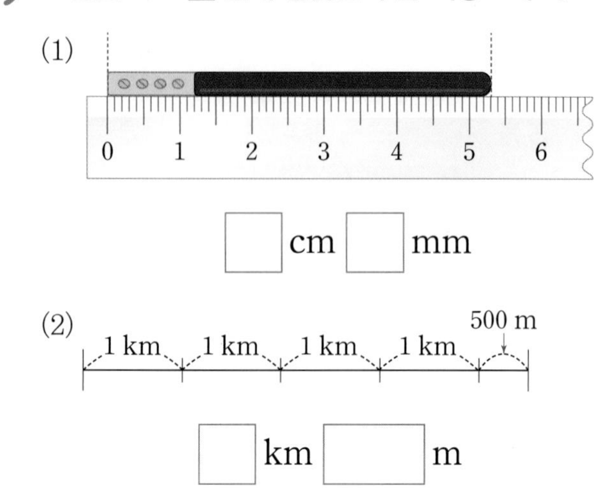

□ cm □ mm

(2)

□ km □ m

중요

▸251002-0322

06 같은 길이끼리 이어 보세요.

(1) 3 cm •　　　　• ㉠ 38 mm

(2) 3 cm 8 mm •　　　　• ㉡ 3000 m

(3) 3 km •　　　　• ㉢ 30 mm

(4) 3 km 800 m •　　　　• ㉣ 3800 m

▸251002-0323

07 자를 사용하여 주어진 길이를 그어 보세요.

(1) 2 cm 6 mm

➡

(2) 42 mm

➡

▸251002-0324

08 가장 긴 것을 찾아 기호를 써 보세요.

㉠ 57 mm　　㉡ 6 cm　　㉢ 5 cm 9 mm

(　　　　　　　　)

▸251002-0325

09 □ 안에 알맞은 수를 써넣으세요.

(1) 26 mm = □ cm □ mm

(2) 2060 m = □ km □ m

도전

▸251002-0326

10 학교에서 가까운 곳부터 순서대로 써 보세요.

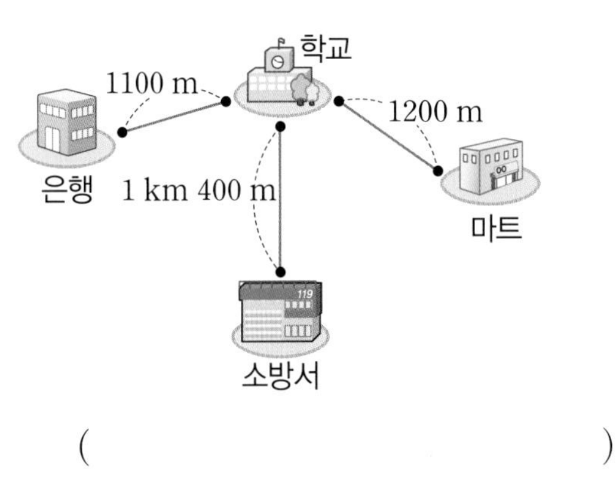

(　　　　　　　　)

도움말 1 km 400 m가 몇 m인지 알아본 후, 각 거리를 비교합니다.

문제해결 접근하기

▸251002-0327

11 부러진 자로 연필의 길이를 재었습니다. 연필의 길이는 몇 mm인지 구해 보세요.

이해하기

구하려는 것은 무엇인가요?

답 ______________________

계획 세우기

어떤 방법으로 문제를 해결하면 좋을까요?

답 ______________________

____

해결하기

(1) 연필의 길이는 몇 cm 몇 mm일까요?

답 ______________________

____

(2) 연필의 길이는 몇 mm일까요?

답 ______________________

되돌아보기

막대의 길이는 몇 mm인지 구해 보세요.

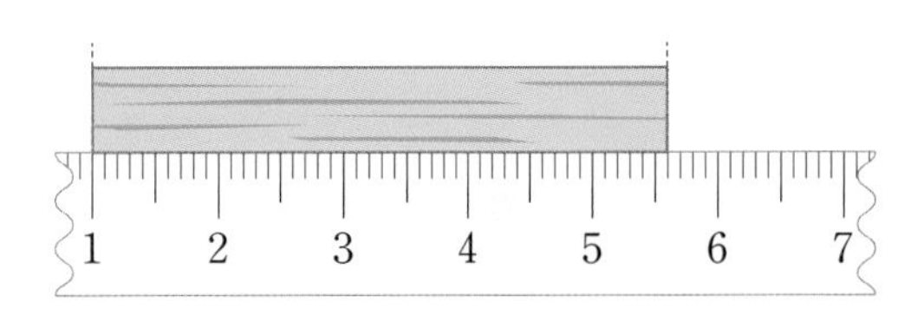

답 ______________________

____

____

개념 3 길이와 거리를 어림하고 재어 볼까요

■ 물건의 길이 어림하기

어림한 길이를 말할 때는 약 몇 cm 또는 약 몇 mm라고 합니다.

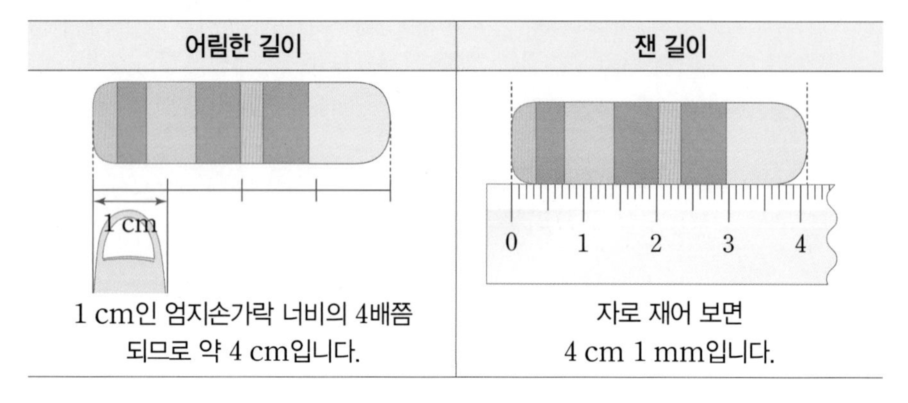

어림한 길이	잰 길이
1 cm인 엄지손가락 너비의 4배쯤 되므로 약 4 cm입니다.	자로 재어 보면 4 cm 1 mm입니다.

• 길이(거리)를 어림하는 방법
① 알고 있는 길이(거리) 이용하기
② 전체 길이(거리)를 몇 부분으로 나눈 뒤 어림하여 더하기
③ 한 부분의 길이(거리)를 어림한 후 그 길이(거리)를 반복하기

■ 지도에서 거리 어림하기

• 집에서 병원까지의 거리는 약 500 m입니다.

• 병원에서 도서관까지의 거리는 집에서 병원까지의 거리의 2배쯤입니다.

➡ 병원에서 도서관까지의 거리는 약 1000 m입니다.
병원에서 도서관까지의 거리는 약 1 km입니다.

• 지도에서 거리를 어림한 후, 디지털 지도를 활용하여 실제 거리를 재어 확인할 수도 있습니다.

■ 알맞은 길이 단위 선택하기

mm	개미의 길이: 약 6 mm
cm	실내화의 길이: 약 21 cm
m	연못의 둘레: 약 35 m
km	서울에서 부산까지의 거리: 약 400 km

문제를 풀며 이해해요

▸ 251002-0328

01 막대의 길이를 어림하고 자로 재어 보세요.

1 cm

어림한 길이: 약 □ cm

잰 길이: □ cm □ mm

길이와 거리를 어림할 수 있는지 묻는 문제예요.

막대의 길이가 엄지손가락 너비의 몇 배쯤 되는지 어림해요.

▸ 251002-0329

02 집에서 도서관까지의 거리는 약 1 km입니다. 그림을 보고 □ 안에 알맞은 수를 써넣으세요.

집 약 1 km 도서관 학교

도서관에서 학교까지의 거리는 집에서 도서관까지의 거리의 □ 배쯤입니다.

➡ 집에서 학교까지의 거리는 약 □ km입니다.

약 1 km의 ●배쯤은 약 ● km예요.

▸ 251002-0330

03 알맞은 단위를 찾아 ○표 하세요.

(1)

못의 길이
약 50 (mm , cm , m)

(2)

한라산의 높이
약 2 (cm , m , km)

1 mm, 1 cm, 1 m, 1 km가 얼마만큼인지 생각해 보아요.

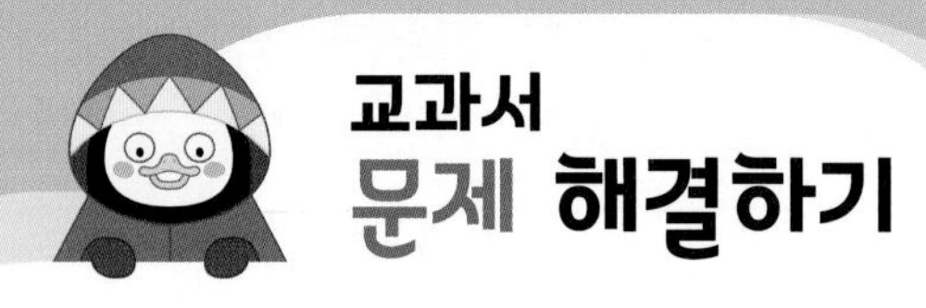

교과서 문제 해결하기

[01~03] 물건의 길이를 어림하고 자로 재어 보세요.

▸ 251002-0331

01

어림한 길이: 약 ☐ mm

잰 길이: ☐ mm

▸ 251002-0332

02

어림한 길이: 약 ☐ cm

잰 길이: ☐ cm ☐ mm

▸ 251002-0333

03

어림한 길이: 약 ☐ cm

잰 길이: ☐ cm ☐ mm

▸ 251002-0334

04 1 cm보다 짧은 것을 찾아 기호를 써 보세요.

㉠ 수학책의 짧은 쪽의 길이
㉡ 500원짜리 동전의 두께
㉢ 교실 문의 높이

(　　　　　　　　)

중요

▸ 251002-0335

05 어림한 길이를 이어 보세요.

(1) 풀 • 　　• ㉠ 약 7 mm

(2) 젓가락 • 　　• ㉡ 약 69 mm

(3) 개미 • 　　• ㉢ 약 19 cm 5 mm

▸ 251002-0336

06 주어진 길이만큼 어림하여 선을 긋고 자로 재어 확인해 보세요.

(1) 8 mm

(2) 2 cm 5 mm

▸ 251002-0337

07 1 km보다 긴 것을 모두 찾아 기호를 써 보세요.

㉠ 대전에서 부산까지의 거리
㉡ 우리 학교 건물의 높이
㉢ 선생님의 키
㉣ 백두산의 높이

(　　　　　　　　)

중요

▸251002-0338

08 학교에서 공원까지의 거리는 약 몇 km일까요?

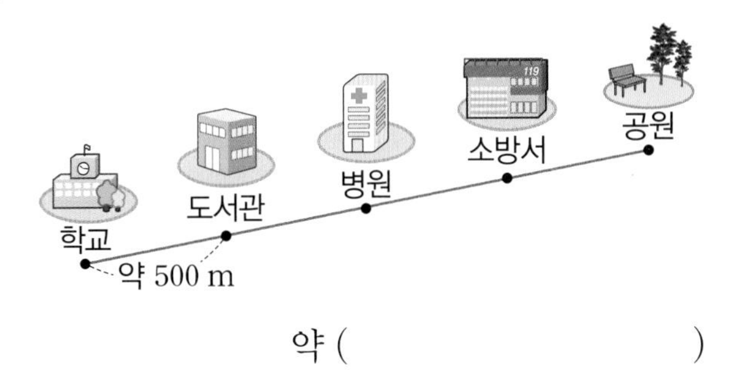

약 (   )

[09~10] 그림을 보고 물음에 답하세요.

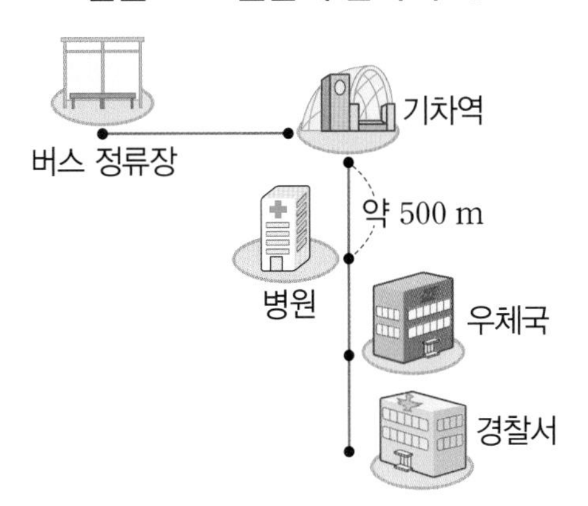

▸251002-0339

09 기차역에서 버스 정류장까지의 거리는 약 몇 km일까요?

약 (   )

도전

▸251002-0340

10 기차역에서 약 1500 m 떨어진 곳에는 어떤 장소가 있는지 써 보세요.

(   )

도움말 기차역에서 병원까지의 거리의 3배쯤 되는 곳을 찾아 봅니다.

문제해결 접근하기

▸251002-0341

11 선우네 집에서 도서관까지의 거리는 약 1 km입니다. 학교에서 수영장까지의 거리는 약 몇 km 몇 m인지 어림해 보세요.

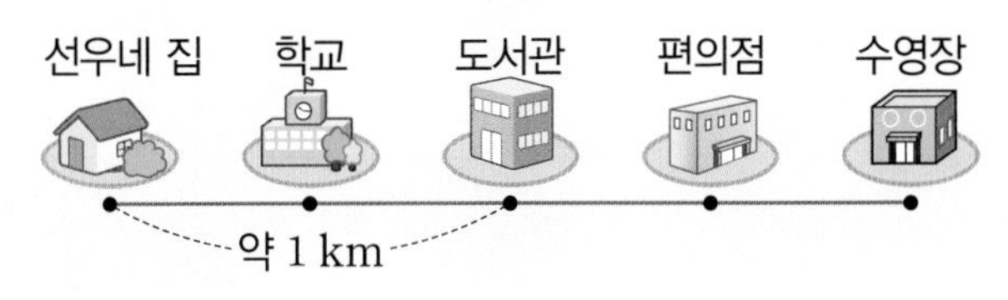

이해하기

구하려는 것은 무엇인가요?

답 ______________________

계획 세우기

어떤 방법으로 문제를 해결하면 좋을까요?

답 ______________________

____

해결하기

(1) 학교에서 도서관까지의 거리는 약 몇 m일까요?

답 ______________________

(2) 학교에서 수영장까지의 거리는 약 몇 km 몇 m일까요?

답 ______________________

____

되돌아보기

선우네 집에서 수영장까지의 거리는 약 몇 km인지 어림해 보세요.

답 ______________________

____

____

개념 4 분보다 작은 단위를 알아볼까요

■ 1초 알아보기

• 초바늘이 작은 눈금 한 칸을 가는 데 걸리는 시간을 1초라고 합니다.

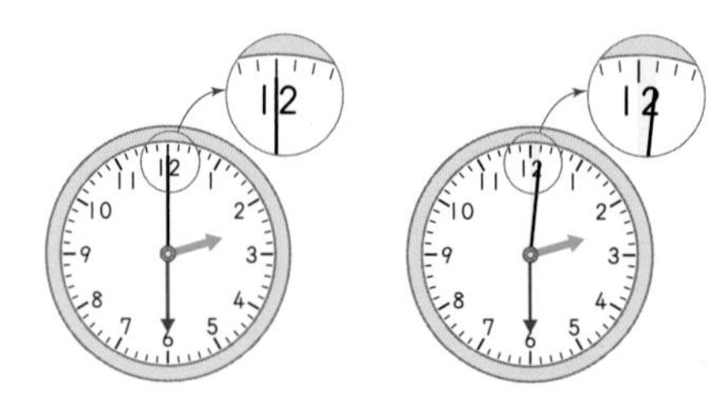

작은 눈금 한 칸=1초

• 초바늘이 시계를 한 바퀴 도는 데 걸리는 시간은 60초입니다.

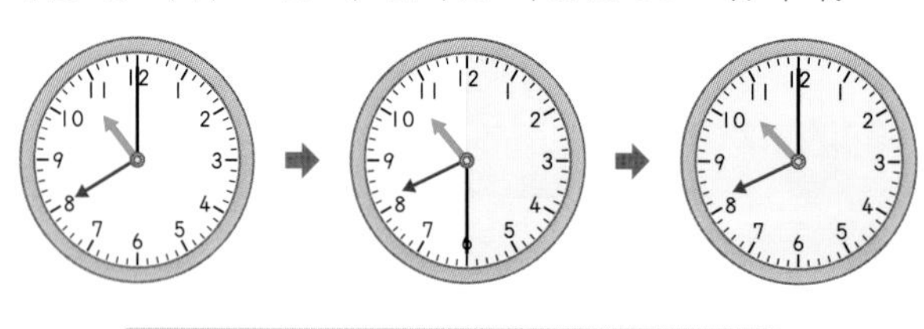

60초=1분

■ 초 단위까지 시각 읽기

• 시각을 읽을 때는 시, 분, 초 순서로 읽습니다.

• 초바늘은 긴바늘과 읽는 방법이 같습니다.

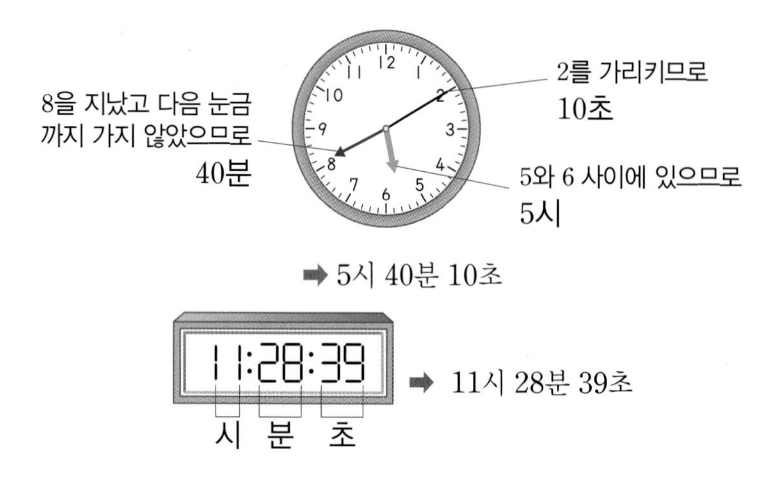

• 시곗바늘 알아보기

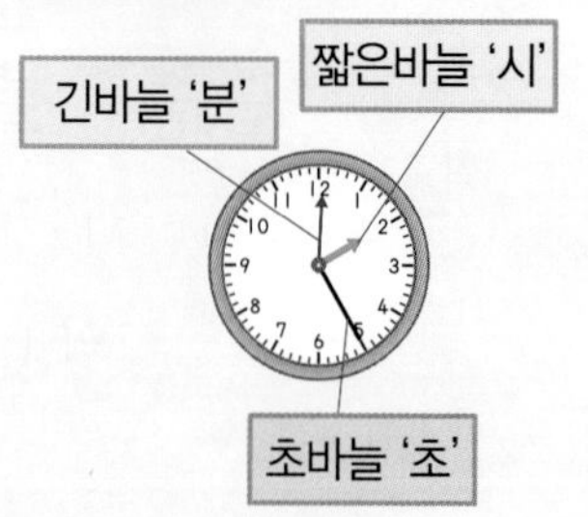

초바늘이 가장 깁니다.
초바늘이 가장 빠르게 움직입니다.

• 시간을 '몇 분 몇 초' 또는 '몇 초'로 나타내기

1분 30초
=1분+30초
=60초+30초
=90초

80초
=60초+20초
=1분+20초
=1분 20초

• 시간의 단위

1시간=60분
1분=60초

문제를 풀며 이해해요

▸ 251002-0342

01 □ 안에 알맞은 수를 써넣으세요.

1초를 알고, 초 단위까지 시각을 읽을 수 있는지 묻는 문제예요.

(1)

초바늘이 작은 눈금 한 칸을 가는 데 걸리는 시간은 □초입니다.

(2)

1분은 초바늘이 작은 눈금 60칸을 가는 데 걸리는 시간과 같아요.

초바늘이 시계를 한 바퀴 도는 데 걸리는 시간은 □초입니다.

1분=□초

▸ 251002-0343

02 시각을 읽어 보세요.

짧은바늘은 '시', 긴바늘은 '분', 초바늘은 '초'를 나타내요.

(1)

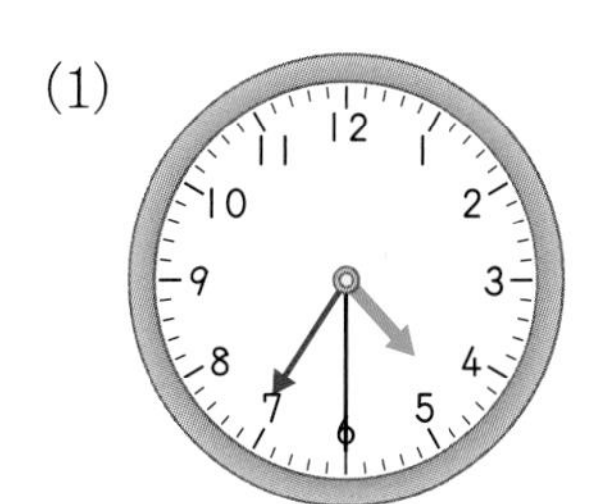

4시 □분 □초

(2) 12:07:46

□시 □분 □초

디지털시계는 왼쪽부터 시, 분, 초로 읽어요.

교과서 문제 해결하기

▸ 251002-0344

01 1초 동안 할 수 있는 일에 ○표 하세요.

손뼉 한 번 치기	(　　)
운동장 한 바퀴 뛰기	(　　)

▸ 251002-0345

02 □ 안에 알맞은 수를 써넣으세요.

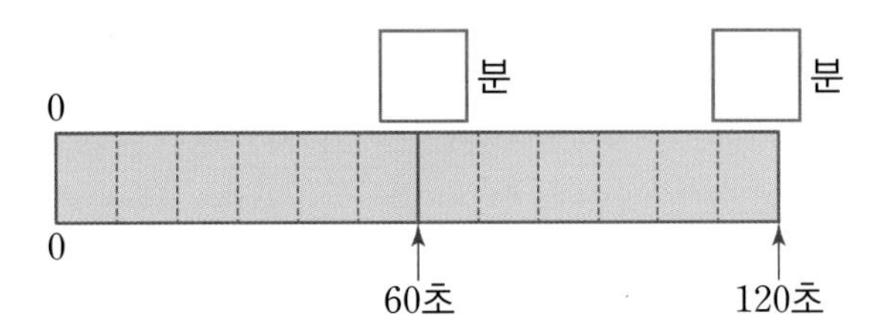

중요

▸ 251002-0346

03 시각을 읽어 보세요.

(1)

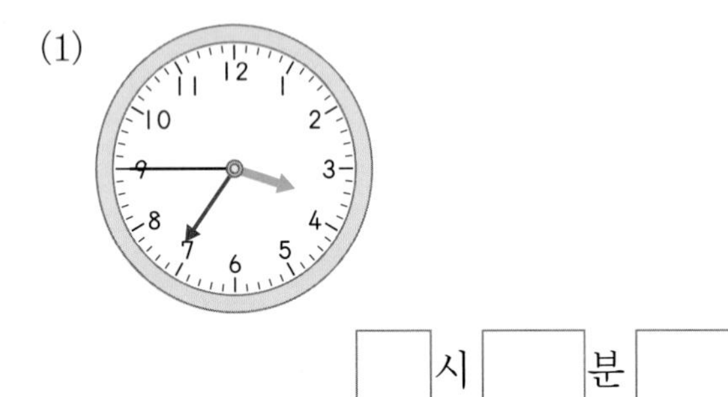

□시 □분 □초

(2)

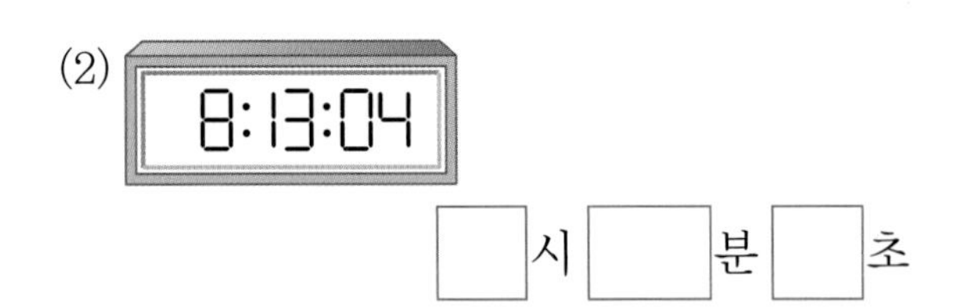

□시 □분 □초

▸ 251002-0347

04 시각에 맞게 초바늘을 그려 보세요.

2시 50분 15초

▸ 251002-0348

05 같은 시간끼리 이어 보세요.

(1)	1분 20초 •	• ㉠	150초
(2)	3분 •	• ㉡	180초
(3)	2분 30초 •	• ㉢	80초

▸ 251002-0349

06 세 친구가 말한 시각을 구해 보세요.

짧은바늘은 7과 8 사이에 있어.
현준
긴바늘은 5를 지나고 있어.
선주
초바늘은 1에서 작은 눈금 2칸만큼 더 간 곳에 있어.
태형

□시 □분 □초

▸ 251002-0350

07 알맞은 시간의 단위를 찾아 ○표 하세요.

(1) 영화 한 편을 보는 데 걸리는 시간은 2(초 , 분 , 시간)입니다.

(2) 40(초 , 분 , 시간) 동안 가족과 함께 산책을 했습니다.

(3) 외출하고 집에 와서 30(초 , 분 , 시간) 동안 손을 씻었습니다.

중요

▸251002-0351

08 □ 안에 알맞은 수를 써넣으세요.

(1) 1분 10초=□초

(2) 2분 20초=□초

(3) 150초=□분 □초

(4) 240초=□분

▸251002-0352

09 수아가 더 오랫동안 한 일에 ○표 하세요.

피아노 연주
320초

( )

그림 그리기
5분 30초

( )

도전

▸251002-0353

10 시간이 짧은 순서대로 기호를 써 보세요.

㉠ 3분 5초 ㉡ 2분 35초
㉢ 170초 ㉣ 160초

( )

도움말 1분=60초임을 이용하여 시간의 길이를 비교합니다.

문제해결 접근하기

▸251002-0354

11 선우는 운동장 한 바퀴를 뛰는 데 276초가 걸렸습니다. 선우가 운동장 한 바퀴를 뛰는 데 걸린 시간은 몇 분 몇 초인지 구해 보세요.

이해하기

구하려는 것은 무엇인가요?

답

계획 세우기

어떤 방법으로 문제를 해결하면 좋을까요?

답

해결하기

(1) 2분, 3분, 4분은 각각 몇 초일까요?

답

(2) 선우가 운동장 한 바퀴를 뛰는 데 걸린 시간은 몇 분 몇 초일까요?

답

되돌아보기

선우는 2분 15초 동안 노래를 불렀습니다. 선우가 노래를 부르는 데 걸린 시간은 몇 초인지 구해 보세요.

답

개념 5 시간의 덧셈을 해 볼까요

■ 시간의 덧셈

• 시간의 덧셈은 시 단위의 수끼리, 분 단위의 수끼리, 초 단위의 수끼리 더합니다.

	5분 20초		2시간 15분 45초
+	4분 30초	+	1시간 30분 10초
	9분 50초		3시간 45분 55초

• 초 단위 수끼리의 합이 60초가 넘으면 60초=1분임을 이용하여 60초를 1분으로, 분 단위 수끼리의 합이 60분이 넘으면 60분=1시간임을 이용하여 60분을 1시간으로 바꾸어 계산합니다.

30분+40분=70분

	12시 30분	➡		1 12시 30분
+	40분		+	40분
				13시 10분

• 시각과 시간의 뜻
시각: 어느 한 시점을 나타내는 것
시간: 어떤 시각과 어떤 시각 사이

• 시간의 덧셈 상황
(시각)+(시간)=(시각)
(시간)+(시간)=(시간)

• 13시=오후 1시
14시=오후 2시
15시=오후 3시
16시=오후 4시
17시=오후 5시
18시=오후 6시

개념 6 시간의 뺄셈을 해 볼까요

■ 시간의 뺄셈

• 시간의 뺄셈은 시 단위의 수끼리, 분 단위의 수끼리, 초 단위의 수끼리 뺍니다.

	8분 40초		6시 37분 42초
−	3분 15초	−	2시 16분 20초
	5분 25초		4시간 21분 22초

• 초 단위 수끼리 뺄 수 없으면 1분=60초임을 이용하여 1분을 60초로, 분 단위의 수끼리 뺄 수 없으면 1시간=60분임을 이용하여 1시간을 60분으로 바꾸어 계산합니다.

20초에서 50초를 뺄 수 없습니다.

	4분 20초	➡		3 60 ~~4~~분 20초
−	50초		−	50초
				3분 30초

• 시간의 뺄셈 상황
(시각)−(시각)=(시간)
(시각)−(시간)=(시각)
(시간)−(시간)=(시간)

문제를 풀며 이해해요

▶ 251002-0355

01 □ 안에 알맞은 수를 써넣으세요.

(1)

	1 분	20 초
+	3 분	15 초
	□분	□초

(2)

	5 분	55 초
−	2 분	10 초
	□분	□초

시간의 덧셈과 뺄셈을 할 수 있는지 묻는 문제예요.

분 단위 수끼리, 초 단위 수끼리 더하거나 빼요.

▶ 251002-0356

02 □ 안에 알맞은 수를 써넣으세요.

(1)

	4 시	20 분	10 초
+	1 시간	15 분	30 초
	□시	□분	□초

(2)

	9 시	30 분	55 초
−	4 시간	10 분	30 초
	□시	□분	□초

시각에 시간을 더하면 시각, 시각에서 시간을 빼면 시각이에요.

▶ 251002-0357

03 시계를 보고 물음에 답하세요.

3:20:30

(1) 시계가 나타내는 시각에서 5분 15초 후의 시각은 몇 시 몇 분 몇 초일까요?

( )

(2) 시계가 나타내는 시각에서 10분 10초 전의 시각은 몇 시 몇 분 몇 초일까요?

( )

'몇 분 몇 초' 후의 시각은 시간의 덧셈으로 구할 수 있어요.
'몇 분 몇 초' 전의 시각은 시간의 뺄셈으로 구할 수 있어요.

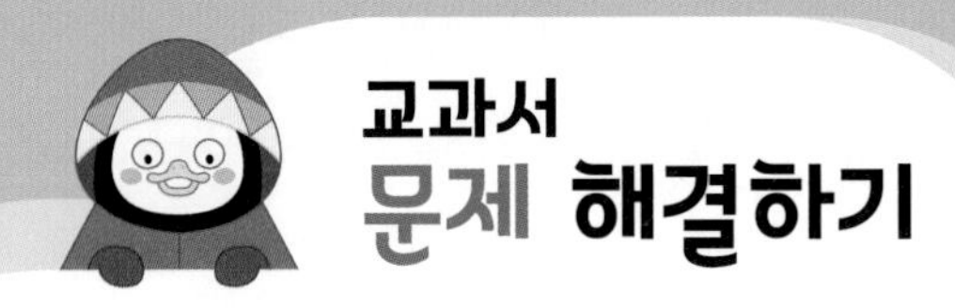

▸ 251002-0358

01 □ 안에 알맞은 수를 써넣으세요.

(1)

	4 분	36 초
+	8 분	17 초
	□ 분	□ 초

(2)

	15 분	46 초
−	7 분	27 초
	□ 분	□ 초

▸ 251002-0359

02 시계가 나타내는 시각에서 5분 20초 후의 시각은 몇 시 몇 분 몇 초일까요?

(　　　　　　　　　　)

중요

▸ 251002-0360

03 □ 안에 알맞은 수를 써넣으세요.

(1)

	9 시	22 분	15 초
+	1 시간	25 분	6 초
	□ 시	□ 분	□ 초

(2)

	12 시	30 분	26 초
−	7 시간	15 분	8 초
	□ 시	□ 분	□ 초

▸ 251002-0361

04 서후는 3시 15분부터 40분 30초 동안 운동을 했습니다. 서후가 운동을 끝낸 시각은 몇 시 몇 분 몇 초일까요?

(　　　　　　　　　　)

▸ 251002-0362

05 □ 안에 알맞은 수를 써넣으세요.

(1) 2분 30초+3분 55초=□분 □초

(2) 5분 25초−1분 30초=□분 □초

▸ 251002-0363

06 빈칸에 알맞은 시각을 써넣으세요.

−5분 26초

5시 10분 42초 → □

▸ 251002-0364

07 주아는 오늘 책을 오전에는 1시간 10분 6초 동안 읽었고, 오후에는 1시간 24분 38초 동안 읽었습니다. 주아가 오늘 책을 읽은 시간은 몇 시간 몇 분 몇 초일까요?

(　　　　　　　　　　)

▸ 251002-0365

08 지금 시각은 2시 40분 55초입니다. 은우와 지호는 지금부터 15분 20초 후에 만나기로 하였습니다. 은우와 지호가 만나기로 한 시각은 몇 시 몇 분 몇 초일까요?

( )

중요

▸ 251002-0366

09 서연이가 본 영화의 시작 시각과 끝난 시각입니다. 영화를 본 시간은 몇 시간 몇 분 몇 초일까요?

시작 시각 / 끝난 시각

( )

도전

▸ 251002-0367

10 축구 경기 시간입니다. 오후 6시 15분 40초에 경기가 끝났다면 경기를 시작한 시각은 오후 몇 시 몇 분 몇 초일까요?

전반전	45분
쉬는 시간	15분
후반전	45분

( )

도움말 분 단위 수끼리 뺄 수 없으면 1시간=60분이므로 60을 받아내림합니다.

문제해결 접근하기

▸ 251002-0368

11 성호와 지아는 다음과 같이 책 읽기를 하였습니다. 두 사람 중에서 책을 더 오래 읽은 사람의 이름을 써 보세요.

	책 읽기를 시작한 시각	책 읽기를 끝낸 시각
성호	9시 16분	10시 47분
지아	4시 32분	5시 35분

이해하기

구하려는 것은 무엇인가요?

답 ______

계획 세우기

어떤 방법으로 문제를 해결하면 좋을까요?

답 ______

해결하기

(1) 성호와 지아가 책을 읽은 시간은 각각 몇 시간 몇 분일까요?

답 ______

(2) 책을 더 오래 읽은 사람은 누구일까요?

답 ______

되돌아보기

성호와 지아가 책을 읽은 시간의 차는 몇 분인지 구해 보세요.

답 ______

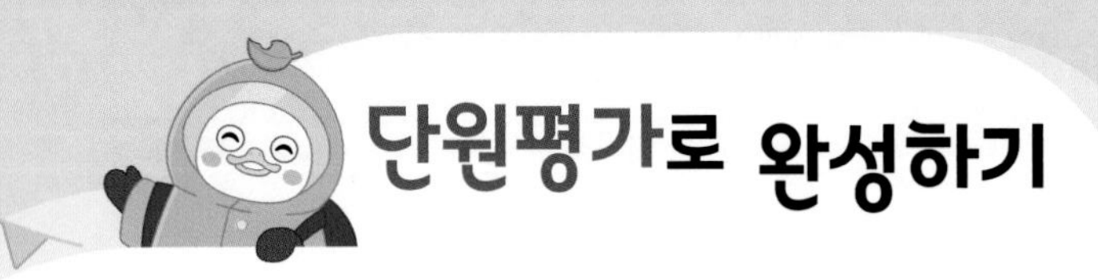

단원평가로 완성하기

▸ 251002-0369

01 연필의 길이는 몇 cm 몇 mm일까요?

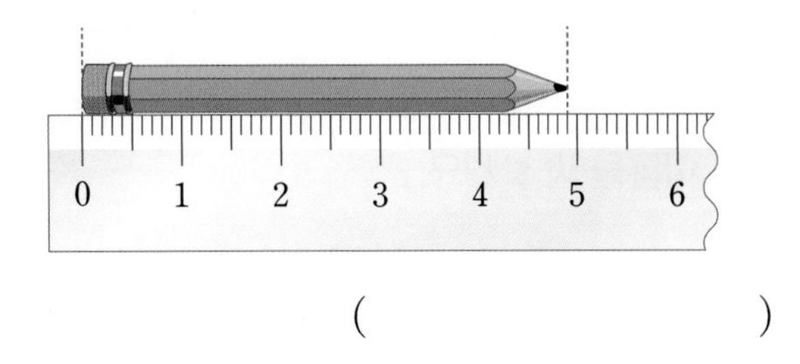

( )

▸ 251002-0370

02 □ 안에 알맞은 수를 써넣으세요.

(1) 1 km 90 m = □ m

(2) 6007 m = □ km □ m

▸ 251002-0371

03 길이를 바르게 읽은 사람을 찾아 ○표 하세요.

5 km 30 m

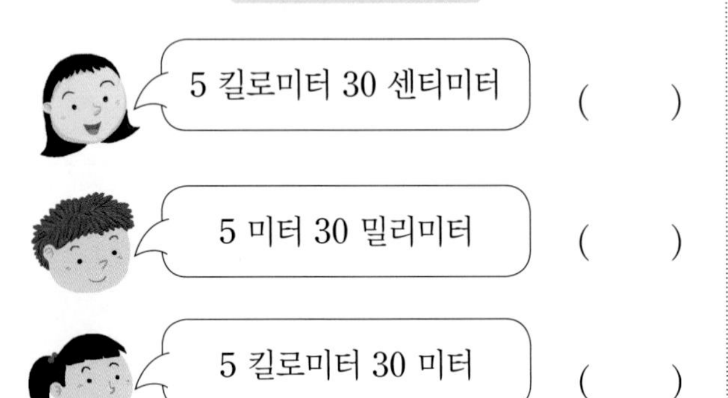

( )

( )

( )

▸ 251002-0372

04 수직선을 보고 □ 안에 알맞은 수를 써넣으세요.

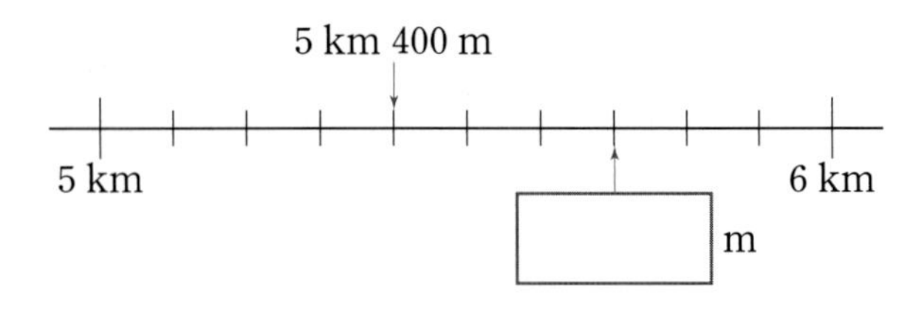

중요

▸ 251002-0373

05 □ 안에 알맞은 수가 큰 것부터 순서대로 기호를 써 보세요.

㉠ 3 cm 4 mm = □ mm
㉡ 3000 m = □ km
㉢ 4020 m = 4 km □ m

( )

▸ 251002-0374

06 □ 안에 알맞은 수를 써넣으세요.

	3	시	43	분
+			15	분
	□	시	□	분

▸ 251002-0375

07 1 km보다 긴 것을 찾아 기호를 써 보세요.

㉠ 버스 긴 쪽의 길이
㉡ 10층짜리 건물의 높이
㉢ 내 발의 길이
㉣ 대전에서 부산까지의 거리

(　　　　　　　　)

▸ 251002-0376

08 더 긴 막대를 찾아 기호를 쓰고, 그 길이를 자로 재어 몇 cm 몇 mm로 나타내 보세요.

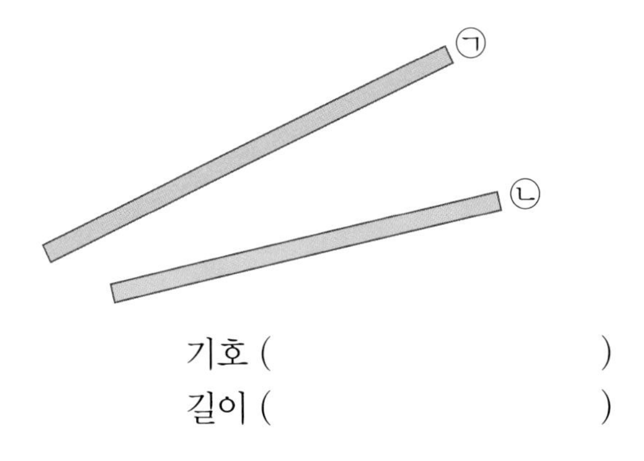

기호 (　　　　　　　　)
길이 (　　　　　　　　)

▸ 251002-0377

09 머리핀의 길이는 몇 mm일까요?

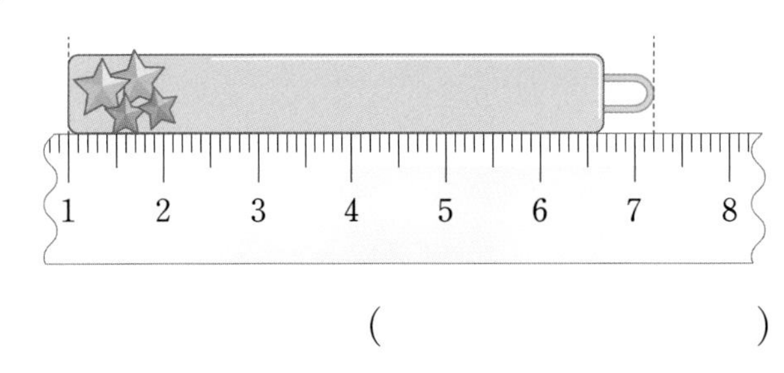

(　　　　　　　　)

중요

▸ 251002-0378

10 시각을 읽어 보세요.

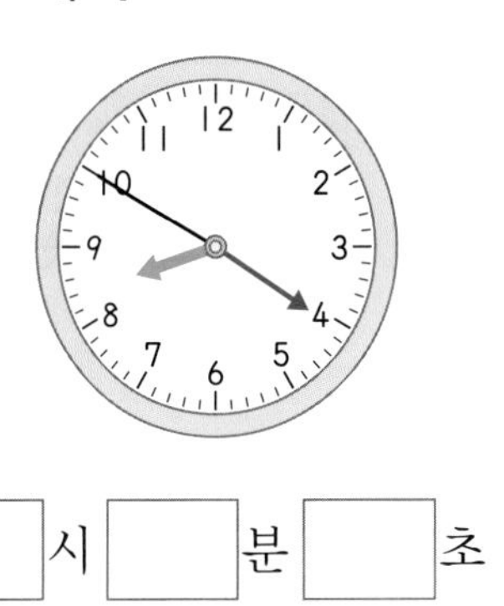

□시 □분 □초

▸251002-0379

11 □ 안에 알맞은 수를 써넣으세요.

	6 시	15 분
−	2 시간	47 분
	□ 시	□ 분

[12~13] 그림을 보고 물음에 답하세요.

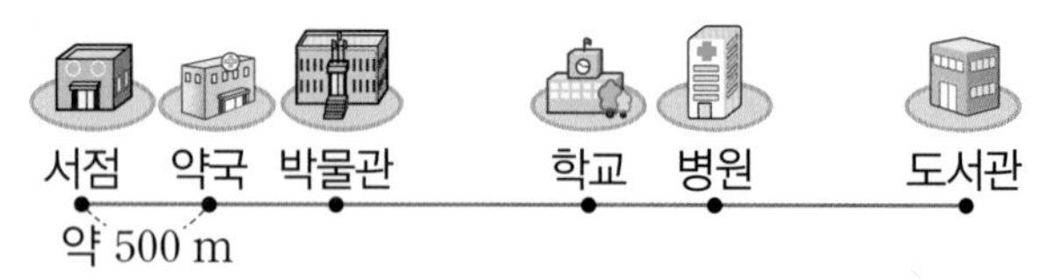

▸251002-0380

12 서점에서 학교까지의 거리는 약 몇 km일까요?

약 (　　　　　　)

▸251002-0381

13 약국에서 약 3 km 떨어진 곳에는 어떤 장소가 있을까요?

(　　　　　　)

▸251002-0382

14 1초 동안 할 수 있는 것을 모두 찾아 기호를 써 보세요.

㉠ 침 한 번 삼키기
㉡ 목욕하기
㉢ 눈 한 번 깜빡이기
㉣ 책 한 권 읽기

(　　　　　　)

서술형

▸251002-0383

15 가 철사의 길이는 76 mm입니다. 나 철사의 길이는 가 철사의 길이의 3배입니다. 나 철사의 길이는 몇 cm 몇 mm인지 풀이 과정을 쓰고 답을 구해 보세요.

풀이

(1) 나 철사의 길이는 가 철사의 길이인 76 mm의 3배이므로 (　　　) mm입니다.

(2) 10 mm=(　　　) cm
따라서 나 철사의 길이는
(　　　) mm
=(　　　) cm (　　　) mm입니다.

답 ______________

▸ 251002-0384

16 두 번째로 짧은 시간을 찾아 기호를 써 보세요.

㉠ 200초	㉡ 3분 5초
㉢ 190초	㉣ 2분 55초

(　　　　　　　　)

▸ 251002-0385

17 선윤이는 4시 32분 25초에 산책을 시작하였습니다. 1시간 20분 37초 동안 산책을 하였을 때 산책을 끝낸 시각은 몇 시 몇 분 몇 초일까요?

(　　　　　　　　)

▸ 251002-0386

18 다음 중 잘못된 설명을 찾아 기호를 쓰고, 바르게 고쳐 보세요.

㉠ 공원을 걸은 거리 2350 m는 2 km 350 m로 나타낼 수 있습니다.
㉡ 우리 집에서 할머니 댁까지의 거리 8 km 40 m는 840 m와 같습니다.
㉢ 백두산의 높이 2744 m는 2 km 744 m로 나타낼 수 있습니다.

기호 (　　　　　　　　)

바르게 고치기 ______________________

▸ 251002-0387

19 지금 시계의 초바늘이 숫자 10을 가리키고 있습니다. 45초 후에 이 시계의 초바늘이 가리키는 숫자는 얼마일까요?

(　　　　　　　　)

도전

▸ 251002-0388

20 두 명이 한 모둠이 되어 300 m 이어달리기를 하였습니다. 어느 모둠이 얼마나 더 빨리 달렸을까요? (단, 각 모둠의 달리기 기록은 두 사람의 달리기 기록을 더합니다.)

	이름	달리기 기록
가 모둠	나희	1분 37초
	지철	1분 12초
나 모둠	다솜	1분 36초
	승우	1분 28초

(　　　　　　,　　　　　　)

수학으로 세상보기

생활 속 mm, km, 초

1 생활 속 mm

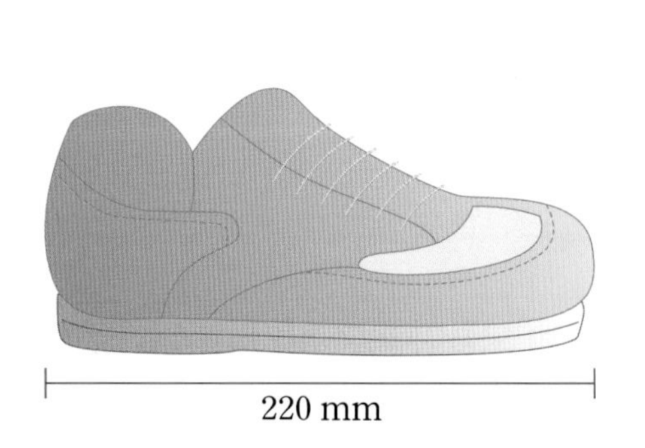

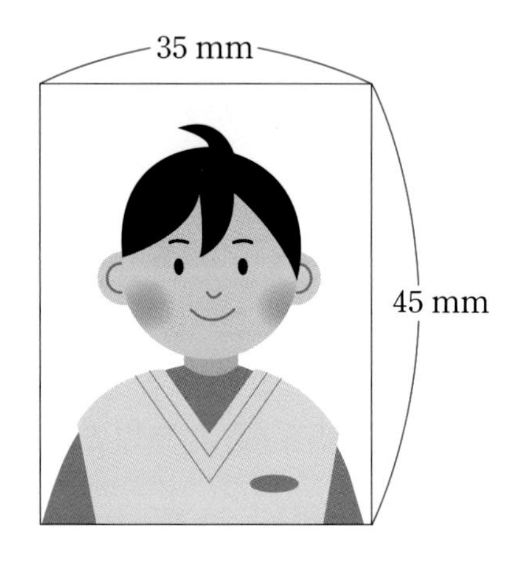

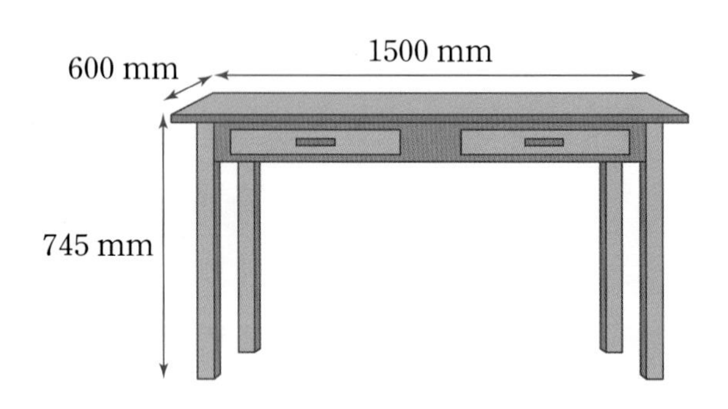

mm는 전 세계에서 사용하는 길이 단위입니다. mm는 작은 길이 단위이므로 정밀한 측정이 필요한 경우와 아주 작은 크기를 나타낼 때 사용합니다. 신발에서 220, 200과 같은 숫자를 본 적이 있나요? 신발의 긴 쪽의 길이를 나타낼 때 mm를 사용합니다. 사진이나 책상의 크기를 나타낼 때에도 mm를 사용합니다. 책상의 길이를 정확히 알아야 책상을 놓을 수 있는 장소를 선택할 수 있습니다. 특정 시간 동안 내린 비의 양을 뜻하는 강수량 또한 mm로 나타냅니다. 강수량을 통해 그 지역에 얼마나 비가 내렸는지 확인할 수 있습니다.

2 생활 속 km

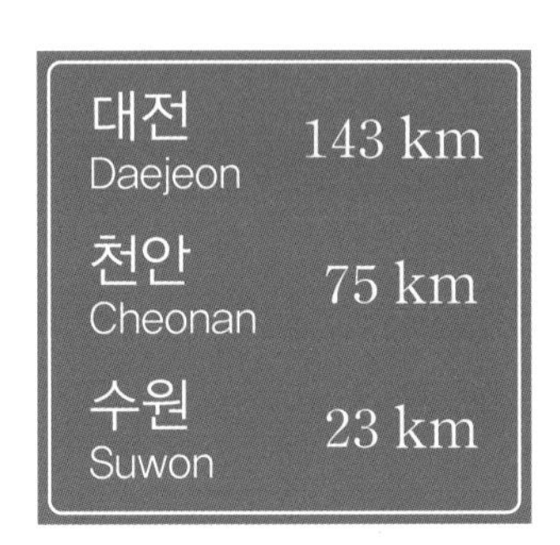

고속도로 표지판

둘레길 안내판

km는 전 세계에서 사용하는 길이 단위입니다. km는 큰 길이 단위이므로 긴 길이 또는 먼 거리 등을 나타낼 때 사용합니다. 도시 사이의 거리나 둘레길의 전체 길이 등을 km를 사용하여 나타냅니다. 또한 나라 사이의 거리, 강의 길이 등도 km로 나타냅니다.

3 생활 속 초

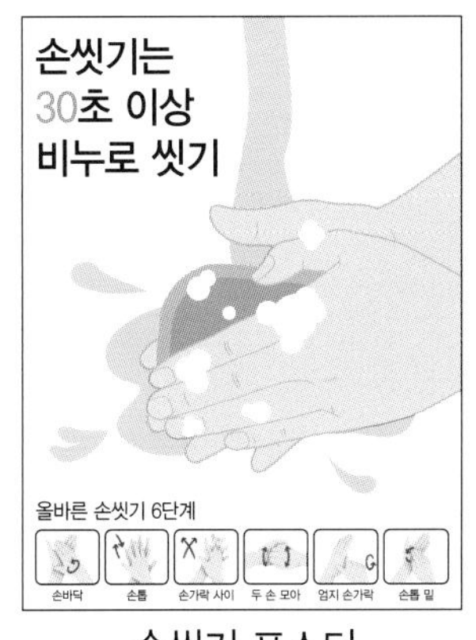

손씻기 포스터

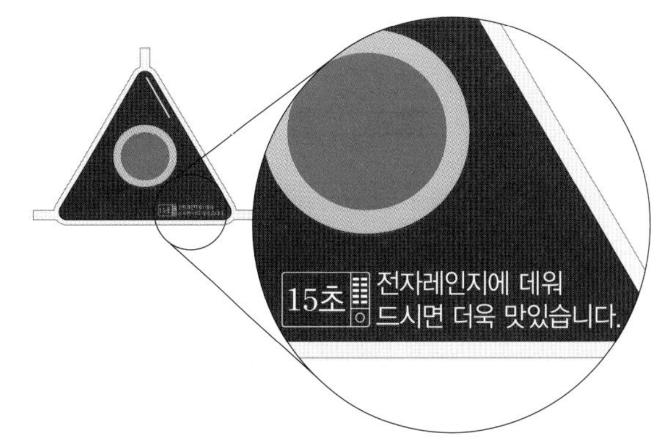

삼각김밥

초는 짧은 시간을 나타내거나 정밀한 시각을 나타낼 때 사용하는 시간 단위입니다. 30초 동안 손씻기, 15초 동안 삼각김밥을 전자레인지에 데우기 등 짧은 시간을 나타낼 때 초를 사용합니다. 또한 운동 경기에서 정밀하게 시간을 측정하는 경우에도 초 단위를 사용하는 것을 볼 수 있습니다.

6

분수와 소수

지원이와 지환이는 삼촌과 계곡에 놀러 왔어요. 시원한 수박은 똑같이 둘로 나누어져 있고, 맛있는 피자는 똑같이 8조각으로 나누어져 있어요. 텐트를 고정하기 위해 긴 끈을 똑같이 10도막으로 나누어 잘랐어요.

이번 6단원에서는 전체와 부분의 관계를 분수로 나타내고 소수로도 나타내 볼 거예요.

단원 학습 목표

1. 전체를 똑같이 나누고 전체와 부분의 관계를 이해하여 분수로 나타낼 수 있습니다.
2. 분수를 쓰고 읽을 수 있습니다.
3. 분모가 같은 분수의 크기를 비교하고 그 방법을 설명할 수 있습니다.
4. 단위분수의 크기를 비교하고 그 방법을 설명할 수 있습니다.
5. 소수를 쓰고 읽을 수 있습니다.
6. 소수의 크기를 비교하고 그 방법을 설명할 수 있습니다.

단원 진도 체크

회차	학습 내용		진도 체크
1차	교과서 개념 배우기 + 문제 해결하기	**개념 1** 똑같이 나누어 볼까요 **개념 2** 분수를 알아볼까요(1)	✓
2차	교과서 개념 배우기 + 문제 해결하기	**개념 3** 분수를 알아볼까요(2)	✓
3차	교과서 개념 배우기 + 문제 해결하기	**개념 4** 분모가 같은 분수의 크기를 비교해 볼까요	✓
4차	교과서 개념 배우기 + 문제 해결하기	**개념 5** 단위분수의 크기를 비교해 볼까요	✓
5차	교과서 개념 배우기 + 문제 해결하기	**개념 6** 소수를 알아볼까요(1) **개념 7** 소수를 알아볼까요(2)	✓
6차	교과서 개념 배우기 + 문제 해결하기	**개념 8** 소수의 크기를 비교해 볼까요	✓
7차	단원평가로 완성하기		✓
8차	수학으로 세상보기		

해당 부분을 공부하고 나서 ✓표를 하세요.

HAPPY

개념 1 똑같이 나누어 볼까요

■ **똑같이 나누기**

• 똑같이 둘로 나누어진 도형

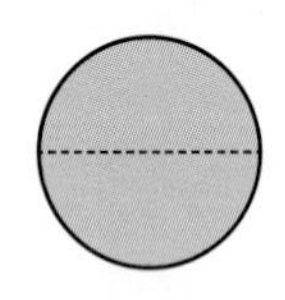 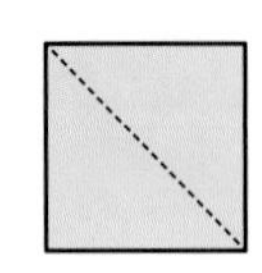 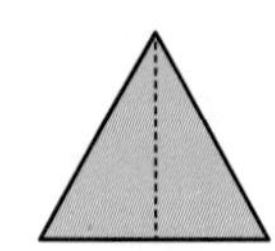 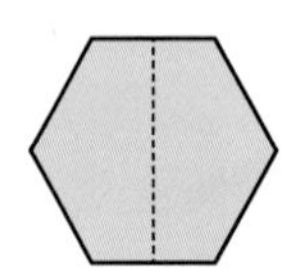

• 똑같이 넷으로 나누어진 도형

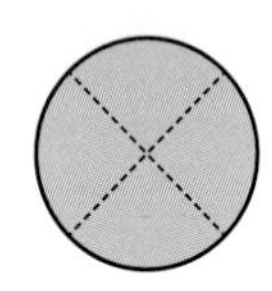 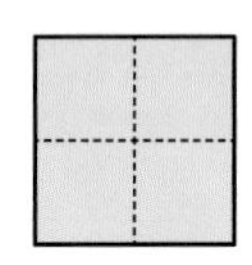 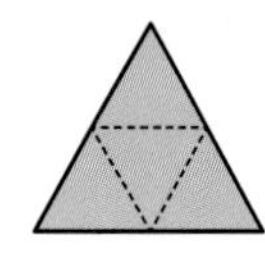 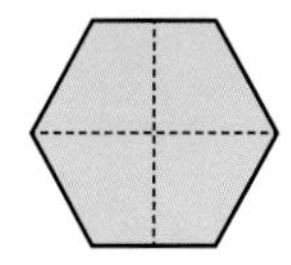

• 똑같이 나누어지지 않은 도형

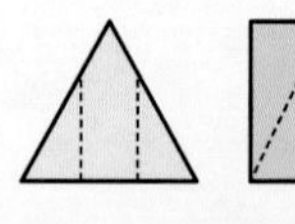

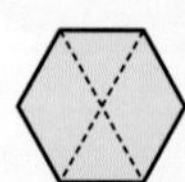  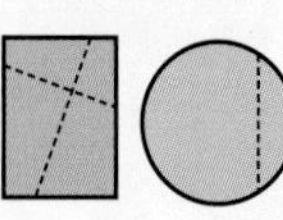

개념 2 분수를 알아볼까요 (1)

■ **부분은 전체의 얼마인지 알아보기**

• 부분 은 전체 를 똑같이 2로 나눈 것 중의 1입니다.

• 부분 은 전체 를 똑같이 4로 나눈 것 중의 1입니다.

• 전체를 똑같이 ●로 나눈 것 중의 ■

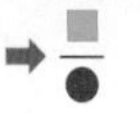

■: 분자
●: 분모

■ **분수 알아보기**

• 전체를 똑같이 2로 나눈 것 중의 1을 $\frac{1}{2}$이라 쓰고 2분의 1이라고 읽습니다.

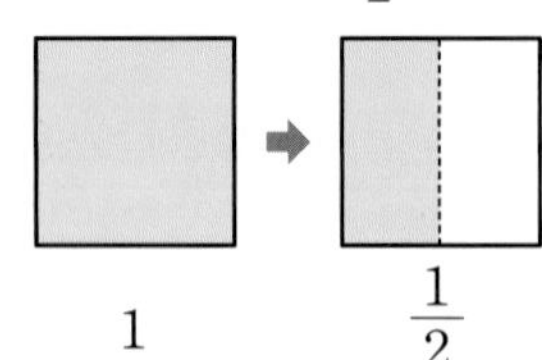

1 ← 분자
2 ← 분모

• 전체를 똑같이 4로 나눈 것 중의 3을 $\frac{3}{4}$이라 쓰고 4분의 3이라고 읽습니다.

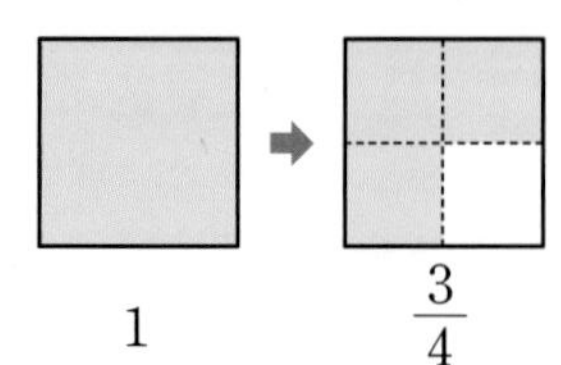

3 ← 분자
4 ← 분모

• $\frac{1}{2}$, $\frac{3}{4}$과 같은 수를 분수라고 합니다.

문제를 풀며 이해해요

▶ 251002-0389

01 똑같이 나누어진 도형을 모두 찾아 기호를 써 보세요.

가 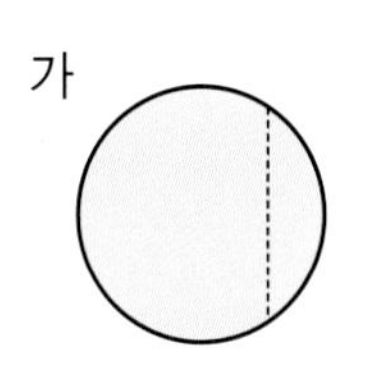 나 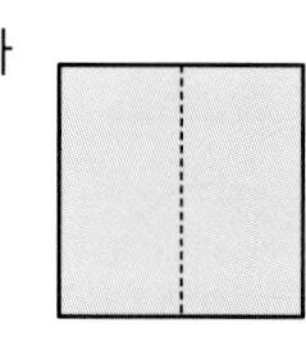 다 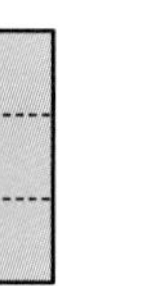 라 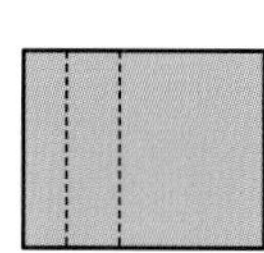

마 바 사 아 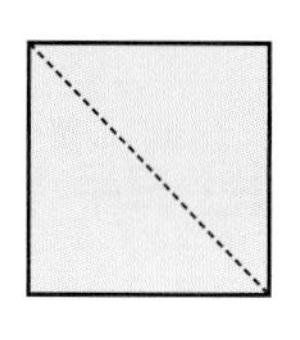

(　　　　　　　　)

똑같이 나누어진 도형을 찾고, 분수에 대해 알고 있는지 묻는 문제예요.

나누어진 부분이 모두 똑같은 것을 찾아요.

▶ 251002-0390

02 색칠한 부분이 전체의 얼마인지 알아보세요.

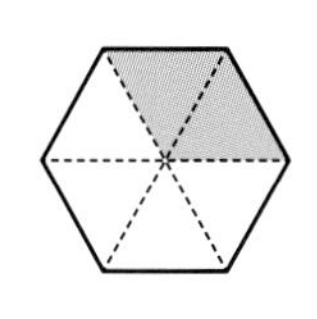 ➡ 부분 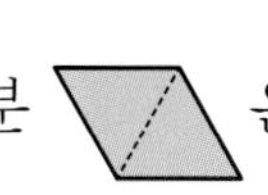 은 전체 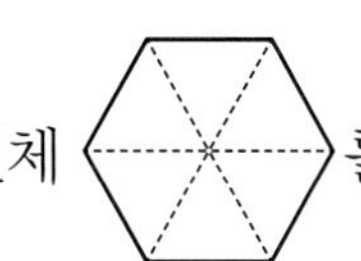 를 똑같이 ☐ (으)로

나눈 것 중의 ☐ 이므로 $\frac{\square}{\square}$ 입니다.

전체를 똑같이 나눈 수와 색칠한 부분의 수를 세어 보아요.

▶ 251002-0391

03 색칠한 부분은 전체의 얼마인지 분수로 쓰고, 읽어 보세요.

(1)

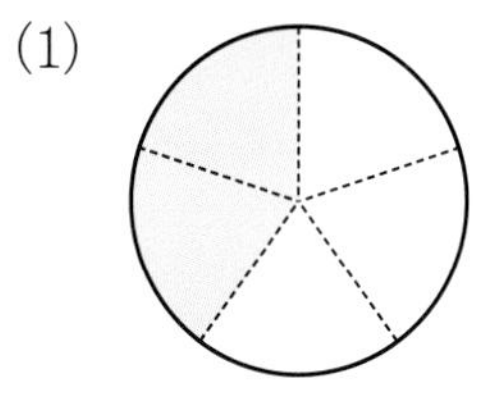

쓰기 (　　　　　　　　)

읽기 (　　　　　　　　)

(2)

쓰기 (　　　　　　　　)

읽기 (　　　　　　　　)

분수를 읽을 때는 분모부터 읽어요.

쓰기	읽기
$\frac{1}{3}$ (1 ← 분자, 3 ← 분모)	3분의 1

교과서 문제 해결하기

▸ 251002-0392

01 똥같이 나누어진 도형을 찾아 ○표 하세요.

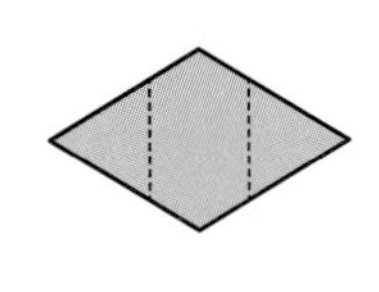
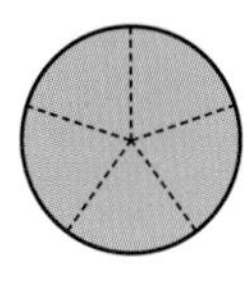
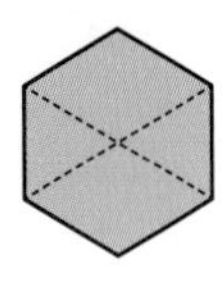

( ) ( ) ( )

▸ 251002-0393

02 똑같이 나누어지지 않은 도형은 모두 몇 개일까요?

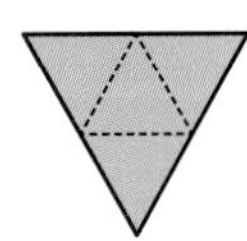
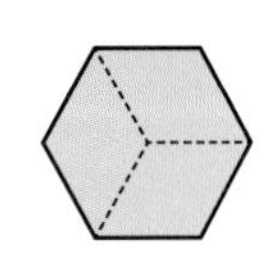
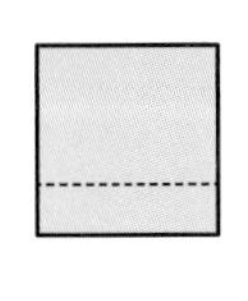
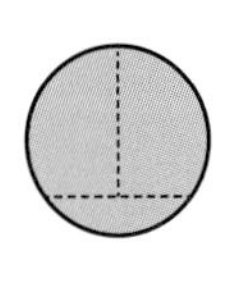

( )

▸ 251002-0394

03 점을 이용하여 두 가지 방법으로 전체를 똑같이 둘로 나누어 보세요.

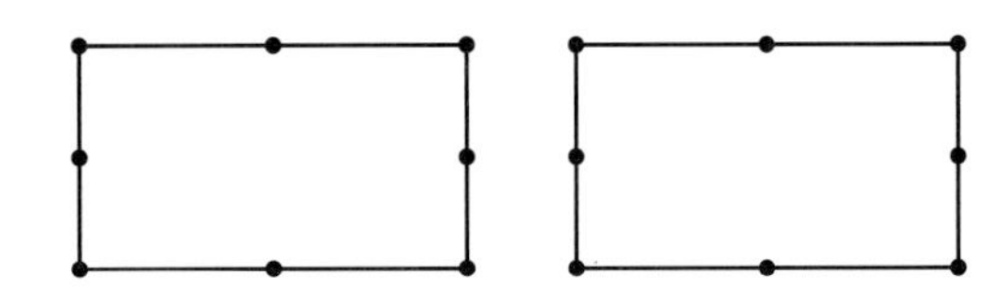

▸ 251002-0395

04 □ 안에 알맞은 수를 써넣으세요.

부분 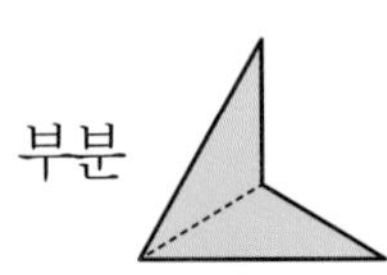 은 전체 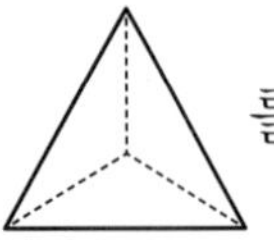 를 똑같이

□(으)로 나눈 것 중의 □이므로

$\frac{\square}{\square}$ 입니다.

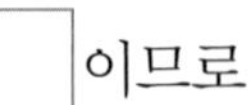

▸ 251002-0396

05 색칠한 부분을 분수로 나타낸 것을 찾아 이어 보세요.

(1) 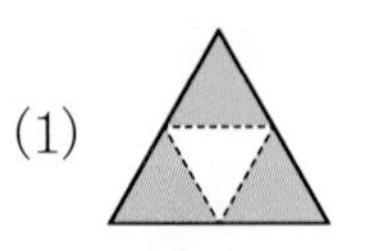 • • ㉠ $\frac{4}{6}$

(2) 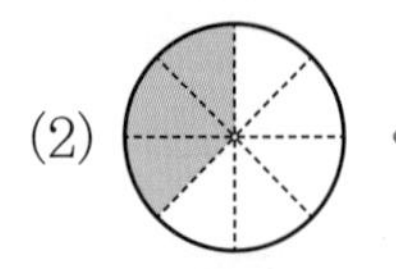 • • ㉡ $\frac{3}{4}$

(3) 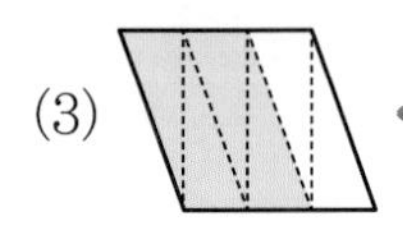 • • ㉢ $\frac{3}{8}$

중요

▸ 251002-0397

06 색칠한 부분을 분수로 나타내 보세요.

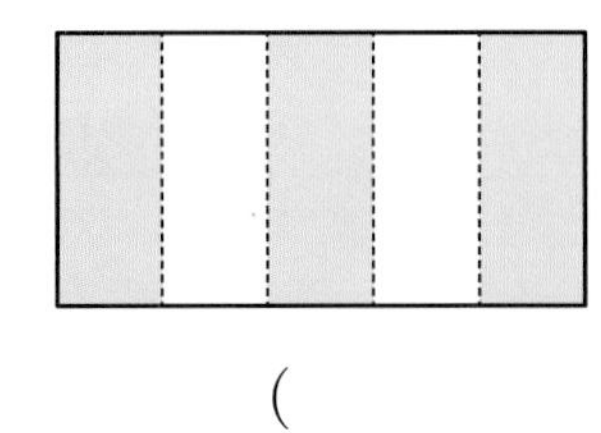

( )

▸ 251002-0398

07 분모가 3인 분수를 모두 찾아 써 보세요.

$\frac{3}{4}$ $\frac{1}{3}$ $\frac{3}{7}$ $\frac{2}{3}$

( )

▸251002-0399

08 똑같이 넷으로 나누어 보세요.

중요

▸251002-0400

09 다음을 분수로 쓰고 읽어 보세요.

전체를 똑같이 7로 나눈 것 중의 5

쓰기 (   )

읽기 (   )

도전

▸251002-0401

10 종하가 색칠한 도형을 찾아 ○표 하세요.

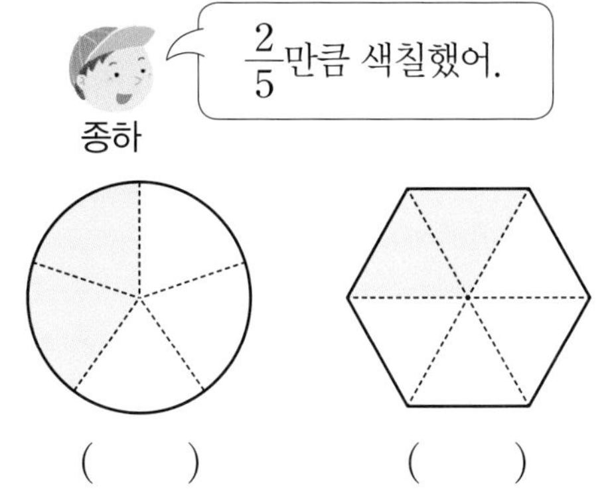

(   )   (   )

도움말 색칠한 부분의 수뿐만 아니라 전체를 똑같이 나눈 부분의 수를 세어 봅니다.

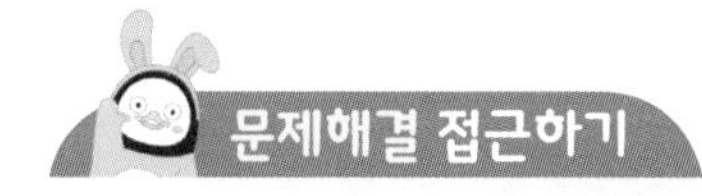

▸251002-0402

11 지민이가 그림을 보고 잘못 설명한 이유를 쓰고 분수로 바르게 나타내 보세요.

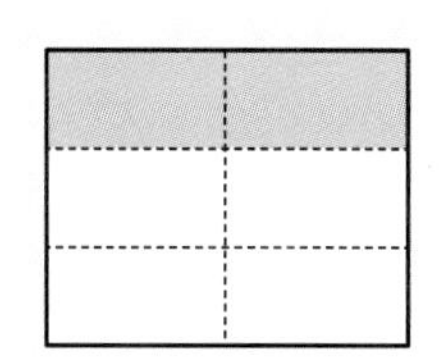

색칠한 부분을 나타내는 분수는 $\frac{2}{4}$야.

이해하기

구하려는 것은 무엇인가요?

답 ______________________

계획 세우기

어떤 방법으로 문제를 해결하면 좋을까요?

답 ______________________

____

해결하기

(1) 지민이가 잘못 설명한 이유를 써 보세요.

답 ______________________

____

(2) 색칠한 부분을 나타내는 분수를 써 보세요.

답 ______________________

되돌아보기

$\frac{2}{4}$만큼을 색칠해 보세요.

답

개념 3 분수를 알아볼까요 (2)

■ 색칠한 부분과 색칠하지 않은 부분을 분수로 나타내기

• 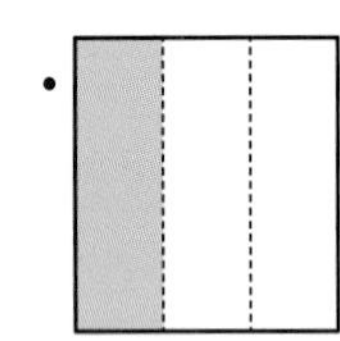

색칠한 부분은 전체의 $\frac{1}{3}$

색칠하지 않은 부분은 전체의 $\frac{2}{3}$

• 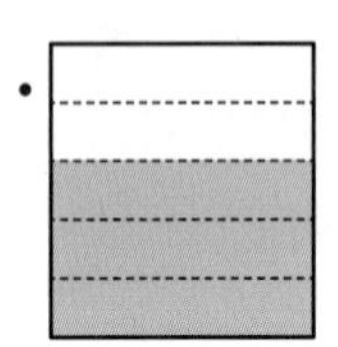

색칠한 부분은 전체의 $\frac{3}{5}$

색칠하지 않은 부분은 전체의 $\frac{2}{5}$

■ 주어진 분수만큼 색칠하기

• $\frac{3}{8}$만큼 색칠하기

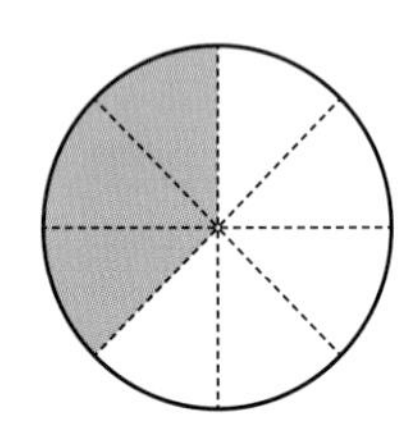

• $\frac{4}{6}$만큼 색칠하기

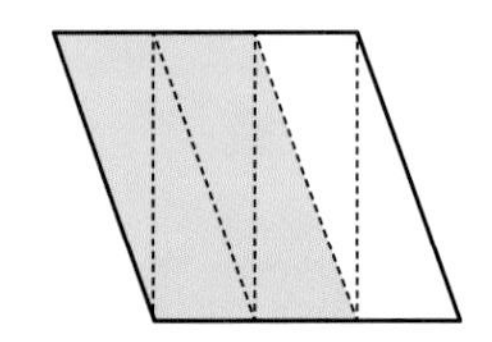

• **분수만큼 색칠하기**
분모만큼 똑같이 나눈 후, 분자만큼 색칠합니다.

■ 부분을 보고 전체를 완성하기

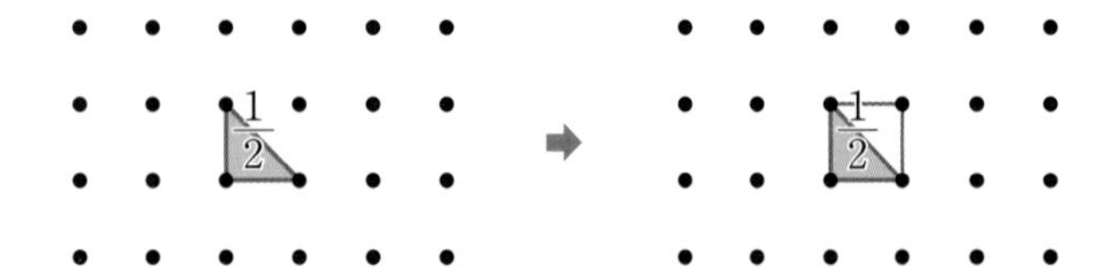

➡ $\frac{1}{2}$ 이 전체를 똑같이 2로 나눈 것 중 1이므로 나머지 1을 더 그립니다.

• **부분을 보고 전체 그리기**

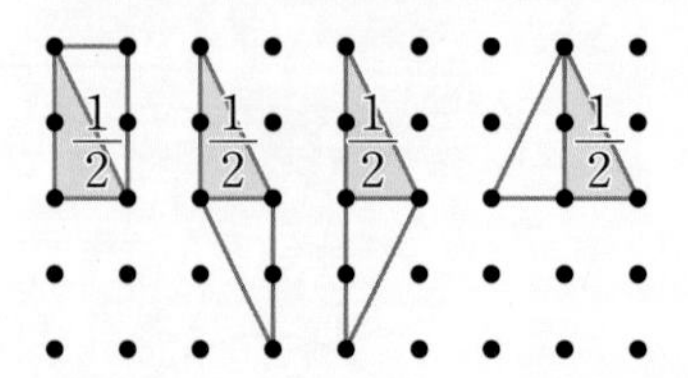

문제를 풀며 이해해요

▶ 251002-0403

01 **와플을 먹고 남은 것입니다. 먹은 부분과 남은 부분을 각각 분수로 나타내 보세요.**

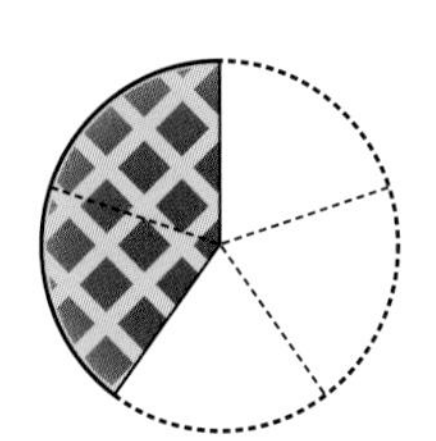

먹은 부분은 전체의 ☐

남은 부분은 전체의 ☐

분수로 나타내거나 분수만큼 색칠하고, 부분을 보고 전체를 알 수 있는지 묻는 문제예요.

전체와 부분을 비교하여 부분이 전체의 얼마인지 분수로 나타내요.

▶ 251002-0404

02 **주어진 분수만큼 색칠해 보세요.**

(1) $\frac{4}{6}$

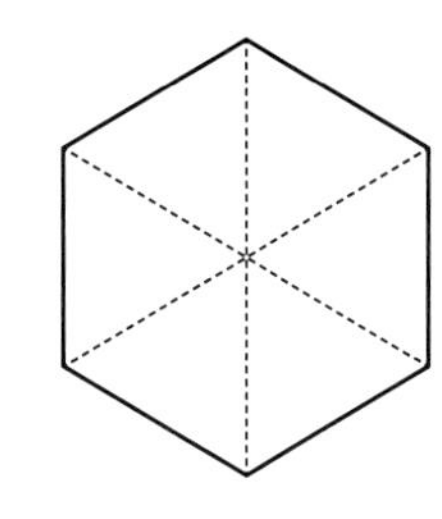

(2) $\frac{3}{4}$

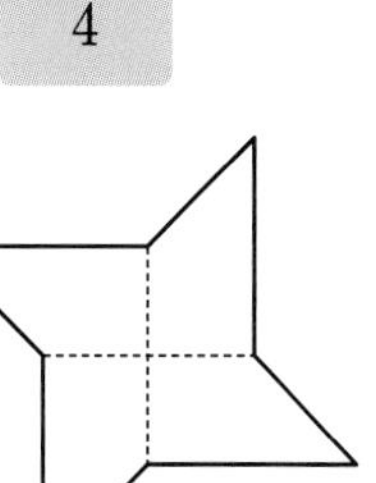

전체가 똑같이 분모의 수만큼 나누어졌는지 확인하고 분자의 수만큼 색칠해요.

▶ 251002-0405

03 **부분 $\frac{1}{3}$을 보고 전체에 알맞은 도형의 기호를 써 보세요.**

부분 ▭ $\frac{1}{3}$

가 나

( )

부분과 전체의 크기를 비교해요.

교과서 문제 해결하기

▸251002-0406

01 피자를 먹고 남은 것입니다. 먹은 부분을 분수로 나타내 보세요.

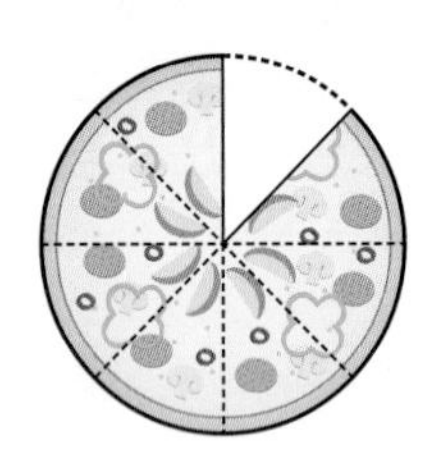

(　　　　　　　　)

▸251002-0407

02 $\frac{4}{6}$만큼 색칠해 보세요.

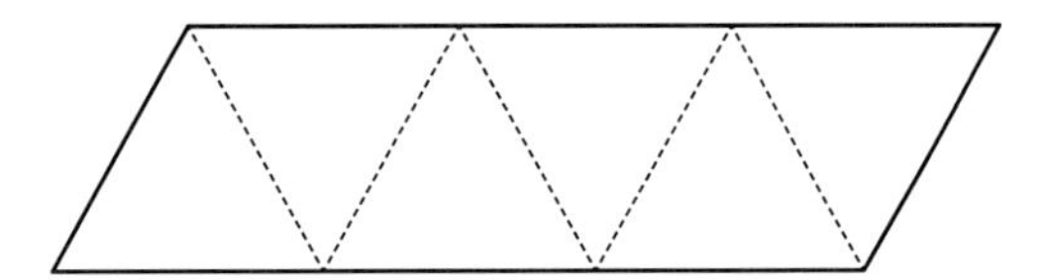

▸251002-0408

03 색칠한 부분과 색칠하지 않은 부분을 분수로 나타내 보세요.

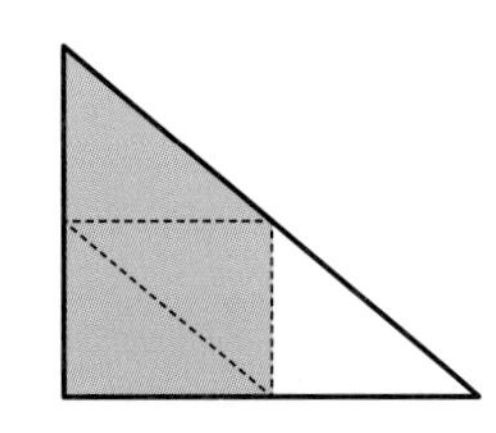

색칠한 부분 (　　　　　　　　)

색칠하지 않은 부분 (　　　　　　　　)

▸251002-0409

04 색칠하지 않은 부분이 $\frac{2}{5}$인 것을 찾아 기호를 써 보세요.

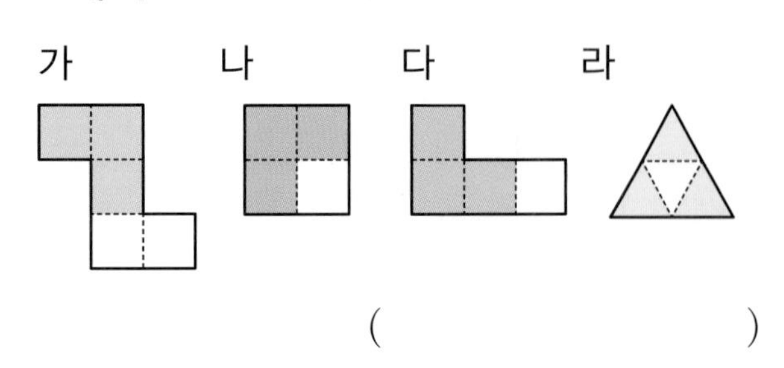

(　　　　　　　　)

▸251002-0410

05 초콜릿을 먹고 남은 양을 분수로 나타낸 것을 찾아 이어 보세요.

(1) 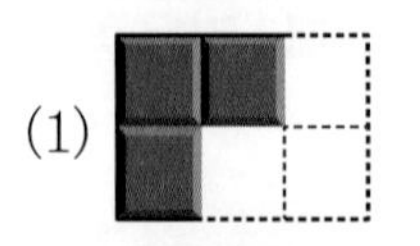 • 　　　　• ㉠ $\frac{6}{8}$

(2)  • 　　　　• ㉡ $\frac{3}{6}$

중요

▸251002-0411

06 전체에 알맞은 도형을 찾아 ○표 하세요.

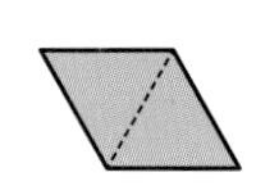

전체를 똑같이 6으로 나눈 것 중의 2입니다.

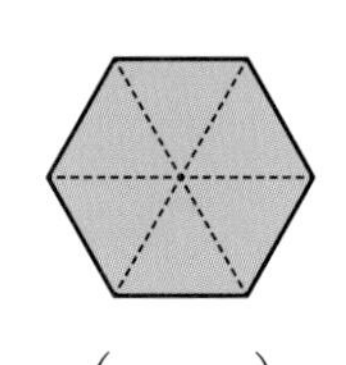 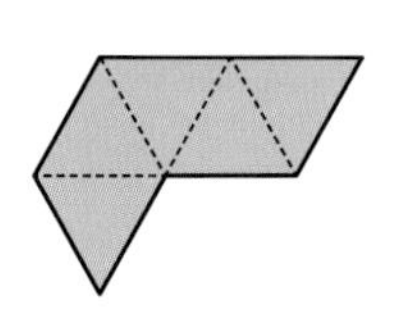

(　　)　　(　　)　　(　　)

▸251002-0412

07 채정이가 마시고 남은 주스는 전체의 얼마인지 분수로 나타내 보세요.

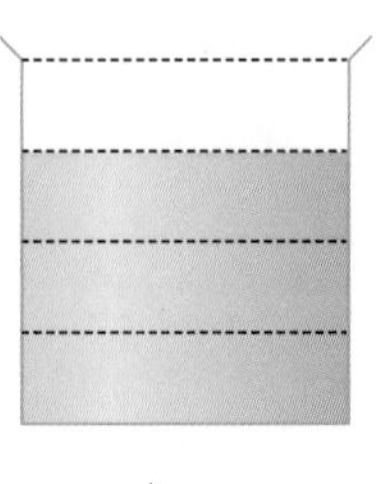

(　　　　　　　　)

중요

▸ 251002-0413

08 부분을 보고 전체를 그려 보세요.

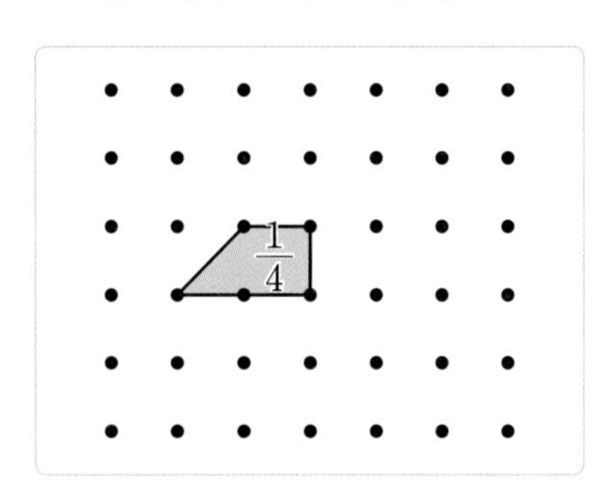

▸ 251002-0414

09 꽃밭의 $\frac{5}{8}$에는 빨간색 꽃을 심고, $\frac{3}{8}$에는 노란색 꽃을 심었습니다. 빨간색 꽃을 심은 부분은 빨간색으로, 노란색 꽃을 심은 부분은 노란색으로 색칠해 보세요.

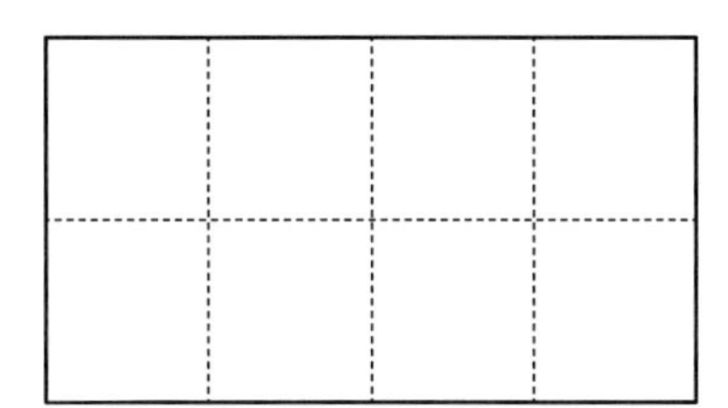

도전

▸ 251002-0415

10 부분을 보고 전체에 알맞은 도형을 모두 찾아 기호를 써 보세요.

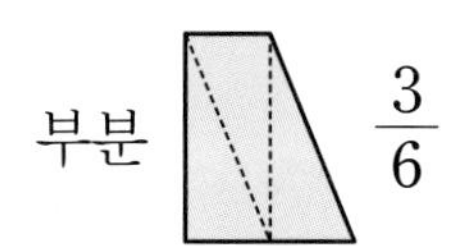

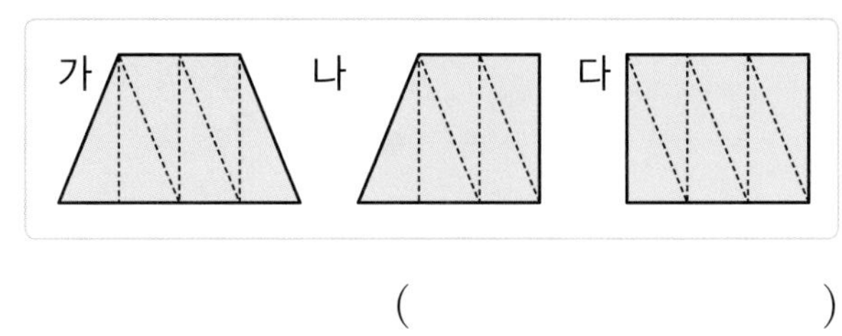

( )

도움말 부분을 나타내는 분수를 보고 전체는 몇 칸이어야 하는지 생각합니다.

문제해결 접근하기

▸ 251002-0416

11 땅 차지하기 놀이를 하여 승현이가 차지한 땅은 보라색으로, 영건이가 차지한 땅은 노란색으로 색칠했습니다. 승현이와 영건이가 차지한 땅을 각각 분수로 나타내 보세요.

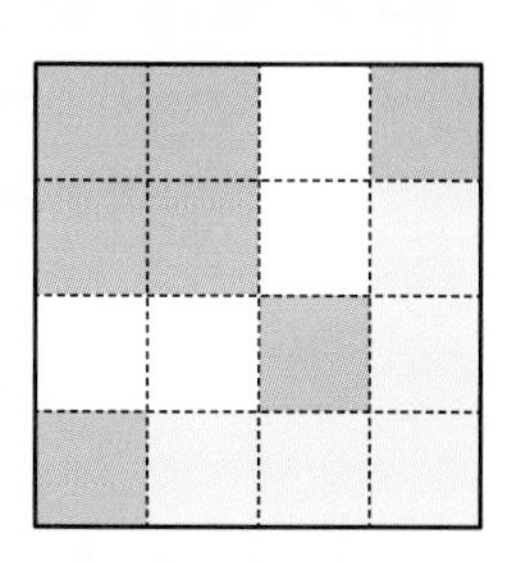

이해하기

구하려는 것은 무엇인가요?

답 ______________________

계획 세우기

어떤 방법으로 문제를 해결하면 좋을까요?

답 ______________________

____

해결하기

(1) 승현이가 차지한 땅의 크기를 분수로 나타내 보세요.

답 ______________________

(2) 영건이가 차지한 땅의 크기를 분수로 나타내 보세요.

답 ______________________

되돌아보기

색칠한 부분이 $\frac{3}{7}$일 때 전체를 그리고 $\frac{2}{7}$만큼 나타내 보세요.

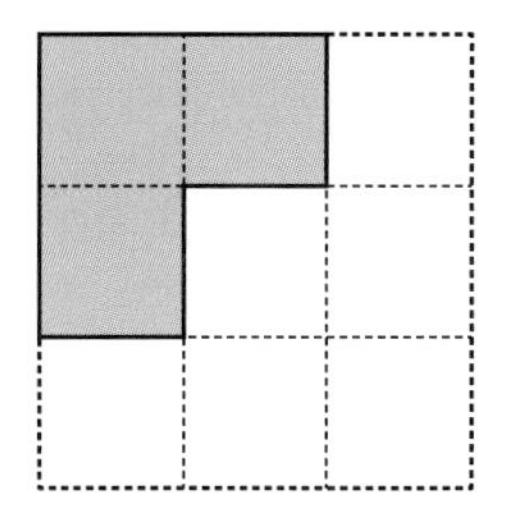

개념 4 분모가 같은 분수의 크기를 비교해 볼까요

■ **단위분수 알아보기**

• 단위분수: 분수 중에서 $\frac{1}{2}$, $\frac{1}{3}$, $\frac{1}{4}$, $\frac{1}{5}$, ...과 같이 분자가 1인 분수

■ **$\frac{4}{7}$와 $\frac{3}{7}$의 크기 비교하기**

• 단위분수의 개수 알아보기

1							
$\frac{4}{7}$	$\frac{1}{7}$	$\frac{1}{7}$	$\frac{1}{7}$	$\frac{1}{7}$	$\frac{1}{7}$	$\frac{1}{7}$	$\frac{1}{7}$

➡ $\frac{4}{7}$는 $\frac{1}{7}$이 4개입니다.

$\frac{3}{7}$	$\frac{1}{7}$	$\frac{1}{7}$	$\frac{1}{7}$	$\frac{1}{7}$	$\frac{1}{7}$	$\frac{1}{7}$	$\frac{1}{7}$

➡ $\frac{3}{7}$은 $\frac{1}{7}$이 3개입니다.

• 단위분수의 개수로 분수의 크기 비교하기

$\frac{4}{7}$는 $\frac{1}{7}$이 4개이고, $\frac{3}{7}$은 $\frac{1}{7}$이 3개이므로 $\frac{4}{7}$는 $\frac{3}{7}$보다 더 큽니다.

• **$\frac{3}{5}$과 $\frac{2}{5}$는 $\frac{1}{5}$이 몇 개인지 알아보기**

$\frac{3}{5}$은 $\frac{1}{5}$이 3개입니다.

$\frac{2}{5}$는 $\frac{1}{5}$이 2개입니다.

➡ $\frac{▲}{■}$는 $\frac{1}{■}$이 ▲개입니다.

■ **분모가 같은 분수의 크기 비교하기**

분모가 같은 분수는 단위분수의 개수가 많을수록 더 큽니다.

➡ 분모가 같은 분수는 분자가 클수록 더 큽니다.

• **분모가 같은 분수의 크기 비교**

● > ▲ ➡ $\frac{●}{★} > \frac{▲}{★}$

정답과 풀이 45쪽

문제를 풀며 이해해요

▸ 251002-0417

01 **분모가 같은 분수의 크기를 비교해 보세요.**

분모가 같은 분수의 크기를 비교할 수 있는지 묻는 문제예요.

(1) 분수만큼 색칠하고, □ 안에 알맞은 수를 써넣으세요.

1				
$\frac{3}{5}$				
$\frac{4}{5}$				

$\frac{3}{5}$은 $\frac{1}{5}$이 □ 개이고, $\frac{4}{5}$는 $\frac{1}{5}$이 □ 개입니다.

단위분수의 개수로 분수의 크기를 비교해요.

(2) 알맞은 말에 ○표 하세요.

$\frac{3}{5}$은 $\frac{4}{5}$보다 더 (큽니다 , 작습니다).

▸ 251002-0418

02 **주어진 분수만큼 색칠하고, ○ 안에 >, <를 알맞게 써넣으세요.**

분모가 같은 분수는 분자만큼 색칠하게 되어 분자가 클수록 더 커요.

(1)

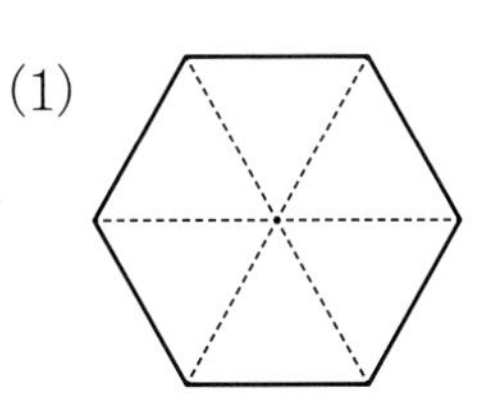

$\frac{3}{6}$ ○ $\frac{2}{6}$

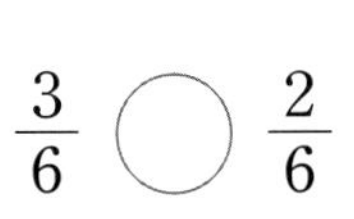

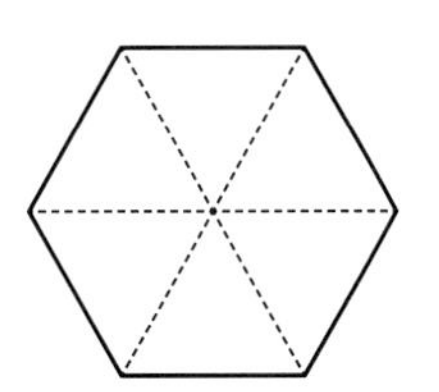

(2)

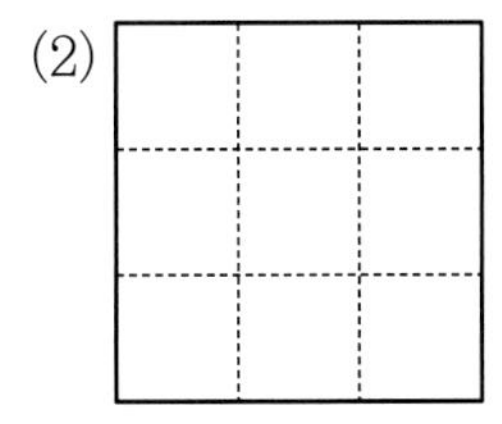

$\frac{2}{9}$ ○ $\frac{7}{9}$

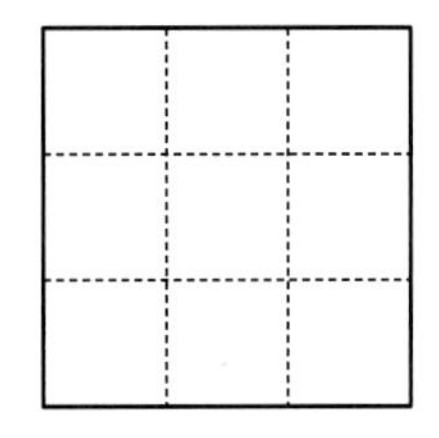

교과서 문제 해결하기

▸ 251002-0419

01 □ 안에 알맞은 수를 써넣으세요.

(1) $\frac{3}{8}$은 $\frac{1}{8}$이 □ 개입니다.

(2) $\frac{5}{8}$는 $\frac{1}{8}$이 □ 개입니다.

중요

▸ 251002-0420

02 분수만큼 색칠하고, ○ 안에 $>$, $<$를 알맞게 써넣으세요.

$\frac{4}{6}$ [| | | | |]

$\frac{3}{6}$ [| | | | |]

$\frac{4}{6}$ ○ $\frac{3}{6}$

▸ 251002-0421

03 두 분수의 크기를 비교하여 ○ 안에 $>$, $=$, $<$를 알맞게 써넣으세요.

$\frac{3}{5}$ ○ $\frac{1}{5}$이 2개인 수

▸ 251002-0422

04 두 분수의 크기를 비교하여 ○ 안에 $>$, $<$를 알맞게 써넣으세요.

$\frac{4}{9}$ ○ $\frac{8}{9}$

중요

▸ 251002-0423

05 가장 큰 분수를 써 보세요.

$\frac{3}{8}$ $\frac{1}{8}$ $\frac{7}{8}$

( )

▸ 251002-0424

06 가장 큰 분수는 어느 것일까요? ( )

① $\frac{2}{11}$

② $\frac{1}{11}$이 5개인 수

③ $\frac{3}{11}$

④ $\frac{1}{11}$이 8개인 수

⑤ $\frac{7}{11}$

▸ 251002-0425

07 1부터 6까지의 수 중에서 □ 안에 들어갈 수 있는 수를 모두 써 보세요.

$\frac{\square}{7} < \frac{4}{7}$

( )

▸ 251002-0426

08 지원이네 집에서 가장 먼 곳에 있는 장소를 써 보세요.

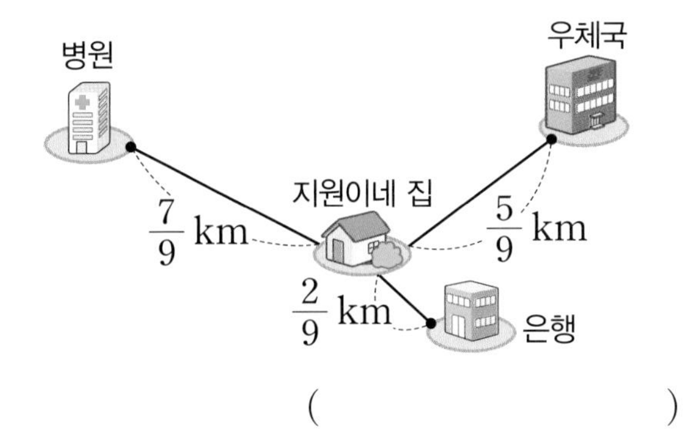

(   )

▸ 251002-0427

09 어떤 분수를 설명하고 있는지 써 보세요.

분모가 5야.
$\frac{2}{5}$보다 크고 $\frac{4}{5}$보다 작아.

(   )

도전

▸ 251002-0428

10 ㉠보다 크고 ㉡보다 작은 분수 중에서 분모가 10인 분수를 모두 써 보세요.

㉠ 전체를 똑같이 10으로 나눈 것 중의 6인 수

㉡ $\frac{1}{10}$이 9개인 수

(   )

도움말 ㉠과 ㉡을 분수로 나타낸 후 ㉠보다 크고 ㉡보다 작은 분수를 찾습니다.

문제해결 접근하기

▸ 251002-0429

11 현미는 전체 끈의 $\frac{3}{6}$을, 근영이는 전체 끈의 $\frac{2}{6}$를 사용했습니다. 누가 끈을 더 많이 사용했는지 구해 보세요.

이해하기

구하려는 것은 무엇인가요?

답

계획 세우기

어떤 방법으로 문제를 해결하면 좋을까요?

답

해결하기

(1) 현미와 근영이가 사용한 끈의 길이를 각각 색칠해 보세요.

(2) 누가 끈을 더 많이 사용했을까요?

답

되돌아보기

현미와 근영이가 사용하고 남은 끈의 길이를 색칠하고 전체 끈의 얼마인지 분수로 나타내 보세요.

답

개념 5 단위분수의 크기를 비교해 볼까요

■ $\frac{1}{3}$과 $\frac{1}{4}$의 크기 비교하기

• 단위분수의 크기 알아보기

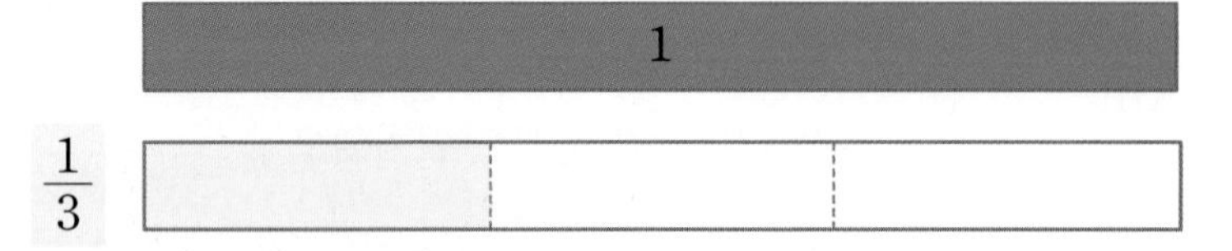

➡ $\frac{1}{3}$은 전체를 똑같이 3으로 나눈 것 중의 1입니다.

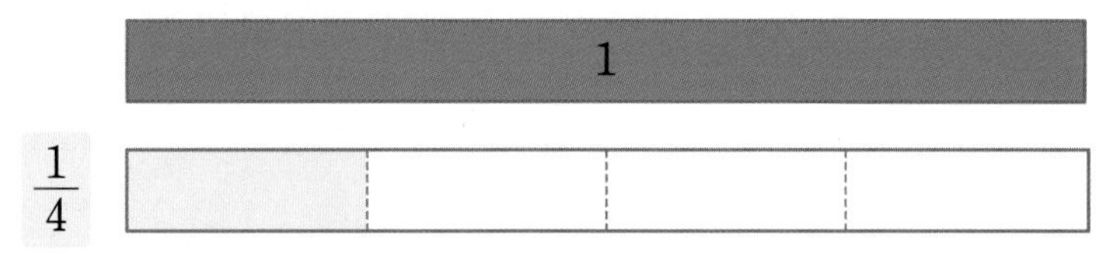

➡ $\frac{1}{4}$은 전체를 똑같이 4로 나눈 것 중의 1입니다.

• 색칠한 부분의 길이로 단위분수의 크기 비교하기

$\frac{1}{3}$이 $\frac{1}{4}$보다 색칠한 부분이 더 길므로 $\frac{1}{3}$은 $\frac{1}{4}$보다 더 큽니다.

■ 단위분수의 크기 비교하기

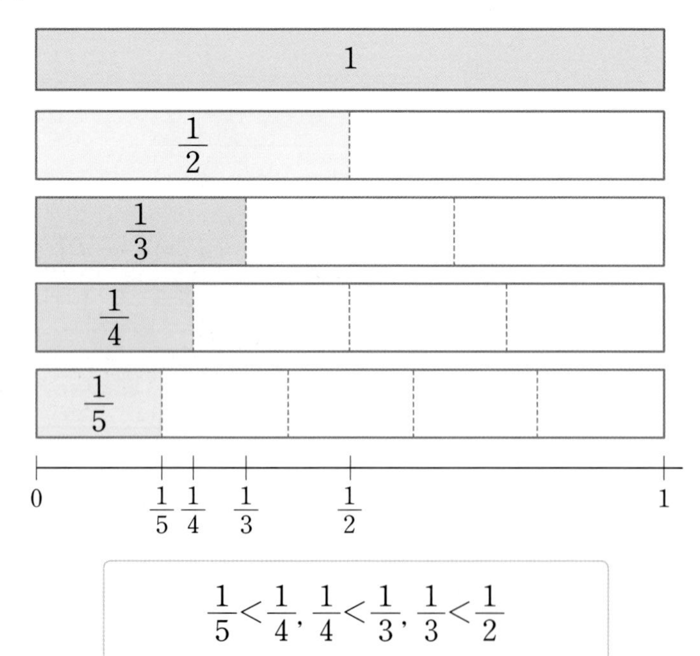

$\frac{1}{5}<\frac{1}{4}$, $\frac{1}{4}<\frac{1}{3}$, $\frac{1}{3}<\frac{1}{2}$

➡ 단위분수는 분모가 클수록 더 작습니다.

• 단위분수의 크기 비교

●<▲ ➡ $\frac{1}{●}>\frac{1}{▲}$

문제를 풀며 이해해요

▸ 251002-0430

01 **단위분수의 크기를 비교해 보세요.**

(1) 분수만큼 색칠하고, 알맞은 말에 ○표 하세요.

$\frac{1}{6}$

$\frac{1}{4}$

$\frac{1}{6}$이 $\frac{1}{4}$보다 색칠한 부분이 더 (깁니다 , 짧습니다).

(2) 두 분수의 크기를 비교하여 ○ 안에 >, <를 알맞게 써넣으세요.

$\frac{1}{6}$ ○ $\frac{1}{4}$

단위분수의 크기를 비교할 수 있는지 묻는 문제예요.

색칠한 부분이 길수록 더 큰 수예요.

▸ 251002-0431

02 **단위분수를 수직선에 나타내고, 크기를 비교해 보세요.**

(1) 분수만큼 수직선에 ▬로 나타내고, 알맞은 말에 ○표 하세요.

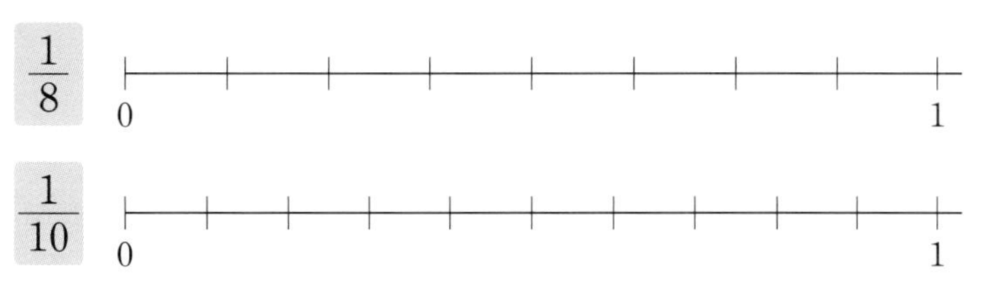

$\frac{1}{8}$이 $\frac{1}{10}$보다 나타낸 부분이 더 (깁니다 , 짧습니다).

(2) 두 분수의 크기를 비교하여 ○ 안에 >, <를 알맞게 써넣으세요.

$\frac{1}{8}$ ○ $\frac{1}{10}$

수직선에 나타낸 부분이 길수록 더 큰 수예요.

교과서 문제 해결하기

▸ 251002-0432

01 수직선에 나타낸 길이를 보고 ○ 안에 >, <를 알맞게 써넣으세요.

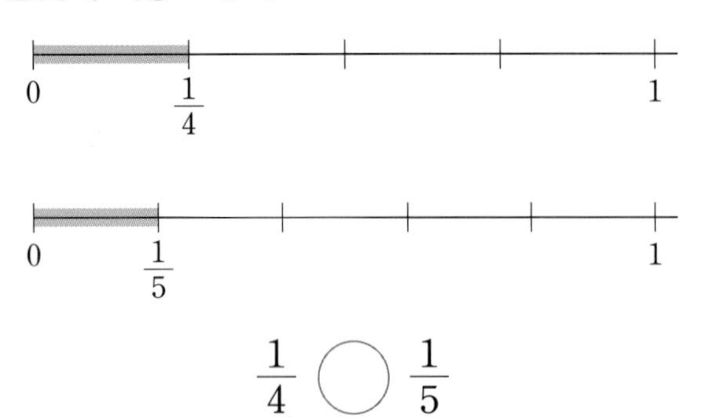

$\frac{1}{4}$ ○ $\frac{1}{5}$

중요

▸ 251002-0433

02 분수만큼 색칠하고 ○ 안에 >, <를 알맞게 써넣으세요.

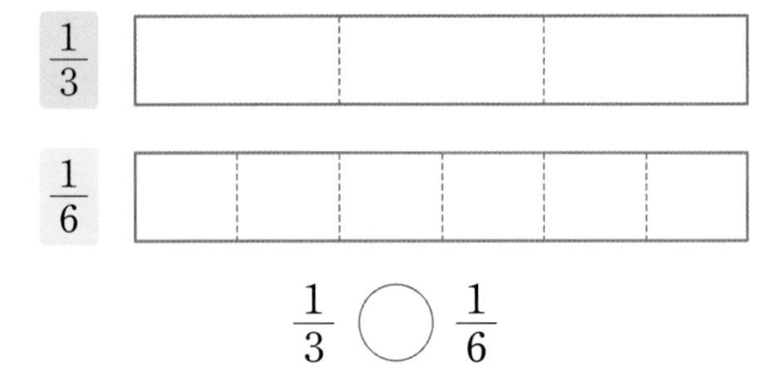

$\frac{1}{3}$ ○ $\frac{1}{6}$

▸ 251002-0434

03 두 분수의 크기를 비교하여 ○ 안에 >, <를 알맞게 써넣으세요.

(1) $\frac{1}{3}$ ○ $\frac{1}{4}$

(2) $\frac{1}{9}$ ○ $\frac{1}{2}$

▸ 251002-0435

04 가장 큰 분수를 찾아 써 보세요.

$\frac{1}{7}$ $\frac{1}{3}$ $\frac{1}{9}$ $\frac{1}{4}$

(　　　　　　　　)

▸ 251002-0436

05 태림이와 시용이는 우유를 같은 컵으로 각각 $\frac{1}{5}$만큼과 $\frac{1}{6}$만큼을 마셨습니다. 누가 우유를 더 많이 마셨을까요?

(　　　　　　　　)

중요

▸ 251002-0437

06 큰 분수부터 순서대로 써 보세요.

$\frac{1}{5}$ $\frac{1}{9}$ $\frac{1}{8}$

(　　　　　　　　)

▸ 251002-0438

07 4장의 수 카드 중에서 2장을 골라 한 번씩만 사용하여 만들 수 있는 가장 큰 단위분수를 구해 보세요.

3 1 4 9

(　　　　　　　　)

▸251002-0439

08 $\frac{1}{6}$보다 작은 분수를 모두 찾아 ○표 하세요.

$\frac{1}{9}$ $\frac{1}{4}$ $\frac{1}{8}$ $\frac{1}{3}$ $\frac{1}{7}$

▸251002-0440

09 더 큰 분수를 말한 사람은 누구일까요?

분모가 4인 단위분수야.

영채

전체를 똑같이 8로 나눈 것 중의 1을 나타내는 분수야.

미영

(　　　　　　　　)

도전

▸251002-0441

10 2부터 9까지 수 중에서 □ 안에 들어갈 수 있는 수 중 가장 큰 수를 써 보세요.

$\frac{1}{\square} > \frac{1}{5}$

(　　　　　　　　)

도움말 단위분수는 분모가 작을수록 더 큰 수입니다.

문제해결 접근하기

▸251002-0442

11 출발선에 서서 지원이는 신발을 $\frac{1}{3}$ 위치에, 정원이는 $\frac{1}{6}$ 위치에, 채원이는 $\frac{1}{8}$ 위치에 던졌습니다. 신발을 가장 멀리 던진 사람의 이름을 써 보세요.

이해하기

구하려는 것은 무엇인가요?

답 ____________________

계획 세우기

어떤 방법으로 문제를 해결하면 좋을까요?

답 ____________________

____

해결하기

(1) 세 사람이 신발을 던진 위치에 각각 ○표 하세요.

출발선→

지원

정원

채원

(2) 신발을 가장 멀리 던진 사람은 누구일까요?

답 ____________________

되돌아보기

출발선에 서서 현수는 신발을 $\frac{1}{9}$ 위치에, 지성이는 $\frac{1}{15}$ 위치에, 혜경이는 $\frac{1}{7}$ 위치에 던졌습니다. 신발을 두 번째로 멀리 던진 사람의 이름을 써 보세요.

답 ____________________

____

교과서 개념 배우기

개념 6 소수를 알아볼까요 (1)

■ 소수 알아보기

• 분수 $\frac{1}{10}$을 0.1이라 쓰고 영 점 일이라고 읽습니다.

$\frac{1}{10}=0.1$

• $\frac{1}{10}$, $\frac{2}{10}$, $\frac{3}{10}$, ..., $\frac{9}{10}$를 0.1, 0.2, 0.3, ..., 0.9라 쓰고 영 점 일, 영 점 이, 영 점 삼, ..., 영 점 구라고 읽습니다.

• 0.1, 0.2, 0.3과 같은 수를 소수라 하고 '.'을 소수점이라고 합니다.

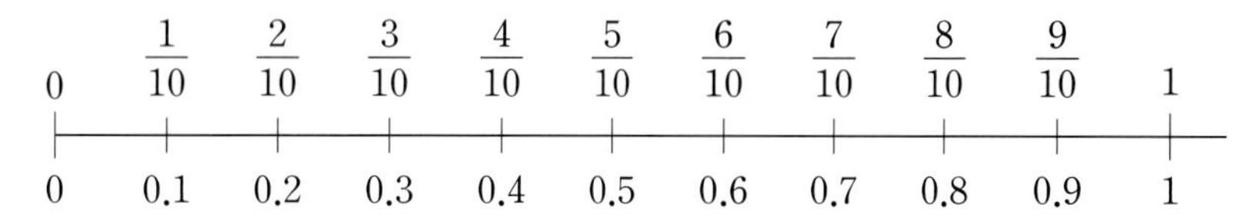

• 소수
0.1, 0.2, 0.3과 같은 수
└ 소수점

개념 7 소수를 알아볼까요 (2)

■ 자연수 부분이 있는 소수 알아보기

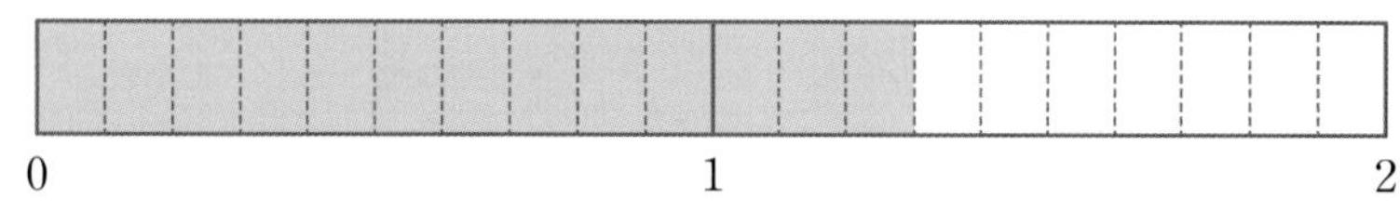

• 색칠한 부분은 0.1이 13개입니다.

• 0.1이 10개이면 1이고, 0.1이 3개이면 0.3이므로 1과 0.3만큼은 1.3입니다.

• 1과 0.3만큼을 1.3이라 쓰고 일 점 삼이라고 읽습니다.

■ 길이를 소수로 나타내기

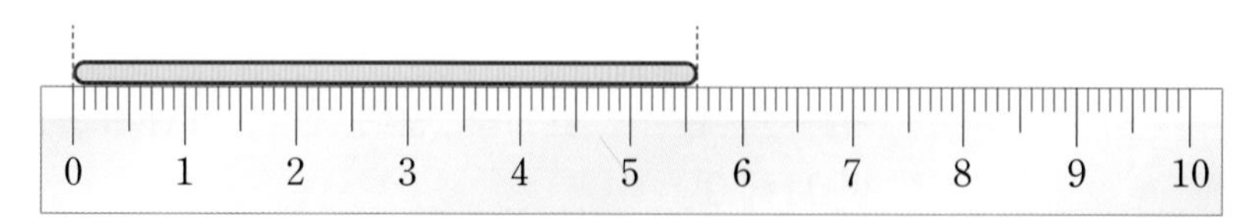

• 털실의 길이는 5 cm 6 mm입니다.

• 1 mm는 0.1 cm이므로 6 mm는 0.6 cm입니다.

• 5 cm 6 mm는 5.6 cm입니다.

• 자연수 부분이 있는 소수는 1보다 큽니다.

문제를 풀며 이해해요

▸ 251002-0443

01 **그림을 보고 물음에 답하세요.**

(1) 색칠한 부분을 분수로 나타내 보세요.

(   )

(2) 색칠한 부분을 소수로 나타내 보세요.

색칠한 부분은 0.1이 ☐개이므로 소수로 나타내면 ☐입니다.

소수를 쓰고 읽을 수 있는지 묻는 문제예요.

색칠한 부분은 전체 10칸 중 6칸이에요.

▸ 251002-0444

02 **☐ 안에 알맞은 분수나 소수를 써넣으세요.**

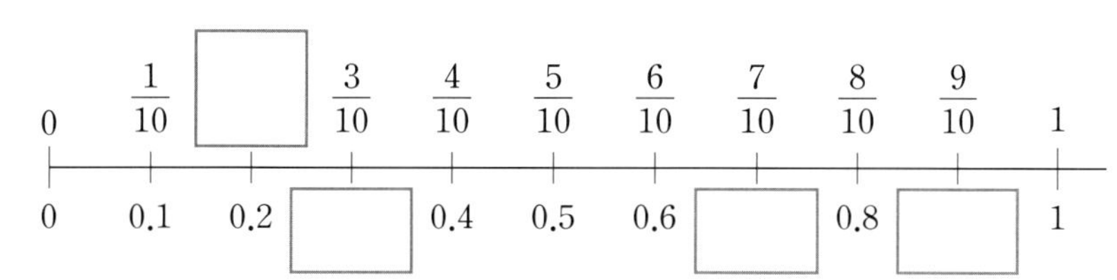

$\frac{1}{10}$=0.1이에요.

▸ 251002-0445

03 **소수를 바르게 읽은 것을 찾아 이어 보세요.**

(1) 3.5 •　　　　• ㉠ 팔 점 칠

(2) 4.3 •　　　　• ㉡ 삼 점 오

(3) 8.7 •　　　　• ㉢ 사 점 삼

소수 ●.■는 ● 점 ■라고 읽어요.

교과서 문제 해결하기

▸ 251002-0446

01 물음에 답하세요.

(1) 0.7을 수직선에 ▬로 나타내 보세요.

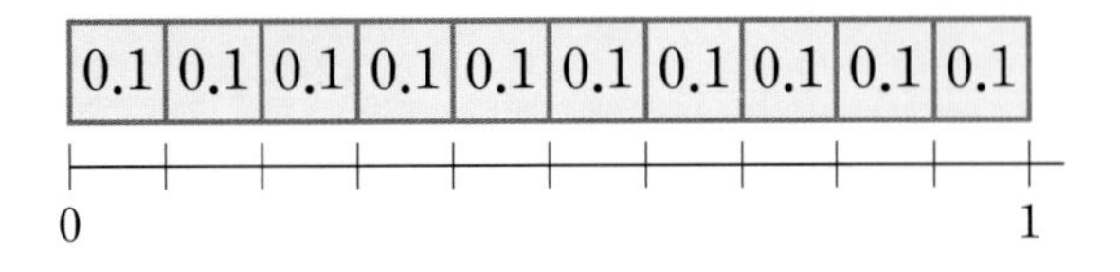

(2) □ 안에 알맞은 수를 써넣으세요.

0.7은 0.1이 □개입니다.

중요

▸ 251002-0447

02 색칠한 부분을 분수와 소수로 나타내 보세요.

분수 (　　　　)

소수 (　　　　)

▸ 251002-0448

03 색칠한 부분을 분수와 소수로 나타내 보세요.

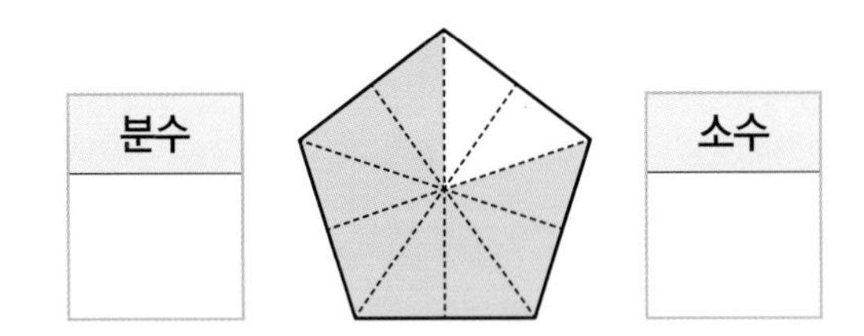

▸ 251002-0449

04 수직선에 나타낸 부분을 분수와 소수로 나타내 보세요.

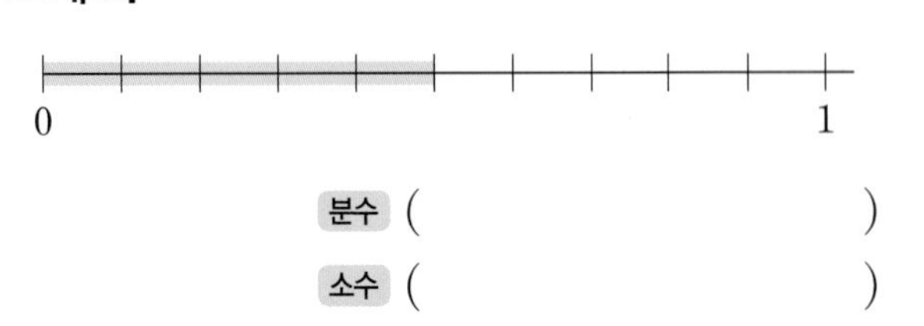

분수 (　　　　)

소수 (　　　　)

▸ 251002-0450

05 색칠한 부분이 **0.1**을 나타내는 것을 찾아 ○표 하세요.

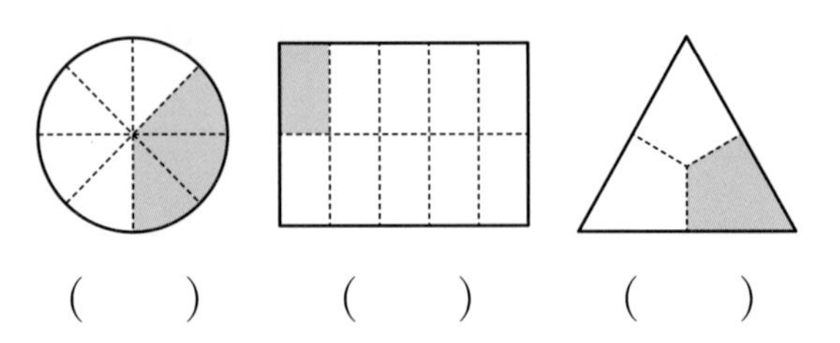

(　　)　(　　)　(　　)

▸ 251002-0451

06 같은 수끼리 짝 지은 것을 고르세요. (　　　)

① $\frac{1}{9}$, 0.1　② $\frac{9}{10}$, 0.9　③ $\frac{1}{5}$, 0.5

④ $\frac{1}{4}$, 0.4　⑤ $\frac{1}{10}$, 0.2

▸ 251002-0452

07 설명하는 소수가 다른 사람은 누구일까요?

지민: $\frac{2}{10}$와 같은 소수야.

나래: 0.1이 21개인 수야.

하늘: 전체를 똑같이 10으로 나눈 것 중의 2인 소수야.

(　　　　)

중요

▸251002-0453

08 □ 안에 알맞은 수를 써넣으세요.

(1) 0.1이 32개이면 □입니다.

(2) 0.1이 □개이면 2.5입니다.

▸251002-0454

09 □ 안에 알맞은 수를 써넣으세요.

(1) 2 mm=□ cm

(2) 1 cm 3 mm=□ cm

(3) 8.5 cm=□ cm □ mm

(4) 29 mm=□ cm

(5) 4.6 cm=□ cm □ mm

도전

▸251002-0455

10 나타내는 수가 다른 하나를 찾아 기호를 써 보세요.

㉠ 0.1이 43개인 수
㉡ 3과 0.4인 수
㉢ $\frac{1}{10}$이 43개인 수

( )

도움말 ㉢ $\frac{1}{10}$은 0.1과 같습니다.

문제해결 접근하기

▸251002-0456

11 인도네시아 국기에서 빨간색 부분은 전체의 얼마인지 분모가 10인 분수와 소수로 나타내 보세요.

인도네시아

이해하기

구하려는 것은 무엇인가요?

답 ______

계획 세우기

어떤 방법으로 문제를 해결하면 좋을까요?

답 ______

해결하기

(1) 위 인도네시아 국기를 똑같이 10으로 나누어 보세요.

(2) 빨간색 부분은 전체의 얼마인지 분모가 10인 분수와 소수로 나타내 보세요.

답 ______

되돌아보기

색칠한 부분이 0.8이 되도록 색칠해 보세요.

개념 8 소수의 크기를 비교해 볼까요

■ 0.4와 0.6의 크기 비교하기

• 수직선에 ▬로 나타내 비교하기

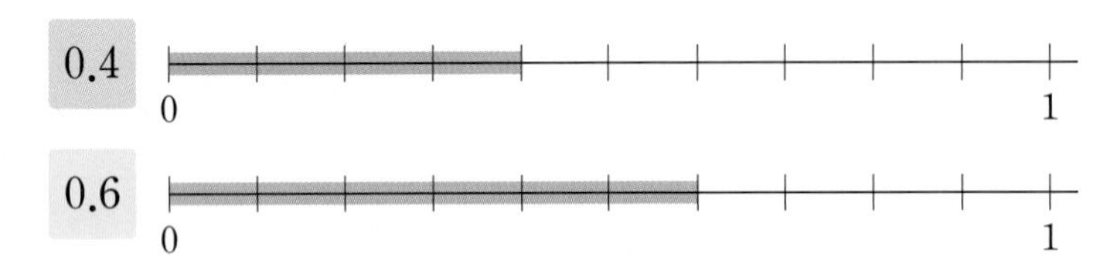

0.6이 0.4보다 더 깁니다. ➡ 0.6은 0.4보다 더 큽니다.

• 0.1의 개수로 비교하기

0.4	0.1	0.1	0.1	0.1	0.1	0.1	0.1	0.1	0.1	0.1
0.6	0.1	0.1	0.1	0.1	0.1	0.1	0.1	0.1	0.1	0.1

0.4는 0.1이 4개, 0.6은 0.1이 6개입니다.

➡ 0.6은 0.4보다 더 큽니다.

• 분수로 바꾸어 비교하기

$$0.4=\frac{4}{10},\ 0.6=\frac{6}{10}$$

$\frac{6}{10}$이 $\frac{4}{10}$보다 더 큽니다. ➡ 0.6은 0.4보다 더 큽니다.

• 소수의 크기 비교

① 수직선에 나타낸 길이가 길수록 더 큰 소수입니다.

② 0.1의 개수가 많을수록 더 큰 소수입니다.

■ 1.2와 1.8의 크기 비교하기

• 수직선에 ▬로 나타내 비교하기

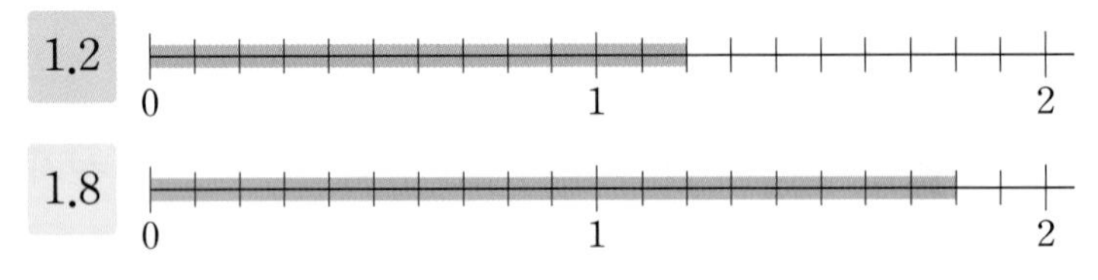

1.8이 1.2보다 더 깁니다. ➡ 1.8은 1.2보다 더 큽니다.

• 0.1의 개수로 비교하기

1.2는 0.1이 12개, 1.8은 0.1이 18개입니다.

➡ 1.8은 1.2보다 더 큽니다.

• 1보다 큰 소수의 크기 비교

① 자연수의 크기를 먼저 비교합니다. 자연수가 클수록 더 큽니다.

$3.1>2.9$

② 자연수의 크기가 같은 경우 소수의 크기를 비교합니다.

$2.9>2.1$

정답과 풀이 49쪽

문제를 풀며 이해해요

▸ 251002-0457

01 **소수만큼 색칠하고, 소수의 크기를 비교해 보세요.**

> 소수의 크기를 비교할 수 있는지 묻는 문제예요.

(1) 소수만큼 색칠하고, 알맞은 말에 ○표 하세요.

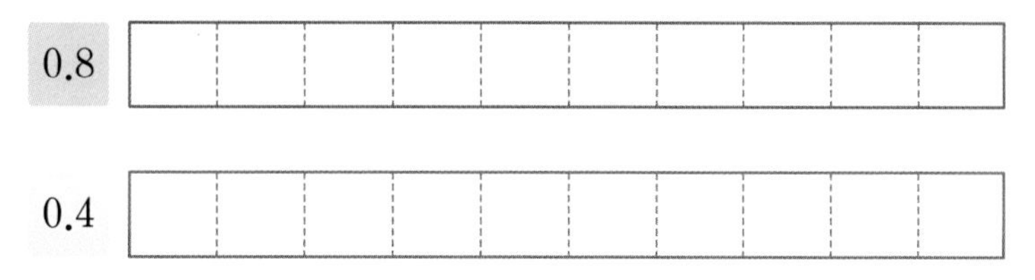

> 색칠한 부분이 길수록 더 큰 수예요.

0.8이 0.4보다 색칠한 부분이 더 (깁니다 , 짧습니다).

(2) 두 소수의 크기를 비교하여 ○ 안에 >, <를 알맞게 써넣으세요.

0.8 ○ 0.4

▸ 251002-0458

02 **소수를 수직선에 나타내고, 소수의 크기를 비교해 보세요.**

> 수직선에서 오른쪽에 있을수록 더 큰 수예요.

(1) 소수만큼 수직선에 ▬로 나타내고, 알맞은 말에 ○표 하세요.

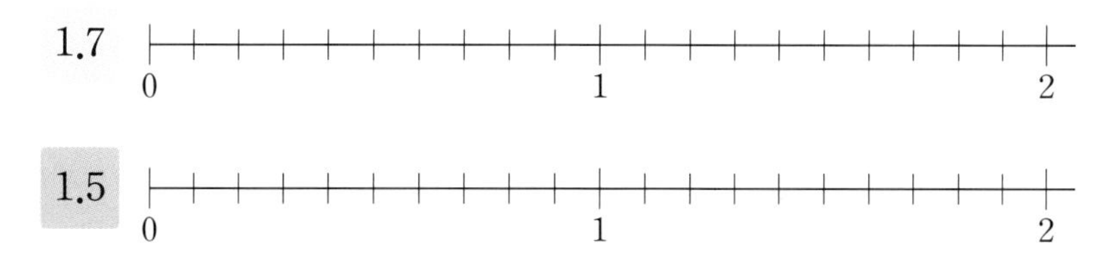

1.7이 1.5보다 나타낸 부분이 더 (깁니다 , 짧습니다).

(2) 두 소수의 크기를 비교하여 ○ 안에 >, <를 알맞게 써넣으세요.

1.7 ○ 1.5

교과서 문제 해결하기

중요

▸ 251002-0459

01 소수만큼 색칠하고, ○ 안에 >, <를 알맞게 써넣으세요.

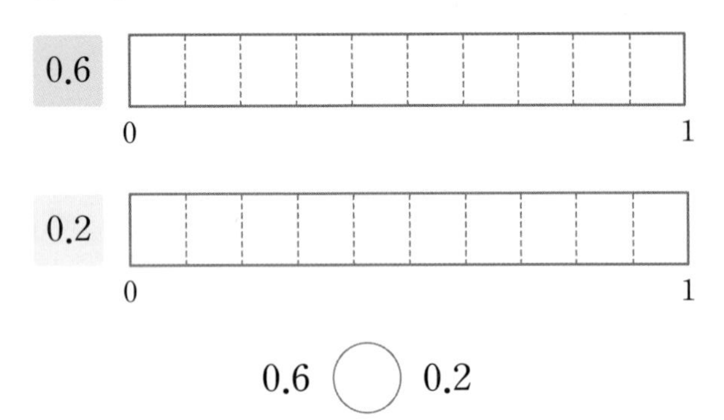

0.6 ○ 0.2

▸ 251002-0460

02 □ 안에 알맞은 수를 써넣으세요.

1.9는 0.1이 □개입니다.

3.2는 0.1이 □개입니다.

1.9와 3.2 중에서 더 큰 소수는 □입니다.

▸ 251002-0461

03 □ 안에 알맞은 수를 써넣고, ○ 안에 >, <를 알맞게 써넣으세요.

5.3은 0.1이 □개이고

4.7은 0.1이 □개입니다.

➡ 5.3 ○ 4.7

▸ 251002-0462

04 두 소수의 크기를 비교하여 ○ 안에 >, <를 알맞게 써넣으세요.

(1) 0.7 ○ 0.4

(2) 5.1 ○ 3.8

(3) 7.3 ○ 7.5

중요

▸ 251002-0463

05 가장 큰 수를 찾아 ○표 하세요.

0.1이 46개인 수	(　　　)
0.1이 29개인 수	(　　　)
7과 0.1만큼인 수	(　　　)

▸ 251002-0464

06 □ 안에 들어갈 수 있는 수를 모두 찾아 ○표 하세요.

(1) $0.6<0.\square$ (3 , 5 , 7)

(2) $3.3<3.\square$ (2 , 4 , 9)

▸ 251002-0465

07 4장의 수 카드 중 2장을 골라 한 번씩만 사용하여 소수 □.□를 만들려고 합니다. 만들 수 있는 가장 큰 소수를 써 보세요.

3　1　4　9

(　　　　　)

▸251002-0466

08 퀴즈 대회에서 희수는 0.3초 만에 정답 버튼을 눌렀고 정희는 0.8초 만에 정답 버튼을 눌렀습니다. 정답 버튼을 더 빨리 누른 사람은 누구일까요?

( )

▸251002-0467

09 학교에서 거리가 먼 곳부터 순서대로 써 보세요.

- 도서관과 학교 사이의 거리는 0.6 km입니다.
- 수영장과 학교 사이의 거리는 2.1 km입니다.
- 경찰서와 학교 사이의 거리는 1.5 km입니다.

( )

도전

▸251002-0468

10 1부터 9까지의 수 중에서 □ 안에 공통으로 들어갈 수 있는 수를 모두 써 보세요.

1.5<1.□
2.8>2.□

( )

도움말 1.5<1.□에서 □ 안에 들어갈 수 있는 수를 구하고, 2.8>2.□에서 □ 안에 들어갈 수 있는 수를 구한 후 공통인 수를 알아봅니다.

문제해결 접근하기

▸251002-0469

11 어느 날의 지역별 기온입니다. 기온이 가장 높은 지역과 기온이 가장 낮은 지역을 각각 써 보세요.

지역	기온	지역	기온
청주	2.8도	서울	1.9도
대구	4.4도	울릉도	4.9도

이해하기

구하려는 것은 무엇인가요?

답

계획 세우기

어떤 방법으로 문제를 해결하면 좋을까요?

답

해결하기

(1) 가장 큰 소수와 가장 작은 소수를 써 보세요.

답

(2) 기온이 가장 높은 지역과 가장 낮은 지역은 각각 어디일까요?

답

되돌아보기

어느 날 세 지역에 1시간 동안 내린 비의 양입니다. 비가 가장 많이 온 지역을 써 보세요.

지역	비의 양
청주	2.3 mm
대구	1.5 mm
부산	3.7 mm

답

단원평가로 완성하기

▸ 251002-0470

01 똑같이 나누어진 도형을 찾아 ○표 하세요.

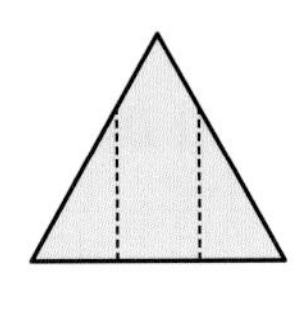 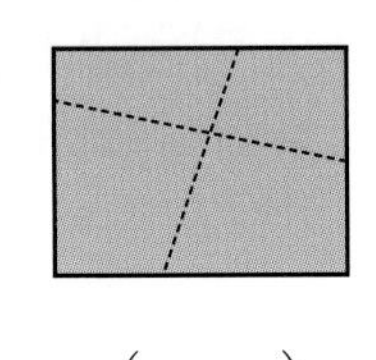 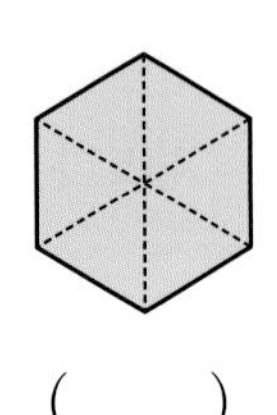

( ) ( ) ( )

▸ 251002-0471

02 색칠한 부분이 전체의 $\frac{1}{3}$을 나타낸 것을 모두 찾아 기호를 써 보세요.

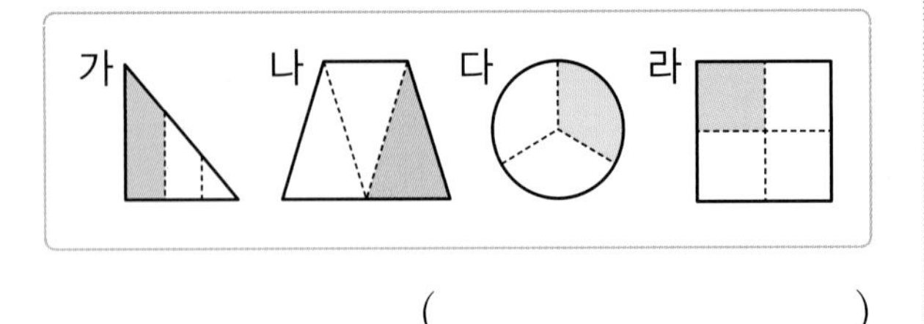

( )

▸ 251002-0472

03 색칠한 부분을 분수로 나타내 보세요.

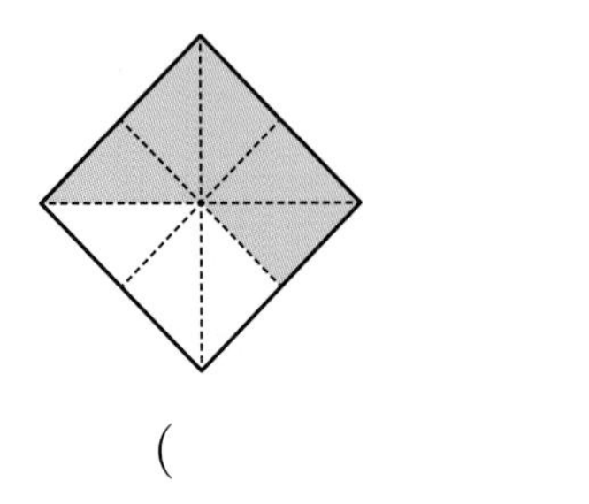

( )

중요

▸ 251002-0473

04 색칠하지 않은 부분을 분수로 바르게 쓰고 읽은 사람의 이름을 써 보세요.

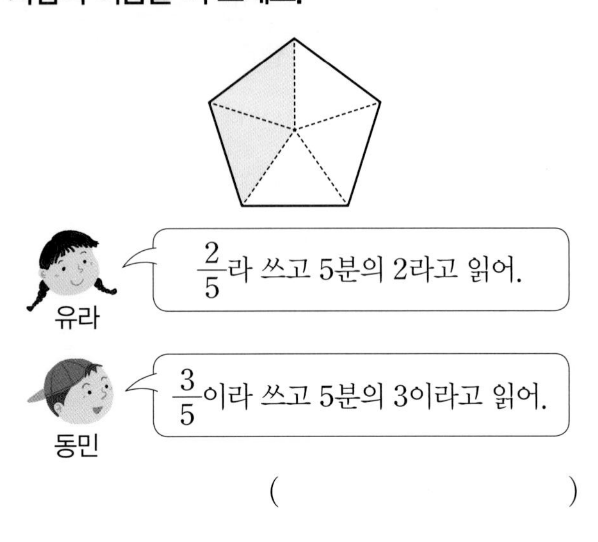

유라
$\frac{2}{5}$라 쓰고 5분의 2라고 읽어.
동민
$\frac{3}{5}$이라 쓰고 5분의 3이라고 읽어.

( )

▸ 251002-0474

05 진수의 설명이 맞는지 ○표 하고, 이유를 써 보세요.

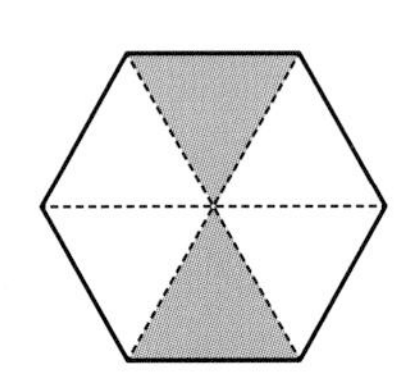

색칠한 부분은 2이고
색칠하지 않은 부분은 4이므로
색칠한 부분을 분수로 나타내면 $\frac{2}{4}$야.

진수의 설명은 (맞습니다 , 맞지 않습니다).

이유 ______

서술형

▸ 251002-0475

06 서하네 집에서 학교까지의 거리는 $\frac{6}{7}$ km이고, 도서관까지의 거리는 $\frac{4}{7}$ km입니다. 학교와 도서관 중 서하네 집에서 더 가까운 곳은 어디인지 풀이 과정을 쓰고 답을 구해 보세요.

풀이

(1) $\frac{6}{7}$은 $\frac{1}{7}$이 (　　　　)개이고,
$\frac{4}{7}$는 $\frac{1}{7}$이 (　　　　)개이므로
$\frac{6}{7}$은 $\frac{4}{7}$보다 (큽니다 , 작습니다).

(2) 학교와 도서관 중 서하네 집에서 더 가까운 곳은 (　　　　)입니다.

답 ______________

▸ 251002-0476

07 큰 분수부터 순서대로 써 보세요.

$\frac{1}{9}$　$\frac{6}{9}$　$\frac{3}{9}$　$\frac{8}{9}$

(　　　　　　　　　　)

▸ 251002-0477

08 관계있는 것끼리 이어 보세요.

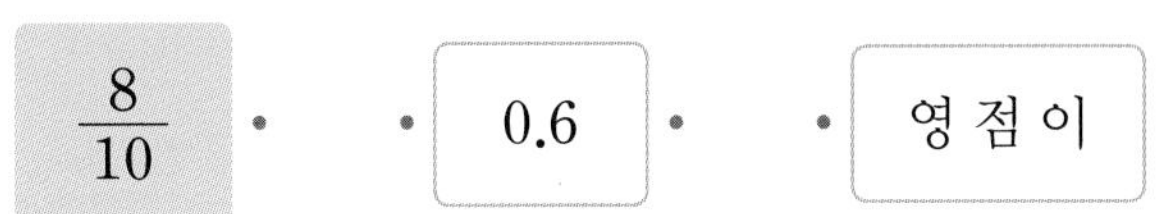

$\frac{8}{10}$ •	• 0.6 •	• 영 점 이
$\frac{6}{10}$ •	• 0.8 •	• 영 점 팔
$\frac{2}{10}$ •	• 0.2 •	• 영 점 육

▸ 251002-0478

09 색칠한 부분을 분수와 소수로 나타내 보세요.

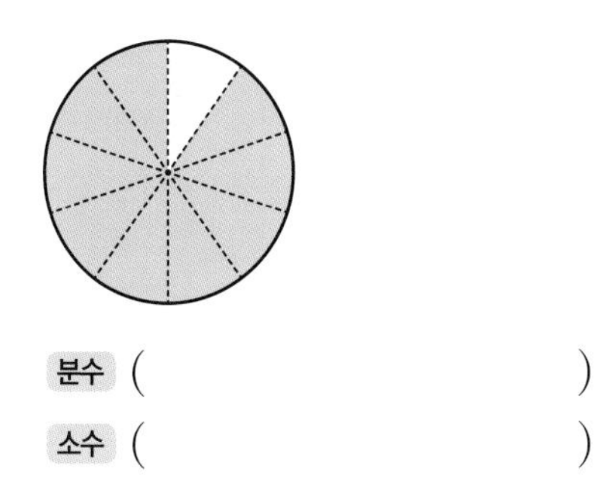

분수 (　　　　　　　　　　)

소수 (　　　　　　　　　　)

▸ 251002-0479

10 텃밭의 0.4만큼에 상추를 심고, 0.6만큼에 호박을 심었습니다. 상추와 호박 중 어느 것을 심은 텃밭이 더 넓을까요?

(　　　　　　　　　　)

▸ 251002-0480

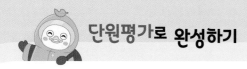

11 □ 안에 알맞은 소수를 써넣으세요.

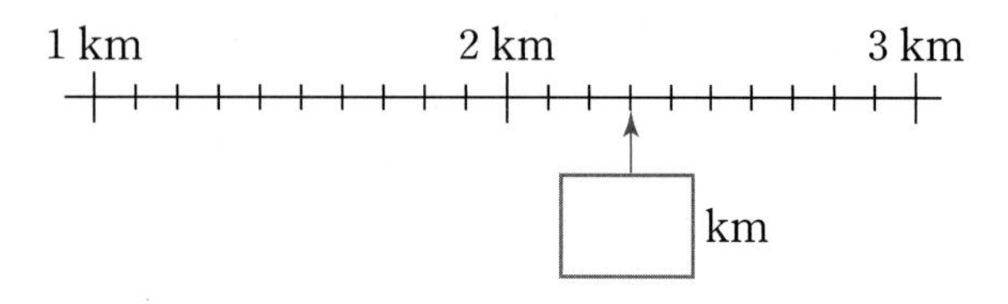

▸ 251002-0481

12 ㉠과 ㉡에 알맞은 수를 구해 보세요.

- 0.1이 ㉠개면 1.3입니다.
- 4.8은 0.1이 ㉡개입니다.

㉠ (　　　　　　)
㉡ (　　　　　　)

▸ 251002-0482

13 두 수의 크기를 비교하여 ○ 안에 >, <를 알맞게 써넣으세요.

(1) $\frac{9}{10}$ ○ 0.6

(2) 1.2 ○ 3.5

▸ 251002-0483

14 다음을 만족하는 분수를 구해 보세요.

- 단위분수입니다.
- $\frac{1}{6}$보다 크고 $\frac{1}{4}$보다 작습니다.

(　　　　　　)

중요

▸ 251002-0484

15 부분을 보고 전체를 그려 보세요.

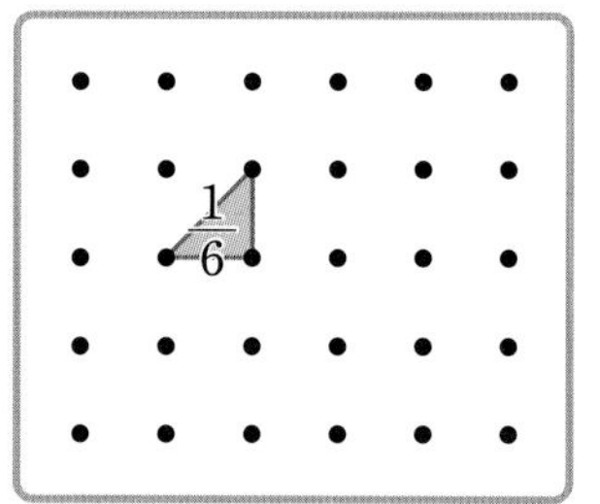

▸ 251002-0485

16 50 m 달리기 기록입니다. 기록이 빠른 선수부터 순서대로 이름을 써 보세요.

이름	기록
김하늘	9.3초
이샛별	8.9초
정하람	7.9초

( )

▸ 251002-0486

17 길이가 긴 것부터 순서대로 기호를 써 보세요.

㉠ 62 mm
㉡ 6.4 cm
㉢ 5 cm 6 mm

( )

▸ 251002-0487

18 종이꽃을 만드는 데 끈을 지원이는 $\frac{1}{10}$ m, 영서는 $\frac{1}{15}$ m, 혜정이는 0.3 m 사용하였습니다. 끈을 많이 사용한 사람부터 순서대로 이름을 써 보세요.

( )

▸ 251002-0488

19 2부터 9까지의 수 중에서 □ 안에 들어갈 수 있는 수는 모두 몇 개일까요?

$$\frac{1}{7} < \frac{1}{\square} < \frac{1}{3}$$

( )

도전

▸ 251002-0489

20 6장의 수 카드 중에서 2장을 골라 한 번씩만 사용하여 소수 □.□를 만들려고 합니다. 만들 수 있는 가장 큰 소수와 가장 작은 소수를 써 보세요.

3 2 7 4 6 9

가장 큰 소수 ( )
가장 작은 소수 ( )

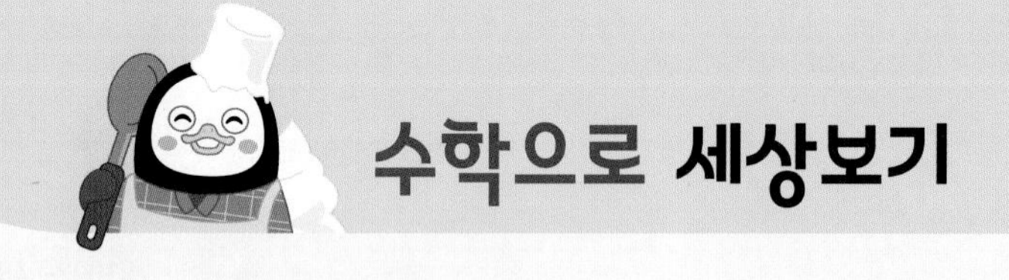

옛날 사람들도 분수와 소수를 사용했을까요?

1 고대 이집트 사람들도 분수를 사용했어요.

린드 파피루스에 보면 고대 이집트 사람들도 분수를 사용했다는 기록이 남아 있어요.

화폐가 없었던 시절에 돈 대신 빵을 월급으로 받았거든요. 그런데 빵 3개를 4명이 똑같이 나누어 먹으려면 빵을 쪼개야 공평하게 나눌 수 있지요. 지금처럼 1보다 작은 양을 나타내는 수로 분수를 사용했어요.

이 분수는 지금 사용하는 분수의 모습과는 상당히 달라요.

예를 들어 $\frac{1}{3}$은 로 나타냈어요. 동그라미는 입을 가리키고 막대는 손가락을 가리켜서 입은 1인데 손가락은 3이니까 $\frac{1}{3}$이지요. 또 그림처럼 $\frac{2}{3}$를 제외하고는 단위분수를 사용했어요.

$\frac{1}{2}$	$\frac{1}{3}$	$\frac{1}{4}$	$\frac{1}{5}$	$\frac{1}{6}$
$\frac{1}{7}$	$\frac{1}{8}$	$\frac{1}{9}$	$\frac{1}{10}$	$\frac{2}{3}$

2 분수 계산이 복잡해서 소수를 발명했어요.

네덜란드 수학자 스테빈은 돈 계산을 하려니 분수로는 너무 복잡했어요. 그래서 좀 더 편리하게 계산을 하기 위해서 모든 분수를 분모가 10, 100, 1000인 분수로 고쳤어요. 그리고 분모를 없애고 소수점을 찍고 자릿수를 쓰는 방법을 찾아냈어요.

예를 들어 $\frac{5}{10}$라면 분모를 없애고 5 앞에 ⓞ을 찍고 소수 첫째 자리 수를 나타내는 ①을 써서 0ⓞ5①로 나타냈지요.

현재처럼 소수점을 찍어 표현하는 것은 영국의 수학자 네이피어에 의해서 0.5로 나타내게 되었어요.

이렇게 계산이 편리한 소수는 키를 잴 때, 무게를 잴 때, 들이를 나타낼 때 등 여러 경우에 사용하게 되었고 세계 여러 나라의 화폐와 측정 단위를 통일하는 데 크게 기여를 하였습니다.

BOOK 1

개념책

BOOK 1 개념책으로 **학습 개념**을
확실하게 공부했나요?

BOOK 2

실전책

BOOK 2 실전책에는 **요점 정리**가
있어서 **공부한 내용을 복습**할 수 있어요!
단원평가가 들어 있어
내 실력을 확인해 볼 수 있답니다.

EBS

인터넷·모바일·TV
무료 강의 제공

초 | 등 | 부 | 터 EBS

수학 3-1

예습, 복습, 숙제까지 해결되는
교과서 완전 학습서

BOOK 2
실전책

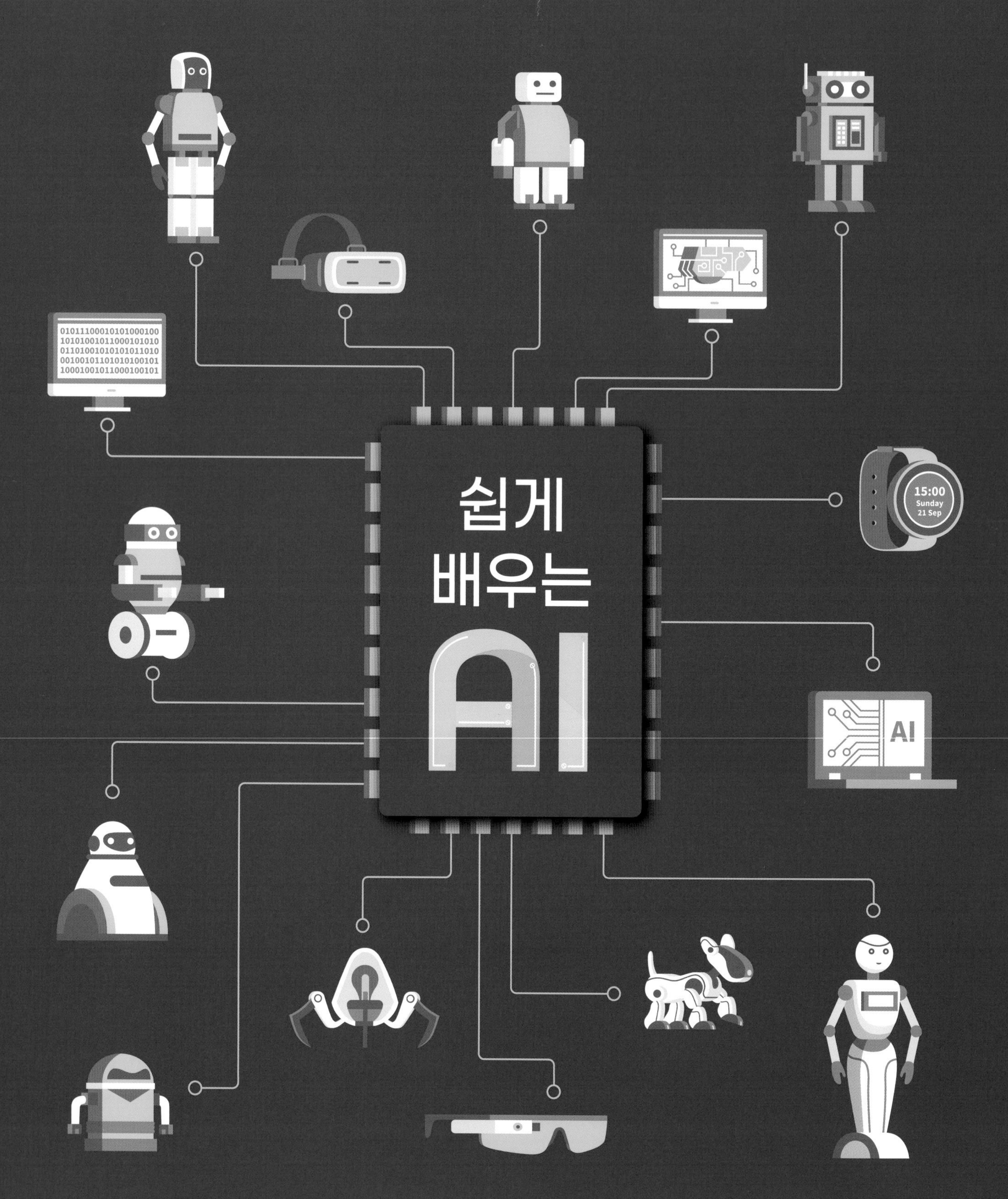
쉽게
배우는
AI
15:00
Sunday
21 Sep
AI

만점왕

BOOK 2 실전책

수학 3-1

자기주도 활용 방법

시험 2주 전 공부

핵심을 복습하기

시험이 2주 남았네요. 이럴 땐 먼저 핵심을 복습해 보면 좋아요.

만점왕 북2 실전책을 펴 보면

각 단원별로 핵심 정리와 쪽지 시험이 있습니다.

정리된 핵심을 읽고 쪽지 시험을 풀어 보세요.

문제가 어렵게 느껴지거나 자신 없는 부분이 있다면

북1 개념책을 찾아서 다시 읽어 보는 것도 도움이 돼요.

시험 1주 전 공부

시간을 정해 두고 연습하기

앗, 이제 시험이 일주일 밖에 남지 않았네요.

시험 직전에는 실제 시험처럼 시간을 정해 두고 문제를 푸는 연습을 하는 게 좋아요.

그러면 시험을 볼 때에 떨리는 마음이 줄어드니까요.

이때에는 **만점왕 북2의 학교 시험 만점왕**을 풀어 보면 돼요.

시험 시간에 맞게 풀어 본 후 맞힌 개수를 세어 보면

자신의 실력을 알아볼 수 있답니다.

이 책의 차례

BOOK 2
실전책

1 덧셈과 뺄셈 4

2 평면도형 14

3 나눗셈 24

4 곱셈 34

5 길이와 시간 44

6 분수와 소수 54

■ 받아올림이 없는 세 자리 수의 덧셈

• 213＋126의 계산

213을 210으로, 126을 130으로 어림하여 계산하면 약 210＋130＝340입니다.

$$\begin{array}{r} 2\ 1\ 3 \\ +\ 1\ 2\ 6 \\ \hline \end{array} \Rightarrow \begin{array}{r} 2\ 1\ 3 \\ +\ 1\ 2\ 6 \\ \hline 3\ 3\ 9 \end{array}$$

■ 받아올림이 한 번 있는 세 자리 수의 덧셈

• 269＋317의 계산

269를 270으로, 317을 320으로 어림하여 계산하면 약 270＋320＝590입니다.

$$\begin{array}{r} 2\ 6\ 9 \\ +\ 3\ 1\ 7 \\ \hline \end{array} \Rightarrow \begin{array}{r} {\scriptstyle 1}\ \\ 2\ 6\ 9 \\ +\ 3\ 1\ 7 \\ \hline 5\ 8\ 6 \end{array}$$

■ 받아올림이 두 번 있는 세 자리 수의 덧셈

• 362＋459의 계산

362를 360으로, 459를 460으로 어림하여 계산하면 약 360＋460＝820입니다.

$$\begin{array}{r} 3\ 6\ 2 \\ +\ 4\ 5\ 9 \\ \hline \end{array} \Rightarrow \begin{array}{r} {\scriptstyle 1}\ {\scriptstyle 1}\ \\ 3\ 6\ 2 \\ +\ 4\ 5\ 9 \\ \hline 8\ 2\ 1 \end{array}$$

■ 받아올림이 세 번 있는 세 자리 수의 덧셈

• 478＋753의 계산

478을 480으로, 753을 750으로 어림하여 계산하면 약 480＋750＝1230입니다.

$$\begin{array}{r} 4\ 7\ 8 \\ +\ 7\ 5\ 3 \\ \hline \end{array} \Rightarrow \begin{array}{r} {\scriptstyle 1}\ {\scriptstyle 1}\ \\ 4\ 7\ 8 \\ +\ 7\ 5\ 3 \\ \hline 1\ 2\ 3\ 1 \end{array}$$

같은 자리의 수끼리의 합이 10이거나 10보다 크면 바로 윗자리로 받아올림하여 계산합니다.

■ 받아내림이 없는 세 자리 수의 뺄셈

• 389－213의 계산

389를 390으로, 213을 210으로 어림하여 계산하면 약 390－210＝180입니다.

$$\begin{array}{r} 3\ 8\ 9 \\ -\ 2\ 1\ 3 \\ \hline \end{array} \Rightarrow \begin{array}{r} 3\ 8\ 9 \\ -\ 2\ 1\ 3 \\ \hline 1\ 7\ 6 \end{array}$$

■ 받아내림이 한 번 있는 세 자리 수의 뺄셈

• 354－137의 계산

354를 350으로, 137을 140으로 어림하여 계산하면 약 350－140＝210입니다.

$$\begin{array}{r} 3\ 5\ 4 \\ -\ 1\ 3\ 7 \\ \hline \end{array} \Rightarrow \begin{array}{r} {\scriptstyle 4}\ {\scriptstyle 10} \\ 3\ \cancel{5}\ 4 \\ -\ 1\ 3\ 7 \\ \hline 2\ 1\ 7 \end{array}$$

일의 자리의 수끼리 뺄 수 없으면 십의 자리에서 받아내림하여 계산합니다.

■ 받아내림이 두 번 있는 세 자리 수의 뺄셈

• 423－168의 계산

423을 420으로, 168을 170으로 어림하여 계산하면 약 420－170＝250입니다.

$$\begin{array}{r} 4\ 2\ 3 \\ -\ 1\ 6\ 8 \\ \hline \end{array} \Rightarrow \begin{array}{r} {\scriptstyle 3}\ {\scriptstyle 11}\ {\scriptstyle 10} \\ \cancel{4}\ \cancel{2}\ 3 \\ -\ 1\ 6\ 8 \\ \hline 2\ 5\ 5 \end{array}$$

같은 자리의 수끼리 뺄 수 없으면 바로 윗자리에서 받아내림하여 계산합니다.

쪽지 시험

정답과 풀이 52쪽

▸251002-0490

01 135+241을 다음과 같은 방법으로 계산하여 □ 안에 알맞은 수를 써넣으세요.

백의 자리, 십의 자리, 일의 자리끼리 더합니다.

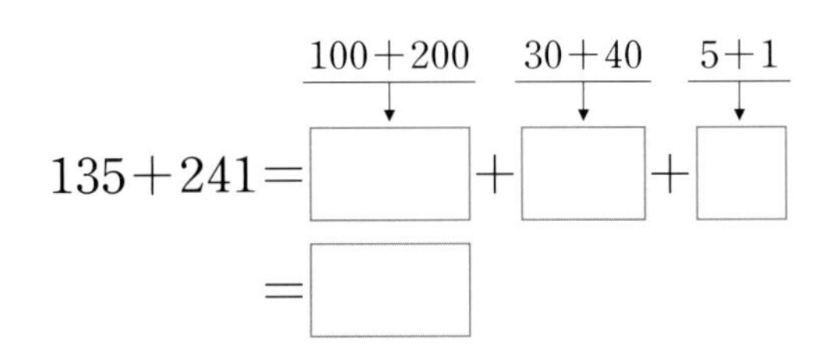

▸251002-0491

02 오른쪽 덧셈식에서 □ 안의 수 1이 실제로 나타내는 수는 얼마일까요?

(　　　　　　)

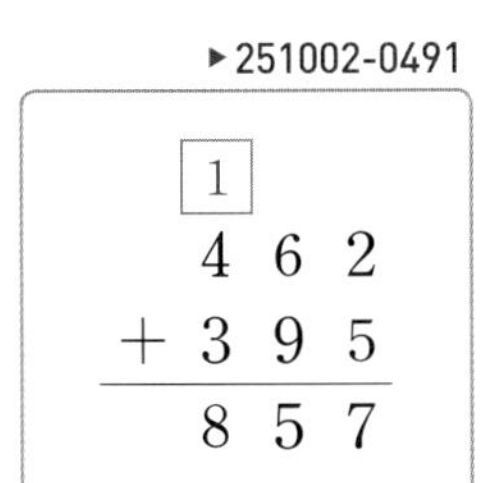

▸251002-0492

03 518+273을 몇백으로 어림한 값과 518+273을 계산한 값을 구해 보세요.

(1) 어림한 값: 약 (　　　　　　)

(2) 계산한 값: (　　　　　　)

▸251002-0493

04 계산해 보세요.

(1) $\begin{array}{r} 367 \\ +\ 278 \\ \hline \end{array}$　　(2) $\begin{array}{r} 595 \\ +\ 439 \\ \hline \end{array}$

▸251002-0494

05 빈칸에 알맞은 수를 써넣으세요.

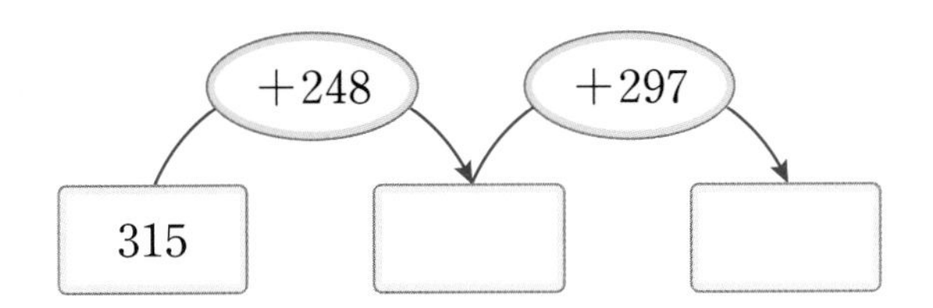

▸251002-0495

06 계산해 보세요.

(1) 765−342　　(2) 536−217

▸251002-0496

07 □ 안에 알맞은 수를 써넣으세요.

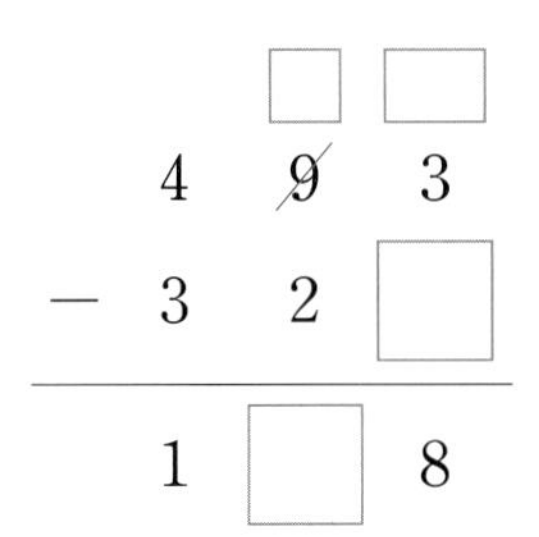

▸251002-0497

08 계산 결과를 비교하여 ○ 안에 >, =, <를 알맞게 써넣으세요.

712−358 ○ 700−345

▸251002-0498

09 두 수의 합과 차를 구해 보세요.

합 (　　　　　　)

차 (　　　　　　)

▸251002-0499

10 빈칸에 알맞은 수를 써넣으세요.

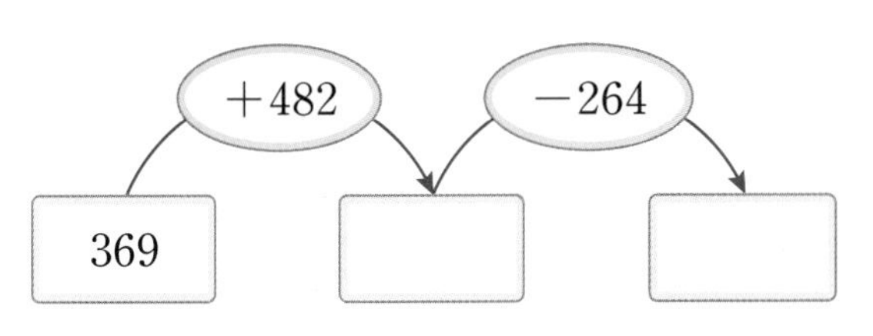

▸251002-0500

01 수 모형을 보고 □ 안에 알맞은 수를 써넣으세요.

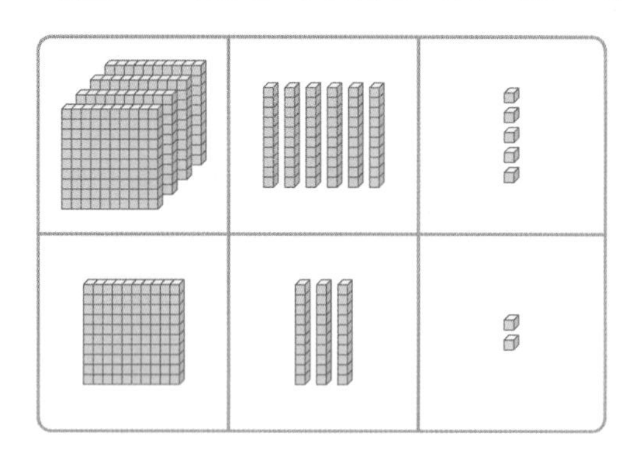

465＋132＝□

▸251002-0501

02 321＋458을 두 가지 방법으로 계산해 보세요.

방법 1

방법 2

▸251002-0502

03 469＋384를 몇백 몇십으로 어림한 값과 469＋384를 계산한 값을 구해 보세요.

(1) 어림한 값: 약 (　　　　)

(2) 계산한 값: (　　　　)

▸251002-0503

04 계산해 보세요.

(1)
$$\begin{array}{r} 3\ 5\ 2 \\ +\ 5\ 1\ 9 \\ \hline \end{array}$$

(2)
$$\begin{array}{r} 2\ 9\ 4 \\ +\ 3\ 8\ 5 \\ \hline \end{array}$$

▸251002-0504

05 바르게 계산한 사람은 누구일까요?

도윤
$$\begin{array}{r} 4\ 9\ 5 \\ +\ 1\ 0\ 7 \\ \hline 5\ 9\ 2 \end{array}$$

민준
$$\begin{array}{r} 6\ 3\ 1 \\ -\ 3\ 5\ 2 \\ \hline 2\ 7\ 9 \end{array}$$

(　　　　)

▸251002-0505

06 식물원의 방문객이 어제는 293명, 오늘은 317명입니다. 이틀 동안 식물원의 방문객은 모두 몇 명일까요?

(　　　　)

▸251002-0506

07 ㉠과 ㉡에 알맞은 수를 구해 보세요.

$$\begin{array}{r} 8\ 3\ ㉠ \\ +\ ㉡\ 9\ 4 \\ \hline 1\ 4\ 3\ 1 \end{array}$$

㉠ (　　　　)

㉡ (　　　　)

▸ 251002-0507

08 기호 ♥에 대하여 ■♥● = ■ + ● + 178이라 고 약속할 때 다음을 계산해 보세요.

(　　　　　　　　)

▸ 251002-0508

09 성훈이가 집에서 학교와 공원을 거쳐 우체국까지 갔습니다. 성훈이가 간 거리는 모두 몇 m일까요?

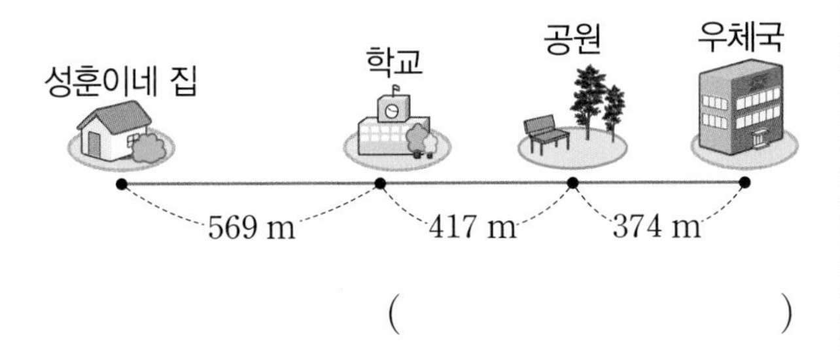

(　　　　　　　　)

▸ 251002-0509

10 빈칸에 알맞은 수를 써넣으세요.

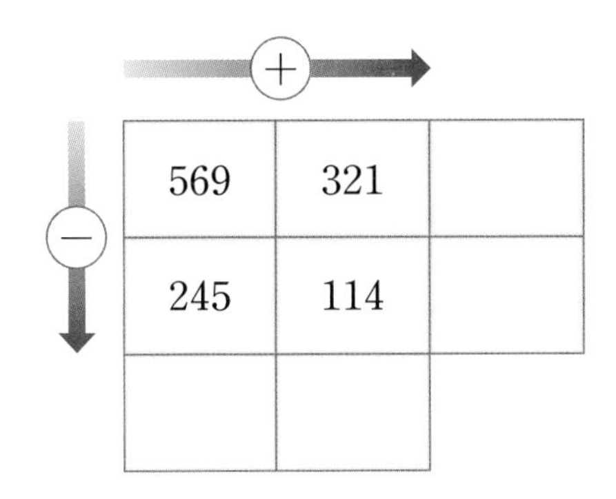

▸ 251002-0510

11 뺄셈식에서 □ 안의 수 14가 실제로 나타내는 수는 얼마일까요?

$$\begin{array}{r} 3\ \boxed{14}\ 10 \\ \not{4}\ \not{5}\ 1 \\ -\ 2\ 8\ 9 \\ \hline 1\ 6\ 2 \end{array}$$

(　　　　　　　　)

▸ 251002-0511

12 계산 결과를 찾아 이어 보세요.

(1) 648 − 321 •　　　　• ㉠ 317

(2) 563 − 246 •　　　　• ㉡ 327

(3) 715 − 387 •　　　　• ㉢ 328

▸ 251002-0512

13 다음 수보다 485만큼 더 작은 수를 구해 보세요.

100이 8개, 10이 1개, 1이 2개인 수

(　　　　　　　　)

▸ 251002-0513

14 다음 수 중에서 두 수를 골라 차가 가장 작은 뺄셈식을 만들고 계산해 보세요.

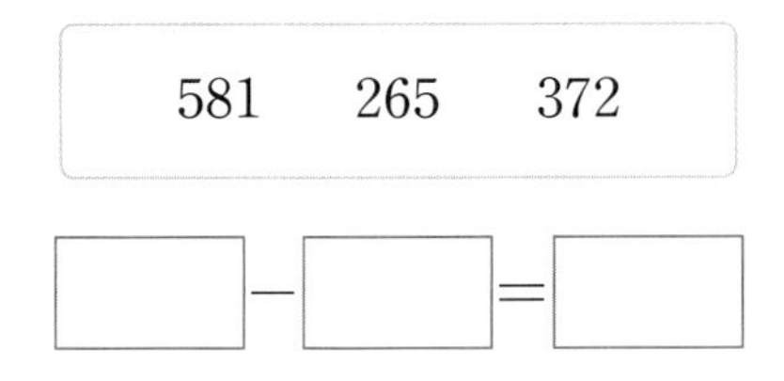

▸ 251002-0514

15 예나와 선호는 4장의 수 카드 중에서 3장을 골라 한 번씩만 사용하여 세 자리 수를 만들려고 합니다. 예나와 선호가 만든 두 수의 차를 구해 보세요.

2　4　7　9

예나: 나는 백의 자리 숫자가 9인 가장 큰 수를 만들 거야.

선호: 난 백의 자리 숫자가 4인 가장 작은 수를 만들 거야.

(　　　　　　　　)

▸ 251002-0515

16 떡 가게에서 찹쌀떡을 오전에 356개 만들고, 오후에 285개 만들었습니다. 그중에서 463개를 팔았다면 남은 찹쌀떡은 몇 개일까요?

(　　　　　　　　)

서술형

▸ 251002-0516

17 혜인이와 수진이의 줄넘기 기록입니다. 두 사람이 어제와 오늘 넘은 줄넘기 기록의 합이 같을 때 혜인이가 오늘 넘은 줄넘기는 몇 번인지 풀이 과정을 쓰고 답을 구해 보세요.

	혜인	수진
어제	198번	236번
오늘		215번

풀이

답

▸ 251002-0517

18 그림과 같이 길이가 186 cm인 색 테이프 3장을 81 cm씩 겹치게 이어 붙였습니다. 이어 붙인 색 테이프의 전체 길이는 몇 cm일까요?

186 cm　186 cm　186 cm

81 cm　81 cm

(　　　　　　　　)

서술형

▸ 251002-0518

19 정빈이네 학교 도서관에서 책이 어제는 354권 대출되었고, 오늘은 어제보다 115권 더 적게 대출되었습니다. 도서관에서 어제와 오늘 대출된 책은 모두 몇 권인지 풀이 과정을 쓰고 답을 구해 보세요.

풀이

답

▸ 251002-0519

20 다음과 같이 세 자리 수인 두 수의 합은 872입니다. 두 수 중에서 더 작은 수를 구해 보세요.

$$\begin{array}{r} \square\,\square\,4 \\ +\ 4\ 9\,\square \\ \hline 8\ 7\ 2 \end{array}$$

(　　　　　　　　)

학교 시험 만점왕 2회

정답과 풀이 53쪽

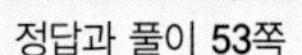

1. 덧셈과 뺄셈

▸ 251002-0520

01 수 모형을 보고 □ 안에 알맞은 수를 써넣으세요.

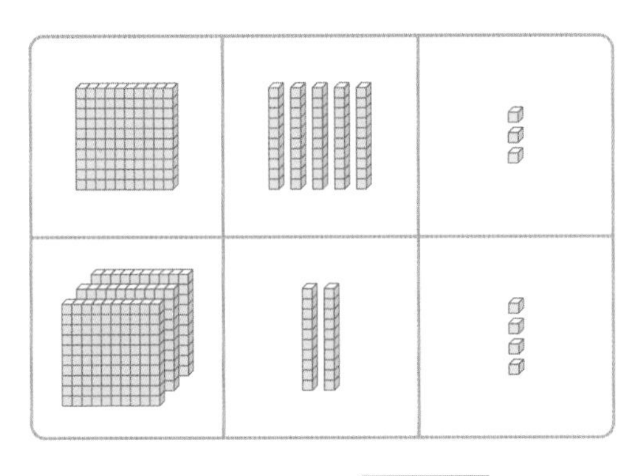

153＋324＝□

▸ 251002-0521

02 계산해 보세요.

(1) 357＋239　　　(2) 285＋453

▸ 251002-0522

03 **476＋359**를 몇백 몇십으로 어림한 값과 **476＋359**를 계산한 값을 구해 보세요.

(1) 어림한 값: 약 (　　　　　)

(2) 계산한 값: (　　　　　)

▸ 251002-0523

04 삼각형 안에 있는 수의 합을 구해 보세요.

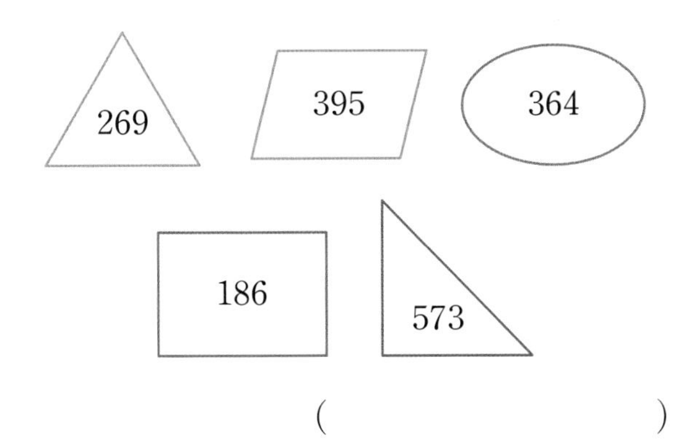

(　　　　　)

▸ 251002-0524

05 잘못 계산한 곳을 찾아 이유를 쓰고, 바르게 계산해 보세요.

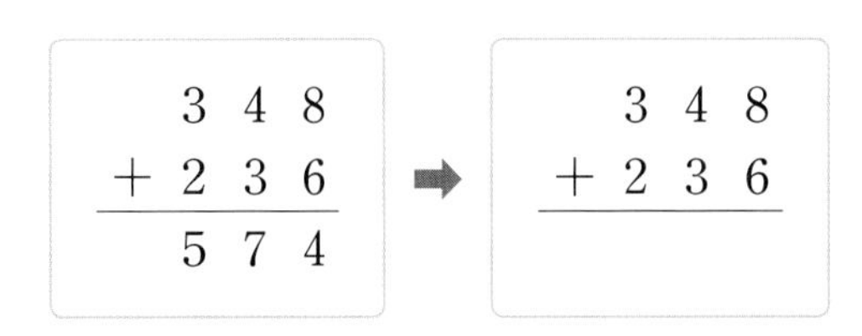

이유 ______________________

▸ 251002-0525

06 합이 가장 크게 되는 두 수의 합을 구해 보세요.

647	275	354	198

(　　　　　)

▸ 251002-0526

07 서윤이와 태섭이는 각자 가지고 있는 수 카드를 한 번씩만 사용하여 세 자리 수를 만들려고 합니다. 서윤이는 가장 작은 수를, 태섭이는 가장 큰 수를 만들었을 때 두 사람이 만든 수의 합을 구해 보세요.

(　　　　　)

▸ 251002-0527

08 빈칸에 알맞은 수를 써넣으세요.

(−)

427	214	
659	527	

▸ 251002-0528

09 ㉠과 ㉡이 나타내는 두 수의 합과 차를 구해 보세요.

㉠ 100이 4개, 10이 9개, 1이 5개인 수
㉡ 100이 6개, 10이 3개, 1이 8개인 수

합 (　　　　　　)
차 (　　　　　　)

▸ 251002-0529

10 계룡산은 내장산보다 몇 m 더 높을까요?

계룡산의 높이 847 m

내장산의 높이 763 m

(　　　　　　)

▸ 251002-0530

11 바르게 계산한 것은 어느 것일까요? (　　)

① $357+481=738$
② $428+653=1071$
③ $562-246=326$
④ $934-597=347$
⑤ $813-395=418$

▸ 251002-0531

12 계산 결과가 작은 것부터 순서대로 기호를 써 보세요.

㉠ $254+237$
㉡ $635-141$
㉢ $721-219$

(　　　　　　)

▸ 251002-0532

13 빵집에서 하루 동안 팔린 빵의 수입니다. 가장 많이 팔린 빵과 가장 적게 팔린 빵의 수의 차는 몇 개일까요?

단팥빵	소시지빵	크림빵
286개	379개	413개

(　　　　　　)

▸ 251002-0533

14 종이에 세 자리 수를 써놓았는데 한 장이 찢어져서 백의 자리 숫자만 보입니다. 두 수의 합이 934일 때 두 수의 차를 구해 보세요.

389　　5

(　　　　　　)

▸ 251002-0534

15 두 수의 차가 500에 가장 가까운 뺄셈식을 만들고 계산해 보세요.

839	441	938	543

$\square - \square = \square$

▸ 251002-0535

16 □ 안에 알맞은 수를 써넣으세요.

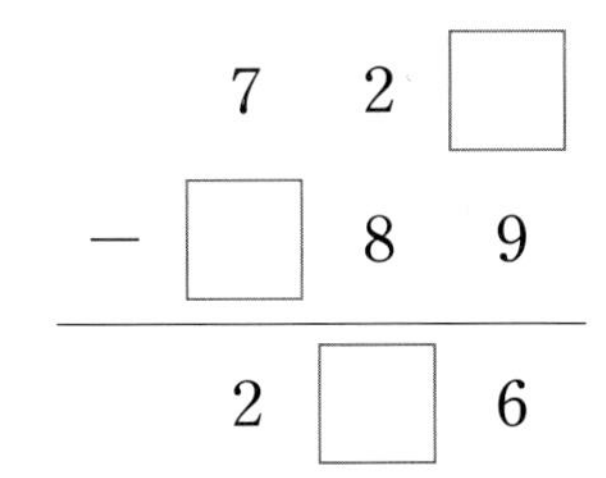

서술형

▸ 251002-0536

17 길이가 4 m인 파란색 리본과 452 cm인 보라색 리본을 136 cm만큼 겹치게 이어 붙였습니다. 이어 붙인 리본의 전체 길이는 몇 cm인지 풀이 과정을 쓰고 답을 구해 보세요.

풀이

답

▸ 251002-0537

18 사탕 가게에서 사탕을 어제는 537개 팔았고, 오늘은 어제보다 128개 더 많이 팔았습니다. 이 사탕 가게에서 어제와 오늘 판 사탕은 모두 몇 개일까요?

( )

▸ 251002-0538

19 □ 안에 들어갈 수 있는 수 중에서 가장 큰 세 자리 수를 구해 보세요.

$194+387<926-\square$

( )

서술형

▸ 251002-0539

20 선우가 계산한 값은 얼마인지 풀이 과정을 쓰고 답을 구해 보세요.

윤재: 어떤 수에 258을 더했더니 872가 되었어.
선우: 그럼 나는 어떤 수에서 491을 빼 볼거야.

풀이

답

서술형·논술형 평가

▶ 251002-0540

01 잘못 계산한 곳을 찾아 이유를 쓰고, 바르게 계산해 보세요.

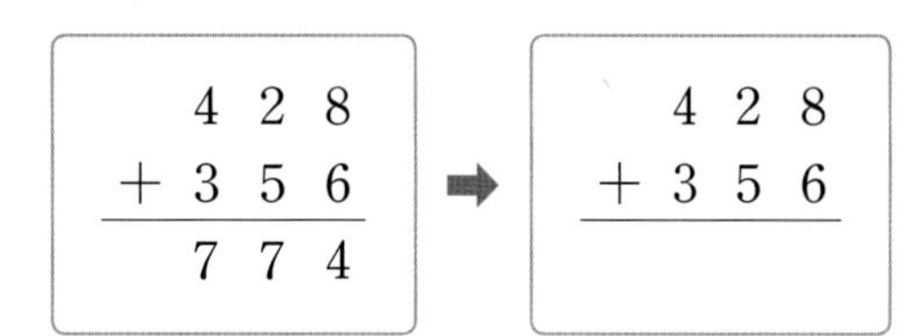

이유

▶ 251002-0541

02 보빈이와 제민이는 각자 가지고 있는 수 카드를 한 번씩만 사용하여 세 자리 수를 만들려고 합니다. 보빈이는 가장 큰 수를, 제민이는 가장 작은 수를 만들었을 때 두 사람이 만든 수의 합은 얼마인지 풀이 과정을 쓰고 답을 구해 보세요.

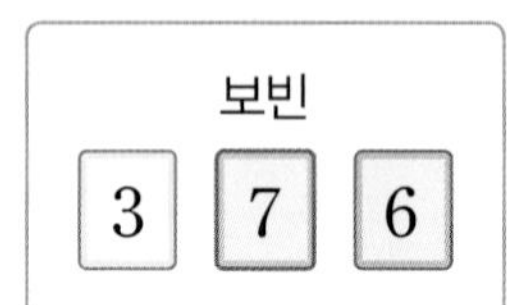

제민		
7	8	4

풀이

답

▶ 251002-0542

03 어떤 수에 286을 더해야 하는데 잘못하여 뺐더니 154가 되었습니다. 바르게 계산한 값은 얼마인지 풀이 과정을 쓰고 답을 구해 보세요.

풀이

답

▶ 251002-0543

04 지율이는 매일 저녁마다 줄넘기를 합니다. 오늘 저녁에는 176번을 하였고, 내일부터는 전날보다 108번씩 더 하려고 합니다. 줄넘기를 오늘부터 2일 후에는 몇 번 하게 되는지 풀이 과정을 쓰고 답을 구해 보세요.

풀이

답

▶ 251002-0544

05 $745-421$을 두 가지 방법으로 계산해 보세요.

방법 1

방법 2

▶ 251002-0545

06 그림과 같이 길이가 321 cm인 색 테이프 3장을 101 cm씩 겹치게 이어 붙였습니다. 이어 붙인 색 테이프의 전체 길이는 몇 cm인지 풀이 과정을 쓰고 답을 구해 보세요.

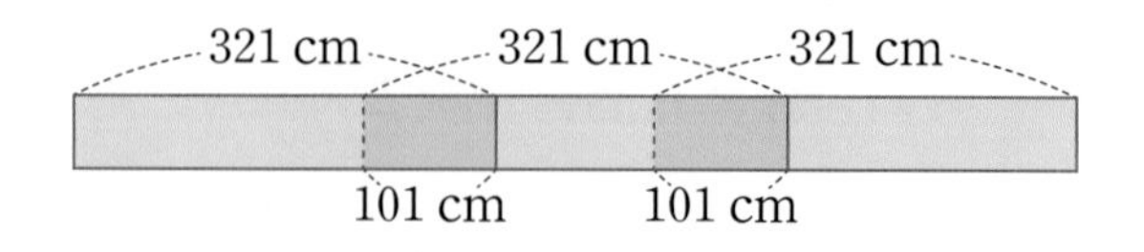

풀이

답

▸ 251002-0546

07 미경이네 집에서 학교까지의 거리는 몇 m인지 풀이 과정을 쓰고 답을 구해 보세요.

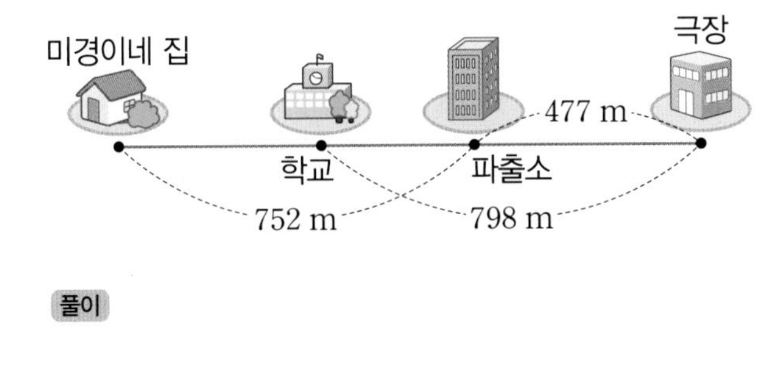

풀이

답

▸ 251002-0547

08 젤리 가게에서 감귤, 딸기, 포도 젤리를 만들어 팔고 있습니다. 다음은 만든 젤리의 수와 팔린 젤리의 수입니다. 가장 많이 남은 젤리의 수와 가장 적게 남은 젤리의 수의 차는 몇 개인지 풀이 과정을 쓰고 답을 구해 보세요.

	감귤	딸기	포도
만든 젤리의 수(개)	431	352	395
팔린 젤리의 수(개)	317	247	286

풀이

답

▸ 251002-0548

09 미술관에 513명의 관람객이 있었습니다. 그중 382명이 밖으로 나온 후 159명이 새로 들어갔습니다. 지금 미술관에 있는 관람객은 몇 명인지 풀이 과정을 쓰고 답을 구해 보세요.

풀이

답

▸ 251002-0549

10 종이에 세 자리 수를 써놓았는데 코코아를 쏟아서 일의 자리 숫자만 보입니다. 두 수의 합이 861일 때 두 수의 차는 얼마인지 풀이 과정을 쓰고 답을 구해 보세요.

485   6

풀이

답

■ 곧은 선과 굽은 선

- 곧은 선: 반듯하게 쭉 뻗은 선
- 굽은 선: 구부러지거나 휘어진 선

■ 선분, 반직선, 직선

- 선분: 두 점을 곧게 이은 선

ㄱ ㄴ 선분 ㄱㄴ 또는 선분 ㄴㄱ

- 반직선: 한 점에서 시작하여 한쪽으로 끝없이 늘인 곧은 선

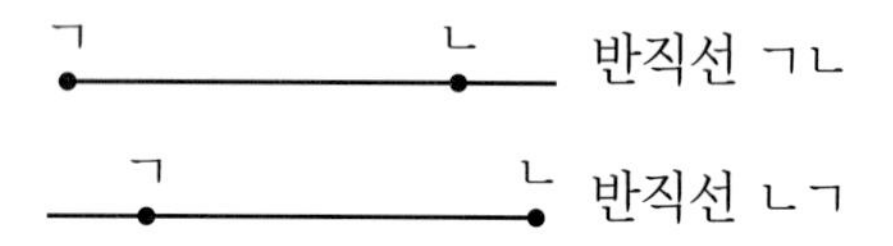

- 직선: 선분을 양쪽으로 끝없이 늘인 곧은 선

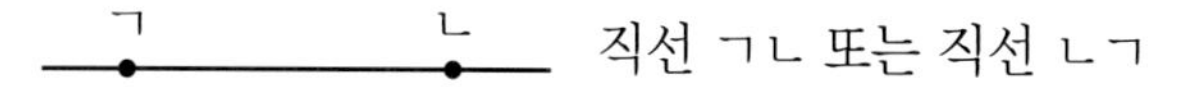

■ 각

- 각: 한 점에서 그은 두 반직선으로 이루어진 도형

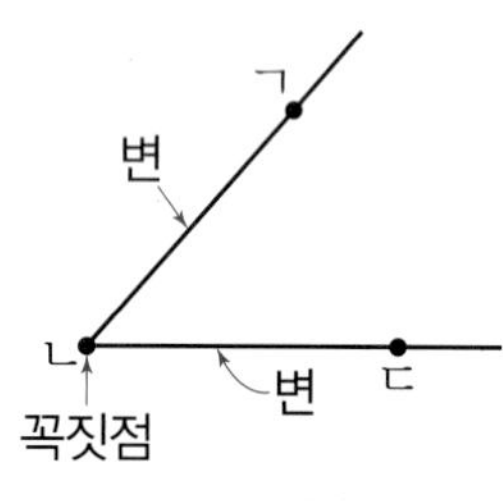

각의 꼭짓점	점 ㄴ
각의 변	변 ㄴㄱ, 변 ㄴㄷ
각의 이름	각 ㄱㄴㄷ 또는 각 ㄷㄴㄱ

- 각을 읽을 때는 꼭짓점이 가운데 오도록 읽습니다.

■ 직각

- 직각: 그림과 같이 종이를 반듯하게 두 번 접었을 때 생기는 각

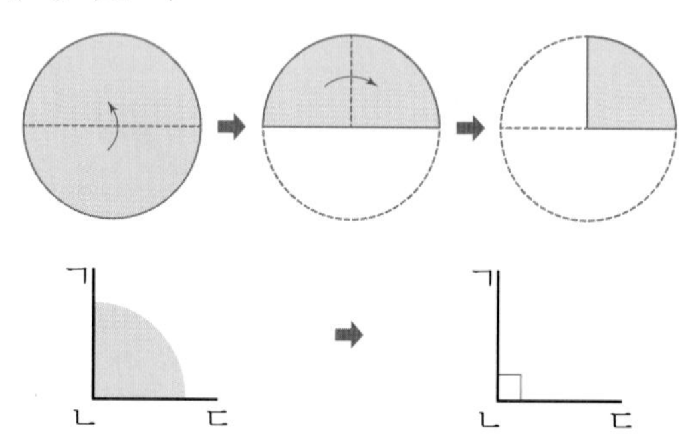

■ 직각삼각형

- 직각삼각형: 한 각이 직각인 삼각형

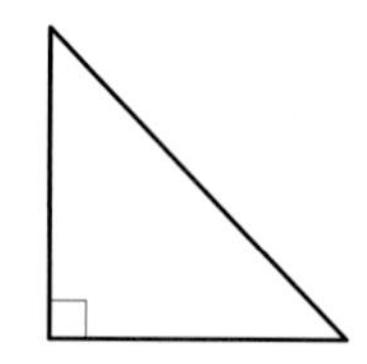
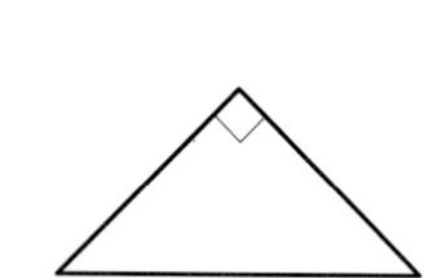

- 변과 꼭짓점이 각각 3개 있습니다.
- 각이 3개 있고 그중 한 각이 직각입니다.

■ 직사각형

- 직사각형: 네 각이 모두 직각인 사각형

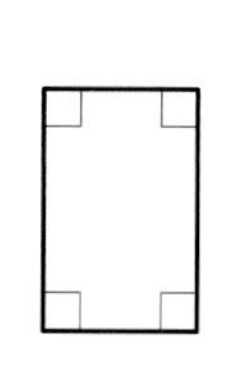
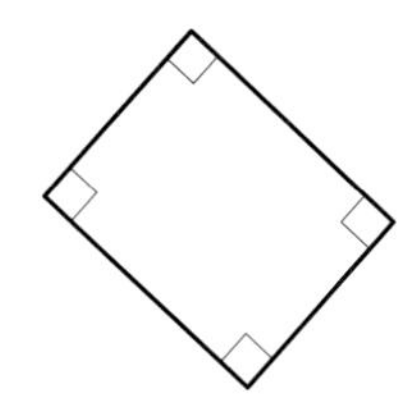

- 변과 꼭짓점이 각각 4개 있습니다.
- 각이 4개 있고, 모두 직각입니다.

> 직사각형은 네 각의 크기가 모두 같고 마주 보는 두 변의 길이가 같습니다.

■ 정사각형

- 정사각형: 네 각이 모두 직각이고 네 변의 길이가 모두 같은 사각형

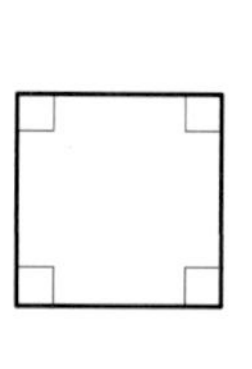
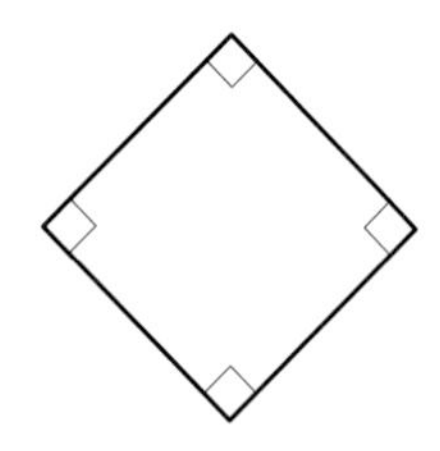

- 변이 4개 있고, 길이가 모두 같습니다.
- 꼭짓점이 4개 있습니다.
- 각이 4개 있고, 모두 직각입니다.

> 정사각형은 네 각이 모두 직각이므로 직사각형이라고 할 수 있습니다.

쪽지 시험

정답과 풀이 56쪽

▸ 251002-0550

01 곧은 선을 찾아 ○표 하세요.

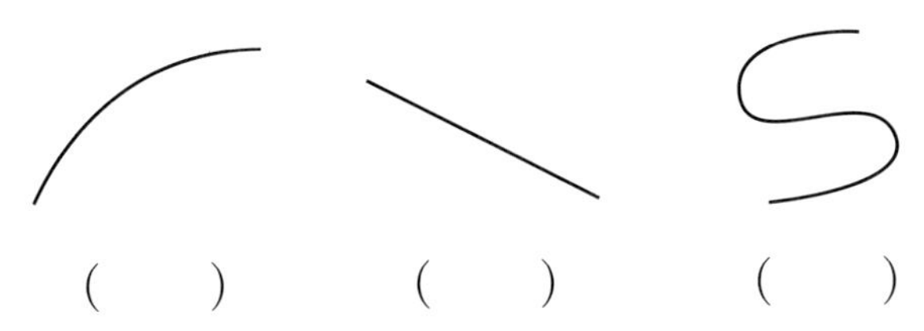

(　　)　(　　)　(　　)

[02~04] 도형의 이름을 써 보세요.

▸ 251002-0551

02

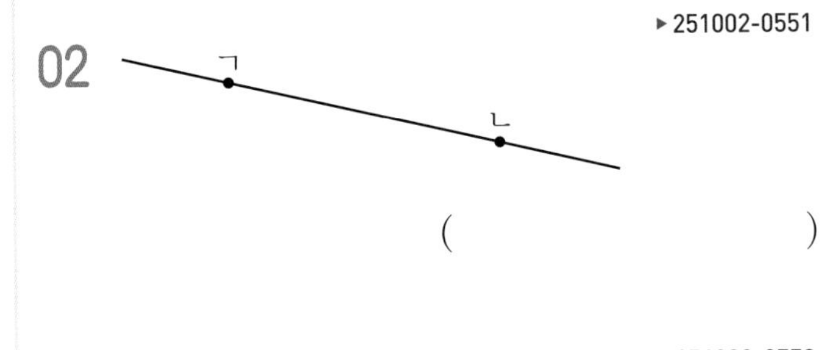

(　　　　　　　　)

▸ 251002-0552

03

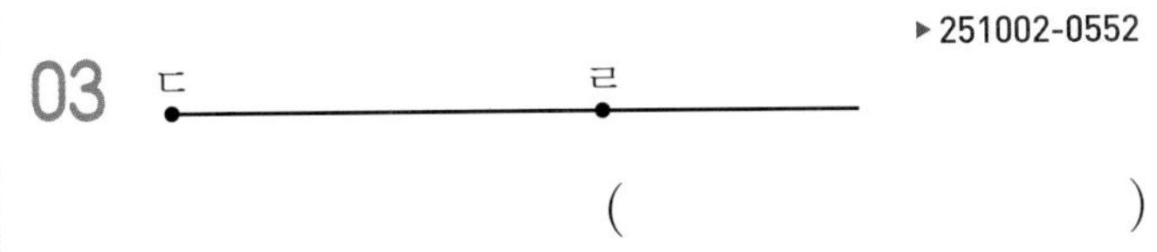

(　　　　　　　　)

▸ 251002-0553

04

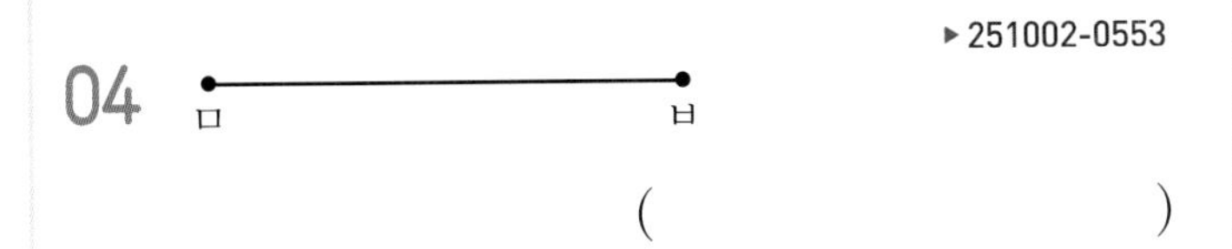

(　　　　　　　　)

▸ 251002-0554

05 각을 찾아 ○표 하세요.

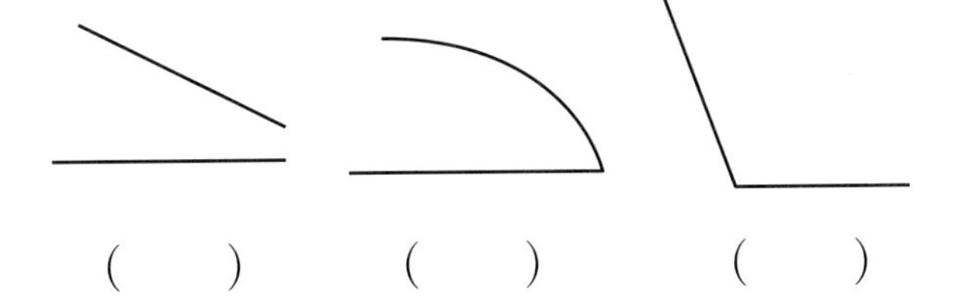

(　　)　(　　)　(　　)

▸ 251002-0555

06 각을 바르게 읽은 것을 찾아 ○표 하세요.

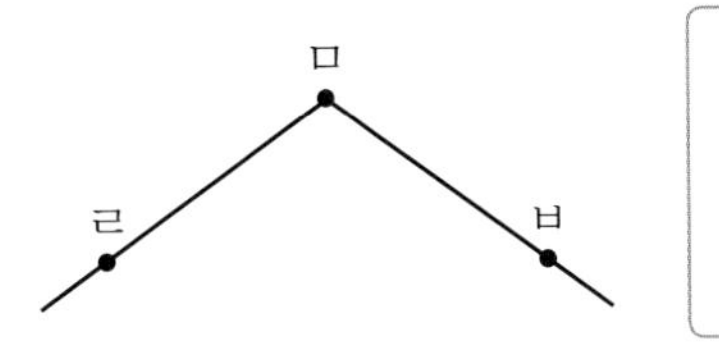

각 ㅂㄹㅁ
각 ㅂㅁㄹ
각 ㅁㅂㄹ

▸ 251002-0556

07 직각이 있는 도형을 모두 찾아 기호를 써 보세요.

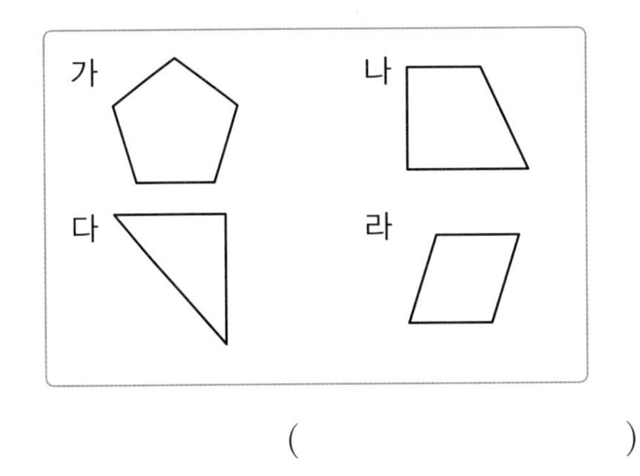

(　　　　　　　　)

▸ 251002-0557

08 다음과 같이 한 각이 직각인 삼각형의 이름을 써 보세요.

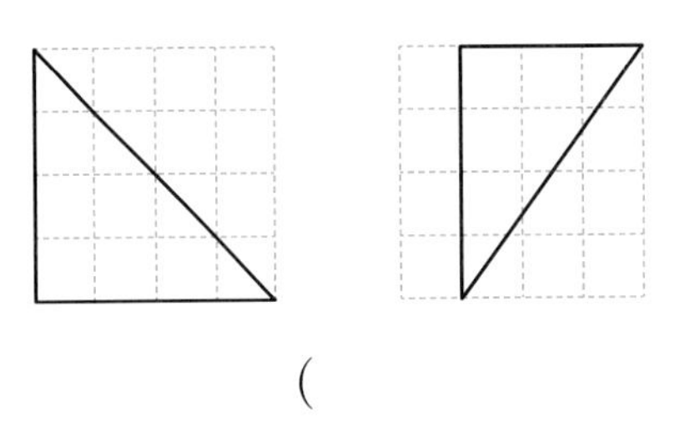

(　　　　　　　　)

▸ 251002-0558

09 직사각형을 찾아 기호를 써 보세요.

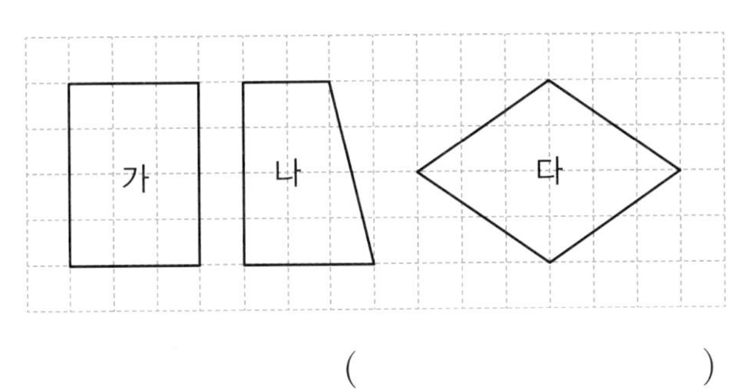

(　　　　　　　　)

▸ 251002-0559

10 다음과 같이 네 각이 모두 직각이고 네 변의 길이가 모두 같은 사각형의 이름을 써 보세요.

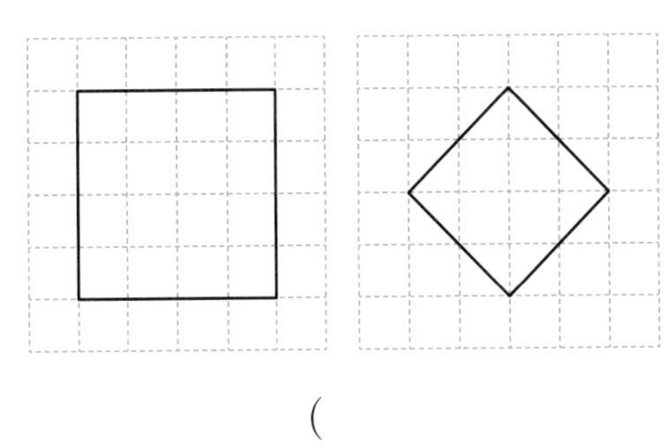

(　　　　　　　　)

학교 시험 만점왕 1회

2. 평면도형

▸ 251002-0560

01 반직선을 찾아 기호를 써 보세요.

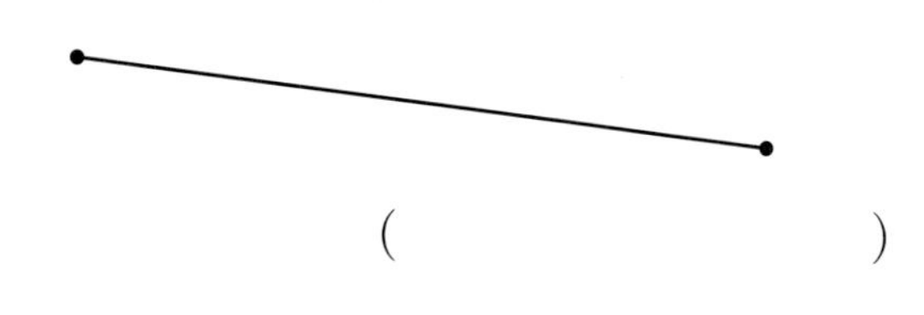

( )

▸ 251002-0561

02 도형의 이름을 써 보세요.

( )

▸ 251002-0562

03 직선은 어느 것일까요? ( )

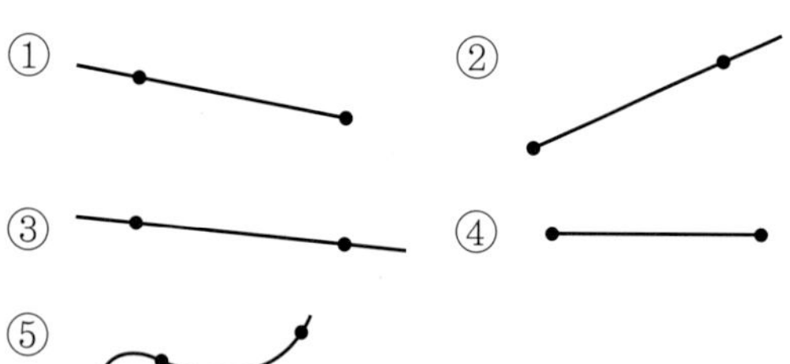

▸ 251002-0563

04 각 ㄹㅁㅂ을 바르게 그린 것을 찾아 ○표 하세요.

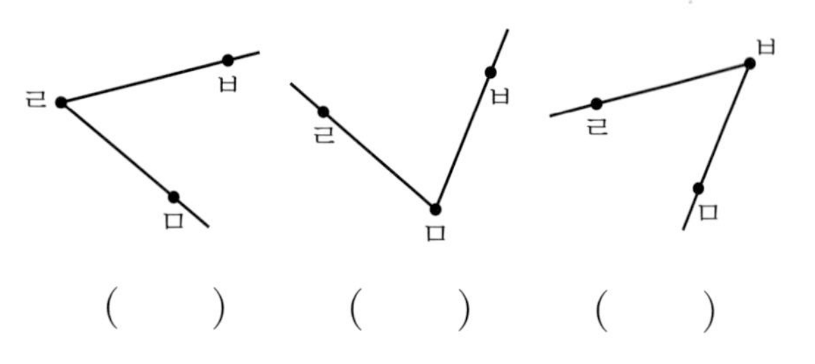

( ) ( ) ( )

▸ 251002-0564

05 도형에서 직각을 모두 찾아 ⌞ 로 표시해 보세요.

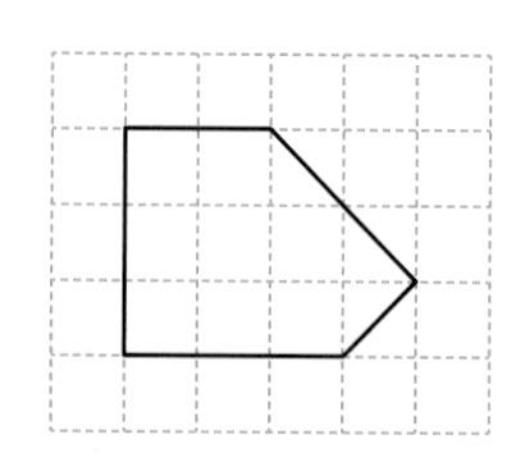

▸ 251002-0565

06 시계의 긴바늘과 짧은바늘이 이루는 작은 쪽의 각이 직각인 시각을 모두 고르세요. ( )

① 2시 ② 3시 ③ 6시
④ 7시 ⑤ 9시

▸ 251002-0566

07 주어진 선분을 한 변으로 하는 직각삼각형을 각각 그려 보세요.

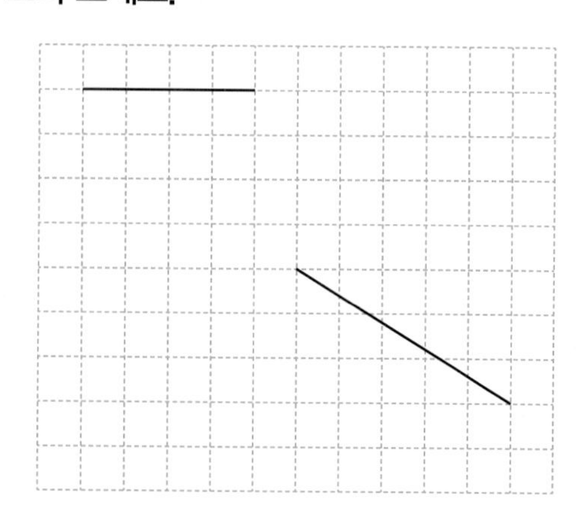

▸251002-0567

08 **직각삼각형을 모두 찾아 기호를 써 보세요.**

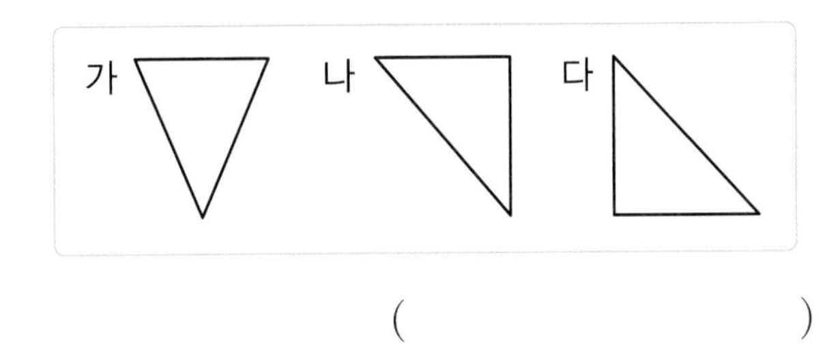

( )

▸251002-0568

09 **직사각형은 어느 것일까요?** ( )

① 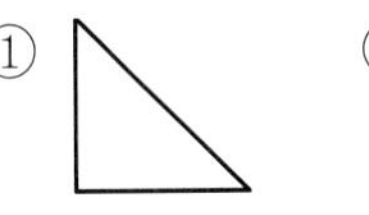 ② 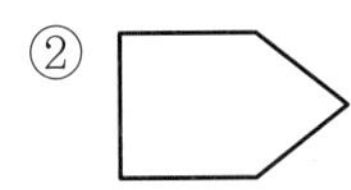 ③ 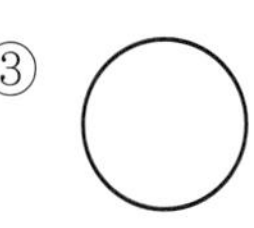

④ ⑤ 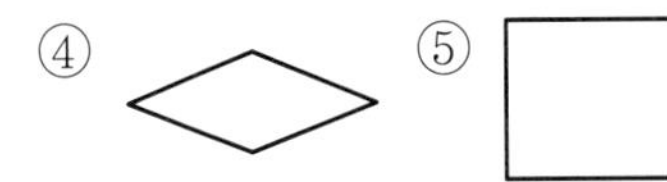

▸251002-0569

10 **옳은 설명을 찾아 기호를 써 보세요.**

㉠ 직사각형은 직각이 3개 있습니다.
㉡ 정사각형은 네 변의 길이가 모두 같습니다.
㉢ 직사각형은 정사각형이라고 말할 수 있습니다.

( )

▸251002-0570

11 **찾을 수 있는 직각은 모두 몇 개일까요?**

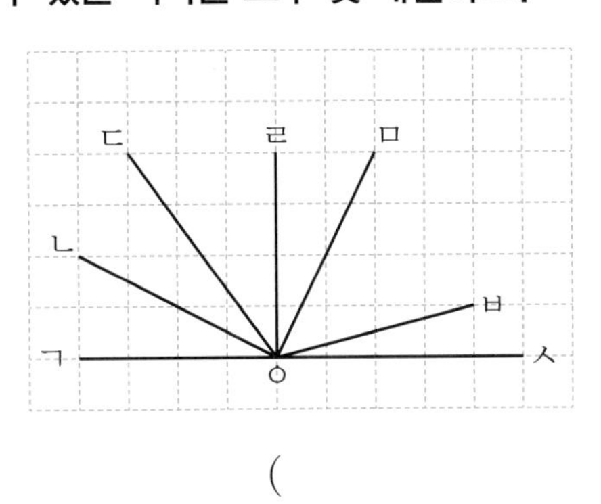

( )

▸251002-0571

12 **다음 설명에 알맞은 도형의 이름을 써 보세요.**

- 선분 4개로 둘러싸여 있습니다.
- 네 각이 모두 직각입니다.
- 이웃하는 두 변의 길이가 서로 다릅니다.

( )

▸251002-0572

13 **직사각형입니다. □ 안에 알맞은 수를 써넣으세요.**

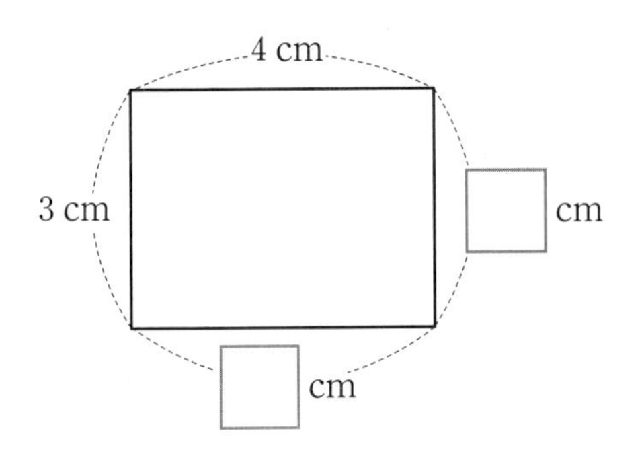

▸251002-0573

14 **그림과 같이 직사각형 모양의 종이를 접어 자른 후 펼치면 어떤 도형이 만들어질까요?**

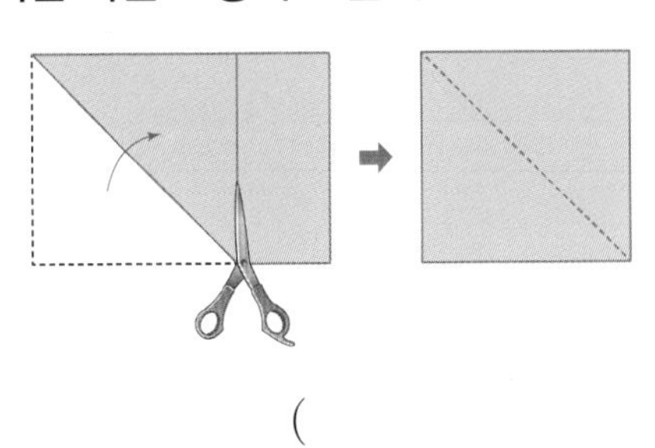

( )

서술형

▸ 251002-0574

15 점 5개를 이용하여 그을 수 있는 선분은 모두 몇 개인지 풀이 과정을 쓰고 답을 구해 보세요. (단, 선분 ㄱㄴ과 선분 ㄴㄱ은 선분 1개입니다.)

ㄱ ㅁ ㄴ ㄹ ㄷ

풀이

답

▸ 251002-0575

16 철사로 한 변의 길이가 4 cm인 정사각형 모양을 만들려고 합니다. 정사각형 모양 3개를 만들려면 필요한 철사의 길이는 몇 cm일까요?

(　　　　　　　　)

▸ 251002-0576

17 각 ㄱㄷㄴ이 직각인 직각삼각형을 그리려고 합니다. 점 ㄷ으로 알맞은 것은 어느 것일까요? (　　)

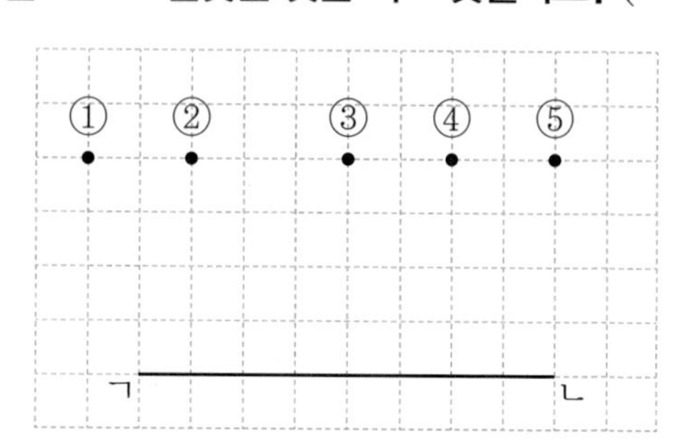

▸ 251002-0577

18 도형이 정사각형이 아닌 이유를 써 보세요.

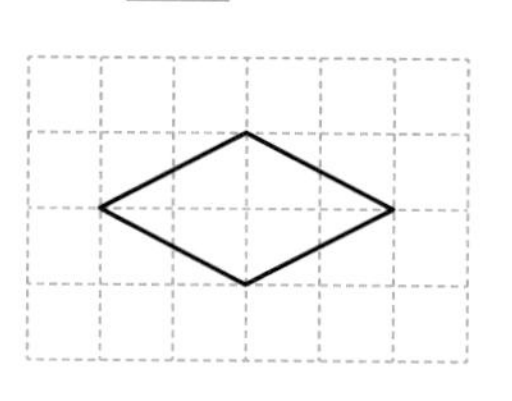

이유

서술형

▸ 251002-0578

19 크기가 같은 정사각형 3개를 겹치지 않게 이어 붙여 만든 직사각형입니다. 직사각형의 네 변의 길이의 합은 몇 cm인지 풀이 과정을 쓰고 답을 구해 보세요.

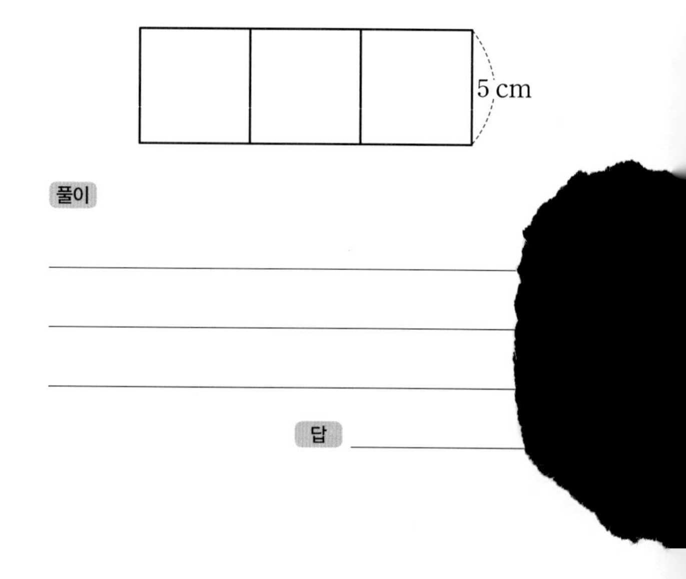

풀이

답

▸ 251002-0579

20 도형에서 찾을 수 있는 크고 작은 정사각형은 모두 몇 개일까요?

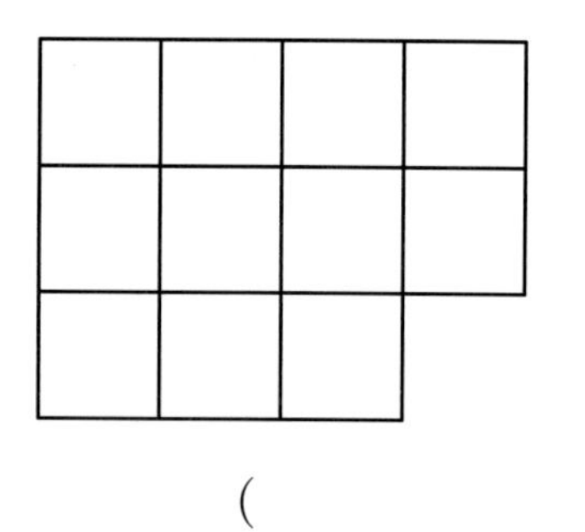

(　　　　　　　　)

학교 시험 만점왕 2회

정답과 풀이 58쪽

2. 평면도형

▶ 251002-0580

01 곧은 선이 아닌 것은 어느 것일까요? (　　)

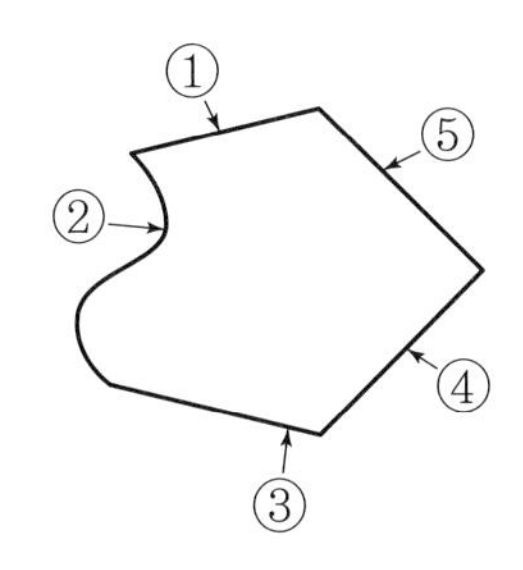

▶ 251002-0581

02 반직선 ㄱㄴ을 찾아 기호를 써 보세요.

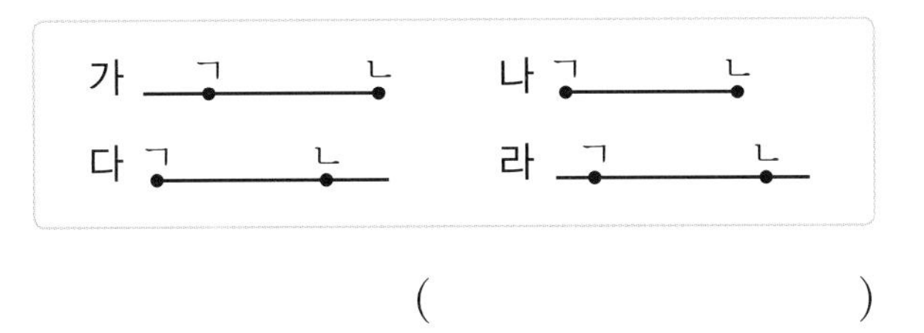

(　　　　　　　　)

▶ 251002-0582

03 선분, 반직선, 직선에 대해 바르게 설명한 사람을 찾아 이름을 써 보세요.

소민: 선분과 반직선은 모두 굽은 선으로 되어 있어.
선영: 선분은 양쪽에 끝이 있지만 반직선은 양쪽으로 끝없이 늘어나.
유리: 반직선은 한쪽으로 끝없이 늘어나지만 직선은 양쪽으로 끝없이 늘어나.

(　　　　　　　　)

▶ 251002-0583

04 각을 읽어 보세요.

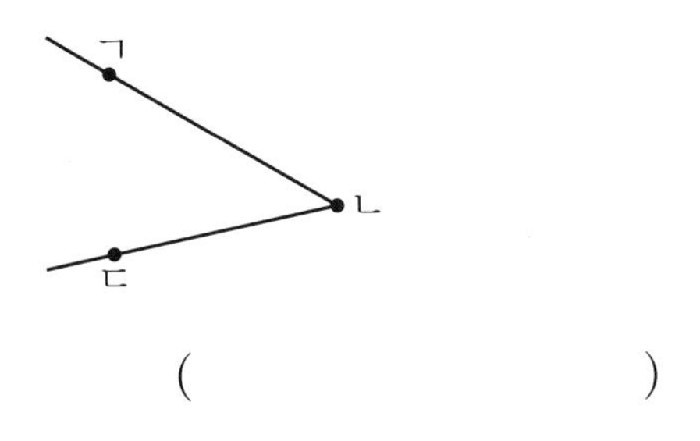

(　　　　　　　　)

▶ 251002-0584

05 도형을 보고 알맞은 말에 ○표 하고, □ 안에 알맞은 말을 써넣으세요.

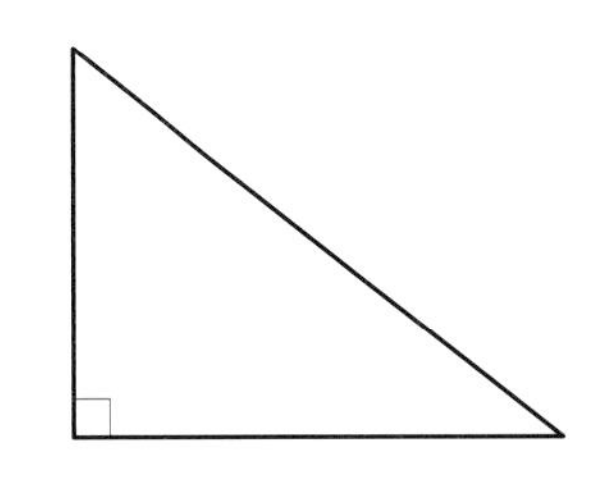

(한 , 두 , 세) 각이 직각인 삼각형을 □(이)라고 합니다.

▶ 251002-0585

06 직각삼각형을 모두 찾아 기호를 써 보세요.

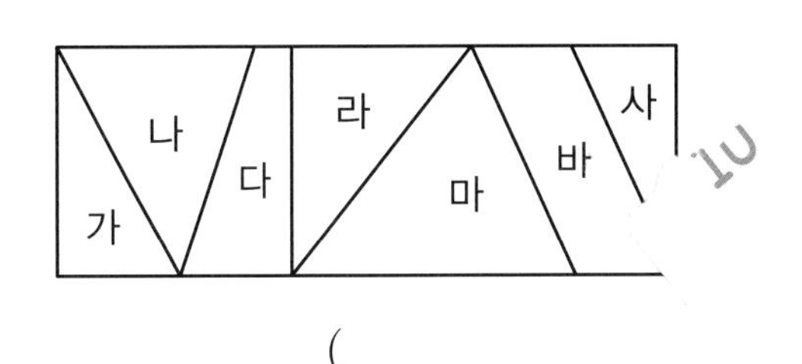

(　　　　　　　　)

▶ 251002-0586

07 도형에 선분이 몇 개 있을까요?

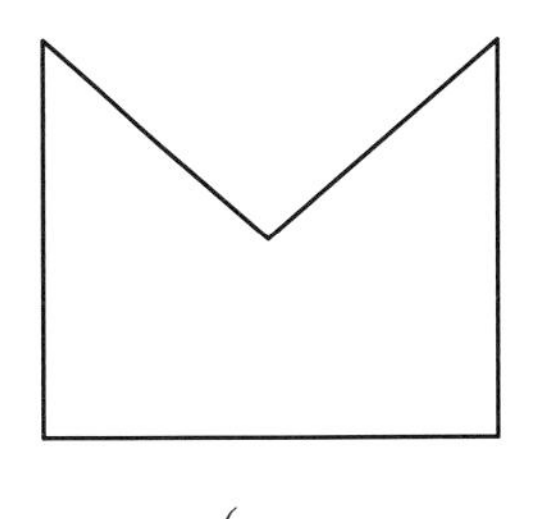

(　　　　　　　　)

▸251002-0587

08 직사각형을 모두 찾아 기호를 써 보세요.

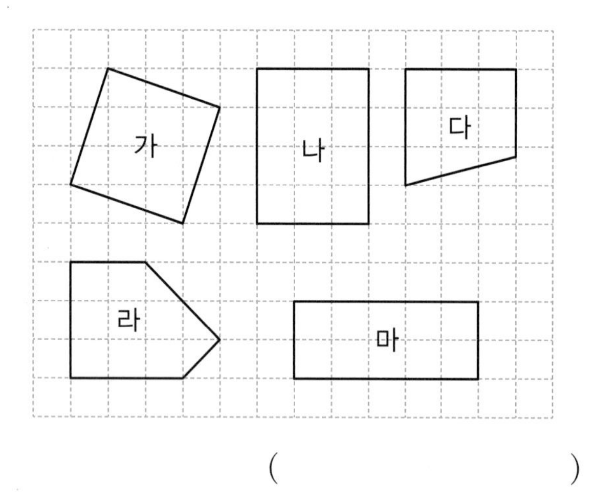

(　　　　　　　　)

▸251002-0588

09 직사각형에 대한 설명 중 옳지 않은 것은 어느 것일까요? (　　　)

① 꼭짓점이 4개입니다.
② 변이 4개입니다.
③ 네 각이 모두 직각입니다.
④ 마주 보는 두 변의 길이가 같습니다.
⑤ 네 변의 길이가 같습니다.

서술형

▸251002-0589

10 세 도형에 있는 선분은 모두 몇 개인지 풀이 과정을 쓰고 답을 구해 보세요.

가　　나　　다

풀이

답

▸251002-0590

11 시계가 다음과 같이 가리킬 때 알맞은 시각을 구해 보세요.

- 긴바늘이 12를 가리킵니다.
- 1시와 6시 사이의 시각입니다.
- 긴바늘과 짧은바늘이 이루는 작은 쪽의 각이 직각입니다.

(　　　　　　　　)

▸251002-0591

12 각의 수가 적은 도형부터 순서대로 기호를 써 보세요.

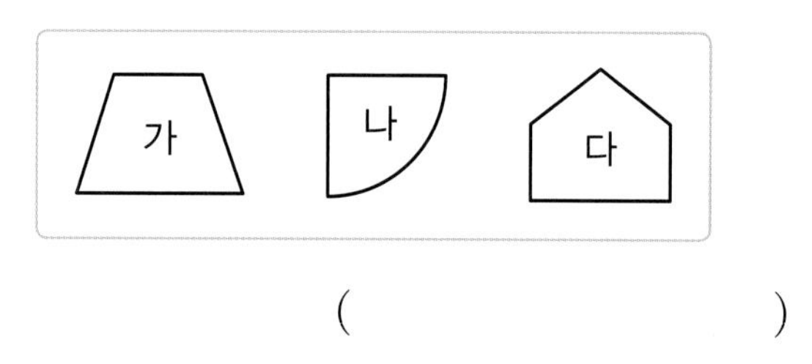

(　　　　　　　　)

▸251002-0592

13 다음 도형이 각이 아닌 이유를 써 보세요.

이유

▸251002-0593

14 직사각형입니다. □ 안에 알맞은 수를 써넣으세요.

13 cm
8 cm
□ cm

▸ 251002-0594

15 정사각형입니다. 네 변의 길이의 합은 몇 cm일까요?

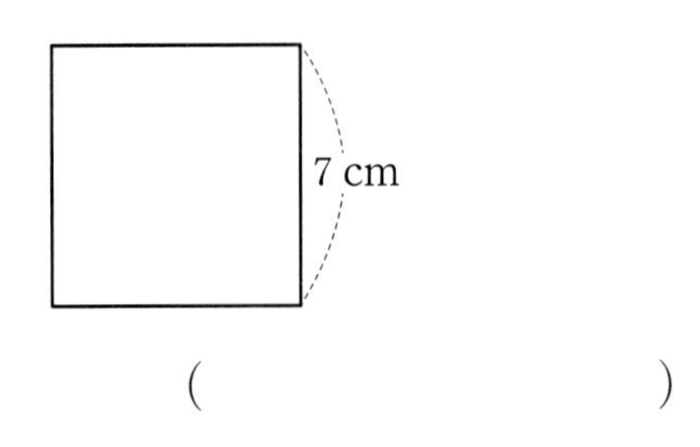

(　　　　　　　　　)

▸ 251002-0595

16 점 ㄷ을 옮겨 직각삼각형을 만들려고 합니다. 점 ㄷ을 어디로 옮겨야 할까요? (　　　)

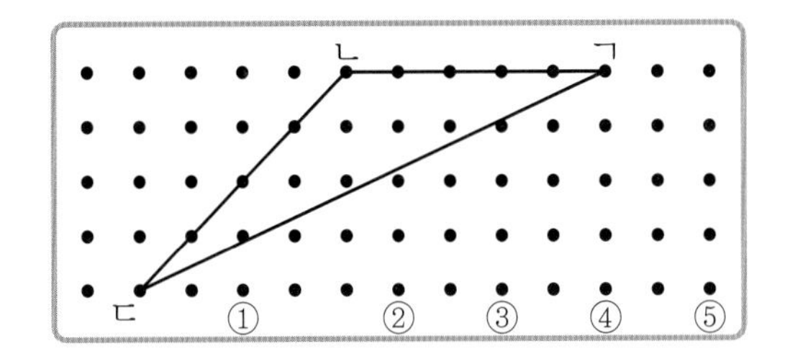

▸ 251002-0596

17 도형에 대해 잘못 설명한 사람을 찾아 이름을 쓰고, 바르게 고쳐 보세요.

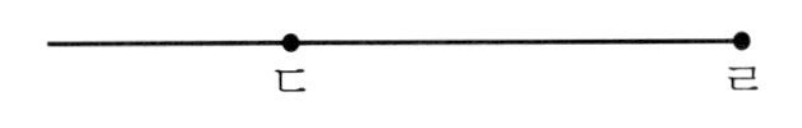

정우: 반직선이야.
시안: 선분을 한쪽으로 끝없이 늘인 곧은 선이야.
선호: 반직선 ㄷㄹ이라고 읽어.

잘못 설명한 사람 (　　　　　　　　　)

바르게 고치기 ____________________

____

▸ 251002-0597

18 그림과 같이 직사각형 모양의 종이를 접은 후 가위로 잘라 사각형 2개를 만들었습니다. 두 사각형의 네 변의 길이의 합은 각각 몇 cm일까요?

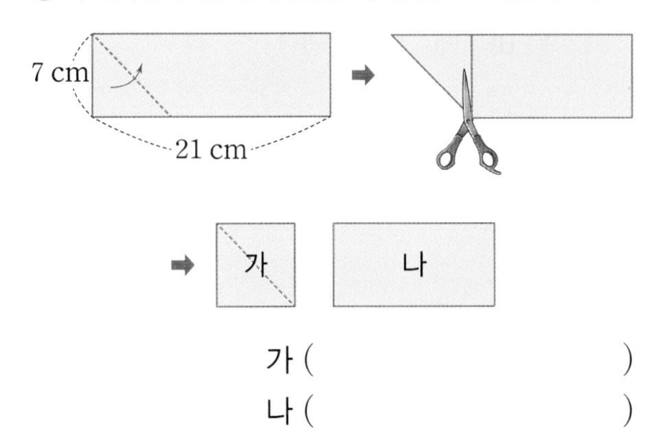

가 (　　　　　　　　　)
나 (　　　　　　　　　)

▸ 251002-0598

19 한 변의 길이가 3 cm인 정사각형 5개를 겹치지 않게 이어 붙인 도형입니다. 빨간색 선의 길이는 몇 cm일까요?

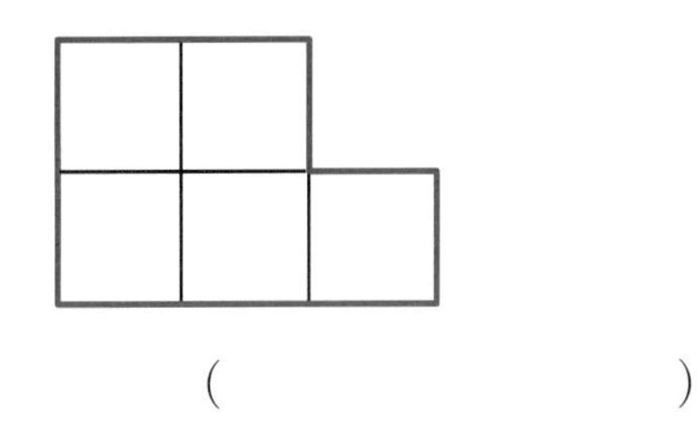

(　　　　　　　　　)

서술형

▸ 251002-0599

20 찾을 수 있는 크고 작은 각은 모두 몇 개인지 풀이 과정을 쓰고 답을 구해 보세요.

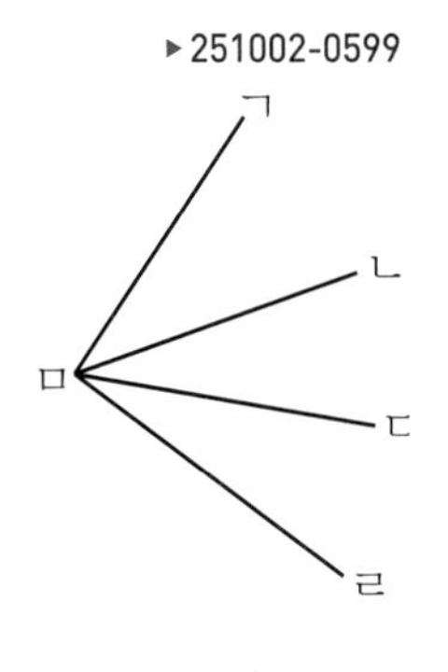

풀이

____

____

____

답 ____________________

▸ 251002-0600

01 반직선 ㄱㄴ을 잘못 그은 이유를 쓰고, 반직선 ㄱㄴ을 바르게 그어 보세요.

ㄱ ㄴ

이유

ㄱ ㄴ

▸ 251002-0601

02 점 4개를 이용하여 그을 수 있는 선분은 모두 몇 개인지 풀이 과정을 쓰고 답을 구해 보세요. (단, 선분 ㄱㄴ과 선분 ㄴㄱ은 선분 1개입니다.)

ㄱ ㄹ ㄷ ㄴ

풀이

답

▸ 251002-0602

03 오른쪽 각을 보고 잘못 설명한 것을 찾아 기호를 쓰고, 바르게 고쳐 보세요.

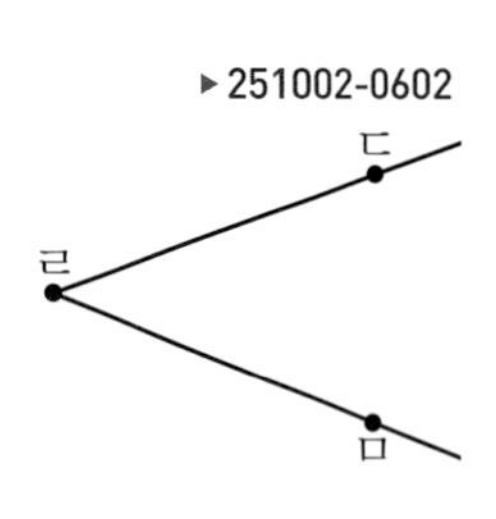

㉠ 각 ㄷㄹㅁ이라고 읽습니다.
㉡ 변은 2개이고 변 ㄹㄷ, 변 ㄹㅁ입니다.
㉢ 꼭짓점은 3개이고 점 ㄷ, 점 ㄹ, 점 ㅁ입니다.

잘못 설명한 것

바르게 고치기

▸ 251002-0603

04 각이 가장 많은 도형과 가장 적은 도형을 각각 찾아 기호를 쓰려고 합니다. 풀이 과정을 쓰고 답을 구해 보세요.

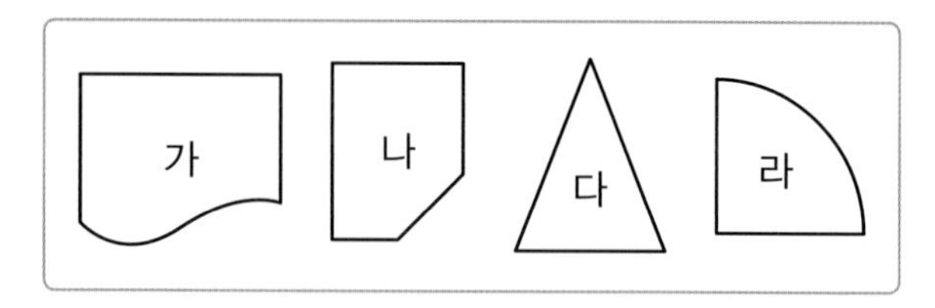

풀이

답 각이 가장 많은 도형

각이 가장 적은 도형

▸ 251002-0604

05 찾을 수 있는 직각은 모두 몇 개인지 풀이 과정을 쓰고 답을 구해 보세요.

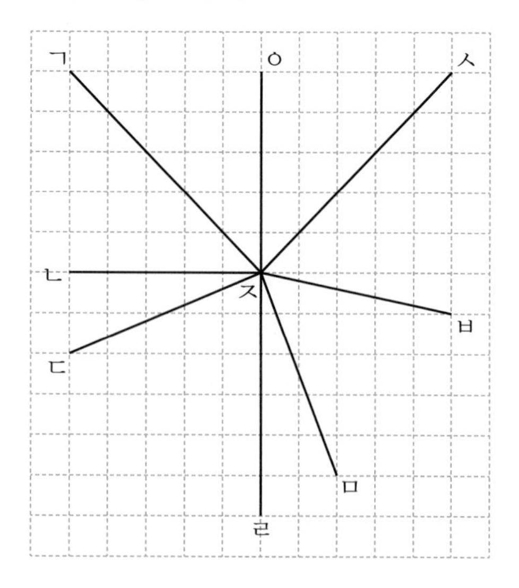

풀이

답

▸ 251002-0605

06 두 도형이 직각삼각형이 아닌 이유를 각각 써 보세요.

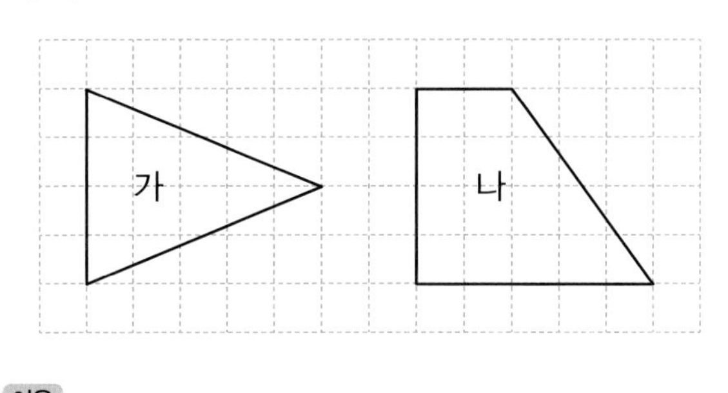

이유 ______________________

____

▸ 251002-0606

07 도형에서 찾을 수 있는 크고 작은 직사각형은 모두 몇 개인지 풀이 과정을 쓰고 답을 구해 보세요.

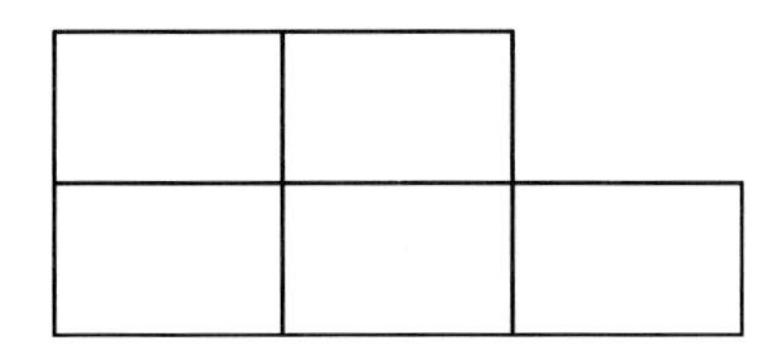

풀이

____

____

____

답 ______________________

▸ 251002-0607

08 길이가 60 cm인 철사로 한 변이 2 cm인 정사각형을 만들려고 합니다. 정사각형을 몇 개까지 만들 수 있고, 남는 철사의 길이는 몇 cm인지 풀이 과정을 쓰고 답을 구해 보세요.

풀이

____

____

____

답 만들 수 있는 정사각형의 수 ______________________

남는 철사의 길이 ______________________

▸ 251002-0608

09 크고 작은 정사각형을 그림과 같이 이어 붙였습니다. ㉠과 ㉡은 각각 얼마인지 풀이 과정을 쓰고 답을 구해 보세요.

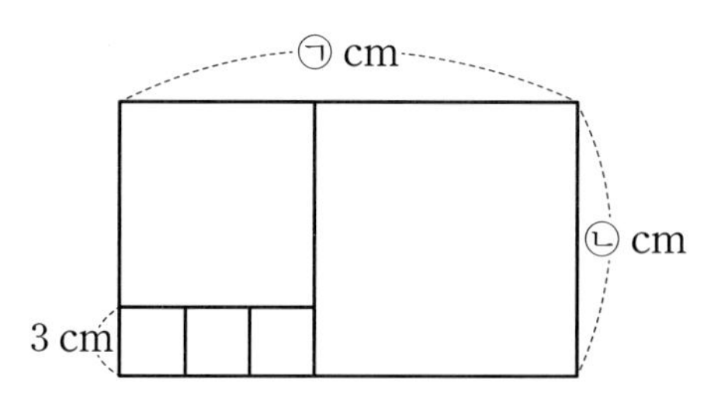

풀이

____

____

____

답 ㉠ ______________________, ㉡ ______________________

▸ 251002-0609

10 직사각형 모양의 종이를 그림과 같이 접은 다음 잘랐습니다. 가와 나의 이름과 네 변의 길이의 합을 각각 구하려고 합니다. 풀이 과정을 쓰고 답을 구해 보세요.

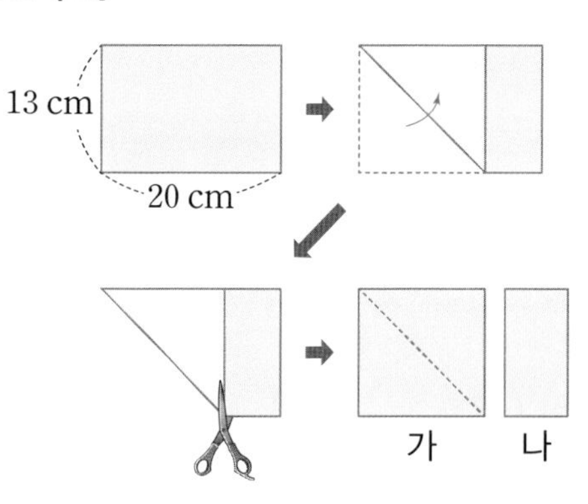

풀이

____

____

____

	이름	네 변의 길이의 합(cm)
가		
나		

■ 똑같이 나누기 (1)

귤 6개를 접시 2개에 똑같이 나누어 담으면 한 접시에 3개씩 담게 됩니다.

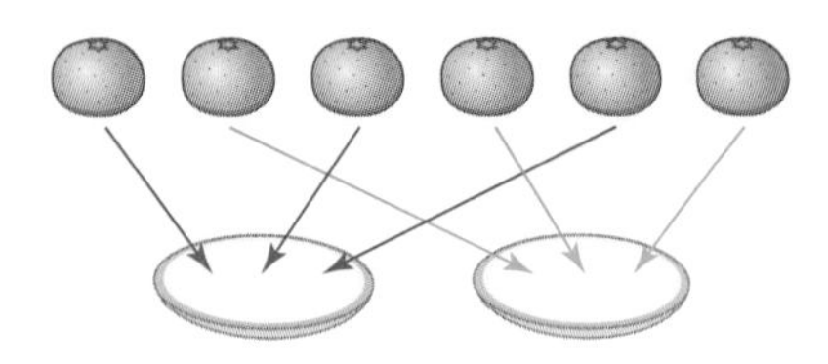

6을 2로 나누는 것과 같은 계산을 나눗셈이라고 합니다. 이것을 기호 ÷를 사용하여 식으로 나타내면 6÷2=3입니다.

이때 6÷2=3에서 6은 나누어지는 수, 2는 나누는 수, 3은 6을 2로 나눈 몫이라고 합니다.

나누어지는 수 → 6, 몫 → 3

$6 \div 2 = 3$

나누는 수 → 2

읽기 6 나누기 2는 3과 같습니다.

■ 똑같이 나누기 (2)

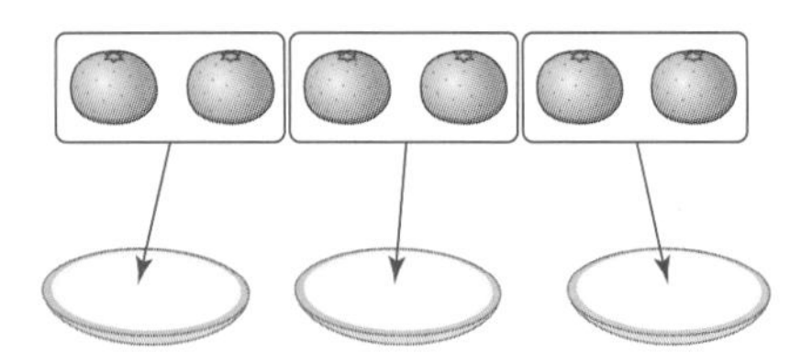

귤 6개를 한 접시에 2개씩 담으면 3접시가 됩니다.

이것을 식으로 나타내면 6÷2=3입니다.

6에서 2씩 3번 빼면 0이 되므로 6−2−2−2=0입니다.

$6-2-2-2=0$ (3번)

➡ $6 \div 2 = 3$

■ 곱셈과 나눗셈의 관계

사과가 한 묶음에 4개씩 3묶음이면 12개입니다.	
4×3=12	
사과 12개를 한 묶음에 4개씩 묶으면 3묶음입니다.	사과 12개를 3묶음으로 똑같이 나누면 한 묶음에 4개씩입니다.
12÷4=3	12÷3=4

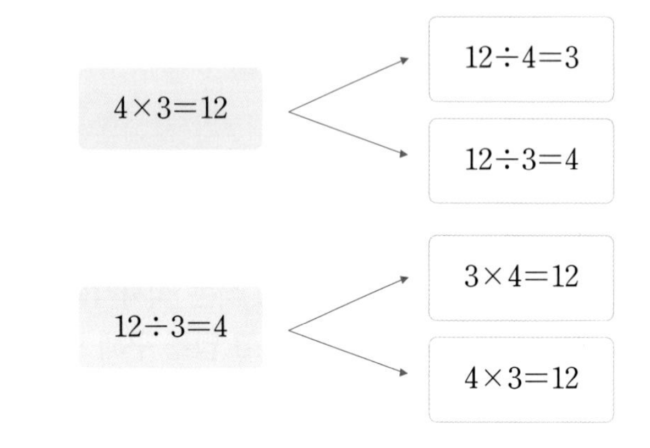

■ 나눗셈의 몫을 곱셈식으로 구하기

24÷8=●에서 몫 ●는 8×3=24를 이용하여 구할 수 있습니다.

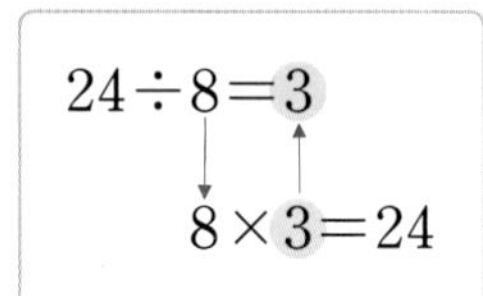

■ 나눗셈의 몫을 곱셈구구로 구하기

• 20÷4의 몫 구하기

×	1	2	3	4	5
1	1	2	3	4	5
2	2	4	6	8	10
3	3	6	9	12	15
4	4	8	12	16	20
5	5	10	15	20	25

4단 곱셈구구에서 곱이 20이 되는 수를 찾습니다.

4×5=20

➡ 20÷4의 몫은 5입니다.

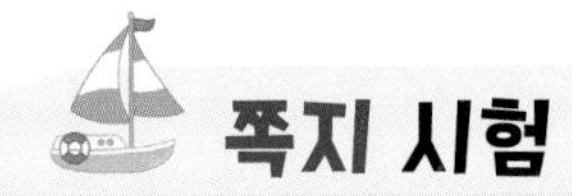

쪽지 시험

정답과 풀이 61쪽

▸ 251002-0610

01 나눗셈식을 보고 빈칸에 알맞은 수를 써넣으세요.

$$12 \div 6 = 2$$

나누어지는 수	나누는 수	몫

▸ 251002-0611

02 꽃 14송이를 2개의 꽃병에 똑같이 나누어 꽂으려고 합니다. 한 꽃병에 몇 송이씩 꽂아야 할까요?

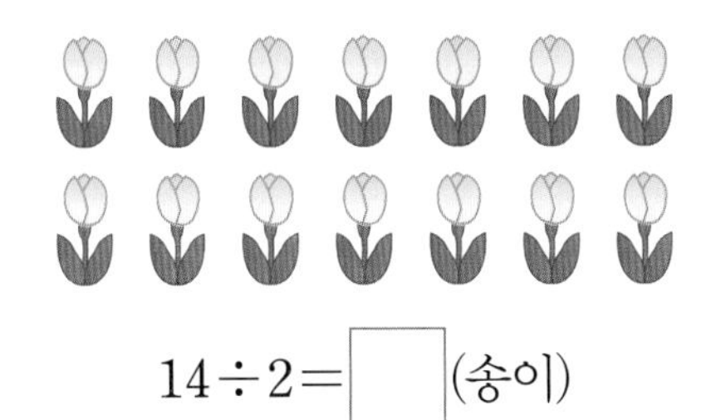

$14 \div 2 = \square$ (송이)

▸ 251002-0612

03 6씩 뛰어 세어 48이 되려면 몇 번 뛰어 세어야 할까요?

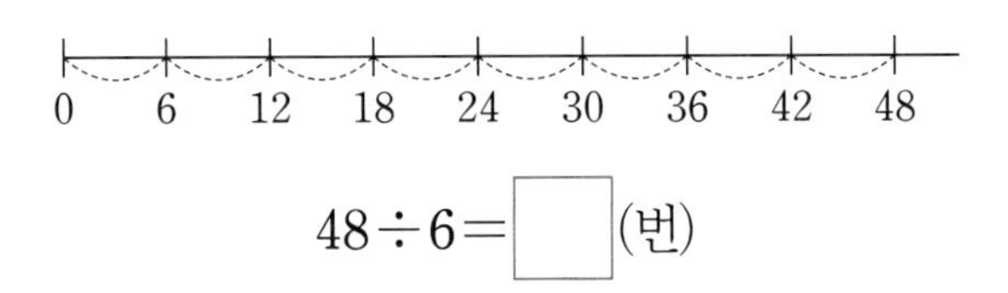

$48 \div 6 = \square$ (번)

▸ 251002-0613

04 뺄셈식을 나눗셈식으로 나타내 보세요.

$$20 - 5 - 5 - 5 - 5 = 0$$

⬇

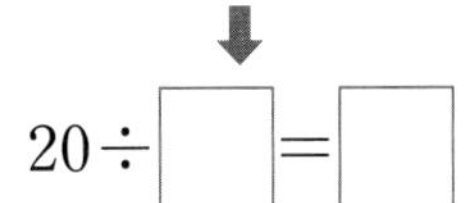

$20 \div \square = \square$

▸ 251002-0614

05 빈칸에 알맞은 수를 써넣으세요.

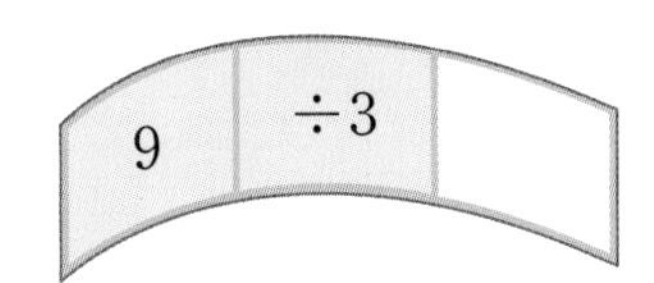

▸ 251002-0615

06 딸기 15개를 한 명에게 3개씩 나누어 주려고 합니다. 몇 명에게 나누어 줄 수 있을까요?

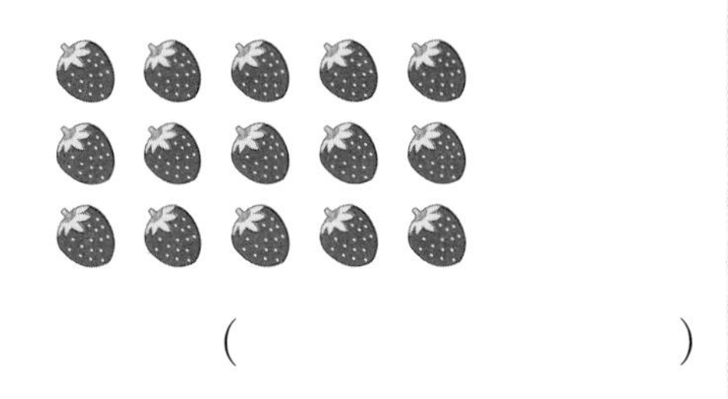

( )

▸ 251002-0616

07 그림을 보고 곱셈식과 나눗셈식으로 나타내 보세요.

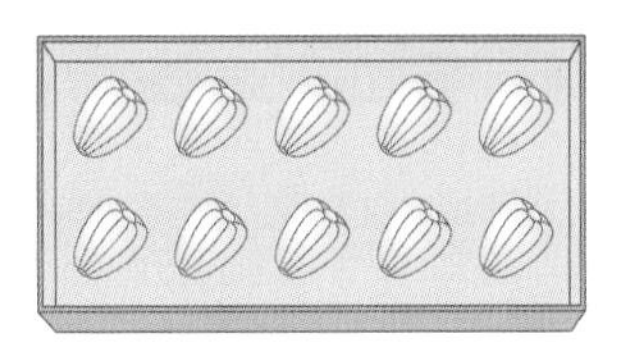

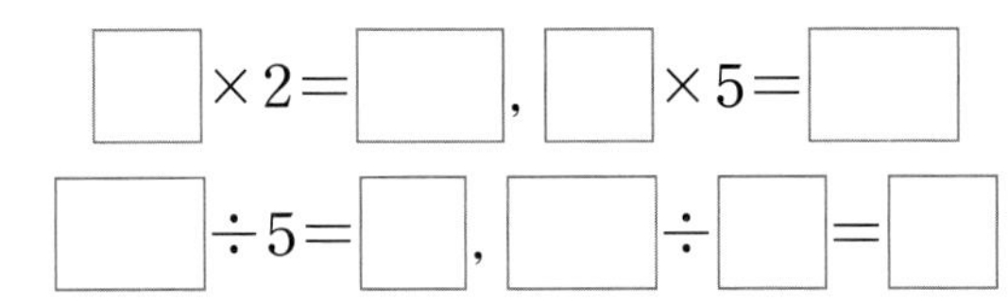

$\square \times 2 = \square$, $\square \times 5 = \square$

$\square \div 5 = \square$, $\square \div \square = \square$

▸ 251002-0617

08 $35 \div 7$의 몫을 구하는 데 필요한 곱셈식을 찾아 ○표 하세요.

$7 \times 5 = 35$	$7 \times 8 = 56$	$4 \times 7 = 28$
( )	( )	( )

▸ 251002-0618

09 □ 안에 알맞은 수를 써넣으세요.

$4 \times \square = 28$ ➡ $28 \div 4 = \square$

▸ 251002-0619

10 몫이 가장 큰 것을 찾아 ○표 하세요.

$24 \div 8$	$54 \div 6$	$18 \div 3$
( )	( )	( )

학교 시험 만점왕 1회

3. 나눗셈

[01~02] 참외 12개를 바구니 3개에 똑같이 나누어 담으려고 합니다. 물음에 답하세요.

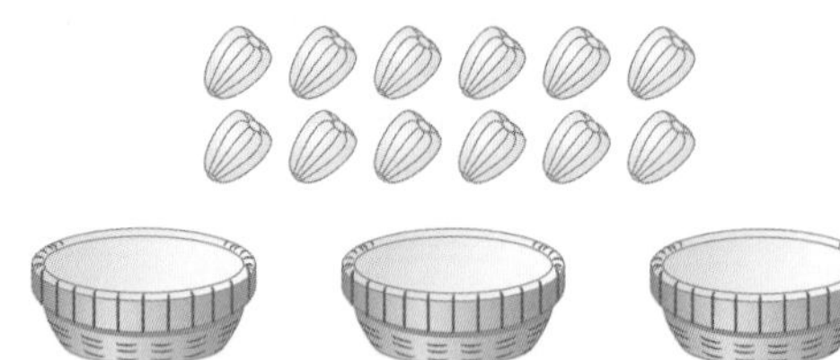

▸ 251002-0620

01 바구니 한 개에 참외를 몇 개씩 담을 수 있는지 바구니에 ○를 그려 보세요.

▸ 251002-0621

02 바구니 한 개에 참외를 몇 개씩 담을 수 있는지 나눗셈식으로 나타내 보세요.

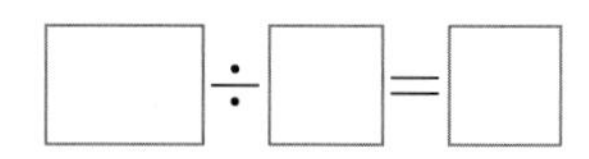

▸ 251002-0622

03 다음을 읽고 나눗셈식으로 나타내 보세요.

> 우유 10개를 하루에 2개씩 매일 마시려고 합니다. 며칠 동안 마실 수 있을까요?

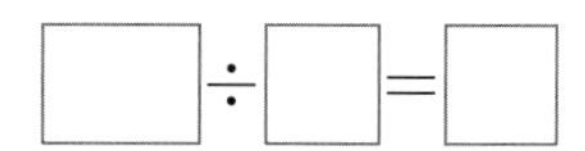

▸ 251002-0623

04 20개의 바둑돌을 현지는 5상자에, 지수는 6상자에 똑같이 나누어 담으려고 합니다. 남김없이 똑같이 나누어 담을 수 있는 사람은 누구인지 써 보세요.

(　　　　　　　　　　)

▸ 251002-0624

05 곱셈식을 나눗셈식으로 나타내려고 합니다. □ 안에 알맞은 수를 써넣으세요.

$6\times7=\square$

$\square\div\square=\square$, $\square\div\square=\square$

▸ 251002-0625

06 $21\div7=3$에 대해 잘못 설명한 것을 찾아 번호를 쓰고, 바르게 고쳐 보세요.

> ① 21을 7씩 묶으면 3묶음이 됩니다.
> ② 21 나누기 7은 3과 같습니다.
> ③ 21에서 7씩 3번 뺄 수 있습니다.
> ④ 뺄셈식으로 나타내면 $21-7-7-7=3$입니다.

잘못 설명한 것 (　　　　　　　　　　)

바르게 고치기 ______________________

____

▸ 251002-0626

07 그림을 보고 곱셈식과 나눗셈식으로 나타내 보세요.

$\square\times5=\square$, $\square\times6=\square$

$\square\div6=\square$, $\square\div\square=\square$

▸ 251002-0627

08 관계있는 것끼리 이어 보세요.

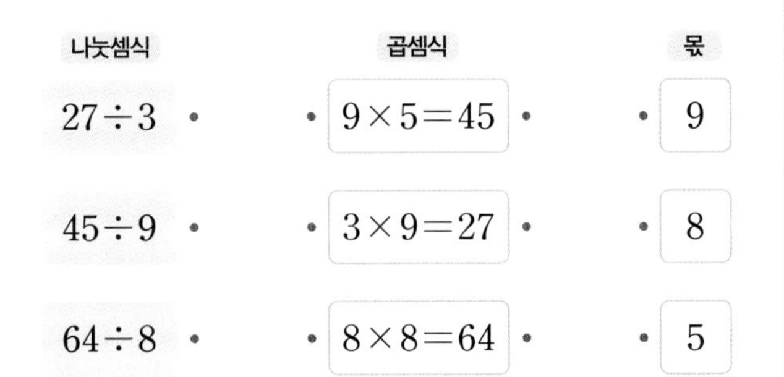

나눗셈식
곱셈식
몫
27÷3
45÷9
64÷8
9×5=45
3×9=27
8×8=64
9
8
5

▸ 251002-0628

09 곱셈구구를 이용하여 나눗셈의 몫을 구해 보세요.

$$54 \div 9 = \square \Leftarrow \square \times \square = 54$$

▸ 251002-0629

10 팔찌 한 개를 만드는 데 구슬이 9개 필요합니다. 구슬 72개로 팔찌를 몇 개 만들 수 있을까요?

$$72 \div \square = \square$$

(   )

▸ 251002-0630

11 책 35권을 책꽂이 5칸에 똑같이 나누어 꽂으려고 합니다. 한 칸에 몇 권씩 꽂을 수 있을까요?

식 ____________________

답 ____________________

▸ 251002-0631

12 몫이 작은 것부터 순서대로 기호를 써 보세요.

㉠ $27 \div 3$	㉡ $12 \div 2$
㉢ $42 \div 6$	㉣ $32 \div 4$

(   )

▸ 251002-0632

13 지수는 수학 시험에서 9문제를 맞혀서 45점을 받았습니다. 한 문제당 점수가 같을 때 한 문제에 몇 점일까요?

(   )

▸ 251002-0633

14 지영이는 16 cm의 끈을 가지고 있고 희수는 지영이가 가지고 있는 끈을 똑같이 둘로 나눈 만큼을 가지고 있습니다. 희수가 가지고 있는 끈은 몇 cm일까요?

(   )

서술형

▸251002-0634

15 4장의 수 카드 중 한 장을 골라 □ 안에 넣어 몫을 가장 크게 만들려고 합니다. 가장 큰 몫은 얼마인지 풀이 과정을 쓰고 답을 구해 보세요.

3 4 6 8

24÷□

풀이

답

▸251002-0635

16 밤 36개를 6봉지에 똑같이 나누어 담으면 밤을 한 봉지에 몇 개씩 담을 수 있을까요?

( )

▸251002-0636

17 1부터 9까지의 수 중에서 □ 안에 들어갈 수 있는 수를 모두 써 보세요.

16÷4>□

( )

▸251002-0637

18 다음을 읽고 필요한 봉지의 수를 구해 보세요.

초콜릿 60개
중에서 10개는
동생에게 주고 내가
1개를 먹었어.
그럼 남은
초콜릿을 한 봉지에
7개씩 담자.

( )

서술형

▸251002-0638

19 만두 가게에 만두가 한 줄에 8개씩 2줄로 놓여 있습니다. 이 만두를 한 상자에 4개씩 포장하려면 몇 상자가 필요한지 풀이 과정을 쓰고 답을 구해 보세요.

풀이

답

▸251002-0639

20 같은 모양은 같은 수를 나타냅니다. ▲, ■, ●가 나타내는 수를 구해 보세요.

28－▲－▲－▲－▲＝0
5×▲＝■
■÷●＝▲

▲ ( )
■ ( )
● ( )

학교 시험 만점왕 2회

정답과 풀이 62쪽

3. 나눗셈

▸ 251002-0640

01 야구공 28개를 4팀에게 똑같이 나누어 주려고 합니다. 한 팀에 몇 개씩 줄 수 있는지 나눗셈식으로 나타내 보세요.

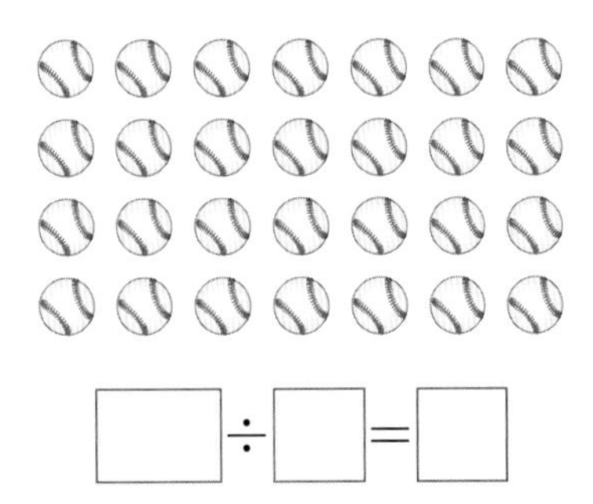

□ ÷ □ = □

▸ 251002-0641

02 주어진 곱셈식을 이용하여 몫을 구할 수 있는 나눗셈식을 모두 찾아 기호를 써 보세요.

$6 \times 4 = 24$

㉠ $24 \div 8$　　㉡ $24 \div 6$
㉢ $24 \div 3$　　㉣ $24 \div 4$

(　　　　　　　　)

▸ 251002-0642

03 ▲+■의 값을 구해 보세요.

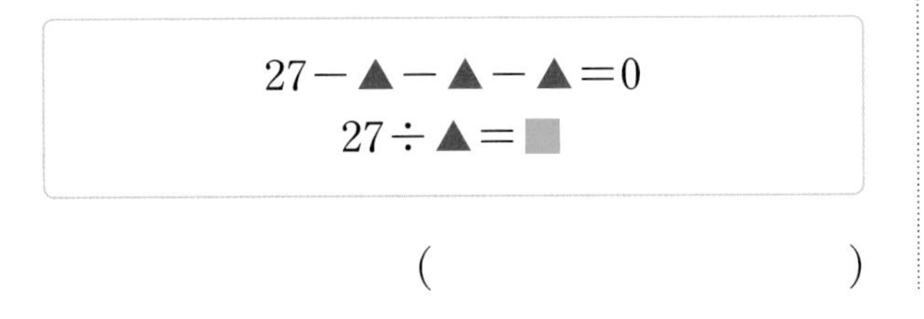

27－▲－▲－▲＝0
27÷▲＝■

(　　　　　　　　)

▸ 251002-0643

04 관계있는 것끼리 이어 보세요.

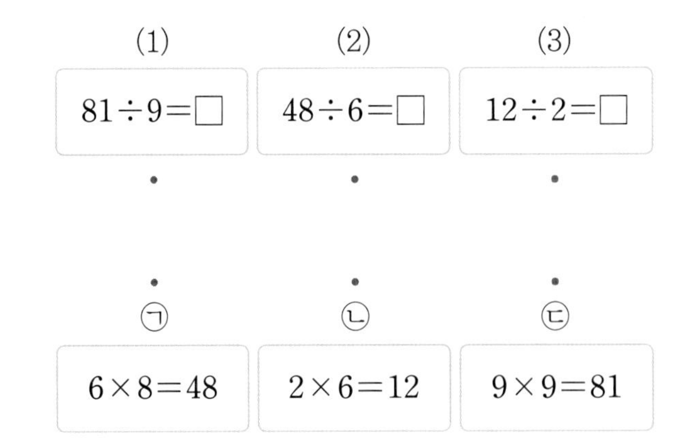

(1)	(2)	(3)
$81 \div 9 = \square$	$48 \div 6 = \square$	$12 \div 2 = \square$
㉠	㉡	㉢
$6 \times 8 = 48$	$2 \times 6 = 12$	$9 \times 9 = 81$

▸ 251002-0644

05 달걀 30개를 남김없이 똑같이 나누는 방법을 바르게 설명한 사람은 누구일까요?

지원: 달걀을 한 봉지에 5개씩 담으면 똑같이 나눌 수 있어.
현수: 달걀을 7명에게 똑같이 나누어 줄 수 있어.
태훈: 달걀을 한 바구니에 9개씩 담으면 똑같이 나눌 수 있어.

(　　　　　　　　)

▸ 251002-0645

06 곱셈식을 나눗셈식으로 나타내려고 합니다. □ 안에 알맞은 수를 써넣으세요.

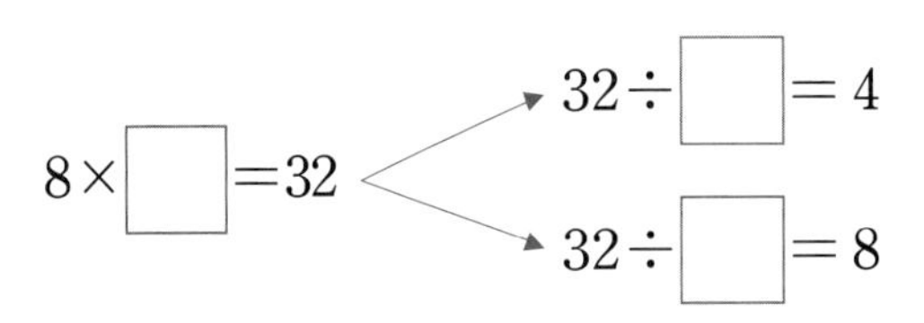

8×□＝32 → 32÷□＝4, 32÷□＝8

▸251002-0646

07 주어진 세 수를 이용하여 곱셈식과 나눗셈식을 만들어 보세요.

42 7 6

$7 \times \square = \square$, $\square \times \square = \square$

$\square \div 7 = \square$, $\square \div \square = \square$

▸251002-0647

08 8단 곱셈구구를 이용하여 몫을 구할 수 있는 나눗셈을 찾아 기호를 써 보세요.

㉠ $45 \div 9$ ㉡ $27 \div 3$
㉢ $32 \div 8$ ㉣ $16 \div 4$

( )

▸251002-0648

09 9단 곱셈구구를 이용하여 9로 나눈 몫을 빈칸에 써넣으세요.

$\div 9$

18	45	63	81

▸251002-0649

10 어느 가게에 쿠폰 5장을 주면 음료수 한 개를 무료로 받을 수 있습니다. 쿠폰 30장으로 음료수를 몇 개 받을 수 있을까요?

식 ____________________

답 ____________

▸251002-0650

11 몫의 크기를 비교하여 ○ 안에 >, =, <를 알맞게 써넣으세요.

$35 \div 7$ ○ $28 \div 7$

▸251002-0651

12 남학생 12명, 여학생 15명이 있습니다. 전체 학생을 9모둠으로 똑같이 나누면 한 모둠에 몇 명씩일까요?

( )

▸251002-0652

13 문구류 선물 세트에는 공책 2권과 연필 3자루가 들어 있습니다. 공책 10권과 연필 15자루로 문구류 선물 세트를 몇 개 만들 수 있을까요?

( )

▸251002-0653

14 1부터 9까지의 수 중에서 □ 안에 들어갈 수 있는 수는 모두 몇 개일까요?

$36 \div 6 < \square$

( )

▸ 251002-0654

15 두 나눗셈 중 하나의 식에 얼룩이 묻어 나누는 수가 보이지 않습니다. 두 나눗셈의 몫이 같을 때 얼룩으로 보이지 않는 수를 구해 보세요.

$64 \div 8 \quad 40 \div$ ●

( )

▸ 251002-0655

16 어떤 수를 9로 나누었더니 4가 되었습니다. 어떤 수를 6으로 나눈 몫을 구해 보세요.

( )

서술형

▸ 251002-0656

17 1분에 5장을 출력하는 가 프린터와 1분에 7장을 출력하는 나 프린터가 있습니다. 가 프린터로 30장을 출력하는 동안 나 프린터로는 몇 장을 출력할 수 있는지 풀이 과정을 쓰고 답을 구해 보세요.

가 프린터 1분에 5장 출력	나 프린터 1분에 7장 출력

풀이

답

▸ 251002-0657

18 군밤이 15개 있습니다. 지우는 군밤을 2개씩 3명에게 나누어 주었고, 태지는 남은 군밤을 3명에게 똑같이 나누어 주었습니다. 태지는 군밤을 한 사람에게 몇 개씩 주었을까요?

( )

▸ 251002-0658

19 두 사람이 설명하는 수를 구해 보세요.

30과 40 사이의 수야.
4로 나누어지고, 8로도 나누어져.

( )

서술형

▸ 251002-0659

20 그림과 같이 길이가 42 m인 도로의 한쪽에 처음부터 끝까지 7 m 간격으로 나무를 심으려고 합니다. 나무를 모두 몇 그루 심어야 하는지 풀이 과정을 쓰고 답을 구해 보세요. (단, 나무의 두께는 생각하지 않습니다.)

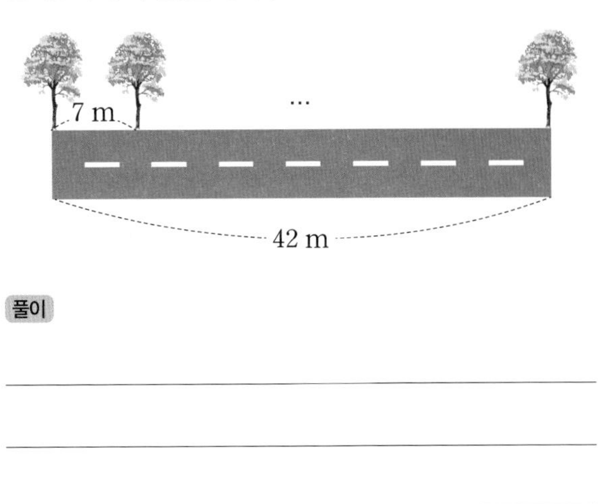

풀이

답

3단원 서술형·논술형 평가

▸ 251002-0660

01 $12 \div 6$에 알맞은 생활 속 문제를 만들고 답을 구해 보세요.

문제 ______________________

답 ______________________

▸ 251002-0661

02 자두 18개를 3명에게 똑같이 나누어 주려고 합니다. 한 사람에게 자두를 몇 개씩 줄 수 있는지 풀이 과정을 쓰고 답을 구해 보세요.

풀이

답 ______________________

▸ 251002-0662

03 오이를 한 봉지에 5개씩 담아 판매합니다. 오이를 25개 사려면 몇 봉지를 사야 하는지 풀이 과정을 쓰고 답을 구해 보세요.

풀이

답 ______________________

▸ 251002-0663

04 보트 한 대당 4명씩 탈 수 있습니다. 36명이 타려면 보트가 몇 대 필요한지 풀이 과정을 쓰고 답을 구해 보세요.

풀이

답 ______________________

▸ 251002-0664

05 수 맞히기 놀이를 하고 있습니다. 설명하는 수가 무엇인지 풀이 과정을 쓰고 답을 구해 보세요.

> 지수: 이 수는 25보다 크고 30보다 작은 수야.
> 현일: 이 수는 9로 똑같이 나눌 수 있어.

풀이

답 ______________________

▸ 251002-0665

06 물통 한 개에 물을 가득 채우는 데 2분이 걸립니다. 14분 동안 물통을 몇 개 채울 수 있는지 풀이 과정을 쓰고 답을 구해 보세요.

풀이

답 ______________________

▸ 251002-0666

07 고구마를 지원이는 12개, 태훈이는 18개 캤습니다. 캔 고구마를 한 봉지에 지원이는 4개씩 담고 태훈이는 3개씩 담았습니다. 누가 몇 봉지 더 많이 담았는지 풀이 과정을 쓰고 답을 구해 보세요.

풀이

답 ______ , ______

▸ 251002-0667

08 아기 돼지 삼형제는 벽돌 27묶음, 모래 12포대, 페인트 6통을 똑같이 나누어 각자 집을 지으려고 합니다. 첫째, 둘째, 셋째 돼지가 벽돌, 모래, 페인트를 얼마씩 가져야 할지 풀이 과정을 쓰고 답을 구해 보세요.

풀이

답 벽돌 ______
모래 ______
페인트 ______

▸ 251002-0668

09 그림과 같이 길이가 81 m인 도로의 양쪽에 처음부터 끝까지 9 m 간격으로 가로등을 설치하려고 합니다. 필요한 가로등은 모두 몇 개인지 풀이 과정을 쓰고 답을 구해 보세요. (단, 가로등의 두께는 생각하지 않습니다.)

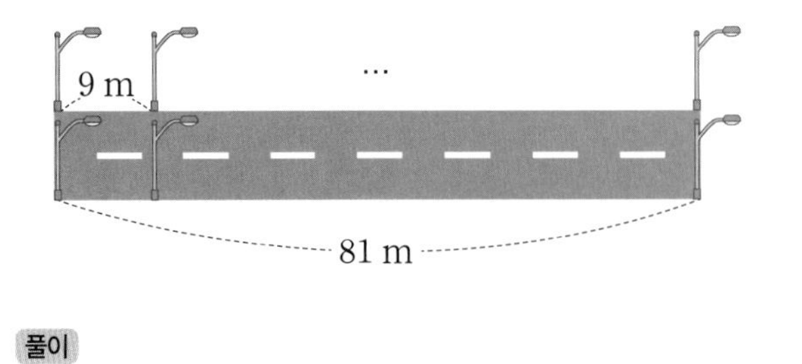

풀이

답 ______

▸ 251002-0669

10 농장에 있는 염소와 오리의 다리 수의 합은 50개입니다. 오리가 9마리라면 염소는 몇 마리인지 풀이 과정을 쓰고 답을 구해 보세요.

풀이

답 ______

■ (몇십)×(몇)

• 20×4의 계산 방법

$2\times4=8$

$20\times4=80$

➡ (몇)×(몇)을 계산한 값에 0을 붙입니다.

■ 올림이 없는 (몇십몇)×(몇)

• 21×4를 어림하여 계산하기

21을 20으로 어림하여 계산하면 약 $20\times4=80$입니다.

• 21×4의 계산 방법

$$\begin{array}{r} 21 \\ \times\ \ 4 \\ \hline 4 \\ 80 \\ \hline 84 \end{array} \qquad \begin{array}{r} 21 \\ \times\ \ 4 \\ \hline 4 \end{array} \Rightarrow \begin{array}{r} 21 \\ \times\ \ 4 \\ \hline 84 \end{array}$$

➡ 일의 자리의 곱은 일의 자리에, 십의 자리의 곱은 십의 자리에 씁니다.

■ 십의 자리에서 올림이 있는 (몇십몇)×(몇)

• 32×4를 어림하여 계산하기

32를 30으로 어림하여 계산하면 약 $30\times4=120$입니다.

• 32×4의 계산 방법

$$\begin{array}{r} 32 \\ \times\ \ 4 \\ \hline 8 \\ 120 \\ \hline 128 \end{array} \qquad \begin{array}{r} 32 \\ \times\ \ 4 \\ \hline 8 \end{array} \Rightarrow \begin{array}{r} 32 \\ \times\ \ 4 \\ \hline 128 \end{array}$$

➡ 일의 자리의 곱은 일의 자리에, 십의 자리의 곱은 십의 자리에 씁니다. 이때 십의 자리에서 올림한 수는 백의 자리에 씁니다.

■ 일의 자리에서 올림이 있는 (몇십몇)×(몇)

• 18×3을 어림하여 계산하기

18을 20으로 어림하여 계산하면 약 $20\times3=60$입니다.

• 18×3의 계산 방법

$$\begin{array}{r} 18 \\ \times\ \ 3 \\ \hline 24 \\ 30 \\ \hline 54 \end{array} \qquad \begin{array}{r} {\scriptstyle 2}\ \ \\ 18 \\ \times\ \ 3 \\ \hline 4 \end{array} \Rightarrow \begin{array}{r} {\scriptstyle 2}\ \ \\ 18 \\ \times\ \ 3 \\ \hline 54 \end{array}$$

➡ 일의 자리의 곱은 일의 자리에, 십의 자리의 곱은 십의 자리에 씁니다. 이때 일의 자리에서 올림한 수는 십의 자리의 곱에 더합니다.

■ 십의 자리와 일의 자리에서 올림이 있는 (몇십몇)×(몇)

• 27×5를 어림하여 계산하기

27을 30으로 어림하여 계산하면 약 $30\times5=150$입니다.

• 27×5의 계산 방법

$$\begin{array}{r} 27 \\ \times\ \ 5 \\ \hline 35 \\ 100 \\ \hline 135 \end{array} \qquad \begin{array}{r} {\scriptstyle 3}\ \ \\ 27 \\ \times\ \ 5 \\ \hline 5 \end{array} \Rightarrow \begin{array}{r} {\scriptstyle 3}\ \ \\ 27 \\ \times\ \ 5 \\ \hline 135 \end{array}$$

➡ 일의 자리의 곱은 일의 자리에, 십의 자리의 곱은 십의 자리에 씁니다. 이때 일의 자리에서 올림한 수는 십의 자리의 곱에 더하고, 십의 자리에서 올림한 수는 백의 자리에 씁니다.

쪽지 시험

정답과 풀이 65쪽

▸ 251002-0670

01 그림을 보고 □ 안에 알맞은 수를 써넣으세요.

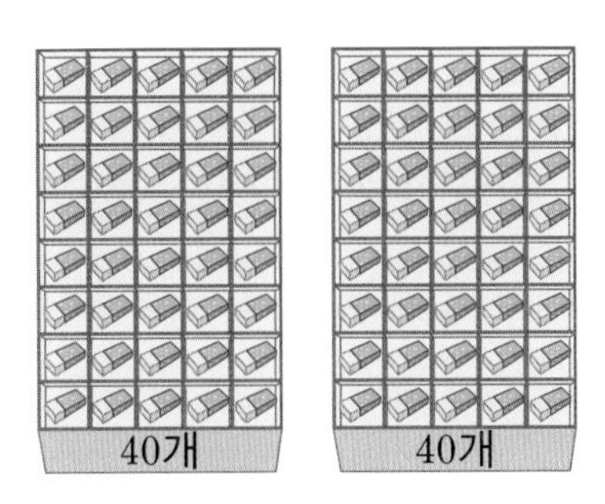

$40 \times \square = \square$

▸ 251002-0671

02 31×3을 어림한 값과 31×3을 계산한 값을 구해 보세요.

(1) 어림한 값: 약 (　　　　　　)

(2) 계산한 값: (　　　　　　)

▸ 251002-0672

03 수 모형을 보고 □ 안에 알맞은 수를 써넣으세요.

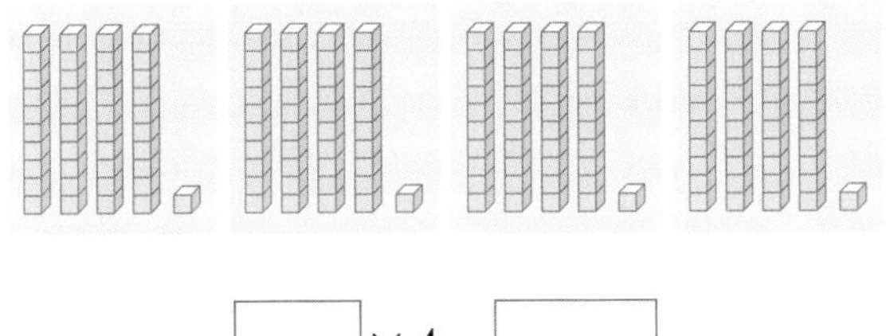

$\square \times 4 = \square$

▸ 251002-0673

04 덧셈식을 곱셈식으로 나타내려고 합니다. □ 안에 알맞은 수를 써넣으세요.

$15+15+15+15+15+15=\square$

➡ $\square \times \square = \square$

▸ 251002-0674

05 빈칸에 두 수의 곱을 써넣으세요.

19	4

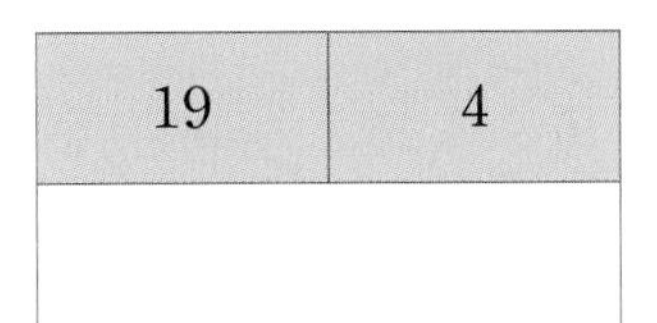

▸ 251002-0675

06 계산해 보세요.

(1) 30×2　　　(2) 12×4

(3) $\begin{array}{r} 25 \\ \times \ \ 3 \\ \hline \end{array}$　　　(4) $\begin{array}{r} 68 \\ \times \ \ 7 \\ \hline \end{array}$

▸ 251002-0676

07 ㉠과 ㉡의 합을 구해 보세요.

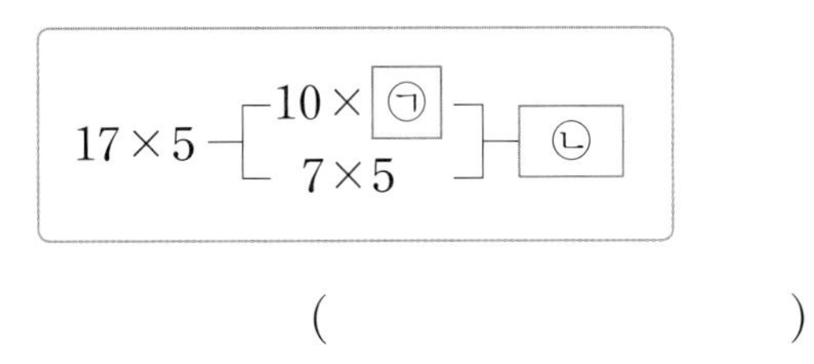

(　　　　　　)

▸ 251002-0677

08 곱의 크기를 비교하여 ○ 안에 >, =, <를 알맞게 써넣으세요.

49×6 ○ 37×8

▸ 251002-0678

09 계산 결과가 큰 것부터 순서대로 기호를 써 보세요.

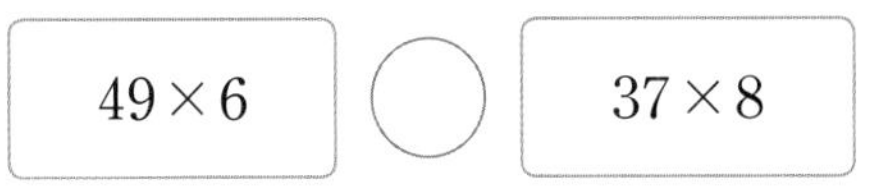

(　　　　　　)

▸ 251002-0679

10 목걸이 한 개를 만드는 데 구슬 46개가 필요합니다. 목걸이 9개를 만드는 데 필요한 구슬은 모두 몇 개일까요?

(　　　　　　)

학교 시험 만점왕 1회

4. 곱셈

▸ 251002-0680

01 수 모형을 보고 □ 안에 알맞은 수를 써넣으세요.

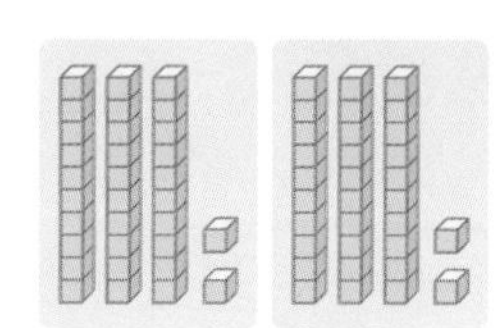

일 모형은 $2\times$ □ 이므로 □ 개입니다.

십 모형은 $3\times$ □ 이므로 □ 개입니다.

➡ $32\times$ □ $=$ □

▸ 251002-0681

02 곱셈식에서 6이 나타내는 수를 곱셈식으로 나타낸 것에 ○표 하세요.

$$\begin{array}{r} 2\ 1 \\ \times\quad 3 \\ \hline 6\ 3 \end{array}$$

$2\times3=6$	$20\times3=60$
(　　)	(　　)

▸ 251002-0682

03 계산 결과가 같은 것끼리 이어 보세요.

(1) 10×8 •　　• ㉠ 20×3

(2) 10×9 •　　• ㉡ 20×4

(3) 30×2 •　　• ㉢ 30×3

▸ 251002-0683

04 빵이 한 상자에 12개씩 4상자 있습니다. 빵의 수를 구하는 곱셈식은 어느 것일까요? (　　)

① $14\times2=28$　② $41\times2=82$
③ $12\times4=48$　④ $21\times4=84$
⑤ $12\times5=60$

▸ 251002-0684

05 83×3과 계산 결과가 다른 것을 찾아 ○표 하세요.

$83+3$	83의 3배	$83+83+83$
(　　)	(　　)	(　　)

▸ 251002-0685

06 □ 안에 알맞은 수를 써넣으세요.

$$\begin{array}{r} \square \\ 2\ 3 \\ \times\quad 4 \\ \hline \square \end{array}$$

▸ 251002-0686

07 수직선을 보고 □ 안에 알맞은 수를 써넣으세요.

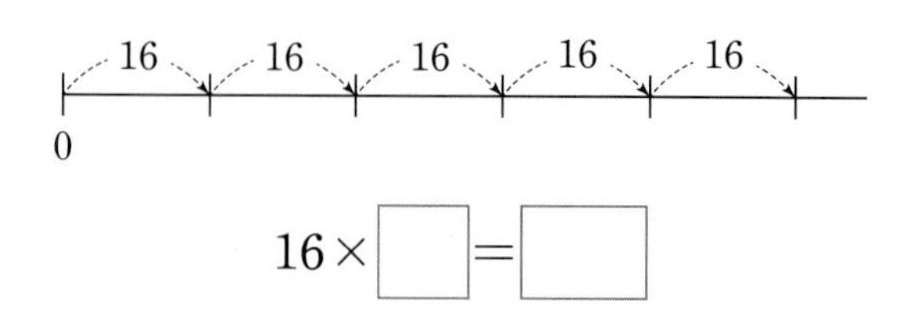

$16\times$ □ $=$ □

▸251002-0687

08 계산 결과가 큰 것부터 순서대로 기호를 써 보세요.

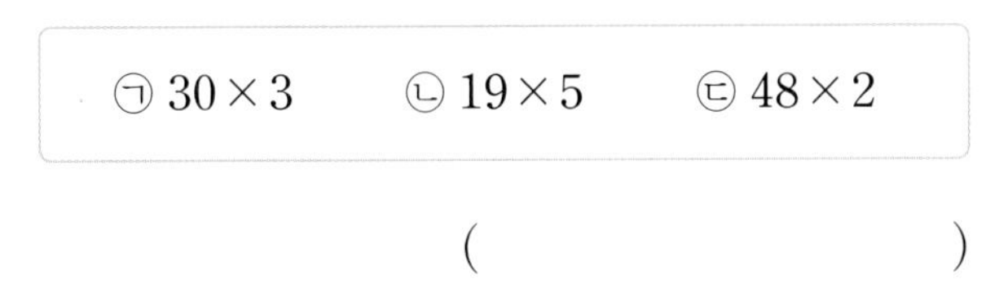

( )

▸251002-0688

09 빈칸에 알맞은 수를 써넣으세요.

×9

11	
21	
34	

▸251002-0689

10 □ 안의 수 5가 실제로 나타내는 수는 얼마일까요?

$$\begin{array}{r} \boxed{5} \\ 3\ 7 \\ \times \quad 8 \\ \hline 2\ 9\ 6 \end{array}$$

( )

▸251002-0690

11 곱의 크기를 비교하여 ○ 안에 >, =, <를 알맞게 써넣으세요.

56×6 ○ 67×5

▸251002-0691

12 ㉠과 ㉡의 합을 구해 보세요.

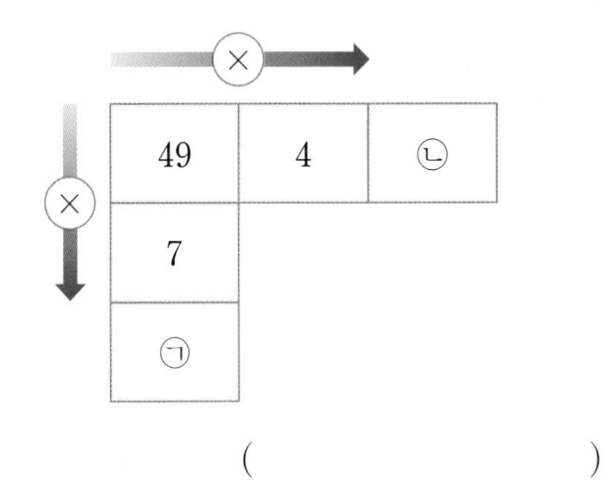

( )

서술형

▸251002-0692

13 잘못 계산한 곳을 찾아 이유를 쓰고, 바르게 계산해 보세요.

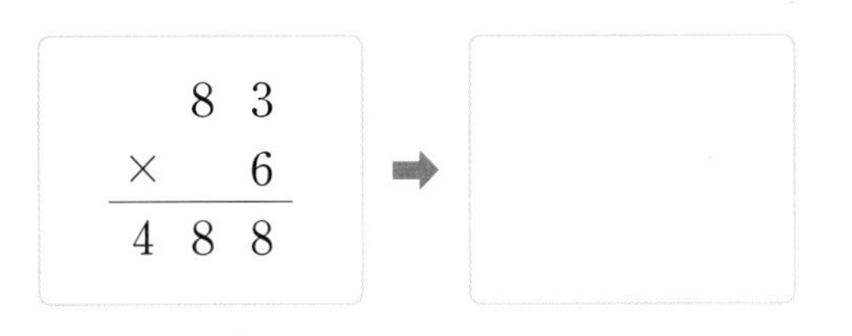

이유

▸251002-0693

14 곱이 200보다 큰 것을 찾아 ○표 하세요.

38×5	49×4
( )	( )
67×3	32×6
( )	( )

▸ 251002-0694

15 연필 한 타는 12자루입니다. 연필 9타는 몇 자루일까요?

( )

▸ 251002-0695

16 책꽂이에 동화책과 위인전이 꽂혀 있습니다. 동화책은 한 칸에 24권씩 7칸에, 위인전은 한 칸에 19권씩 6칸에 꽂혀 있을 때 동화책과 위인전은 모두 몇 권일까요?

( )

▸ 251002-0696

17 □ 안에 알맞은 수를 써넣으세요.

$$\begin{array}{r} \square\,7 \\ \times\quad\square \\ \hline 3\,4\,2 \end{array}$$

▸ 251002-0697

18 1부터 9까지의 수 중에서 □ 안에 들어갈 수 있는 가장 작은 수를 구해 보세요.

$85 \times \square > 600$

( )

▸ 251002-0698

19 3장의 수 카드를 한 번씩만 사용하여 곱이 가장 큰 (몇십몇)×(몇)의 곱셈식을 만들고 계산해 보세요.

3 4 6

$\square\square \times \square = \square$

서술형

▸ 251002-0699

20 소빈이네 학교 3학년은 한 반에 25명씩 7개 반이 있습니다. 3학년 학생들에게 모자를 1개씩 나누어 주려면 한 상자에 30개씩 들어 있는 모자를 적어도 몇 상자 사야 하는지 풀이 과정을 쓰고 답을 구해 보세요.

풀이

답

학교 시험 만점왕 2회

정답과 풀이 66쪽

4. 곱셈

▸ 251002-0700

01 보기 와 같이 곱셈식으로 나타내 보세요.

$30+30+30=30\times3=90$

$20+20+20=\square\times\square=\square$

▸ 251002-0701

02 색연필이 한 타에 12자루씩 4타 있습니다. □ 안에 알맞은 수를 써넣으세요.

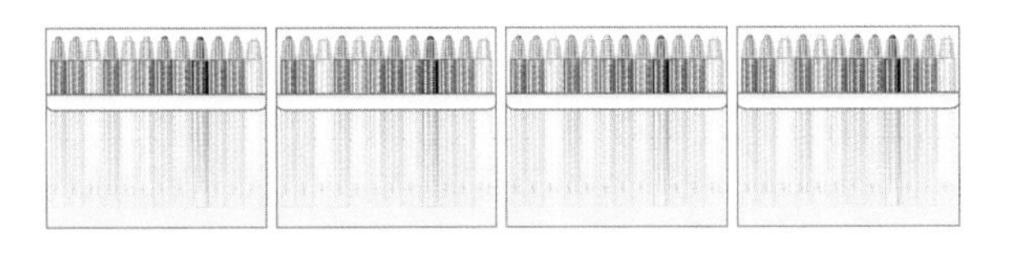

$\square\times\square=\square$

▸ 251002-0702

03 □ 안에 알맞은 수를 써넣으세요.

32×4에 32를 더한 것은

32×□과/와 계산 결과가 같습니다.

▸ 251002-0703

04 □ 안에 알맞은 수를 써넣으세요.

14×6 ─ 10×6=□, 4×6=□ ─ □

▸ 251002-0704

05 보기 와 같이 계산해 보세요.

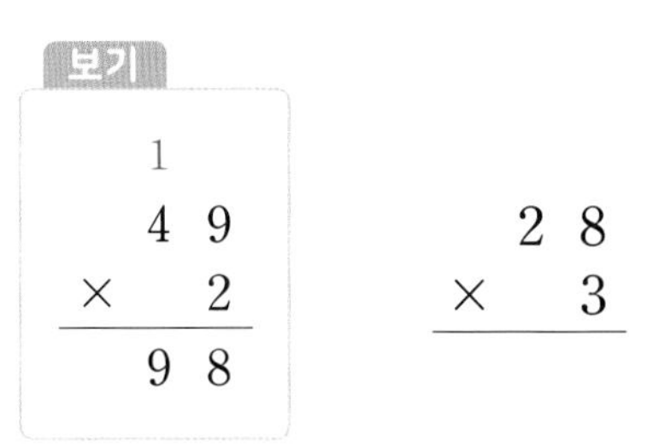

▸ 251002-0705

06 같은 모양은 같은 수를 나타냅니다. ♥에 알맞은 수를 구해 보세요.

• 16+16+16=♣
• ♣×7=♥

(   )

▸ 251002-0706

07 빈칸에 알맞은 수를 써넣으세요.

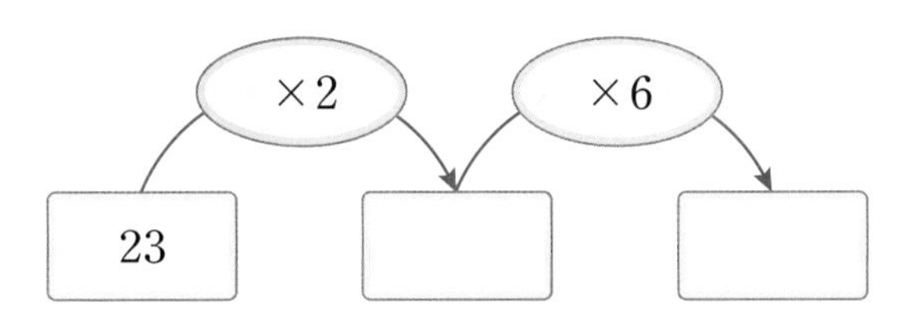

▸ 251002-0707

08 두 곱의 차를 구해 보세요.

67×8	39×5

(   )

▸251002-0708

09 한 변의 길이가 45 cm인 정사각형의 네 변의 길이의 합은 몇 cm일까요?

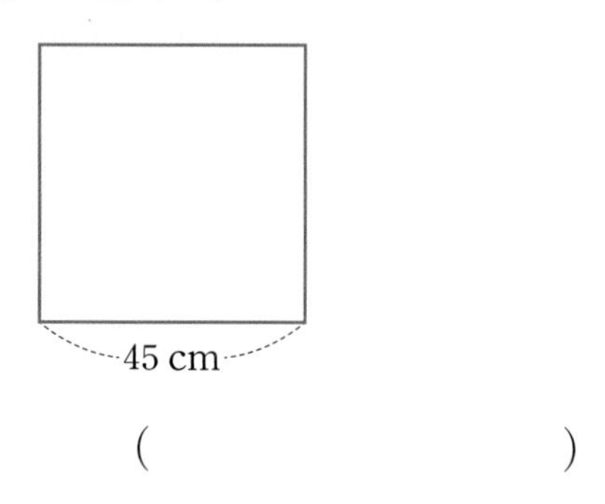

( )

▸251002-0709

10 곱의 크기를 비교하여 ○ 안에 >, =, <를 알맞게 써넣으세요.

48×6 ○ 32×9

▸251002-0710

11 길이가 25 cm인 색 테이프 8장을 그림과 같이 겹치지 않게 이어 붙였습니다. 이어 붙인 색 테이프의 전체 길이는 몇 cm일까요?

25 cm

( )

▸251002-0711

12 계산 결과가 가장 큰 것과 가장 작은 것의 합을 구해 보세요.

㉠ 98×3
㉡ 47의 6배
㉢ 73씩 5묶음

( )

서술형

▸251002-0712

13 미경이는 카드를 10장 가지고 있습니다. 보빈이는 카드를 미경이보다 3장 더 많이 가지고 있습니다. 제민이는 카드를 보빈이의 5배보다 7장 더 많이 가지고 있습니다. 제민이가 가지고 있는 카드는 몇 장인지 풀이 과정을 쓰고 답을 구해 보세요.

풀이

답

▸251002-0713

14 □ 안에 알맞은 수를 써넣으세요.

$$\begin{array}{r} 5\,\square \\ \times \quad 9 \\ \hline 5\,\square\,4 \end{array}$$

▸ 251002-0714

15 곱이 300에 가장 가까운 것은 어느 것일까요?

( )

① 28×9 ② 63×5 ③ 51×6
④ 37×8 ⑤ 42×7

▸ 251002-0715

16 장미 한 송이를 접으려면 색종이가 4장 필요합니다. 26명이 장미를 2송이씩 접으려면 필요한 색종이는 모두 몇 장일까요?

( )

▸ 251002-0716

17 같은 기호는 같은 수를 나타냅니다. ■에 알맞은 수를 구해 보세요.

- $14 \times 2 =$ ●
- ● $\times 3 =$ ■

( )

▸ 251002-0717

18 재영이네 반은 남학생이 13명, 여학생이 11명입니다. 반 학생들에게 공깃돌을 5개씩 나누어 주려면 필요한 공깃돌은 모두 몇 개일까요?

( )

▸ 251002-0718

19 한 봉지에 딸기 맛 사탕이 9개 들어 있고, 포도 맛 사탕은 딸기 맛 사탕보다 5개 더 많이 들어 있습니다. 6봉지에 들어 있는 사탕은 모두 몇 개일까요?

( )

서술형

▸ 251002-0719

20 1부터 9까지의 수 중에서 □ 안에 들어갈 수 있는 수는 모두 몇 개인지 구하려고 합니다. 풀이 과정을 쓰고 답을 구해 보세요.

$64 \times 4 > 32 \times \square$

풀이

답

▸ 251002-0720

01 민준이네 학교에서 타일 작품을 벽 한 칸에 21개씩 4칸에 붙였습니다. 타일 작품은 모두 몇 개인지 풀이 과정을 쓰고 답을 구해 보세요.

풀이

답

▸ 251002-0721

02 동하는 매일 수영을 41분씩 합니다. 동하가 일주일 동안 수영을 한 시간은 모두 몇 분인지 풀이 과정을 쓰고 답을 구해 보세요.

풀이

답

▸ 251002-0722

03 한 변의 길이가 16 cm인 정사각형 4개를 그림과 같이 겹치지 않게 이어 붙였습니다. 빨간색 선의 길이는 몇 cm인지 풀이 과정을 쓰고 답을 구해 보세요.

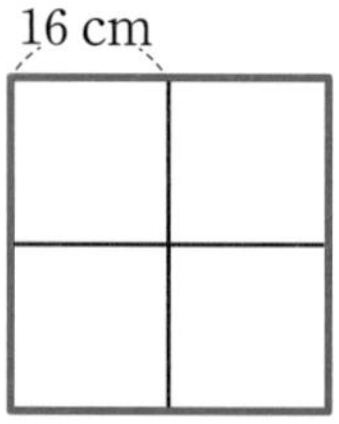

16 cm

풀이

답

▸ 251002-0723

04 동화책을 승희는 매일 43쪽씩, 선우는 매일 56쪽씩 읽었습니다. 일주일 동안 동화책을 누가 몇 쪽 더 많이 읽었는지 풀이 과정을 쓰고 답을 구해 보세요.

풀이

답 ,

▸ 251002-0724

05 1부터 9까지의 수 중에서 □ 안에 들어갈 수 있는 수는 모두 몇 개인지 풀이 과정을 쓰고 답을 구해 보세요.

$49 \times \square > 294$

풀이

답

▸ 251002-0725

06 구슬 200개를 한 상자에 28개씩 담으려고 합니다. 몇 상자까지 가득 담을 수 있는지 풀이 과정을 쓰고 답을 구해 보세요.

풀이

답

▸ 251002-0726

07 29에 어떤 수를 곱해야 하는데 잘못하여 뺐더니 26이 되었습니다. 바르게 계산한 값은 얼마인지 풀이 과정을 쓰고 답을 구해 보세요.

풀이

답

▸ 251002-0727

08 ㉠+㉡+㉢의 값은 얼마인지 풀이 과정을 쓰고 답을 구해 보세요.

$$\begin{array}{r} ㉠\ 9 \\ \times \quad ㉡ \\ \hline 5\ ㉢\ 1 \end{array}$$

풀이

답

▸ 251002-0728

09 5장의 수 카드 중에서 3장을 골라 한 번씩만 사용하여 곱이 가장 작은 (몇십몇)×(몇)을 만들어 계산하려고 합니다. 계산한 값은 얼마인지 풀이 과정을 쓰고 답을 구해 보세요.

7 3 8 5 9

풀이

답

▸ 251002-0729

10 윤주가 가지고 있는 딱지는 몇 장인지 풀이 과정을 쓰고 답을 구해 보세요.

승아: 난 딱지를 63장 가지고 있어.

동연: 나는 승아가 가지고 있는 딱지 수의 4배를 가지고 있어.

윤주: 난 동연이가 가지고 있는 딱지보다 125장 더 적게 가지고 있어.

풀이

답

■ **1 mm**

• 1 cm를 10칸으로 똑같이 나누었을 때 작은 눈금 한 칸의 길이를 1 mm라 쓰고 1 밀리미터라고 읽습니다.

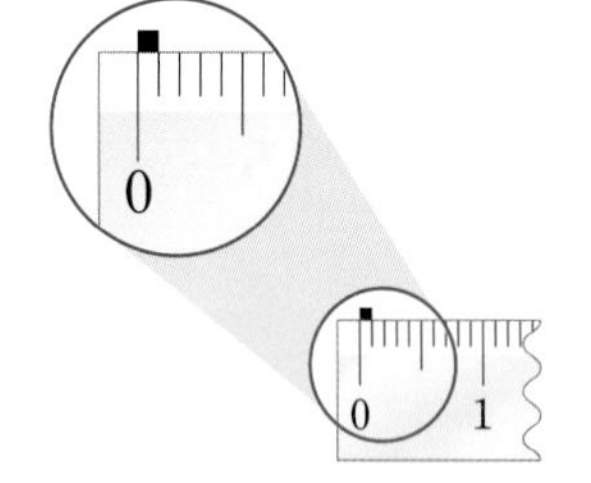

1 cm=10 mm

• 5 cm보다 7 mm 더 긴 것을 5 cm 7 mm라 쓰고 5 센티미터 7 밀리미터라고 읽습니다.

5 cm 7 mm=57 mm

■ **1 km**

• 1000 m를 1 km라 쓰고 1 킬로미터라고 읽습니다.

1000 m=1 km

• 3 km보다 500 m 더 긴 것을 3 km 500 m라 쓰고 3 킬로미터 500 미터라고 읽습니다.

3 km 500 m=3500 m

■ **길이와 거리 어림하기**

• 어림한 길이를 말할 때는 약 몇 cm 또는 약 몇 mm라고 합니다.

• 지도에서 기준이 되는 거리를 이용하여 전체 거리를 어림합니다.

■ **알맞은 단위 선택하기**

• 연필의 길이: 약 120 mm

• 양팔을 벌린 길이: 약 120 cm

• 건물의 높이: 약 120 m

• 서울에서 원주까지의 거리: 약 120 km

■ **1초**

• 초바늘이 작은 눈금 한 칸을 가는 데 걸리는 시간을 1초라고 합니다.

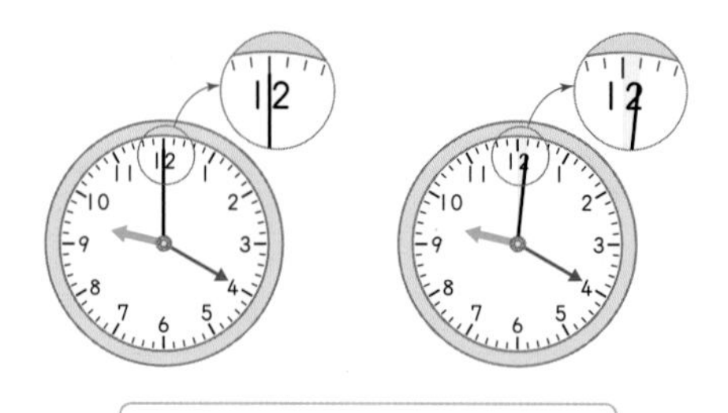

작은 눈금 한 칸=1초

• 초바늘이 시계를 한 바퀴 도는 데 걸리는 시간은 60초입니다.

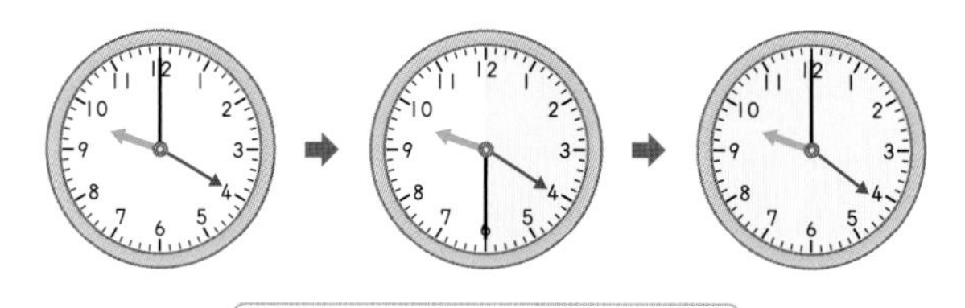

60초=1분

■ **시간의 덧셈**

• 시 단위, 분 단위, 초 단위의 수끼리 더합니다.

• 3시 15분 45초+2시간 30분 10초
=5시 45분 55초

•

	1	1	
	1시간	25분	30초
+	2시간	50분	40초
	4시간	16분	10초

■ **시간의 뺄셈**

• 시 단위, 분 단위, 초 단위의 수끼리 뺍니다.

• 6시 37분 42초−2시 16분 20초
=4시간 21분 22초

•

	4	60 19	60
	~~5~~시	~~20~~분	10초
−	3시간	30분	30초
	1시	49분	40초

쪽지 시험

정답과 풀이 69쪽

▸ 251002-0730

01 □ 안에 알맞은 수를 써넣으세요.

(1) 1 cm=□ mm

(2) 1 km=□ m

▸ 251002-0731

02 □ 안에 알맞은 수를 써넣으세요.

(1) 36 mm=□ cm □ mm

(2) 1700 m=□ km □ m

▸ 251002-0732

03 막대의 길이를 어림하고 자로 재어 보세요.

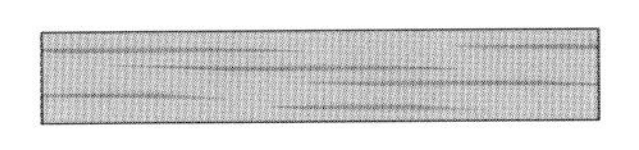

어림한 길이: 약 □ cm

잰 길이: □ cm □ mm

▸ 251002-0733

04 mm와 km 중에서 □ 안에 알맞은 단위를 써넣으세요.

(1) 연필심의 길이: 약 5 □

(2) 한라산의 높이: 약 2 □

▸ 251002-0734

05 공원에서 빵집까지의 거리는 약 500 m입니다. 공원에서 학교까지의 거리는 약 몇 km일까요?

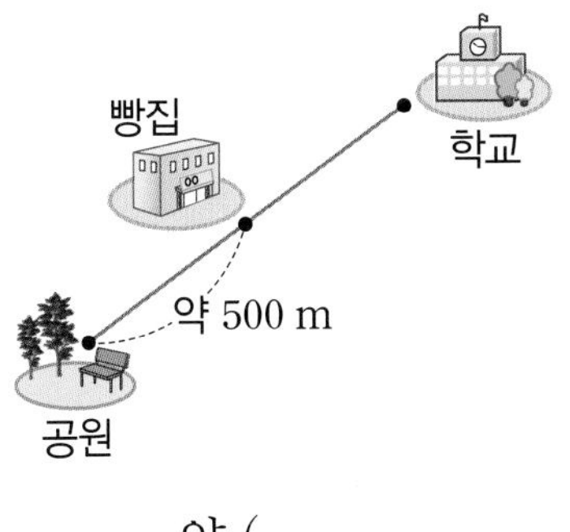

약 (   )

▸ 251002-0735

06 □ 안에 알맞은 수를 써넣으세요.

(1) 초바늘이 작은 눈금 한 칸을 가는 데 걸리는 시간은 □초입니다.

(2) 1분은 □초입니다.

▸ 251002-0736

07 시각을 읽어 보세요.

□시 □분 □초

▸ 251002-0737

08 □ 안에 알맞은 수를 써넣으세요.

(1) 1분 20초=□초

(2) 150초=□분 □초

▸ 251002-0738

09 □ 안에 알맞은 수를 써넣으세요.

	2 분	15 초
+	5 분	20 초
	□분	□초

▸ 251002-0739

10 □ 안에 알맞은 수를 써넣으세요.

	30 분	14 초
−	14 분	10 초
	□분	□초

학교 시험 만점왕 1회

5. 길이와 시간

01 □ 안에 알맞은 수를 써넣으세요. ▸251002-0740

(1) 3 cm 6 mm=□ mm

(2) 91 mm=□ cm □ mm

02 이쑤시개의 길이를 재어 □ 안에 알맞은 수를 써넣으세요. ▸251002-0741

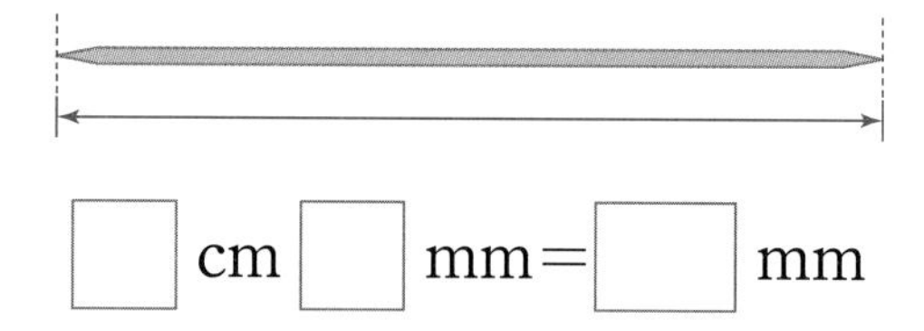

□ cm □ mm=□ mm

03 다음은 몇 cm 몇 mm일까요? ▸251002-0742

105 mm

(　　　　　　)

04 지은이가 걸은 거리는 어느 것일까요? (　　) ▸251002-0743

난 3 킬로미터 200 미터를 걸었어.
지은

① 3 cm 200 mm　② 3 m 200 cm
③ 3 km 200 cm　④ 3 km 200 m
⑤ 3 m 200 mm

05 집에서 학교를 지나 공원까지 가는 거리는 몇 m일까요? ▸251002-0744

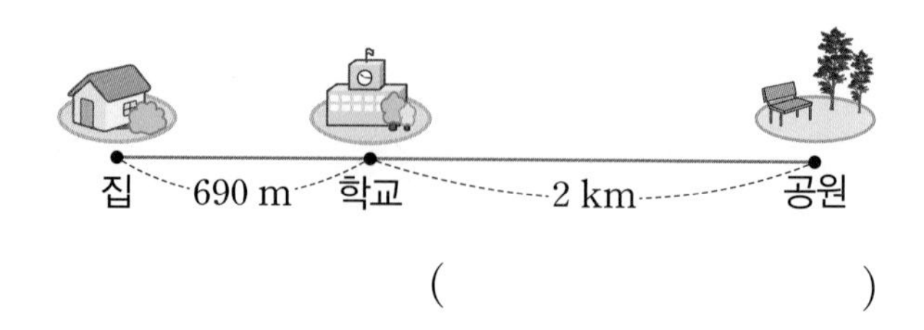

(　　　　　　)

06 시각을 읽어 보세요. ▸251002-0745

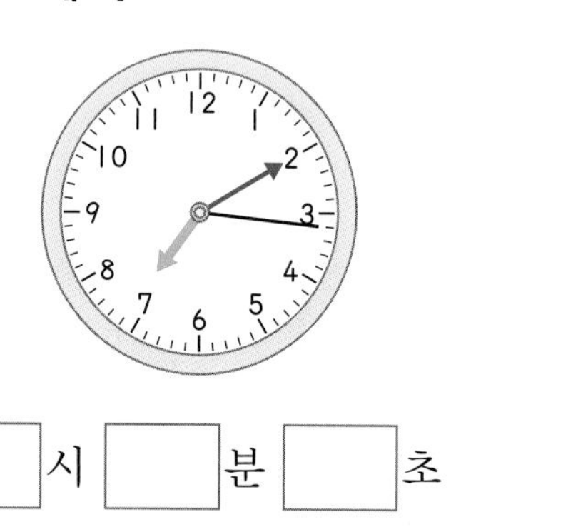

□ 시 □ 분 □ 초

07 길이를 비교하여 ○ 안에 >, =, <를 알맞게 써넣으세요. ▸251002-0746

5 km 30 m ○ 5300 m

▸ 251002-0747

08 □ 안에 알맞은 수를 써넣으세요.

(1) 2분 40초= □ 초

(2) 190초= □ 분 □ 초

▸ 251002-0748

09 km를 사용하여 길이를 나타내기에 적절한 것을 모두 고르세요. (   )

① 서울에서 제주까지의 거리
② 선생님의 키
③ 한 뼘의 길이
④ 세계에서 가장 긴 다리의 길이
⑤ 학교의 높이

▸ 251002-0749

10 시각에 맞게 초바늘을 그려 보세요.

4시 33분 54초

▸ 251002-0750

11 긴 시간부터 순서대로 기호를 써 보세요.

㉠ 2분보다 10초 더 긴 시간
㉡ 3분보다 45초 더 짧은 시간
㉢ 125초

(   )

[12~13] 그림을 보고 물음에 답하세요.

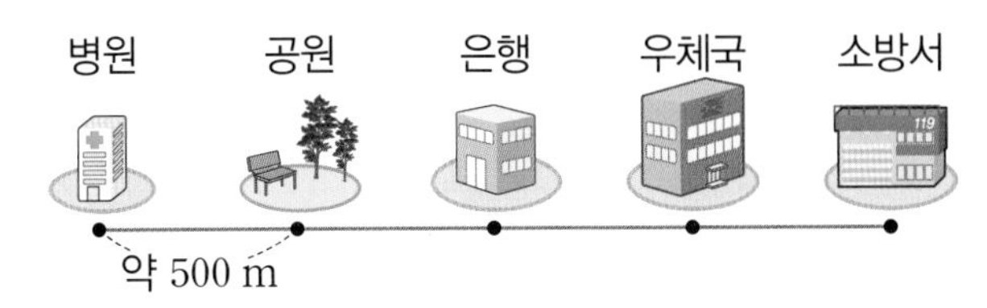

▸ 251002-0751

12 병원에서 소방서까지의 거리는 약 몇 km일까요?

약 (   )

▸ 251002-0752

13 공원에서 약 1500 m 떨어진 곳에 어떤 장소가 있을까요?

(   )

▸ 251002-0753

14 □ 안에 알맞은 수를 써넣으세요.

(1)
  6 분 27 초
+ 3 분 18 초
□ 분 □ 초

(2)
  19 분 36 초
− 5 분 8 초
□ 분 □ 초

▸ 251002-0754

15 주하네 동네에 3일 동안 내린 눈의 양입니다. 3일 동안 내린 눈은 모두 몇 cm 몇 mm일까요?

첫째 날	둘째 날	셋째 날
4 mm	17 mm	26 mm

( )

▸ 251002-0755

16 다음 시각에서 7분 40초 전은 몇 시 몇 분 몇 초일까요?

( )

서술형

▸ 251002-0756

17 학교에서 공원까지 가려고 합니다. 병원과 은행 중 어느 곳을 지나서 가는 길이 더 가까운지 풀이 과정을 쓰고 답을 구해 보세요.

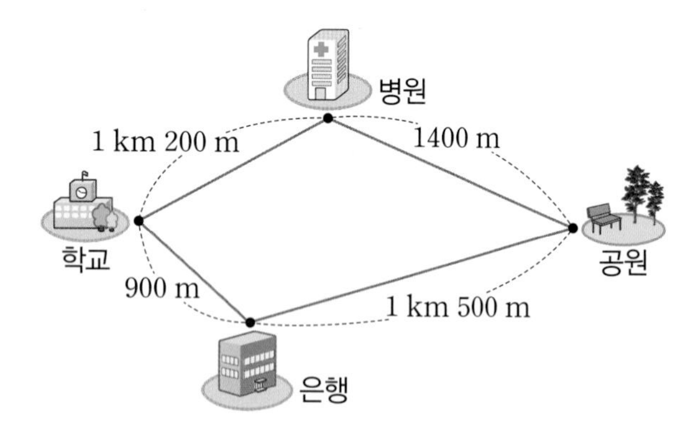

풀이

답

▸ 251002-0757

18 야구 경기가 2시 30분 45초에 시작했습니다. 경기를 한 시간이 2시간 43분 10초라면 야구 경기가 끝난 시각은 몇 시 몇 분 몇 초일까요?

( )

▸ 251002-0758

19 어느 날 세 도시의 해가 뜬 시각과 해가 진 시각입니다. 낮의 길이가 가장 긴 도시를 찾아 기호를 써 보세요.

도시	해가 뜬 시각	해가 진 시각
가	5시 24분 30초	19시 40분 38초
나	6시 30분 45초	20시 45분 58초
다	5시 34분 22초	19시 51분 53초

( )

서술형

▸ 251002-0759

20 지우가 3일 동안 운동한 시간은 모두 4시간 20분입니다. 셋째 날에 운동한 시간은 몇 분인지 풀이 과정을 쓰고 답을 구해 보세요.

첫째 날	1시간 55분
둘째 날	1시간 37분
셋째 날	?

풀이

답

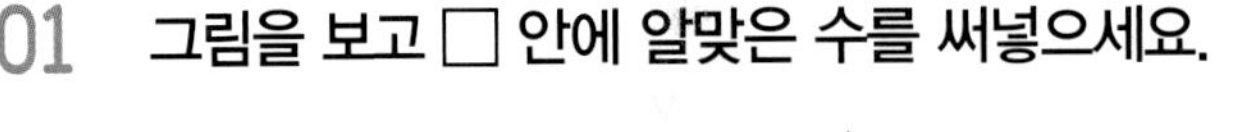

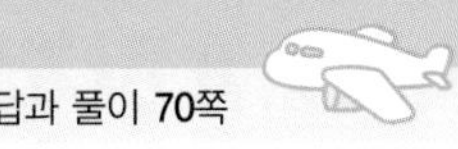

정답과 풀이 70쪽

5. 길이와 시간

▸251002-0760

01 그림을 보고 □ 안에 알맞은 수를 써넣으세요.

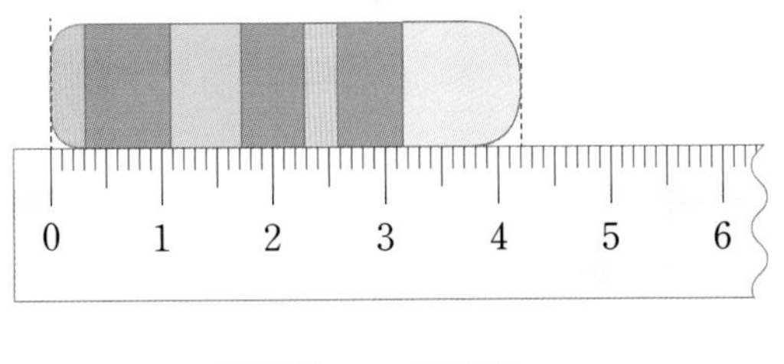

□ cm □ mm

▸251002-0761

02 보기 에서 알맞은 단위를 골라 □ 안에 써넣으세요.

보기

mm　cm　m　km

(1) 내 발의 길이는 약 210 □ 입니다.

(2) 교실 문의 높이는 약 2 □ 입니다.

▸251002-0762

03 □ 안에 알맞은 수를 써넣으세요.

(1) 6 cm 4 mm = □ mm

(2) 81 mm = □ cm □ mm

▸251002-0763

04 같은 길이끼리 이어 보세요.

(1)	4030 m •	• ㉠	4 km 3 m
(2)	4300 m •	• ㉡	4 km 30 m
(3)	4003 m •	• ㉢	4 km 300 m

▸251002-0764

05 시각을 바르게 읽은 것을 찾아 기호를 써 보세요.

㉠ 1시 26분 49초
㉡ 1시 21분 49초
㉢ 1시 25분 49초

( )

▸251002-0765

06 길이를 비교하여 ○ 안에 >, =, <를 알맞게 써넣으세요.

20 cm 7 mm ○ 241 mm

▸251002-0766

07 학교에서 먼 곳부터 순서대로 써 보세요.

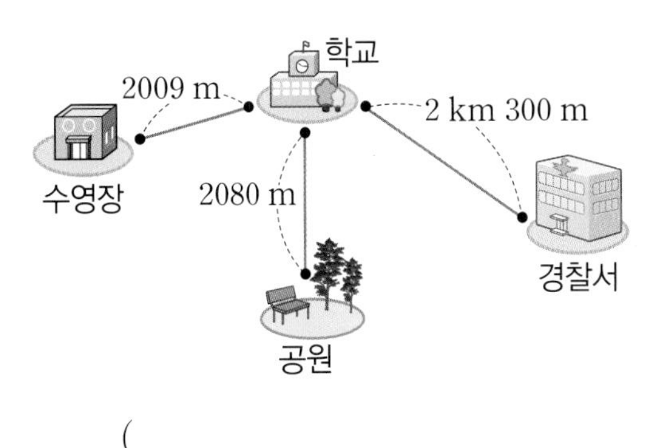

( )

▸251002-0767

08 시각에 맞게 초바늘을 그려 보세요.

4시 10분 25초

[09~10] 그림을 보고 물음에 답하세요.

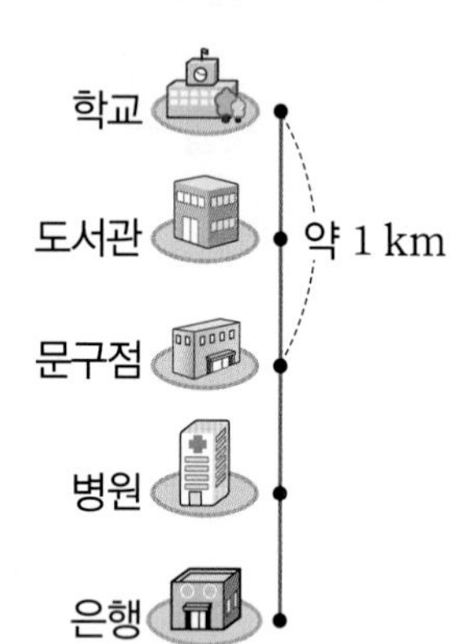

▸251002-0768
09 학교에서 은행까지의 거리는 약 몇 km일까요?

약 (   )

▸251002-0769
10 도서관에서 약 1500 m 떨어진 곳에는 어떤 장소가 있을까요?

(   )

▸251002-0770
11 다음을 모두 만족하는 시각을 구해 보세요.

- 짧은바늘은 3과 4 사이에 있습니다.
- 긴바늘은 9에서 작은 눈금 2칸만큼 더 간 곳을 지나고 있습니다.
- 초바늘은 2를 가리키고 있습니다.

(   )

▸251002-0771
12 잘못 설명한 것을 찾아 기호를 써 보세요.

㉠ 200 mm는 20 cm입니다.
㉡ 302 mm는 3 cm 2 mm입니다.
㉢ 15 cm 3 mm는 153 mm입니다.

(   )

▸251002-0772
13 □ 안에 알맞은 수를 써넣으세요.

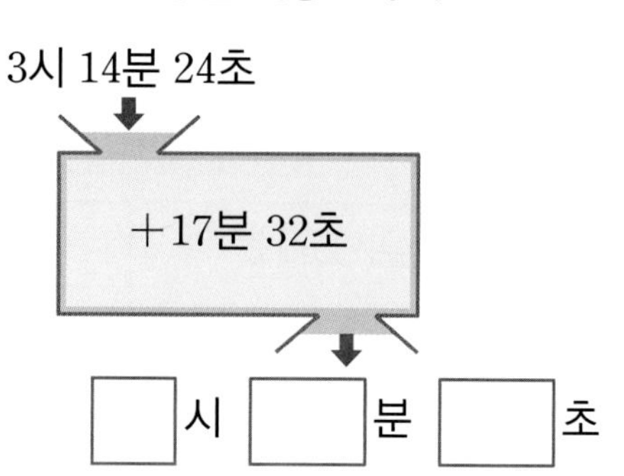

▸251002-0773
14 빈칸에 알맞은 시각을 써넣으세요.

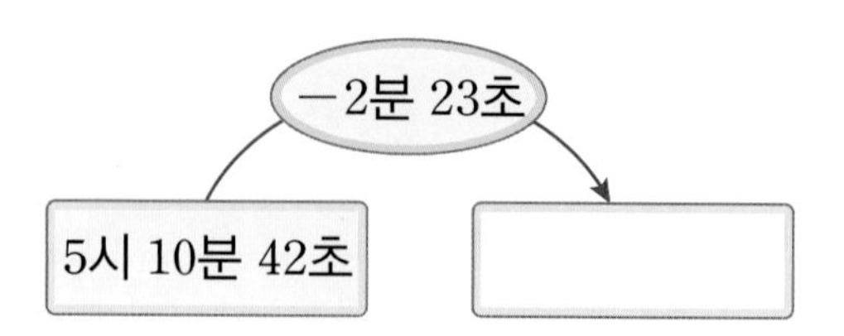

서술형

▸251002-0774

15 새 크레파스의 길이는 8 cm였는데 사용하고 나서 길이를 재었더니 다음과 같았습니다. 사용한 크레파스의 길이는 몇 cm 몇 mm인지 풀이 과정을 쓰고 답을 구해 보세요.

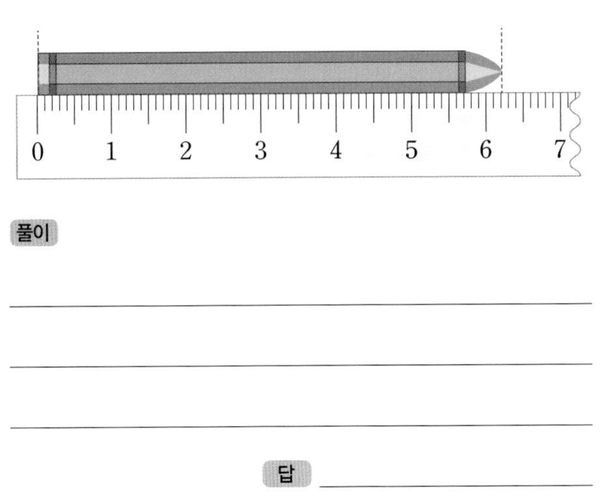

풀이

답

[16~17] 어느 버스 정류소에 표시된 현재 시각과 버스가 도착할 때까지 남은 시간입니다. 물음에 답하세요.

현재 시각

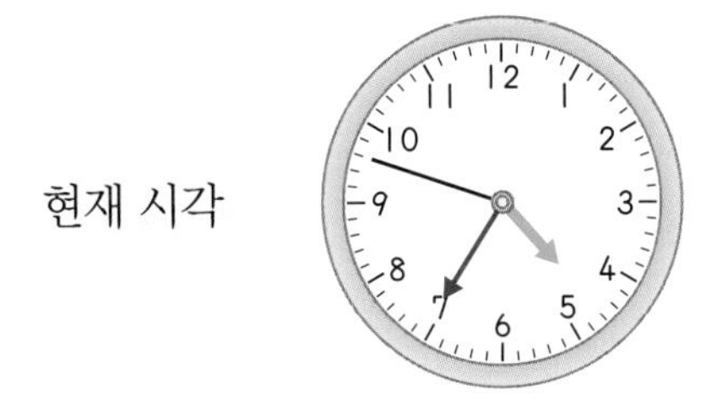

버스 번호	남은 시간
76번	3분 45초
128번	4분 36초
5022번	7분 15초

▸251002-0775

16 76번 버스의 도착 예정 시각은 몇 시 몇 분 몇 초일까요?

( )

▸251002-0776

17 128번 버스는 5022번 버스보다 몇 분 몇 초 더 빨리 올까요?

( )

▸251002-0777

18 한 변의 길이가 36 mm인 정사각형의 네 변의 길이의 합은 몇 cm 몇 mm일까요?

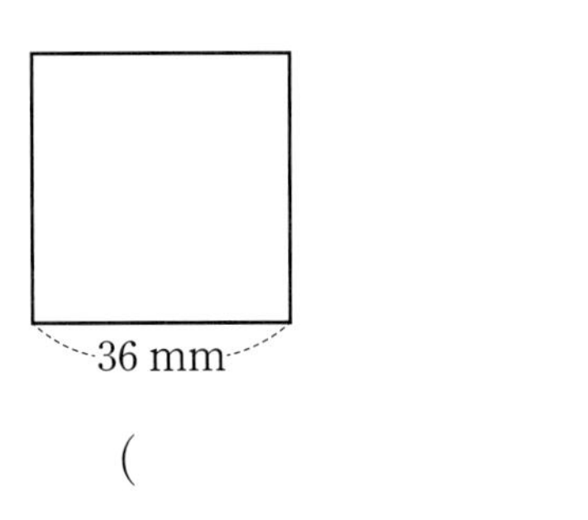

( )

▸251002-0778

19 마라톤 대회에서 어느 선수가 10시 15분 46초에 출발하여 2시간 34분 36초 후에 도착했습니다. 이 선수가 도착한 시각은 몇 시 몇 분 몇 초일까요?

( )

서술형

▸251002-0779

20 서준이는 주말 동안 공원에서 봉사 활동을 했습니다. 이틀 동안 서준이가 봉사 활동을 한 시간은 몇 시간 몇 분인지 풀이 과정을 쓰고 답을 구해 보세요.

	시작한 시각	끝낸 시각
토요일	2시 45분	3시 50분
일요일	4시 50분	6시 5분

풀이

답

5단원 서술형·논술형 평가

▸ 251002-0780

01 잘못된 설명의 기호를 쓰고 바르게 고쳐 보세요.

㉠ 초바늘이 작은 눈금 한 칸을 가는 데 걸리는 시간은 1초입니다.
㉡ 초바늘이 시계를 한 바퀴 도는 데 걸리는 시간은 100초입니다.

기호 (　　　　　　　　)

바르게 고치기 ____________________

▸ 251002-0781

02 도서관, 미술관, 서점 중 공원에서 가장 가까운 곳은 어디인지 풀이 과정을 쓰고 답을 구해 보세요.

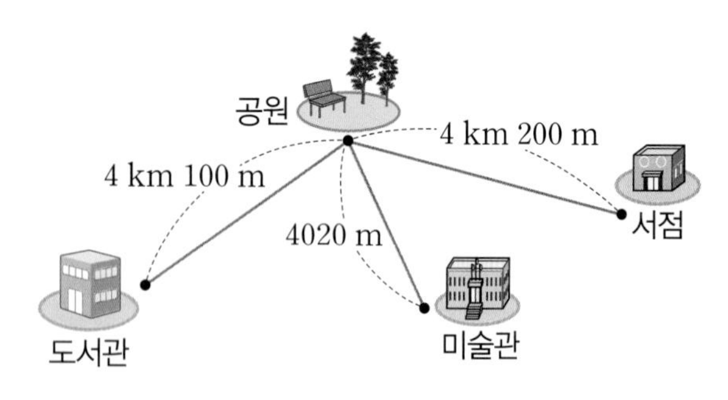

풀이

답 ____________________

▸ 251002-0782

03 가장 긴 길이와 가장 짧은 길이의 차는 몇 cm인지 풀이 과정을 쓰고 답을 구해 보세요.

10 cm 2 mm　　138 mm　　9 cm 8 mm

풀이

답 ____________________

▸ 251002-0783

04 계산이 잘못된 이유를 쓰고, 바르게 계산해 보세요.

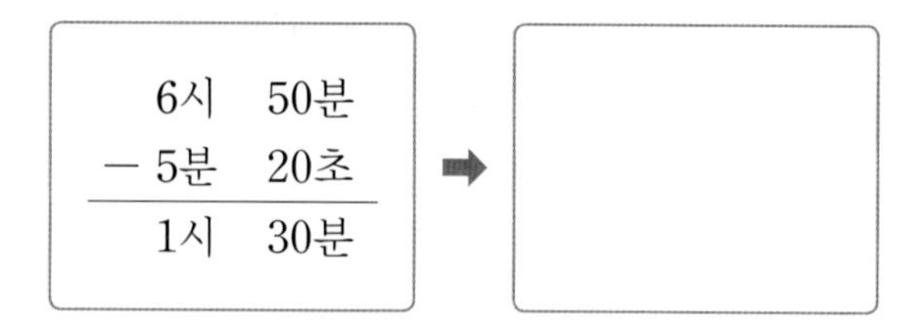

	6시	50분
−	5분	20초
	1시	30분

➡ (　　　　)

이유 ____________________

▸ 251002-0784

05 길이의 단위를 잘못 쓴 것을 찾아 기호를 쓰고, 바르게 고쳐 보세요.

㉠ 집에서 학교까지의 거리는 1020 m입니다.
㉡ 내 발의 길이는 230 cm입니다.
㉢ 뒷산 둘레길의 길이는 2 km입니다.

기호 (　　　　　　　　)

바르게 고치기 ____________________

▸ 251002-0785

06 **15 cm 7 mm**인 색연필의 길이를 가장 가깝게 어림한 사람은 누구인지 풀이 과정을 쓰고 답을 구해 보세요.

이름	주아	민호	연아
어림한 길이	약 14 cm	약 150 mm	약 16 cm

풀이

답 ____________________

▸ 251002-0786

07 지수는 초바늘이 시계를 4바퀴 도는 동안 피아노 연주를 했습니다. 피아노 연주를 시작한 시각이 다음과 같을 때 피아노 연주를 마친 시각을 구하려고 합니다. 풀이 과정을 쓰고 답을 구해 보세요.

풀이

답

▸ 251002-0787

08 하지는 일 년 중 낮의 길이가 가장 긴 날입니다. 어느 해 하지에 낮의 길이는 14시간 46분이라고 합니다. 이 날 밤의 길이는 몇 시간 몇 분인지 풀이 과정을 쓰고 답을 구해 보세요.

풀이

답

▸ 251002-0788

09 길이가 16 cm인 종이 끈 3개를 그림과 같이 겹치게 이어 붙였습니다. 이어 붙인 종이 끈 전체의 길이는 몇 cm인지 풀이 과정을 쓰고 답을 구해 보세요.

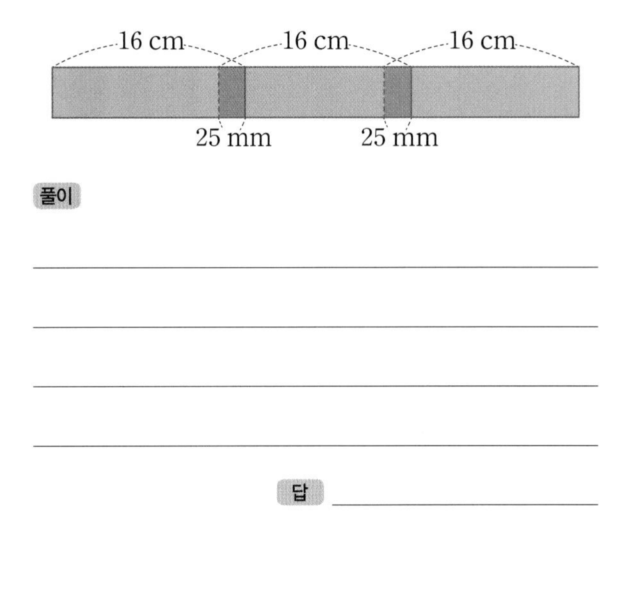

풀이

답

▸ 251002-0789

10 2시 50분부터 학습 영상 2개를 보려고 합니다. 국어와 사회 영상을 다 본 후의 시각은 몇 시 몇 분 몇 초인지 풀이 과정을 쓰고 답을 구해 보세요.

국어	수학	사회	과학
6분 40초	4분 30초	5분 30초	7분 10초

풀이

답

■ **똑같이 나누기**

• 똑같이 넷으로 나누기

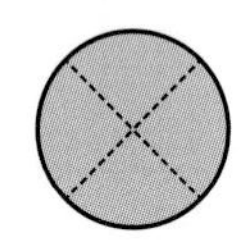 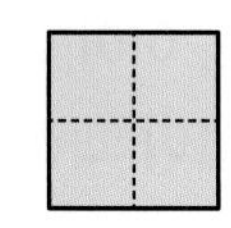 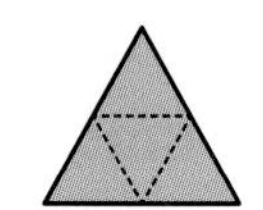 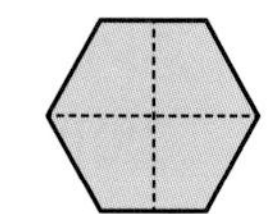

■ **분수 알아보기 (1)**

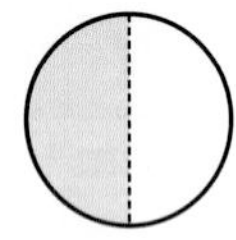 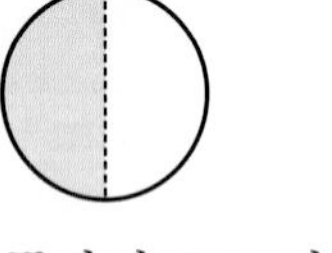

전체를 똑같이 2로 나눈 것 중의 1을 $\frac{1}{2}$이라 쓰고 2분의 1이라고 읽습니다.	전체를 똑같이 4로 나눈 것 중의 3을 $\frac{3}{4}$이라 쓰고 4분의 3이라고 읽습니다.

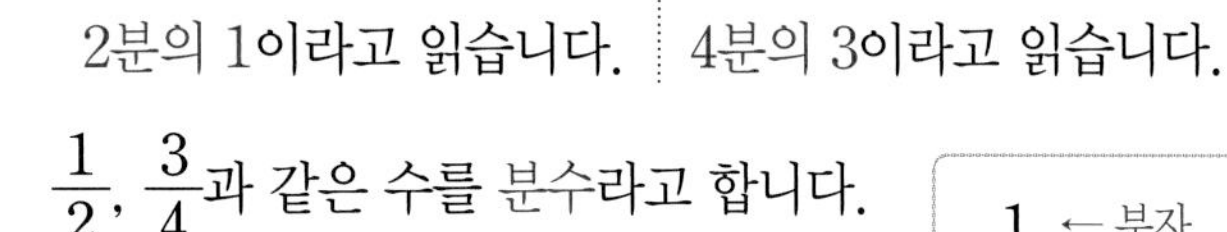

$\frac{1}{2}$, $\frac{3}{4}$과 같은 수를 분수라고 합니다.

$\frac{1}{2}$ ← 분자 / ← 분모

■ **분수 알아보기 (2)**

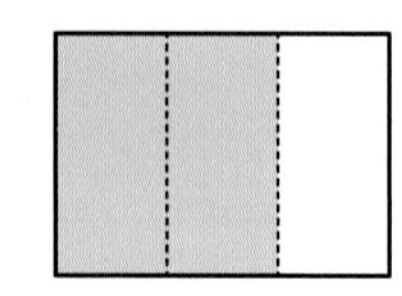

• 색칠한 부분은 전체의 $\frac{2}{3}$입니다.

• 색칠하지 않은 부분은 전체의 $\frac{1}{3}$입니다.

■ **분모가 같은 분수의 크기 비교하기**

• 분수 중에서 $\frac{1}{2}$, $\frac{1}{3}$, $\frac{1}{6}$과 같이 분자가 1인 분수를 단위분수라고 합니다.

• 분모가 같은 분수는 분자가 클수록 더 큽니다.

$\frac{2}{4}$ 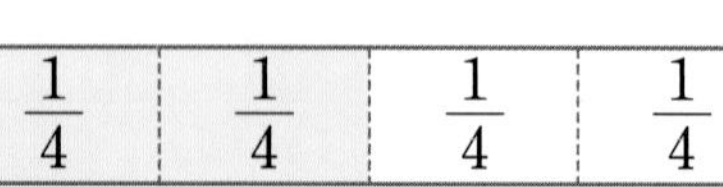

$\frac{3}{4}$ 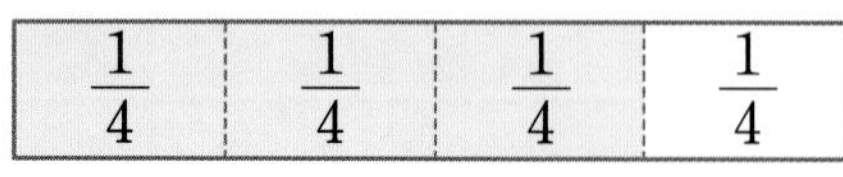

➡ $\frac{2}{4}$는 $\frac{1}{4}$이 2개, $\frac{3}{4}$은 $\frac{1}{4}$이 3개입니다.

➡ $\frac{2}{4}<\frac{3}{4}$

■ **단위분수의 크기 비교하기**

• 단위분수는 분모가 작을수록 더 큽니다.

$\frac{1}{2}$

$\frac{1}{3}$

➡ $\frac{1}{2}>\frac{1}{3}$

■ **소수 알아보기 (1)**

• 분수 $\frac{1}{10}$을 0.1이라 쓰고 영 점 일이라고 읽습니다.

$\frac{1}{10}=0.1$

• $\frac{1}{10}$, $\frac{2}{10}$, $\frac{3}{10}$, ..., $\frac{9}{10}$를 0.1, 0.2, 0.3, ..., 0.9라 쓰고 영 점 일, 영 점 이, 영 점 삼, ..., 영 점 구라고 읽습니다.

• 0.1, 0.2, 0.3과 같은 수를 소수라 하고 '.'을 소수점이라고 합니다.

■ **소수 알아보기 (2)**

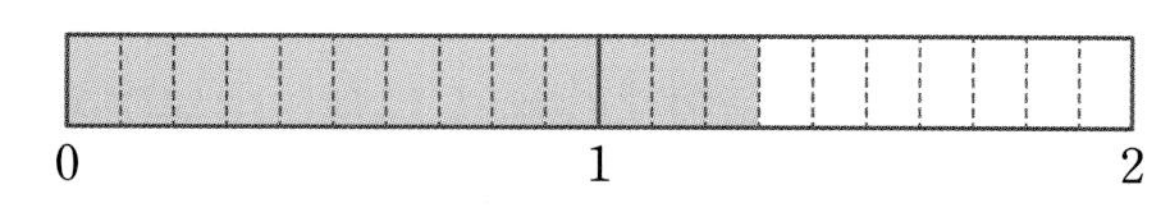

• 1과 0.3만큼을 1.3이라 쓰고 일 점 삼이라고 읽습니다.

■ **소수의 크기 비교하기**

• 자연수 부분의 크기를 먼저 비교합니다. 자연수가 클수록 큰 수입니다.

예 5.6<7.2

• 자연수의 크기가 같을 경우, 소수 부분의 크기를 비교합니다.

예 6.5<6.8

▸251002-0790

01 똑같이 나누어진 도형을 모두 찾아 기호를 써 보세요.

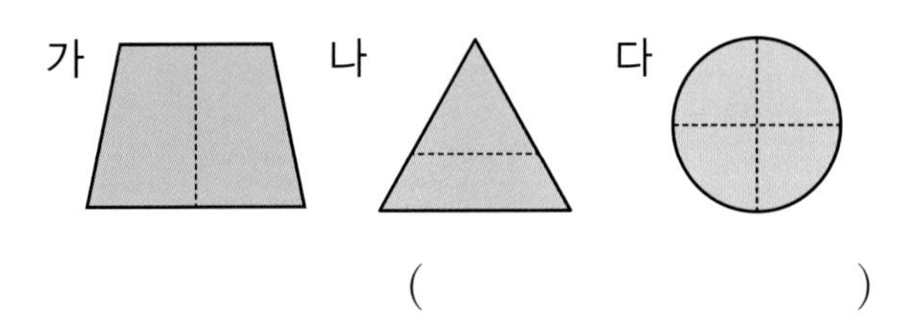

( )

▸251002-0791

02 □ 안에 알맞은 수를 써넣으세요.

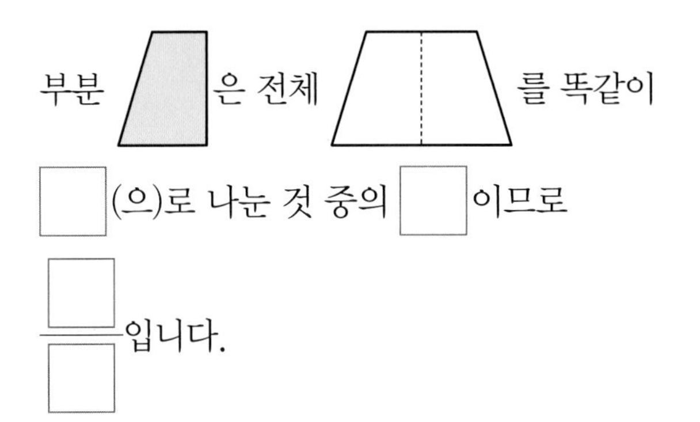

부분
은 전체
를 똑같이
(으)로 나눈 것 중의
이므로
입니다.

▸251002-0792

03 $\frac{3}{5}$만큼 색칠해 보세요.

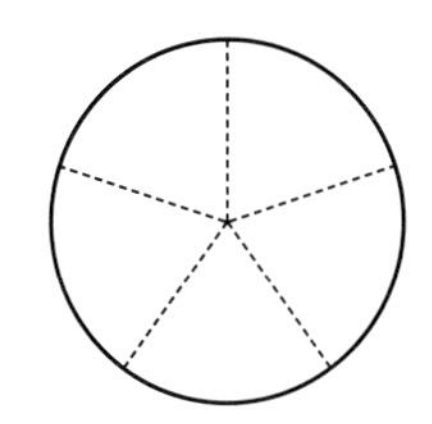

▸251002-0793

04 부분을 보고 전체를 그려 보세요.

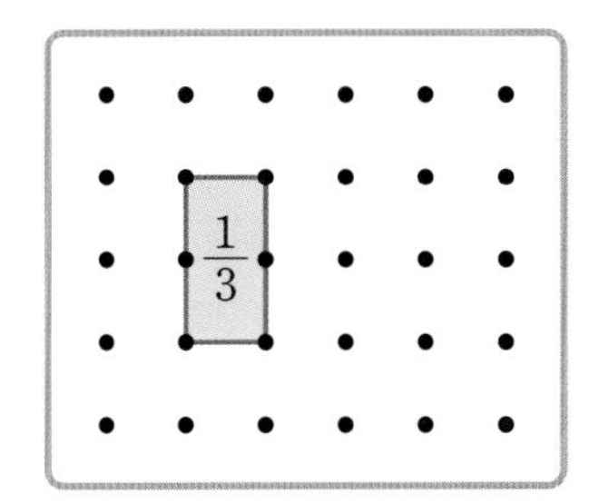

▸251002-0794

05 두 분수의 크기를 비교하여 ○ 안에 >, <를 알맞게 써넣으세요.

(1) $\frac{5}{9}$ ○ $\frac{8}{9}$ (2) $\frac{1}{2}$ ○ $\frac{1}{4}$

▸251002-0795

06 큰 분수부터 순서대로 써 보세요.

$\frac{1}{8}$ $\frac{3}{8}$ $\frac{7}{8}$ $\frac{5}{8}$

( )

▸251002-0796

07 $\frac{1}{5}$보다 작은 분수를 모두 찾아 써 보세요.

$\frac{1}{8}$ $\frac{1}{6}$ $\frac{1}{2}$ $\frac{1}{4}$

( )

▸251002-0797

08 □ 안에 알맞은 수나 말을 써넣으세요.

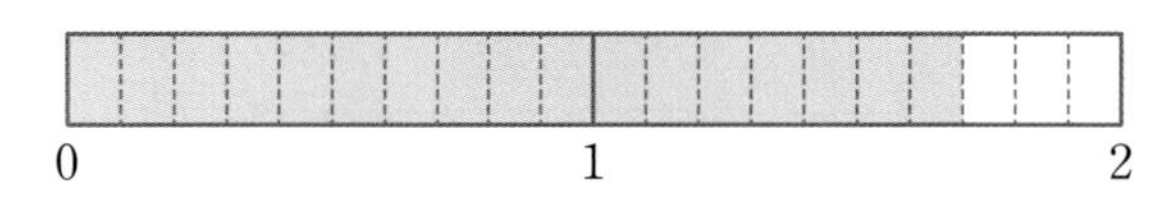

색칠한 부분은 0.1이 □ 개이므로 □ (이)라고 쓰고 □ (이)라고 읽습니다.

▸251002-0798

09 두 소수의 크기를 비교하여 ○ 안에 >, <를 알맞게 써넣으세요.

(1) 0.5 ○ 0.7 (2) 1.8 ○ 2.1

▸251002-0799

10 큰 소수부터 순서대로 써 보세요.

2.1 0.6 1.9 0.8

( )

학교 시험 만점왕 1회

6. 분수와 소수

▸ 251002-0800

01 똑같이 나누어진 도형을 찾아 기호를 써 보세요.

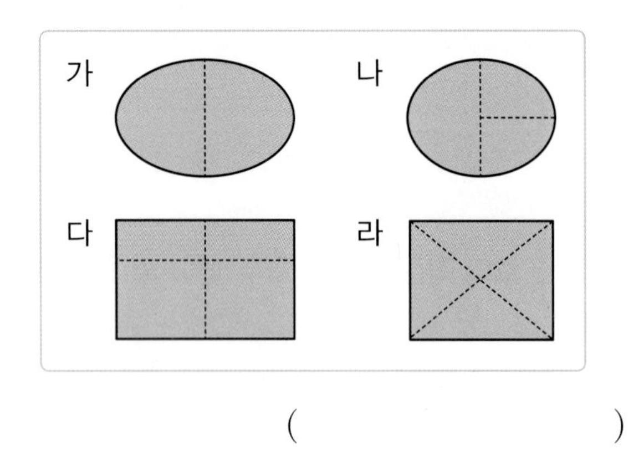

( )

▸ 251002-0801

02 색칠한 부분은 전체의 얼마인지 분수로 쓰고, 읽어 보세요.

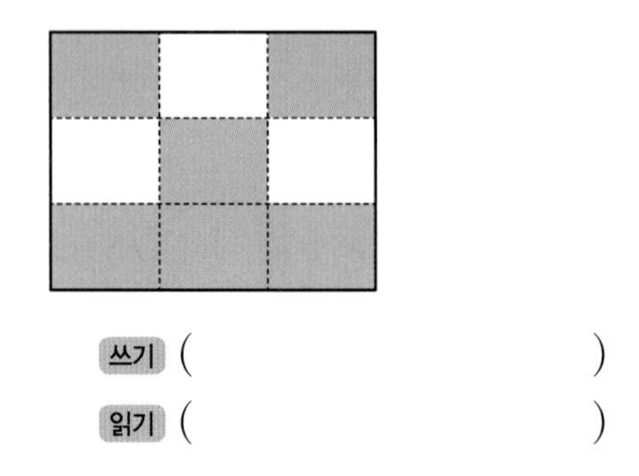

쓰기 ( )

읽기 ( )

▸ 251002-0802

03 색칠한 부분과 색칠하지 않은 부분을 분수로 나타내 보세요.

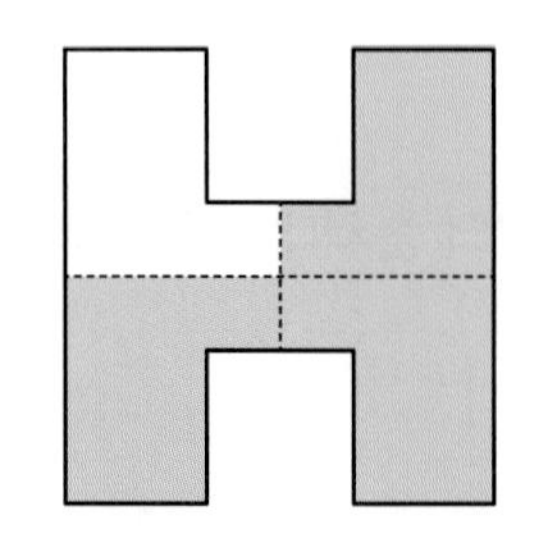

색칠한 부분 ( )

색칠하지 않은 부분 ( )

▸ 251002-0803

04 부분을 보고 전체에 알맞은 모양을 모두 찾아 ○표 하세요.

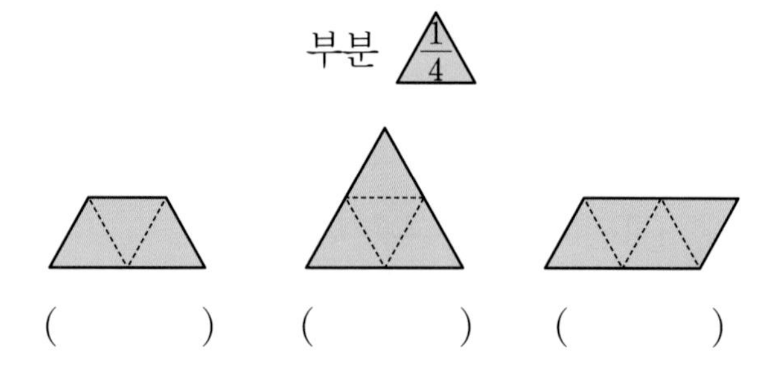

( ) ( ) ( )

▸ 251002-0804

05 $\frac{5}{8}$만큼 색칠하려고 합니다. 몇 칸을 더 색칠해야 할까요?

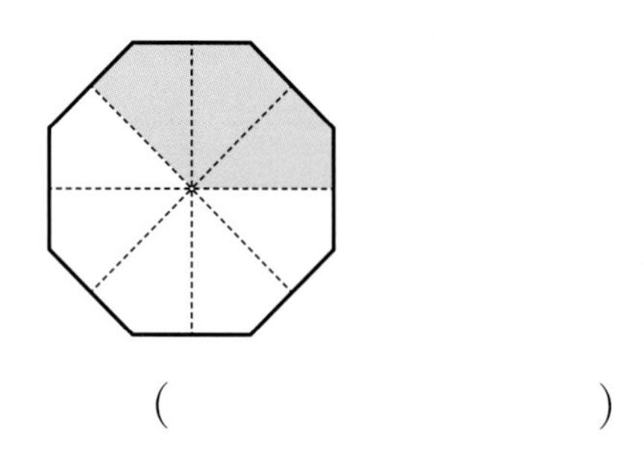

( )

▸ 251002-0805

06 은서는 피자를 똑같이 6조각으로 나누어 전체의 $\frac{4}{6}$만큼 먹었습니다. 은서가 먹고 남은 피자는 몇 조각일까요?

( )

▸ 251002-0806

07 분수만큼 색칠하고, ○ 안에 >, <를 알맞게 써넣으세요.

$\frac{4}{5}$ [| | | |]

$\frac{2}{5}$ [| | | |]

$\frac{4}{5}$ ○ $\frac{2}{5}$

▸ 251002-0807

08 분수의 크기를 비교하는 방법을 바르게 설명한 사람은 누구일까요?

지성: 단위분수는 분모가 클수록 큰 분수야.
경지: 분모가 같은 분수는 분자가 작을수록 작은 분수야.

(   )

▸ 251002-0808

09 □ 안에 알맞은 수를 써넣으세요.

1.5는 0.1이 □개, 2.3은 0.1이 □개입니다.
1.5와 2.3 중에서 더 큰 소수는 □입니다.

▸ 251002-0809

10 관계있는 것끼리 이어 보세요.

(1) 0.5 • 　　　　• ㉠ 0.1이 13개
(2) 1.3 • 　　　　• ㉡ 0.1이 5개
(3) 0.8 • 　　　　• ㉢ 0.1이 8개

▸ 251002-0810

11 잘못 설명한 것은 어느 것일까요? (　　)

① 0.1이 2개이면 0.2입니다.
② 0.4는 0.1이 4개입니다.
③ 0.7은 0.1이 7개입니다.
④ 0.1이 30개이면 0.3입니다.
⑤ 0.1이 5개이면 0.5입니다.

▸ 251002-0811

12 다음 설명을 만족하는 분수는 모두 몇 개일까요?

- 분모가 8인 분수입니다.
- $\frac{3}{8}$보다 큽니다.
- $\frac{6}{8}$보다 작습니다.

(   )

▸ 251002-0812

13 2부터 9까지의 수 중에서 □ 안에 들어갈 수 있는 수를 모두 구해 보세요.

$$\frac{1}{6} > \frac{1}{\square}$$

(   )

▸ 251002-0813

14 부분을 보고 전체만큼 그려 보세요.

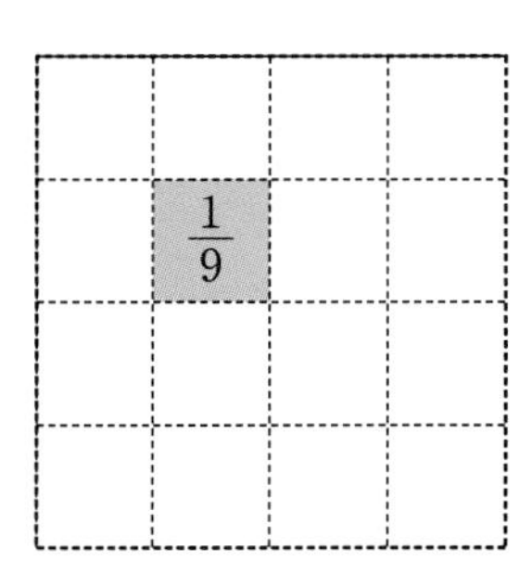

▸251002-0814

15 연을 만드는 데 실을 진수는 2.6 m, 태영이는 1.9 m 사용하였습니다. 실을 더 많이 사용한 사람은 누구일까요?

( )

▸251002-0815

16 6장의 수 카드 중 2장을 골라 한 번씩만 사용하여 소수 □.□를 만들려고 합니다. 만들 수 있는 가장 큰 소수와 가장 작은 소수를 써 보세요.

4	1	7	9	2	8

가장 큰 소수 ( )

가장 작은 소수 ( )

서술형

▸251002-0816

17 동윤이는 사슴벌레의 길이를 재었습니다. 암컷은 4 cm 2 mm이고 수컷은 6.3 cm였습니다. 암컷과 수컷 중 어느 것이 더 긴지 풀이 과정을 쓰고 답을 구해 보세요.

풀이

답

▸251002-0817

18 1부터 9까지의 수 중에서 □ 안에 들어갈 수 있는 수를 모두 구해 보세요.

3.4 < 3.□ < 3.8

( )

▸251002-0818

19 가, 나, 다 세 철사의 길이를 나타낸 것입니다. 가장 긴 것을 찾아 기호를 써 보세요.

가	나	다
9.2 m	6.9 m	3.5 m

( )

서술형

▸251002-0819

20 조건 을 만족하는 수는 모두 몇 개인지 풀이 과정을 쓰고 답을 구해 보세요.

조건

- 0.3보다 큰 수입니다.
- $\frac{9}{10}$보다 작은 수입니다.

$\frac{4}{10}$ 0.8 0.9 0.7 0.5 $\frac{3}{10}$

풀이

답

정답과 풀이 74쪽

6. 분수와 소수

▸ 251002-0820

01 똑같이 나누어지지 않은 도형을 모두 찾아 기호를 써 보세요.

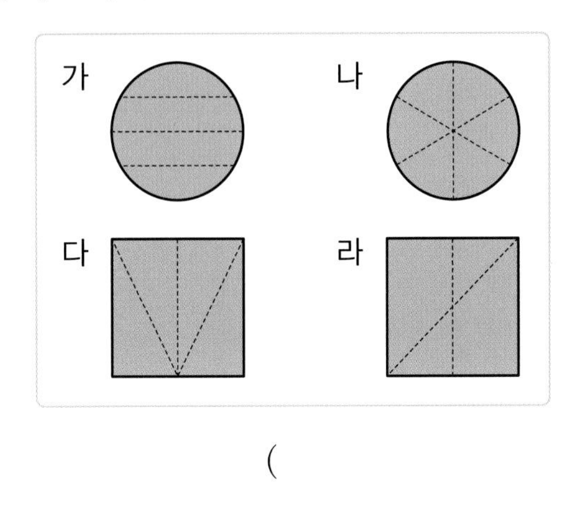

( )

▸ 251002-0821

02 색칠한 부분을 분수로 나타내 보세요.

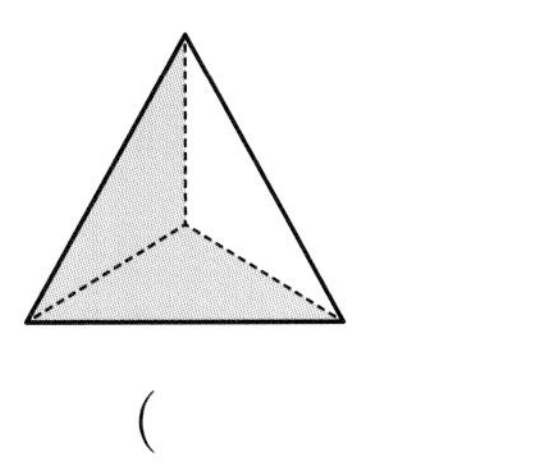

( )

▸ 251002-0822

03 분수만큼 색칠해 보세요.

$\frac{8}{9}$

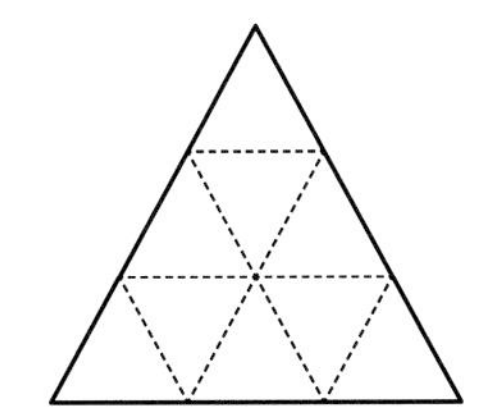

▸ 251002-0823

04 관계있는 것끼리 이어 보세요.

(1)	$\frac{3}{6}$	㉠	6분의 3
(2)	$\frac{1}{3}$	㉡	5분의 2
(3)	$\frac{2}{5}$	㉢	3분의 1

▸ 251002-0824

05 분자가 5인 분수를 모두 찾아 써 보세요.

$\frac{5}{6}$ $\frac{1}{5}$ $\frac{5}{8}$ $\frac{4}{5}$

( )

서술형

▸ 251002-0825

06 색칠한 부분과 색칠하지 않은 부분을 분수로 나타내었을 때 더 큰 분수는 무엇인지 풀이 과정을 쓰고 답을 구해 보세요.

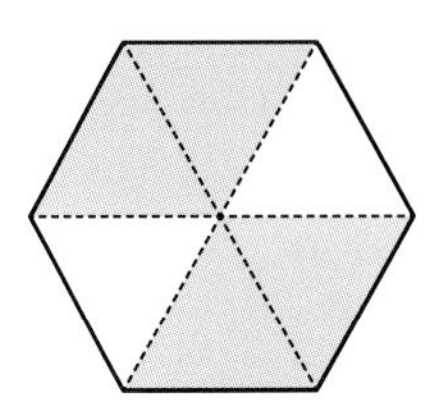

풀이

답

▸251002-0826

07 ㉠과 ㉡의 차를 구해 보세요.

$\frac{3}{7}$은 $\frac{1}{㉠}$이 3개, $\frac{8}{9}$은 $\frac{1}{9}$이 ㉡개입니다.

( )

▸251002-0827

08 설명하는 분수가 다른 사람은 누구일까요?

지영: 전체를 똑같이 8로 나눈 것 중 1이야.
세미: 분모가 8인 단위분수야.
진영: 분수를 읽으면 4분의 1이야.

( )

▸251002-0828

09 단위분수가 아닌 것을 모두 찾아 써 보세요.

$\frac{1}{5}$ $\frac{2}{7}$ $\frac{1}{7}$ $\frac{4}{9}$

( )

▸251002-0829

10 관계있는 것끼리 이어 보세요.

$\frac{3}{10}$ •	• 0.5 •	• 영 점 일
$\frac{5}{10}$ •	• 0.3 •	• 영 점 삼
$\frac{1}{10}$ •	• 0.1 •	• 영 점 오

▸251002-0830

11 분모가 10인 분수 중에서 $\frac{4}{10}$보다 크고 $\frac{8}{10}$보다 작은 분수는 모두 몇 개일까요?

( )

▸251002-0831

12 ㉠과 ㉡의 합을 구해 보세요.

• $\frac{1}{4}$이 3개인 수 ➡ $\frac{㉠}{4}$
• 1.4 ➡ 0.1이 ㉡개인 수

( )

▸251002-0832

13 큰 수부터 순서대로 써 보세요.

$\frac{5}{7}$ $\frac{2}{7}$ $\frac{1}{7}$ $\frac{3}{7}$

( )

▸ 251002-0833

14 화단의 $\frac{1}{3}$만큼에 튤립을 심고, $\frac{1}{9}$만큼에 장미를 심었습니다. 튤립과 장미 중 어느 것을 심은 부분이 더 넓을까요?

( )

▸ 251002-0834

15 나타내는 수가 다른 하나를 찾아 소수로 써 보세요.

- 이 점 삼
- 0.1이 29개인 수
- 2와 0.3만큼인 수

( )

▸ 251002-0835

16 장수풍뎅이의 길이를 재었습니다. 암컷은 4.9 cm이고 수컷은 5.2 cm입니다. 암컷과 수컷 중 어느 것이 더 길까요?

( )

▸ 251002-0836

17 2부터 9까지의 수 중에서 □ 안에 들어갈 수 있는 수를 모두 구해 보세요.

$$\frac{1}{5} > \frac{1}{\square}$$

( )

▸ 251002-0837

18 1부터 9까지의 수 중에서 □ 안에 들어갈 수 있는 수를 모두 구해 보세요.

$$0.2 < 0.\square < 0.5$$

( )

▸ 251002-0838

19 집에서 학교까지의 거리는 4.2 km이고, 집에서 은행까지의 거리는 0.8 km입니다. 집에서 도서관은 학교보다 가깝고 은행보다 멉니다. 집에서 도서관까지의 거리가 될 수 있는 것을 찾아 기호를 써 보세요.

㉠ 6.2 km ㉡ 0.5 km ㉢ 2.1 km

( )

서술형

▸ 251002-0839

20 미술 시간에 철사로 만들기를 하였습니다. 철사를 가장 많이 사용한 사람은 누구인지 풀이 과정을 쓰고 답을 구해 보세요.

재훈: 나는 철사를 3.8 m 사용했어.
민우: 나는 $\frac{1}{10}$ m 길이의 철사를 35개 사용했어.
영은: 나는 철사를 3 m와 0.7 m만큼 사용했어.
하리: 나는 0.1 m 길이의 철사를 41개 사용했어.

풀이

답

6단원 서술형·논술형 평가

▸251002-0840

01 똑같이 나누어졌는지 알아보고 이유를 써 보세요.

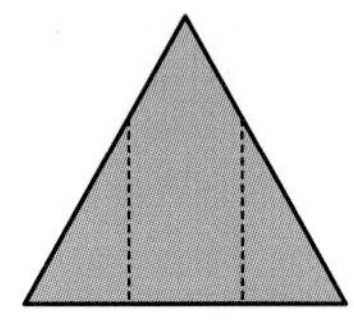

똑같이 (나누어졌습니다 , 나누어지지 않았습니다).

이유 ______

▸251002-0841

02 색칠한 부분과 색칠하지 않은 부분을 나타낸 두 분수 중에서 더 큰 분수는 무엇인지 풀이 과정을 쓰고 답을 구해 보세요.

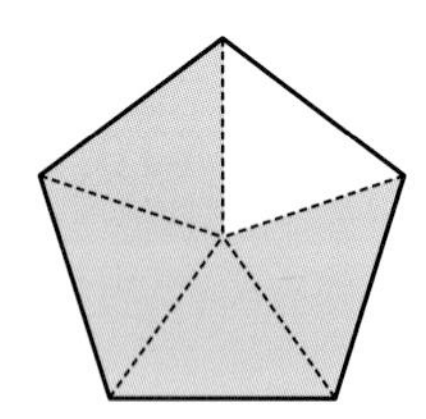

풀이

답 ______

▸251002-0842

03 ㉠과 ㉡의 합은 얼마인지 풀이 과정을 쓰고 답을 구해 보세요.

- $\frac{1}{8}$이 5개인 수 ➡ $\frac{㉠}{8}$
- $\frac{4}{9} < \frac{㉡}{9} < \frac{6}{9}$

풀이

답 ______

▸251002-0843

04 수 카드 4장 중에서 2장을 골라 한 번씩만 사용하여 만들 수 있는 가장 큰 단위분수는 무엇인지 풀이 과정을 쓰고 답을 구해 보세요.

9 4 7 1

풀이

답 ______

▸251002-0844

05 파이를 똑같이 10조각으로 나누어 명우는 5조각을, 희성이는 3조각을 먹었습니다. 명우와 희성이가 먹은 양을 소수로 나타내면 각각 얼마인지 풀이 과정을 쓰고 답을 구해 보세요.

풀이

답 명우: ______, 희성: ______

▸251002-0845

06 액자의 가로의 길이는 $\frac{5}{10}$ m이고 세로의 길이는 0.3 m입니다. 가로와 세로 중 어느 쪽이 더 긴지 풀이 과정을 쓰고 답을 구해 보세요.

풀이

답 ______

▶ 251002-0846

07 설명하는 분수가 다른 사람은 누구인지 풀이 과정을 쓰고 답을 구해 보세요.

채영: $\frac{1}{5}$이 3개야.

지영: 분모가 5인 단위분수야.

성희: 분모가 5인 분수 중 $\frac{2}{5}$보다 크고 $\frac{4}{5}$보다 작아.

풀이

답

▶ 251002-0847

08 어느 날 세 지역에 내린 비의 양입니다. 비가 가장 많이 내린 지역은 어디인지 풀이 과정을 쓰고 답을 구해 보세요.

지역	비의 양
서울	23 mm
부산	3.2 cm
제주	3 cm 7 mm

풀이

답

▶ 251002-0848

09 희아의 지우개 길이는 몇 cm인지 소수로 나타내려고 합니다. 풀이 과정을 쓰고 답을 구해 보세요.

정희: 내 지우개의 길이는 25 mm야.

희아: 내 지우개는 너의 지우개보다 10 mm만큼 더 길어.

풀이

답

▶ 251002-0849

10 1부터 9까지의 수 중에서 □ 안에 공통으로 들어갈 수 있는 수를 모두 구하려고 합니다. 풀이 과정을 쓰고 답을 구해 보세요.

1.7 > 1.□

4.□ > 4.4

풀이

답

인용 사진 출처

개념책 56쪽 몬드리안 〈빨강, 노랑, 파랑, 검정이 있는 구성〉: © World History Archive / Alamy Stock Photo

개념책 105쪽 Napier's 계산기와 컴퓨터: © Kim Traynor / CC BY-SA 3.0

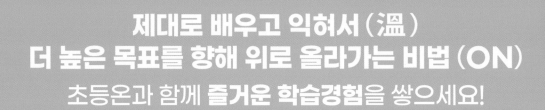

조금 어려운 내용에
도전해보고 싶어요.

아직 기초가 부족해서
차근차근
공부하고 싶어요.

영어의 모든 것!
체계적인
영어공부를 원해요.

조금 어려운
내용에
**도전해보고
싶어요.**

학습 고민이 있나요?

초등온에는
친구들의 **고민에 맞는
다양한 강좌**가 준비되어 있답니다.

**학교 진도에
맞춰**
공부하고
싶어요.

초등ON 이란?

EBS가 직접 제작하고 분야별 전문 교육업체가 개발한
다양한 콘텐츠를 바탕으로,

초등 목표달성을 위한 <**초등온**>**서비스**를 제공합니다.

BOOK 3

풀이책

BOOK 3 풀이책으로
틀린 문제의 풀이도 확인해 보세요!

EBS

인터넷·모바일·TV
무료 강의 제공

초 | 등 | 부 | 터 EBS

'한눈에 보는 정답' 보기
& 풀이책 내려받기

수학 3-1

만점왕

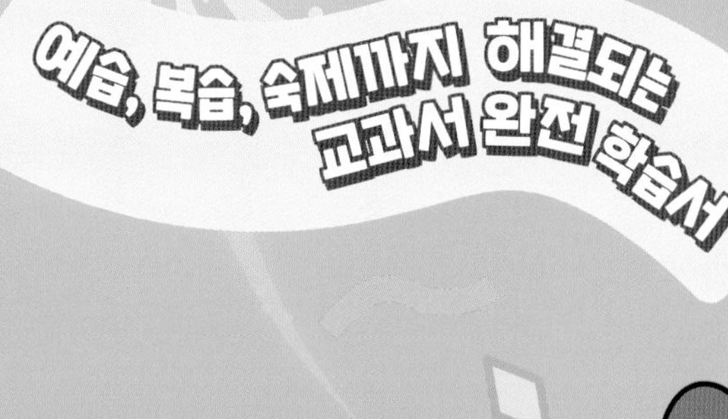

예습, 복습, 숙제까지 해결되는
교과서 완전 학습서

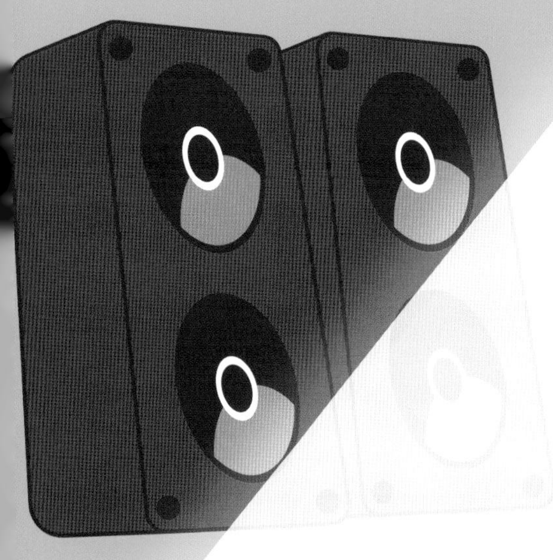

BOOK 3
풀이책

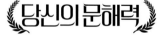

만점왕
BOOK 3 풀이책
수학 3-1

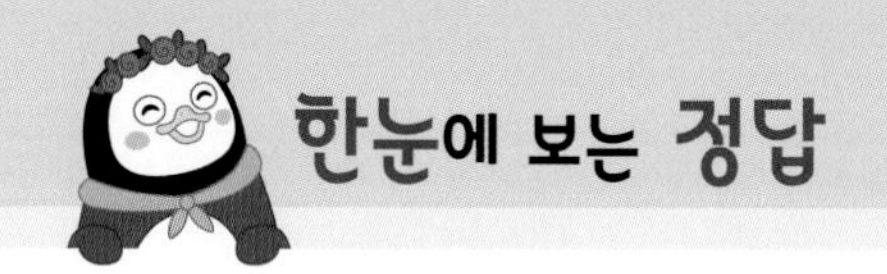

한눈에 보는 정답

BOOK 1 개념책

1 덧셈과 뺄셈

문제를 풀며 이해해요 9쪽

01 579
02 78, 900, 978
03 예 300, 300, 600
04 (1) 6, 8, 4 (2) 9, 6, 7

교과서 문제 해결하기 10~11쪽

01 300, 90, 7, 397
02 778
03 (1) 827 (2) 689 (3) 977 (4) 789
04 (1) 예 790 (2) 788
05 575, 987
06 (1)-㉢ (2)-㉠ (3)-㉡
07 398번
08 예 방법 1 300+400, 10+70, 4+2를 순서대로 계산하면 700, 80, 6입니다.
➡ 314+472=700+80+6=786
방법 2 14+72, 300+400을 순서대로 계산하면 86, 700입니다. ➡ 314+472=86+700=786
다른 방법 4+2, 10+70, 300+400을 순서대로 계산하면 6, 80, 700입니다.
➡ 314+472=6+80+700=786
09 796
10 3, 4, 1

문제해결 접근하기

11 풀이 참조

문제를 풀며 이해해요 13쪽

01 (1) 584 (2) 815
02 예 300, 300, 600
03 (위에서부터) (1) 1 / 7, 5, 1 (2) 1 / 8, 3, 7

교과서 문제 해결하기 14~15쪽

01 473
02 (1) 예 860 (2) 853
03 (1) 693 (2) 737 (3) 852 (4) 714
04 예 십의 자리의 계산에서 일의 자리에서 받아올림한 수를 더하지 않았습니다. / 853
05 957
06 >
07 574명
08 925 m
09 880
10 (위에서부터) 6, 7

문제해결 접근하기

11 풀이 참조

문제를 풀며 이해해요 17쪽

01 (1) 812 (2) 1235
02 예 600, 400, 1000
03 (위에서부터) (1) 1, 1 / 8, 1, 4 (2) 1, 1 / 1, 4, 3, 1

교과서 문제 해결하기 18~19쪽

01 902
02 (1) 예 710 (2) 712
03 (1) 652 (2) 1085 (3) 925 (4) 1403
04 10
05 시영
06 655, 1130
07 1423 cm
08 1121
09 616 m
10 4개

문제해결 접근하기

11 풀이 참조

문제를 풀며 이해해요 21쪽

01 (1) 211 (2) 234
02 예 500, 300, 200
03 (1) 4, 3, 1 (2) 3, 6, 2

교과서 문제 해결하기 22~23쪽

01 243
02 (1) 예 410 (2) 412
03 (1) 341 (2) 352 (3) 323 (4) 461
04 (1)-㉢ (2)-㉡ (3)-㉠
05 683, 341
06 예 방법 1 700−200, 80−60, 5−3을 순서대로 계산하면 500, 20, 2입니다.
➡ 785−263=500+20+2=522
방법 2 85−63, 700−200을 순서대로 계산하면 22, 500입니다.
➡ 785−263=22+500=522

다른 방법 5－3, 80－60, 700－200을 순서대로 계산하면 2, 20, 500입니다.
➡ 785－263＝2＋20＋500＝522

07 112쪽 08 142번
09 830 10 영서네 학교, 12명

문제해결 접근하기

11 풀이 참조

문제를 풀며 이해해요 25쪽

01 271 02 예 600, 200, 400
03 (위에서부터) (1) 4, 10 / 2, 3, 1 (2) 3, 10 / 5, 2, 8

교과서 문제 해결하기 26~27쪽

01 218 02 (1) 예 180 (2) 176
03 (1) 312 (2) 375 (3) 326 (4) 243
04 224, 243 05 >
06 509, 271 07 362
08 나예, 38 cm 09 6
10 394 cm

문제해결 접근하기

11 풀이 참조

문제를 풀며 이해해요 29쪽

01 178 02 예 700, 500, 200
03 (위에서부터) (1) 4, 10, 10 / 2, 4, 5 (2) 7, 13, 10 / 4, 4, 6

교과서 문제 해결하기 30~31쪽

01 469 02 (1) 예 340 (2) 342
03 (1) 223 (2) 548 (3) 257 (4) 308
04 534, 378 05 (○)( )
06 예 백의 자리의 계산에서 십의 자리로 받아내림한 수를 빼지 않았습니다. / 266

07 32개 08 4, 2, 7
09 278 m 10 407

문제해결 접근하기

11 풀이 참조

단원평가로 완성하기 32~35쪽

01 549 02 (1) 예 970 (2) 975
03 (1)－㉢ (2)－㉡ (3)－㉠
04 예 십의 자리의 계산에서 일의 자리에서 받아올림한 수를 더하지 않았습니다. / 765
05 1081 06 913개
07 5, 7 08 943
09 371, 412 10 ㉢, ㉡, ㉠, ㉣
11 381장 12 521
13 8, 4, 2 14 615, 274, 341
15 (1) 862 (2) 683 (3) 179 / 179 m
16 시윤, 태규 17 윤서
18 128 19 (위에서부터) 6, 7, 5
20 3개

2 평면도형

문제를 풀며 이해해요 41쪽

01 ( )(○)( )
02 (1) (○) (2) ( ) (3) ( )
( ) (○) ( )
( ) ( ) (○)
03 (1) 각에 ○표 (2) 점 ㄹ에 ○표

교과서 문제 해결하기 42~43쪽

01 (○)( )(○)( )
02 (1) 라 (2) 다 (3) 가

03 (1) 선분 ㄷㄹ(또는 선분 ㄹㄷ) (2) 직선 ㅁㅂ(또는 직선 ㅂㅁ)

04 선우

05

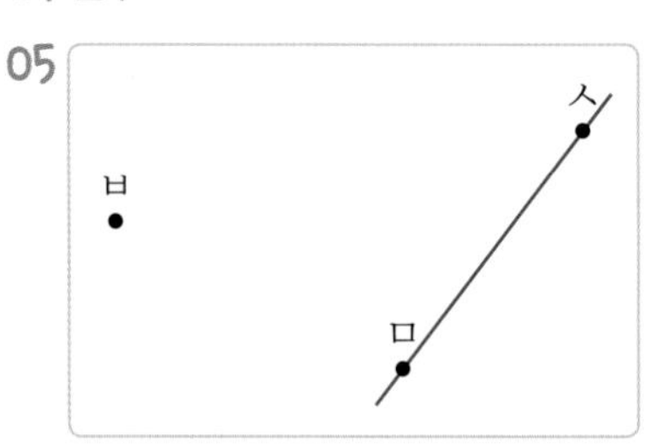

06 나, 라, 바

07 각 ㅅㅇㅈ(또는 각 ㅈㅇㅅ)

08 ㉡

09 3개

10 각 ㄱㄴㄹ(또는 각 ㄹㄴㄱ), 각 ㄱㄴㄷ(또는 각 ㄷㄴㄱ), 각 ㄹㄴㄷ(또는 각 ㄷㄴㄹ)

문제해결 접근하기

11 풀이 참조

문제를 풀며 이해해요

45쪽

01 직각

02

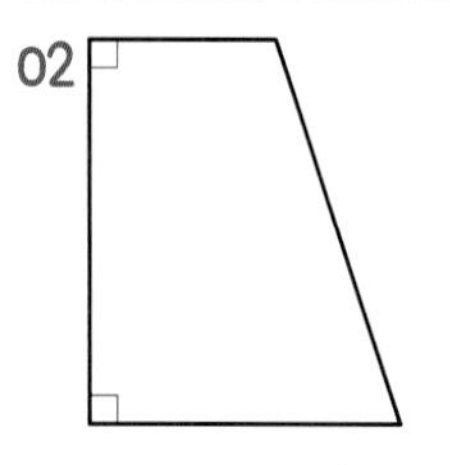

03 (1) 가, 나 (2) 직각삼각형

교과서 문제 해결하기

46~47쪽

01 ( )(○)( )

02 (1)

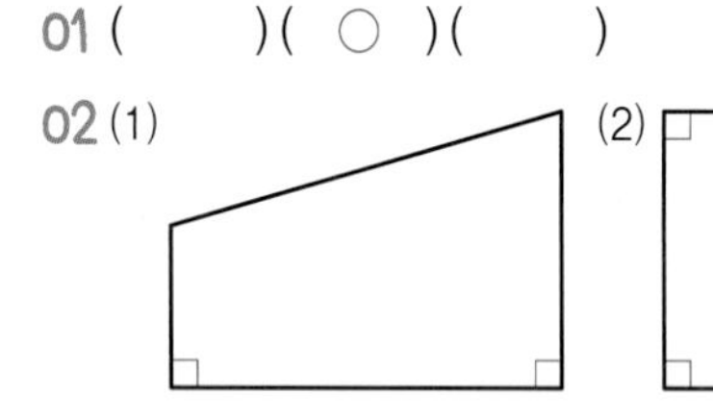

(2)

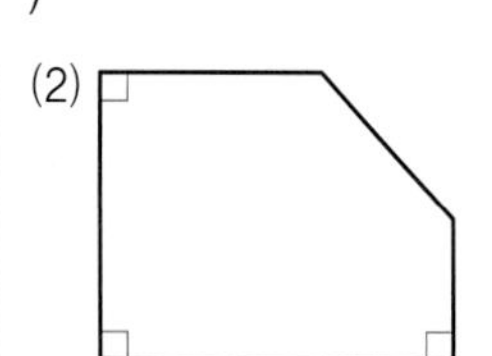

03 나, 다

04 ㉢

05 예

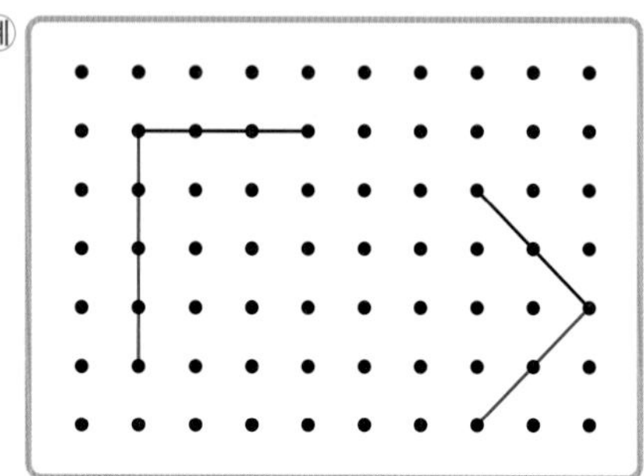

06 ④

07 5개

08 라, 나, 다, 가

09 예

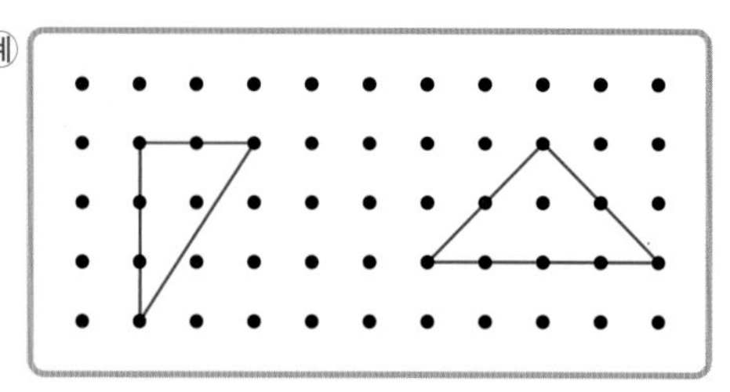

10 각 ㄱㅂㄷ(또는 각 ㄷㅂㄱ), 각 ㄴㅂㄹ(또는 각 ㄹㅂㄴ), 각 ㄷㅂㅁ(또는 각 ㅁㅂㄷ)

문제해결 접근하기

11 풀이 참조

문제를 풀며 이해해요

49쪽

01 (1) 가, 라 (2) 직사각형

02 (1) 나, 마 (2) 라, 마 (3) 마 (4) 정사각형

교과서 문제 해결하기

50~51쪽

01 직각, 직사각형

02 가, 라

03 (1) (2)

04 ㉢

05 가, 라, 바

06 ②

07 6

08 예

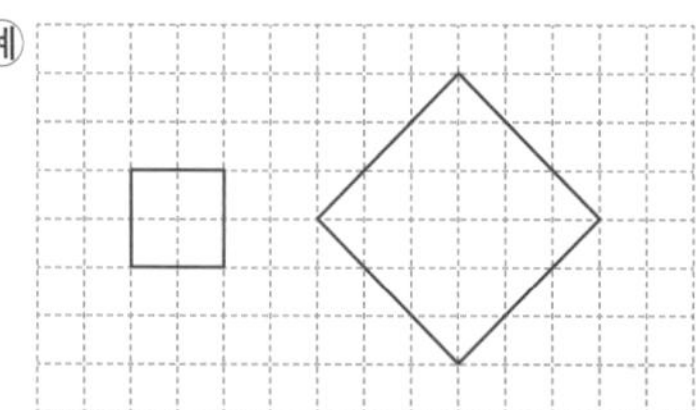

09 예 두 각은 직각이지만 나머지 두 각은 직각이 아니므로 직사각형이 아닙니다.

10 14

문제해결 접근하기

11 풀이 참조

단원평가로 완성하기 52~55쪽

01 (   )(○)(   )(○)

02 (1)-㉠ (2)-㉢ (3)-㉣

03

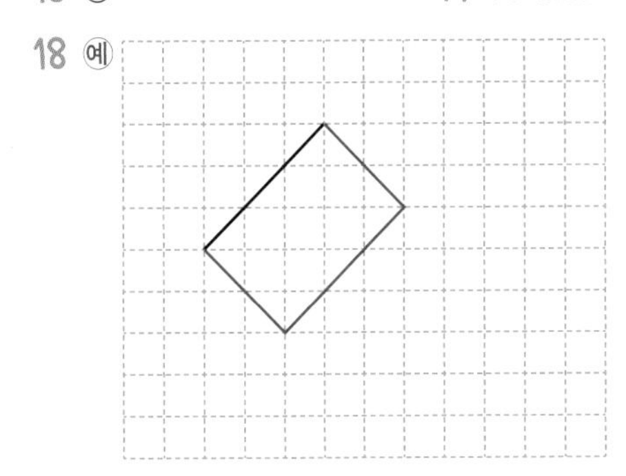

04 ③

05 선주

06 ③

07 가, 나

08 ㉡

09 6개

10 다

11 19

12 6개

13 ④

14 가, 라

15 18 cm

16 ④

17 68 cm

18 예

19 (1) 8 (2) 10 (3) 10, 5 / 5

20 7개

3 나눗셈

문제를 풀며 이해해요 61쪽

01 예 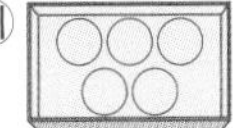 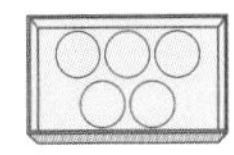 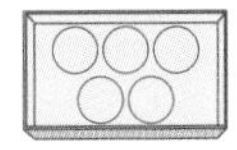

(1) 5 (2) 15, 3, 5 (3) 5

02 예 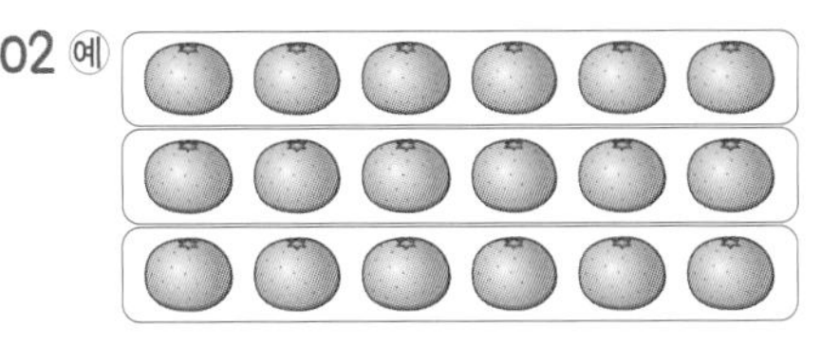

(1) 3 (2) 18, 6, 3 (3) 3

교과서 문제 해결하기 62~63쪽

01 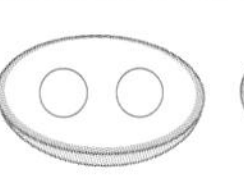 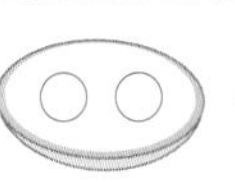 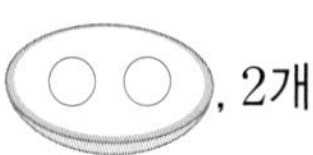, 2개

02 10, 2, 5

03 3개

04 철수

05 20, 5, 4

06 18÷3=6(또는 18÷3), 6개

07 8 / 56, 7, 8

08 ⑤, 3은 몫

09 9 cm

10 예 12−4−4−4=0 / 예 12÷4=3

문제해결 접근하기

11 풀이 참조

문제를 풀며 이해해요 65쪽

01 (1) 5, 20 / 4, 20 (2) 20, 5, 4 (3) 20, 4, 5

02 (1) 24, 6 (2) 4, 24 (3) 4명

교과서 문제 해결하기 66~67쪽

01 24, 3, 8 / 8, 24 / 8개

02 ㉠, ㉢

03 7 / 7, 14, 7, 14

04 5, 6, 30 / 30, 5, 6, 30, 6, 5

05 27÷9=3 / 9×3=27 / 3개

06 6, 48, 6, 8, 48 / 48, 6, 48, 6, 8

07 (1)-㉢ (2)-㉡ (3)-㉠

08 3, 4, 5

09 9, 8, 7

10 2, 8 / 2, 8, 16 / 8일

문제해결 접근하기

11 풀이 참조

문제를 풀며 이해해요 69쪽

01 (1) 6단 (2) 8, 8

02 (1) 4, 6 (2) 9, 7

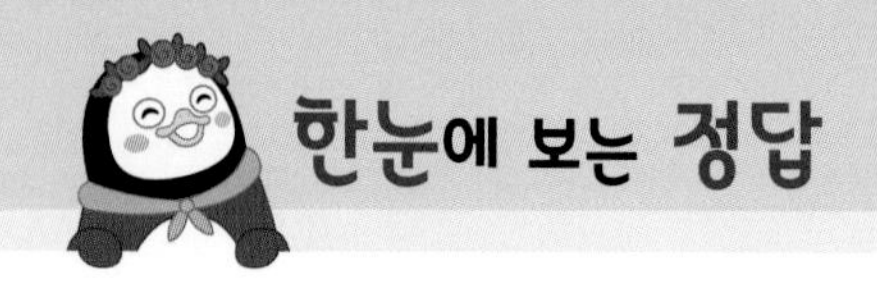

교과서 문제 해결하기 70~71쪽

01 (1)-㉡ (2)-㉢ (3)-㉠
02 4, 6, 8
03 1, 8, 6
04 9, 9, 9봉지
05 =
06 8 cm
07 ㉣, ㉠, ㉡, ㉢
08 (1) $72 \div 8 = 9$(또는 $72 \div 8$), 9개
(2) $72 \div 9 = 8$(또는 $72 \div 9$), 8개
09 ㉠, ㉢, ㉡
10 2개, 6개, 3개

문제해결 접근하기

11 풀이 참조

단원평가로 완성하기 72~75쪽

01 예

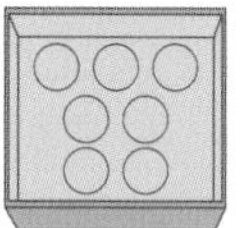
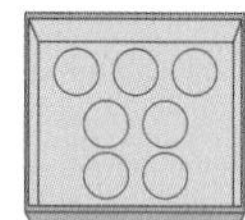
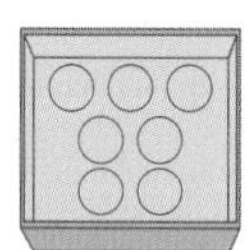

02 21, 3, 7
03 7
04 45, 9, 5
05 ㉣
06 6자루, 2자루
07 (1) 3, 3, 3, 3, 3, 3, 3, 3 / 9, 9 (2) 3, 9
08 4, 9, 36
09 (1) 20, 4, 5 (2) 36, 6, 6 (3) 태훈, 1 / 태훈, 1개
10 ㉠, ㉣
11 <
12

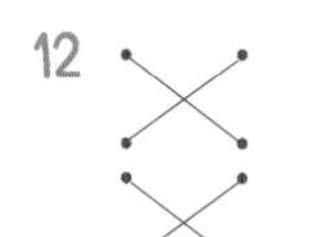

13 3, 15, 5, 15 / 15, 5, 3, 15, 3, 5
14

×	5	6	7	8
5	25	30	35	40
6	30	36	42	48
7	35	42	49	56
8	40	48	56	(64)

, 8

15 3
16 $45 \div 9 = 5$(또는 $45 \div 9$), 5개
17 9대
18 6명
19 4
20 3모둠

4 곱셈

문제를 풀며 이해해요 81쪽

01 (1) 3, 6 (2) 60 (3) 3, 60
02 (1) 80 (2) 40, 80 (3) 2, 80

교과서 문제 해결하기 82~83쪽

01 90 / 3, 90
02 6, 60
03 (1)-㉡ (2)-㉠ (3)-㉢
04 (1) 60 (2) 60
05 80
06 (　　)(○)
07 $10 \times 5 = 50$(또는 10×5), 50개
08 방법 1 $40 + 40 = 80$(장)
방법 2 $40 \times 2 = 80$(장)
09 (1)-㉡ (2)-㉢ (3)-㉠
10 20개

문제해결 접근하기

11 풀이 참조

문제를 풀며 이해해요 85쪽

01 (1) 3, 6 (2) 3, 3, 30 (3) 36
02 (1) 예 10 (2) 예 10, 50
03 ②

교과서 문제 해결하기 86~87쪽

01 39 / 3, 39
02 28
03 2, 2 / 2, 64
04 (1) 48 (2) 63 (3) 68 (4) 86
05 (1) 예 90 (2) 96
06 (　　) (○) (　　)
07 =
08 4
09 100
10 181장

문제해결 접근하기

11 풀이 참조

문제를 풀며 이해해요 89쪽

01 (1) 5, 5 (2) 5, 15, 150 (3) 155

02 (1) ㉮ 20 (2) ㉮ 20, 140

03 ㉠

교과서 문제 해결하기 90~91쪽

01 126 / 3, 126

02 6, 6 / 6, 126

03 (1) 205 (2) 128 (3) 159 (4) 248

04

$$\begin{array}{r} 7\ 2 \\ \times \quad 4 \\ \hline 8 \\ 2\ 8\ 0 \\ \hline 2\ 8\ 8 \end{array}$$

05 ㉢

06 4, 204 / 200, 204

07 300

08 (위에서부터) 219, 366

09 567번

10 503쪽

문제해결 접근하기

11 풀이 참조

문제를 풀며 이해해요 93쪽

01 (1) 2, 12 (2) 2, 4, 40 (3) 52

02 (1) ㉮ 30 (2) ㉮ 30, 90

03 20, 60

교과서 문제 해결하기 94~95쪽

01 4, 52

02 (1) ㉮ 60개 (2) 56개

03 현우

04 (1) 72 (2) 51 (3) 75 (4) 84

05 20

06 (1)−㉡ (2)−㉠ (3)−㉢

07 ㉠, ㉢, ㉡

08 34개

09 94

10 4개

문제해결 접근하기

11 풀이 참조

문제를 풀며 이해해요 97쪽

01 (1) 3, 24 (2) 3, 12, 120 (3) 144

02 (1) ㉮ 60 (2) ㉮ 60, 240

03 (1) 1, 252 (2) 4, 195 (3) 3, 150

교과서 문제 해결하기 98~99쪽

01 33, 132

02 5, 120

03

$$\begin{array}{r} 2\ 9 \\ \times \quad 6 \\ \hline 5\ 4 \\ 1\ 2\ 0 \\ \hline 1\ 7\ 4 \end{array}$$

04 (1) 136 (2) 312 (3) 117 (4) 203

05 (위에서부터) 450, 465, 15

06 (○) ( )

07 ②

08 3, 6

09 294

10 6, 9, 4, 276

문제해결 접근하기

11 풀이 참조

단원평가로 완성하기 100~103쪽

01 2, 60

02 80개

03 28, 96, 84

04 (1) ㉮ 240 (2) 249

05 ㉡

06 (1)−㉢ (2)−㉠ (3)−㉡

07 190

08 8개

09 (위에서부터) 42, 280, 322

10

$$\begin{array}{r} 7\ 6 \\ \times \quad 8 \\ \hline 4\ 8 \\ 5\ 6\ 0 \\ \hline 6\ 0\ 8 \end{array}$$

11 500

12 405

13 ㉢, ㉠, ㉡

14 245분

15 3

16 9

17 무경, 9개

18 306

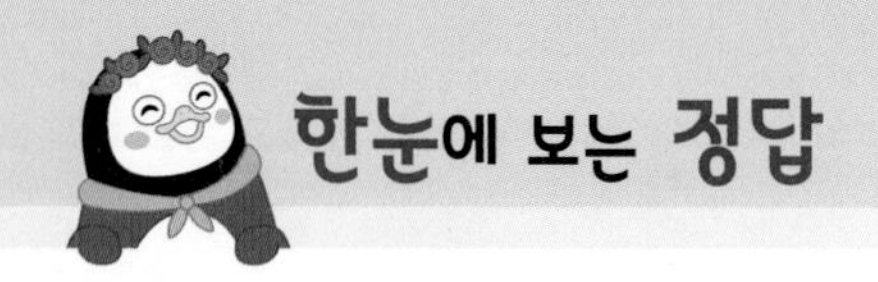

19 7, 5, 8, 600

20 (1) 7, 8 (2) 1, 2, 3, 4, 5, 6, 7 (3) 7 / 7개

5 길이와 시간

문제를 풀며 이해해요 109쪽

01 (1) 10 (2) 1000

02 (1) 7 mm
7 밀리미터

(2) 3 cm 2 mm
3 센티미터 2 밀리미터

(3) 5 km
5 킬로미터

(4) 2 km 600 m
2 킬로미터 600 미터

교과서 문제 해결하기 110~111쪽

01 8 mm

02 ( )( )(○)

03 (1) 7, 5 (2) 3, 80

04 1, 300

05 (1) 5, 3 (2) 4, 500

06 (1)-㉢ (2)-㉠ (3)-㉡ (4)-㉣

07 (1)

(2)

08 ㉡

09 (1) 2, 6 (2) 2, 60

10 은행, 마트, 소방서

문제해결 접근하기

11 풀이 참조

문제를 풀며 이해해요 113쪽

01 예 5 / 5, 3

02 2 / 3

03 (1) mm에 ○표 (2) km에 ○표

교과서 문제 해결하기 114~115쪽

01 예 5 / 5

02 예 4 / 3, 8

03 예 6 / 6, 2

04 ㉡

05 (1)-㉡ (2)-㉢ (3)-㉠

06 (1) 예

(2) 예

07 ㉠, ㉣

08 2 km

09 1 km

10 경찰서

문제해결 접근하기

11 풀이 참조

문제를 풀며 이해해요 117쪽

01 (1) 1 (2) 60, 60

02 (1) 35, 30 (2) 12, 7, 46

교과서 문제 해결하기 118~119쪽

01 (○)
( )

02 1, 2

03 (1) 3, 35, 45 (2) 8, 13, 4

04

05 (1)-㉢ (2)-㉡ (3)-㉠

06 7, 25, 7

07 (1) 시간에 ○표 (2) 분에 ○표 (3) 초에 ○표

08 (1) 70 (2) 140 (3) 2, 30 (4) 4

09 ( )(○)

10 ㉡, ㉣, ㉢, ㉠

문제해결 접근하기

11 풀이 참조

문제를 풀며 이해해요

121쪽

01 (1) 4, 35 (2) 3, 45

02 (1) 5, 35, 40 (2) 5, 20, 25

03 (1) 3시 25분 45초 (2) 3시 10분 20초

교과서 문제 해결하기

122~123쪽

01 (1) 12, 53 (2) 8, 19

02 9시 20분 25초

03 (1) 10, 47, 21 (2) 5, 15, 18

04 3시 55분 30초

05 (1) 6, 25 (2) 3, 55

06 5시 5분 16초

07 2시간 34분 44초

08 2시 56분 15초

09 2시간 20분 40초

10 오후 4시 30분 40초

문제해결 접근하기

11 풀이 참조

단원평가로 완성하기

124~127쪽

01 4 cm 9 mm

02 (1) 1090 (2) 6, 7

03 ( )
( )
(○)

04 5700

05 ㉠, ㉢, ㉡

06 3, 58

07 ㉣

08 ㉠, 5 cm 4 mm

09 62 mm

10 8, 20, 50

11 3, 28

12 2 km

13 도서관

14 ㉠, ㉢

15 (1) 228 (2) 1, 228, 22, 8 / 22 cm 8 mm

16 ㉡

17 5시 53분 2초

18 ㉡, 예 우리 집에서 할머니 댁까지의 거리 8 km 40 m는 8040 m와 같습니다.

19 7

20 가 모둠, 15초

6 분수와 소수

문제를 풀며 이해해요

133쪽

01 나, 다, 마, 바, 아

02 6, 2, $\frac{2}{6}$

03 (1) $\frac{2}{5}$, 5분의 2 (2) $\frac{4}{6}$, 6분의 4

교과서 문제 해결하기

134~135쪽

01 ( )(○)( )

02 2개

03 예

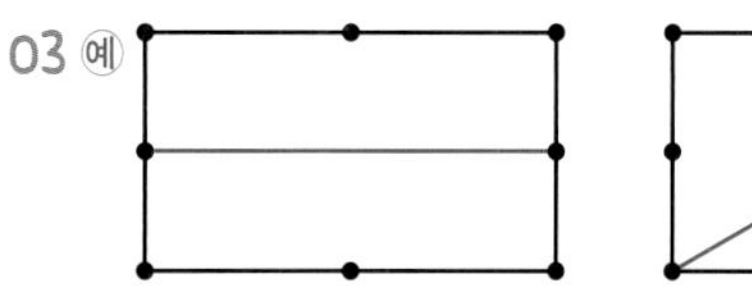

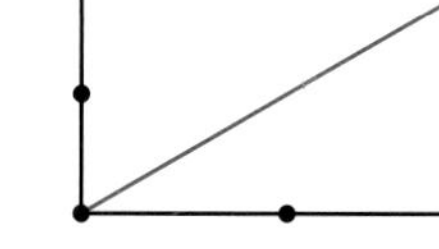

04 3, 2, $\frac{2}{3}$

05 (1)-㉡ (2)-㉢ (3)-㉠

06 $\frac{3}{5}$

07 $\frac{1}{3}$, $\frac{2}{3}$

08 예

09 $\frac{5}{7}$, 7분의 5

10 (○)( )

문제해결 접근하기

11 풀이 참조

문제를 풀며 이해해요

137쪽

01 $\frac{3}{5}$, $\frac{2}{5}$

02 (1) 예 (2) 예

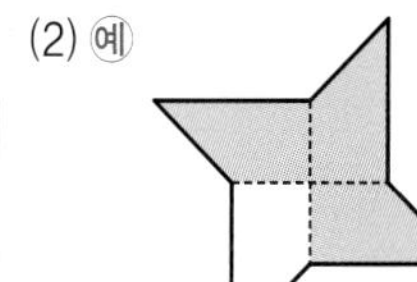

03 가

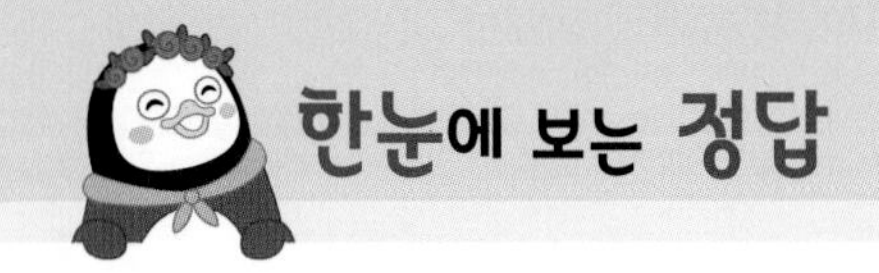

한눈에 보는 정답

교과서 문제 해결하기 138~139쪽

01 $\frac{1}{8}$

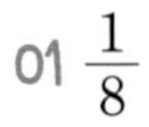

02 예

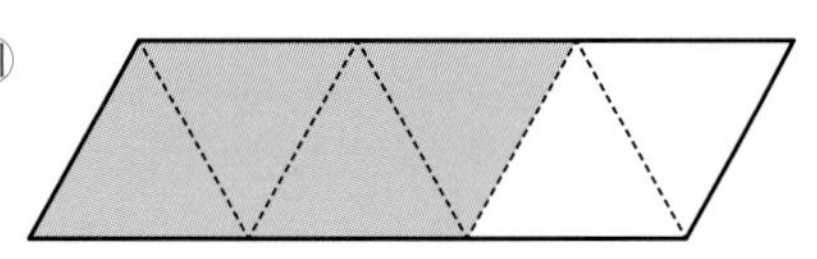

03 $\frac{3}{4}$, $\frac{1}{4}$

04 가

05 (1)-㉡ (2)-㉠

06 (○)(　　)(　　)

07 $\frac{3}{4}$

08 예 $\frac{1}{4}$

09 예

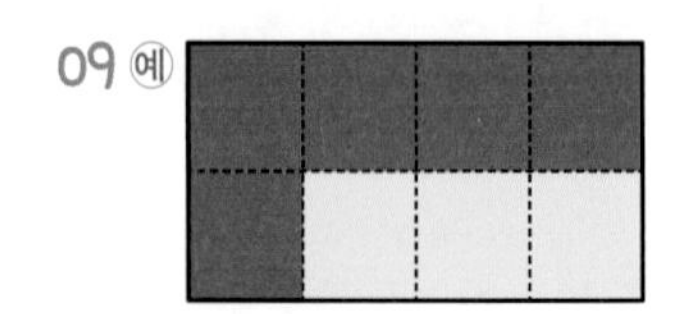

10 가, 다

문제해결 접근하기

11 풀이 참조

문제를 풀며 이해해요 141쪽

01 (1) 예

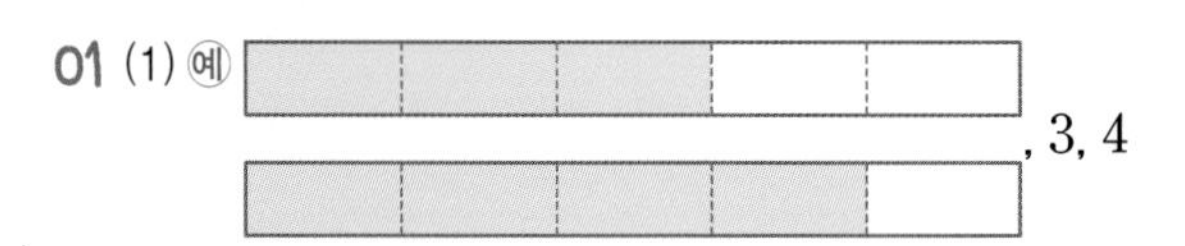

, 3, 4

(2) 작습니다에 ○표

02 (1) 예

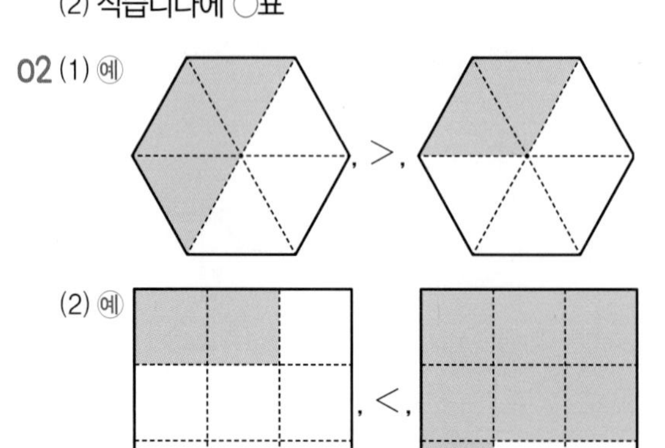

, >,

(2) 예 , <,

교과서 문제 해결하기 142~143쪽

01 (1) 3 (2) 5

02 예

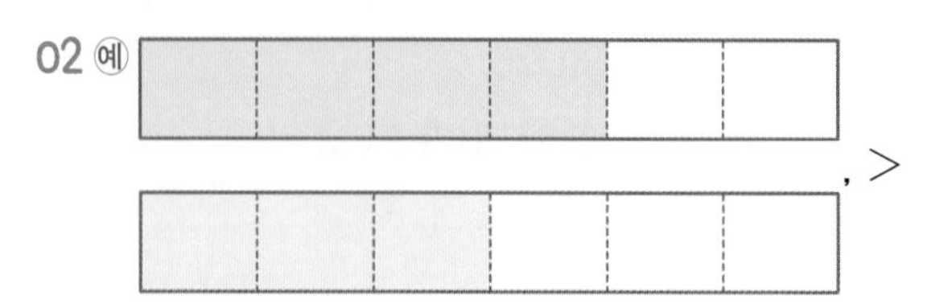

, >

03 >

04 <

05 $\frac{7}{8}$

06 ④

07 1, 2, 3

08 병원

09 $\frac{3}{5}$

10 $\frac{7}{10}$, $\frac{8}{10}$

문제해결 접근하기

11 풀이 참조

문제를 풀며 이해해요 145쪽

01 (1) 예

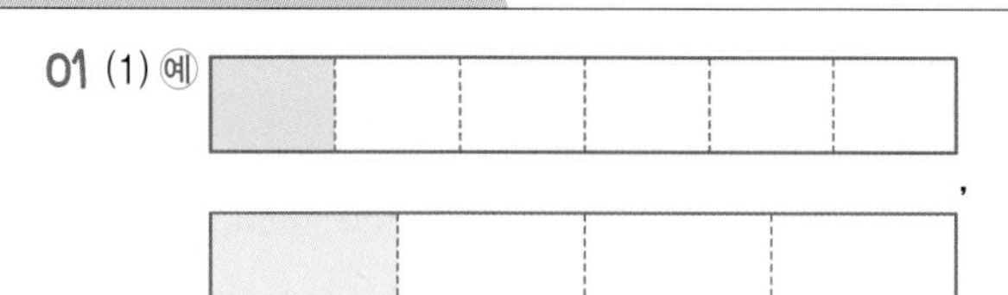

,

짧습니다에 ○표

(2) <

02 (1) 예

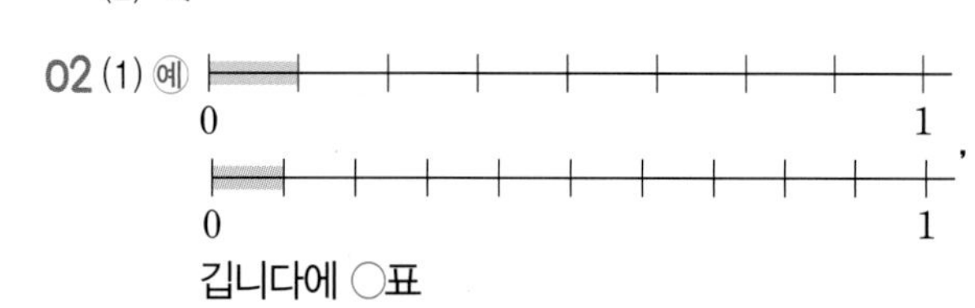

,

깁니다에 ○표

(2) >

교과서 문제 해결하기 146~147쪽

01 >

02 예 , >

03 (1) > (2) <

04 $\frac{1}{3}$

05 태림

06 $\frac{1}{5}$, $\frac{1}{8}$, $\frac{1}{9}$

07 $\frac{1}{3}$

08 $\frac{1}{9}$, $\frac{1}{8}$, $\frac{1}{7}$에 ○표

09 영채

10 4

문제해결 접근하기

11 풀이 참조

문제를 풀며 이해해요 149쪽

01 (1) $\frac{6}{10}$ (2) 6, 0.6

02 (왼쪽부터) $\frac{2}{10}$, 0.3, 0.7, 0.9

03 (1)-㉡ (2)-㉢ (3)-㉠

교과서 문제 해결하기 150~151쪽

01 (1) 예

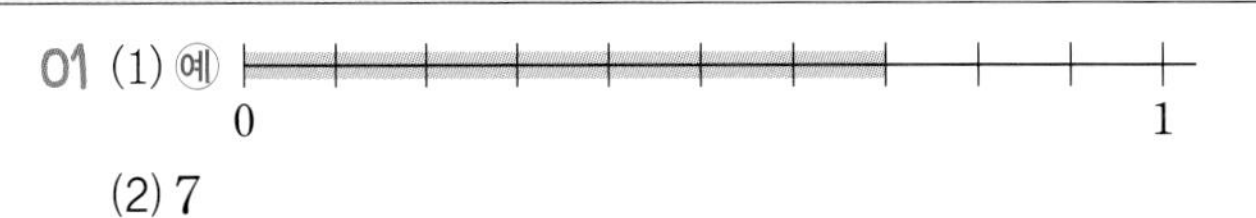

(2) 7

02 $\frac{3}{10}$, 0.3

03 $\frac{8}{10}$, 0.8

04 $\frac{5}{10}$, 0.5

05 ( )(○)( )

06 ②

07 나래

08 (1) 3.2 (2) 25

09 (1) 0.2 (2) 1.3 (3) 8, 5 (4) 2.9 (5) 4, 6

10 ㉡

문제해결 접근하기

11 풀이 참조

문제를 풀며 이해해요 153쪽

01 (1) 예

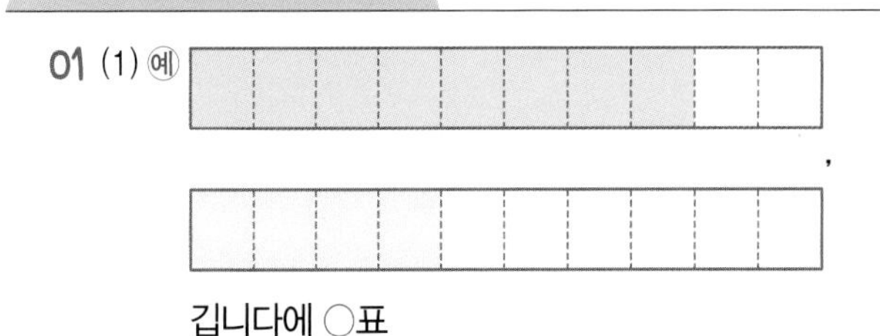

,

길니다에 ○표

(2) >

02 (1) 예

0 1 2 ,

0 1 2

길니다에 ○표

(2) >

교과서 문제 해결하기 154~155쪽

01 예

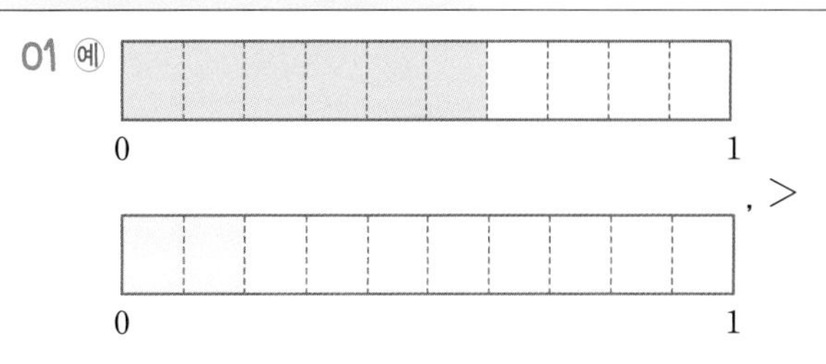

, >

02 19, 32, 3.2

03 53, 47 / >

04 (1) > (2) > (3) <

05 ( )
( )
(○)

06 (1) 7에 ○표 (2) 4, 9에 ○표

07 9.4

08 희수

09 수영장, 경찰서, 도서관

10 6, 7

문제해결 접근하기

11 풀이 참조

단원평가로 완성하기 156~159쪽

01 ( )( )(○)

02 나, 다

03 $\frac{5}{8}$

04 동민

05 맞지 않습니다에 ○표, 예 전체를 똑같이 6으로 나누었기 때문에 분모가 4인 분수로 나타내면 안 됩니다.

06 (1) 6, 4, 큽니다에 ○표 (2) 도서관 / 도서관

07 $\frac{8}{9}$, $\frac{6}{9}$, $\frac{3}{9}$, $\frac{1}{9}$

08

09 $\frac{9}{10}$, 0.9

10 호박

11 2.3

12 13, 48

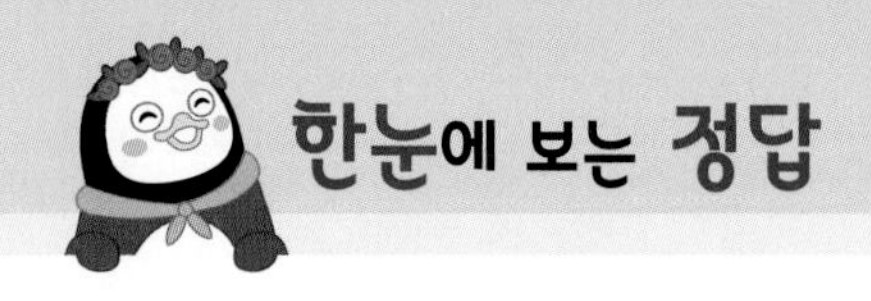

13 (1) $>$ (2) $<$

14 $\frac{1}{5}$

15 예

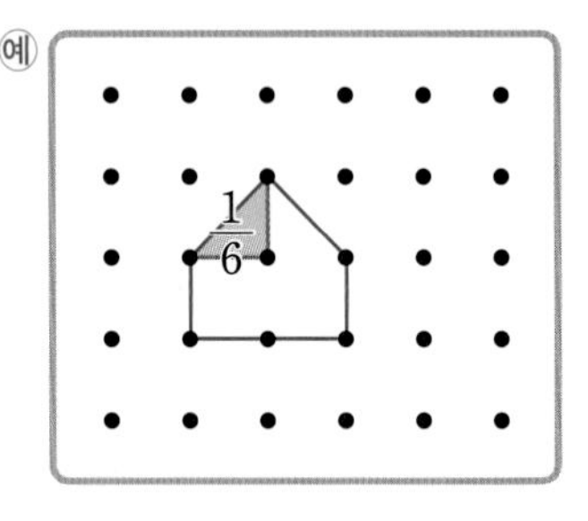

16 정하람, 이샛별, 김하늘

17 ㉡, ㉠, ㉢

18 혜정, 지원, 영서

19 3개

20 9.7, 2.3

BOOK 2 실전책

1 덧셈과 뺄셈

1단원 쪽지 시험 5쪽

01 300, 70, 6, 376

02 100

03 (1) 예 800 (2) 791

04 (1) 645 (2) 1034

05 563, 860

06 (1) 423 (2) 319

07 (위에서부터) 8, 10, 5, 6

08 $<$

09 763, 269

10 851, 587

학교 시험 만점왕 1회

1. 덧셈과 뺄셈 6~8쪽

01 597

02 예 방법 1 $300+400$, $20+50$, $1+8$을 순서대로 계산합니다. $300+400=700$, $20+50=70$, $1+8=9$이므로 $700+70+9=779$입니다.

방법 2 $1+8$, $20+50$, $300+400$을 순서대로 계산합니다. $1+8=9$, $20+50=70$, $300+400=700$이므로 $9+70+700=779$입니다.

다른 방법 $21+58$, $300+400$을 순서대로 계산합니다. $21+58=79$, $300+400=700$이므로 $79+700=779$입니다.

03 (1) 예 850 (2) 853

04 (1) 871 (2) 679

05 민준

06 610명

07 7, 5

08 802

09 1360 m

10 (위에서부터) 890, 359, 324, 207

11 140

12 (1)-㉡ (2)-㉠ (3)-㉢

13 327

14 372, 265, 107

15 547

16 178개

17 풀이 참조, 253번

18 396 cm

19 풀이 참조, 593권

20 374

학교 시험 만점왕 2회

1. 덧셈과 뺄셈

9~11쪽

01 477　02 (1) 596 (2) 738
03 (1) 예 840 (2) 835　04 842
05 예 십의 자리를 계산할 때 일의 자리에서 받아올림한 수를 더하지 않았습니다. /

$$\begin{array}{r} {}^{1} \\ 3\ 4\ 8 \\ +\ 2\ 3\ 6 \\ \hline 5\ 8\ 4 \end{array}$$

06 1001　07 1323
08 213, 132　09 1133, 143
10 84 m　11 ⑤
12 ㉠, ㉡, ㉢　13 127개
14 156　15 938, 441, 497
16 (위에서부터) 5, 4, 3　17 풀이 참조, 716 cm
18 1202개　19 344
20 풀이 참조, 123

1단원 서술형·논술형 평가

12~13쪽

01 풀이 참조, 784　02 풀이 참조, 1241
03 풀이 참조, 726　04 풀이 참조, 392번
05 예 방법 1 백의 자리부터 뺍니다.
$700-400=300$, $40-20=20$, $5-1=4$이므로
$745-421=300+20+4=324$입니다.
방법 2 일의 자리부터 뺍니다.
$5-1=4$, $40-20=20$, $700-400=300$이므로
$745-421=4+20+300=324$입니다.
06 풀이 참조, 761 cm　07 풀이 참조, 431 m
08 풀이 참조, 9개　09 풀이 참조, 290명
10 풀이 참조, 109

2 평면도형

2단원 쪽지 시험

15쪽

01 (　)(○)(　)
02 직선 ㄱㄴ(또는 직선 ㄴㄱ)
03 반직선 ㄷㄹ
04 선분 ㅁㅂ(또는 선분 ㅂㅁ)
05 (　)(　)(○)
06 각 ㅂㅁㄹ에 ○표　07 나, 다
08 직각삼각형　09 가
10 정사각형

학교 시험 만점왕 1회

2. 평면도형

16~18쪽

01 가　02 선분
03 ③
04 (　)(○)(　)
05

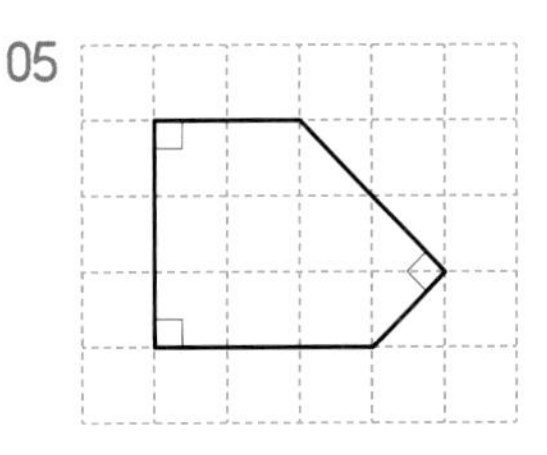

06 ②, ⑤
07 예

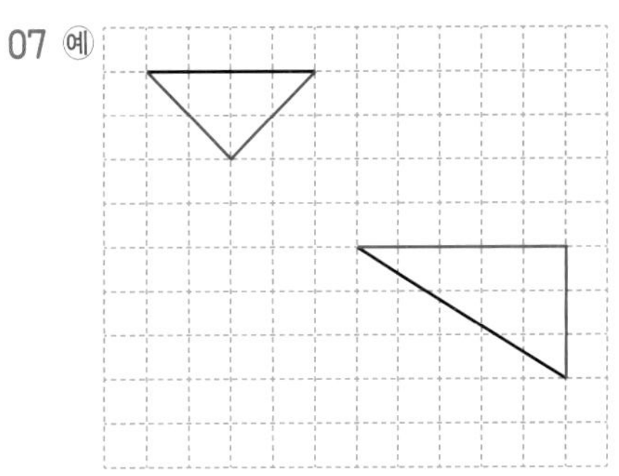

08 나, 다　09 ⑤
10 ㉡　11 3개
12 직사각형　13 (위에서부터) 3, 4
14 정사각형　15 풀이 참조, 10개
16 48 cm　17 ③
18 예 네 변의 길이는 모두 같지만 네 각이 직각이 아니므로 정사각형이 아닙니다.
19 풀이 참조, 40 cm　20 17개

학교 시험 만점왕 2회

2. 평면도형

19~21쪽

01 ②　02 다
03 유리　04 각 ㄱㄴㄷ(또는 각 ㄷㄴㄱ)

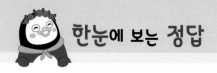

05 한에 ○표, 직각삼각형
06 가, 라, 사
07 5개
08 가, 나, 마
09 ⑤
10 풀이 참조, 9개
11 3시
12 나, 가, 다
13 ㉠ 한 변이 굽은 선으로 되어 있기 때문에 각이 아닙니다.
14 8
15 28 cm
16 ④
17 선호 / ㉠ 반직선 ㄹㄷ이라고 읽어.
18 28 cm, 42 cm
19 30 cm
20 풀이 참조, 6개

2단원 서술형·논술형 평가 22~23쪽

01 풀이 참조, 

02 풀이 참조, 6개
03 ㉢, 풀이 참조
04 풀이 참조, 나, 라
05 풀이 참조, 4개
06 ㉠ 가는 삼각형이지만 직각이 없으므로 직각삼각형이 아닙니다. 나는 직각이 있으나 사각형이므로 직각삼각형이 아닙니다.
07 풀이 참조, 12개
08 풀이 참조, 7개, 4 cm
09 풀이 참조, 21, 12
10 풀이 참조, 정사각형, 52 / 직사각형, 40

3 나눗셈

3단원 쪽지 시험 25쪽

01 12, 6, 2
02 7
03 8
04 5, 4
05 3
06 5명
07 5, 10, 2, 10 / 10, 2, 10, 2, 5
08 (○) (   ) (   )
09 7, 7
10 (   ) (○) (   )

학교 시험 만점왕 1회 3. 나눗셈 26~28쪽

01 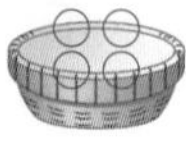
02 12, 3, 4
03 10, 2, 5
04 현지
05 42 / 42, 6, 7, 42, 7, 6
06 ④ / ㉠ 뺄셈식으로 나타내면 $21-7-7-7=0$입니다.
07 6, 30, 5, 30 / 30, 5, 30, 5, 6
08
09 6 / 9, 6
10 9, 8 / 8개
11 $35\div5=7$(또는 $35\div5$), 7권
12 ㉡, ㉢, ㉣, ㉠
13 5점
14 8 cm
15 풀이 참조, 8
16 6개
17 1, 2, 3
18 7봉지
19 풀이 참조, 4상자
20 7, 35, 5

학교 시험 만점왕 2회 3. 나눗셈 29~31쪽

01 28, 4, 7
02 ㉡, ㉣
03 12
04 (1)-㉢ (2)-㉠ (3)-㉡
05 지원
06 (왼쪽에서부터) 4, 8, 4
07 6, 42, 6, 7, 42 / 42, 6, 42, 6, 7
08 ㉢
09 2, 5, 7, 9
10 $30\div5=6$(또는 $30\div5$), 6개
11 >
12 3명
13 5개
14 3개
15 5
16 6
17 풀이 참조, 42장
18 3개
19 32
20 풀이 참조, 7그루

3단원 서술형·논술형 평가 32~33쪽

01 ㉠ 연필이 12자루 있습니다. 한 필통에 6자루씩 담으려면 필통이 몇 개 필요할까요? / ㉠ 2개

02 풀이 참조, 6개　03 풀이 참조, 5봉지
04 풀이 참조, 9대　05 풀이 참조, 27
06 풀이 참조, 7개　07 풀이 참조, 태훈, 3봉지
08 풀이 참조, 9묶음, 4포대, 2통
09 풀이 참조, 20개　10 풀이 참조, 8마리

4 곱셈

4단원 쪽지 시험 35쪽

01 2, 80　02 (1) 예 90 (2) 93
03 41, 164　04 90 / 15, 6, 90
05 76
06 (1) 60 (2) 48 (3) 75 (4) 476
07 90　08 <
09 ㉠, ㉢, ㉡　10 414개

학교 시험 만점왕 1회 4. 곱셈 36~38쪽

01 2, 4 / 2, 6 / 2, 64　02 (　)(○)
03 (1)-㉡ (2)-㉢ (3)-㉠　04 ③
05 (○)(　)(　)
06 (위에서부터) 1, 92　07 5, 80
08 ㉢, ㉡, ㉠　09 99, 189, 306
10 50　11 >
12 539
13
$$\begin{array}{r} {\scriptstyle 1}\ \ \\ 8\ 3 \\ \times\ \ \ 6 \\ \hline 4\ 9\ 8 \end{array}$$
예 십의 자리 계산에서 일의 자리에서 올림한 수를 더하지 않았기 때문입니다.
14 (　)(　)
(○)(　)
15 108자루　16 282권

17 (위에서부터) 5, 6　18 8
19 4, 3, 6, 258　20 풀이 참조, 6상자

학교 시험 만점왕 2회 4. 곱셈 39~41쪽

01 20, 3, 60　02 12, 4, 48
03 5　04 (왼쪽에서부터) 60, 24, 84
05
$$\begin{array}{r} {\scriptstyle 2}\ \ \\ 2\ 8 \\ \times\ \ \ 3 \\ \hline 8\ 4 \end{array}$$
06 336
07 46, 276　08 341
09 180 cm　10 =
11 200 cm　12 647
13 풀이 참조, 72장　14 (위에서부터) 6, 0
15 ④　16 208장
17 84　18 120개
19 138개　20 풀이 참조, 7개

4단원 서술형·논술형 평가 42~43쪽

01 풀이 참조, 84개　02 풀이 참조, 287분
03 풀이 참조, 128 cm　04 풀이 참조, 선우, 91쪽
05 풀이 참조, 3개　06 풀이 참조, 7상자
07 풀이 참조, 87　08 풀이 참조, 17
09 풀이 참조, 171　10 풀이 참조, 127장

5 길이와 시간

5단원 쪽지 시험 45쪽

01 (1) 10 (2) 1000
02 (1) 3, 6 (2) 1, 700
03 예 4 / 3, 8
04 (1) mm (2) km

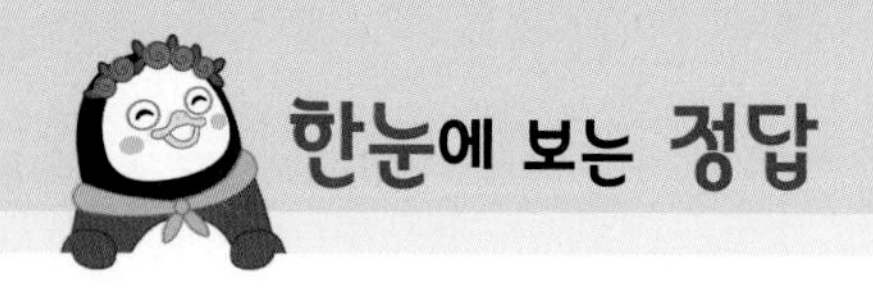

05 1 km　06 (1) 1 (2) 60
07 9, 15, 30　08 (1) 80 (2) 2, 30
09 7, 35　10 16, 4

학교 시험 만점왕 1회

5. 길이와 시간
46~48쪽

01 (1) 36 (2) 9, 1　02 6, 3, 63
03 10 cm 5 mm　04 ④
05 2690 m　06 7, 10, 16
07 <　08 (1) 160 (2) 3, 10
09 ①, ④　10

11 ㉡, ㉠, ㉢　12 2 km
13 소방서　14 (1) 9, 45 (2) 14, 28
15 4 cm 7 mm　16 7시 12분 35초
17 풀이 참조, 은행　18 5시 13분 55초
19 다　20 풀이 참조, 48분

학교 시험 만점왕 2회

5. 길이와 시간
49~51쪽

01 4, 2　02 (1) mm (2) m
03 (1) 64 (2) 8, 1　04 (1)-㉡ (2)-㉢ (3)-㉠
05 ㉢　06 <
07 경찰서, 공원, 수영장　08

09 2 km　10 은행
11 3시 47분 10초　12 ㉡
13 3, 31, 56　14 5시 8분 19초
15 풀이 참조, 1 cm 8 mm
16 4시 39분 33초　17 2분 39초
18 14 cm 4 mm　19 12시 50분 22초
20 풀이 참조, 2시간 20분

5단원 서술형·논술형 평가

52~53쪽

01 ㉡, 풀이 참조　02 풀이 참조, 미술관
03 풀이 참조, 4 cm
04 풀이 참조,

	6시	50분	
−		5분	20초
	6시	44분	40초

05 ㉡, 풀이 참조　06 풀이 참조, 연아
07 풀이 참조, 5시 30초　08 풀이 참조, 9시간 14분
09 풀이 참조, 43 cm　10 풀이 참조, 3시 2분 10초

6 분수와 소수

6단원 쪽지 시험

55쪽

01 가, 다　02 2, 1, $\frac{1}{2}$
03 예

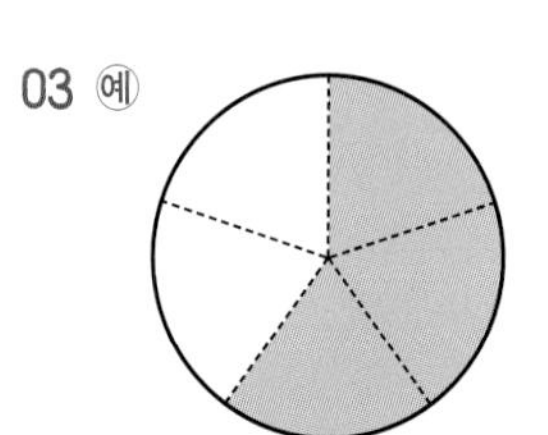

04 예

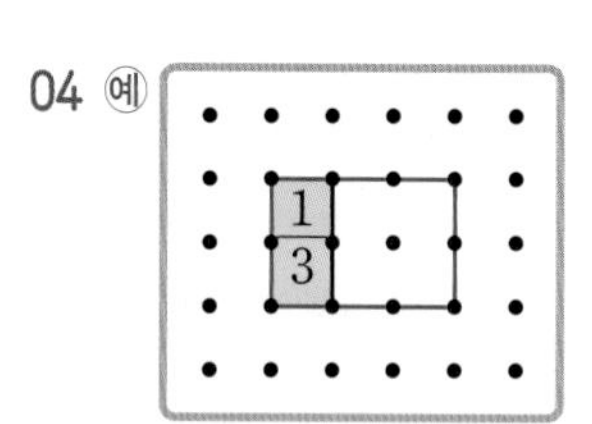

05 (1) < (2) >　06 $\frac{7}{8}$, $\frac{5}{8}$, $\frac{3}{8}$, $\frac{1}{8}$
07 $\frac{1}{8}$, $\frac{1}{6}$　08 17, 1.7, 일 점 칠
09 (1) < (2) <　10 2.1, 1.9, 0.8, 0.6

학교 시험 만점왕 1회

6. 분수와 소수
56~58쪽

01 가　02 $\frac{6}{9}$, 9분의 6
03 $\frac{3}{4}$, $\frac{1}{4}$

04 (　　)(○)(○)

05 2칸

06 2조각

07 예

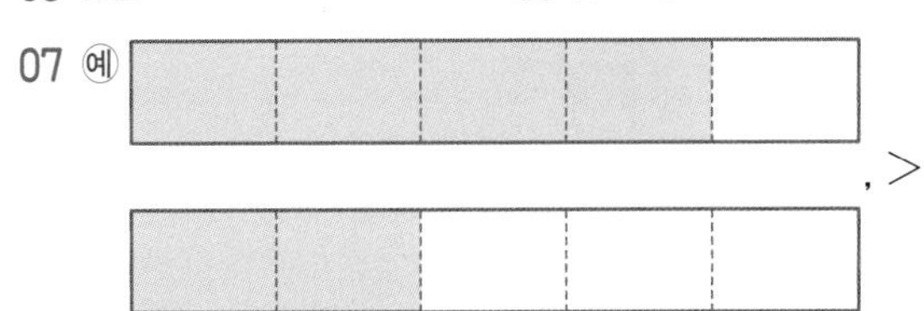

08 경지

09 15, 23, 2.3

10 (1)-㉡ (2)-㉠ (3)-㉢

11 ④

12 2개

13 7, 8, 9

14 예

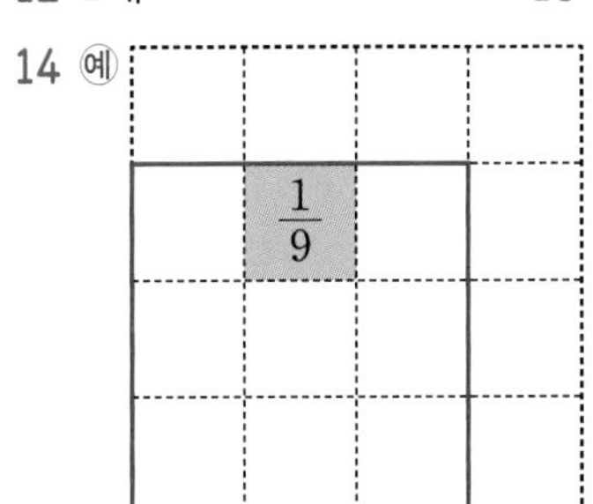

15 진수

16 9.8, 1.2

17 풀이 참조, 수컷

18 5, 6, 7

19 가

20 풀이 참조, 4개

학교 시험 만점왕 2회

6. 분수와 소수

59~61쪽

01 가, 라

02 $\frac{2}{3}$

03 예

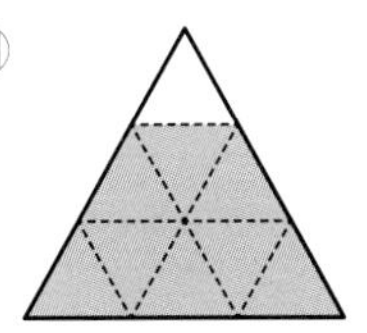

04 (1)-㉠ (2)-㉢ (3)-㉡

05 $\frac{5}{6}$, $\frac{5}{8}$

06 풀이 참조, $\frac{4}{6}$

07 1

08 진영

09 $\frac{2}{7}$, $\frac{4}{9}$

10

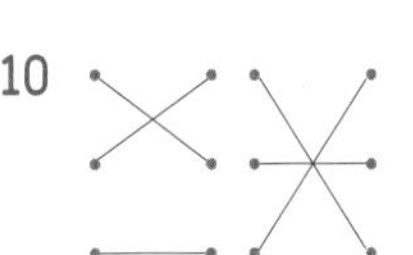

11 3개

12 17

13 $\frac{5}{7}$, $\frac{3}{7}$, $\frac{2}{7}$, $\frac{1}{7}$

14 튤립

15 2.9

16 수컷

17 6, 7, 8, 9

18 3, 4

19 ㉢

20 풀이 참조, 하리

6단원 서술형·논술형 평가

62~63쪽

01 나누어지지 않았습니다에 ○표, 풀이 참조

02 풀이 참조, $\frac{4}{5}$

03 풀이 참조, 10

04 풀이 참조, $\frac{1}{4}$

05 풀이 참조, 0.5, 0.3

06 풀이 참조, 가로

07 풀이 참조, 지영

08 풀이 참조, 제주

09 풀이 참조, 3.5 cm

10 풀이 참조, 5, 6

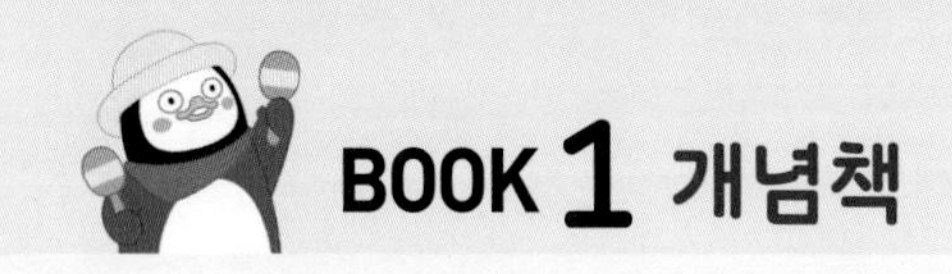

1 덧셈과 뺄셈

문제를 풀며 이해해요

9쪽

01 579
02 78, 900, 978
03 예 300, 300, 600
04 (1) 6, 8, 4 (2) 9, 6, 7

교과서 문제 해결하기

10~11쪽

01 300, 90, 7, 397
02 778
03 (1) 827 (2) 689 (3) 977 (4) 789
04 (1) 예 790 (2) 788
05 575, 987
06 (1)-㉢ (2)-㉠ (3)-㉡
07 398번
08 예 방법 1 300+400, 10+70, 4+2를 순서대로 계산하면 700, 80, 6입니다.
➡ 314+472=700+80+6=786
방법 2 14+72, 300+400을 순서대로 계산하면 86, 700입니다.
➡ 314+472=86+700=786
09 796
10 3, 4, 1

문제해결 접근하기

11 풀이 참조

01 100+200=300, 50+40=90, 4+3=7이므로 154+243=300+90+7=397입니다.

03 일의 자리의 수끼리, 십의 자리의 수끼리, 백의 자리의 수끼리 더한 값을 순서대로 적습니다.

04 412를 410으로, 376을 380으로 어림하여 계산하면 약 410+380=790이고, 412+376=788입니다.

05 312+263=575
575+412=987

06 (1) 354+321=675
(2) 163+513=676
(3) 425+263=688

07 205+193=398(번)

08 예 4+2, 10+70, 300+400을 순서대로 계산하면 6, 80, 700입니다.
➡ 314+472=6+80+700=786

09 사각형 안에 있는 수는 175와 621이므로 175+621=796입니다.

10 3+3=6이므로 ★=3입니다.
4+4=8이므로 ♥=4입니다.
♣+2=★에서 ♣+2=3이므로 ♣=1입니다.

문제해결 접근하기

11 **이해하기 |** 예 ㉠, ㉡, ㉢에 알맞은 수를 구하려고 합니다.
계획 세우기 | 예 일의 자리의 계산에서 ㉡을, 십의 자리의 계산에서 ㉢을, 백의 자리의 계산에서 ㉠을 구합니다.
해결하기 | (1) 예 일의 자리의 계산에서 ㉡+1=8이므로 ㉡=8−1=7입니다.
(2) 예 십의 자리의 계산에서 5+㉢=9이므로 ㉢=9−5=4입니다.
(3) 예 백의 자리의 계산에서 ㉠+3=5이므로 ㉠=5−3=2입니다.
되돌아보기 | 예 일의 자리의 계산에서 8+㉢=9이므로 ㉢=9−8=1입니다.
십의 자리의 계산에서 ㉠+2=7이므로 ㉠=7−2=5입니다.
백의 자리의 계산에서 2+㉡=8이므로 ㉡=8−2=6입니다.
따라서 ㉠, ㉡, ㉢은 각각 5, 6, 1입니다.

문제를 풀며 이해해요

13쪽

01 (1) 584 (2) 815
02 예 300, 300, 600
03 (위에서부터) (1) 1 / 7, 5, 1 (2) 1 / 8, 3, 7

교과서 문제 해결하기

14~15쪽

01 473
02 (1) 예 860 (2) 853
03 (1) 693 (2) 737 (3) 852 (4) 714
04 예 십의 자리의 계산에서 일의 자리에서 받아올림한 수를 더하지 않았습니다. / 853
05 957
06 >
07 574명
08 925 m
09 880
10 (위에서부터) 6, 7

문제해결 접근하기

11 풀이 참조

01 $345+128=473$

02 546을 550으로, 307을 310으로 어림하여 계산하면 약 $550+310=860$이고, $546+307=853$입니다.

03 (1)
$$\begin{array}{r} {\scriptstyle 1} \\ 458 \\ +\,235 \\ \hline 693 \end{array}$$
(2)
$$\begin{array}{r} {\scriptstyle 1} \\ 591 \\ +\,146 \\ \hline 737 \end{array}$$

04
$$\begin{array}{r} {\scriptstyle 1} \\ 637 \\ +\,216 \\ \hline 853 \end{array}$$

05 가장 큰 수는 765이고 가장 작은 수는 192이므로 $765+192=957$입니다.

06 $645+174=819$, $456+361=817$
➡ $819>817$

07 미술관의 일요일 관람객 수는 $219+136=355$(명)입니다. 따라서 토요일과 일요일 관람객 수의 합은 $219+355=574$(명)입니다.

08 (재민이네 집에서 소방서까지의 거리)+(소방서에서 공원까지의 거리)
$=571+354=925$(m)

09 100이 7개, 10이 3개, 1이 4개인 수는 734입니다. 734보다 146만큼 더 큰 수는 $734+146=880$입니다.

10 • 일의 자리 계산: $8+\square=15$, $\square=7$
• 십의 자리 계산: $1+\square+1=8$, $\square=6$

문제해결 접근하기

11 **이해하기** | 예 4장의 수 카드 중에서 2장을 골라 합이 가장 큰 덧셈식을 만들어 합을 구하려고 합니다.
계획 세우기 | 예 두 수의 합이 가장 큰 덧셈식을 만들려면 가장 큰 수와 두 번째로 큰 수의 합을 구합니다.
해결하기 | (1) 예 가장 큰 수는 백의 자리 수가 가장 큰 521입니다. 두 번째로 큰 수는 백의 자리 수가 두 번째로 큰 386입니다.
(2) 예 $521+386=907$
되돌아보기 | 예 두 수의 합이 가장 작은 덧셈식을 만들려면 가장 작은 수와 두 번째로 작은 수를 더합니다. 따라서 가장 작은 수와 두 번째로 작은 수의 합은 $105+278=383$입니다.

문제를 풀며 이해해요

17쪽

01 (1) 812 (2) 1235
02 예 600, 400, 1000
03 (위에서부터) (1) 1, 1 / 8, 1, 4 (2) 1, 1 / 1, 4, 3, 1

03 (1)
$$\begin{array}{r} {\scriptstyle 1\,1} \\ 429 \\ +\,385 \\ \hline 814 \end{array}$$
(2)
$$\begin{array}{r} {\scriptstyle 1\,1} \\ 683 \\ +\,748 \\ \hline 1431 \end{array}$$

교과서 문제 해결하기 18~19쪽

01 902 02 (1) 예 710 (2) 712
03 (1) 652 (2) 1085 (3) 925 (4) 1403
04 10 05 시영
06 655, 1130 07 1423 cm
08 1121 09 616 m
10 4개
문제해결 접근하기
11 풀이 참조

01 $635+267=902$

02 293을 290으로, 419를 420으로 어림하여 계산하면 약 $290+420=710$이고, $293+419=712$입니다.

03 (1)
$$\begin{array}{r} {\scriptstyle 1\;1\;\;} \\ 185 \\ +\;467 \\ \hline 652 \end{array}$$
(2)
$$\begin{array}{r} {\scriptstyle 1\;1\;\;} \\ 598 \\ +\;487 \\ \hline 1085 \end{array}$$

04 일의 자리의 수끼리의 합은 $4+7=11$로 10보다 크므로 십의 자리로 받아올림해야 합니다. 따라서 □ 안에 들어갈 수인 1이 실제로 나타내는 수는 10입니다.

05
$$\begin{array}{r} {\scriptstyle 1\;1\;\;} \\ 576 \\ +\;849 \\ \hline 1425 \end{array}$$

06 $358+297=655$, $655+475=1130$

07 $695+728=1423$(cm)

08 만들 수 있는 가장 큰 수는 874이고 가장 작은 수는 247입니다.
➡ $874+247=1121$

09 민준이가 오늘 저녁에 달린 거리: 358 m
1일 후에 달려야 하는 거리: $358+129=487$(m)
2일 후에 달려야 하는 거리: $487+129=616$(m)

10 받아올림이 3번 있으려면 백의 자리에서 천의 자리로 받아올림이 있어야 합니다. 백의 자리를 계산했을 때 받아올림이 있으려면 $1+3+$□가 두 자리 수이어야 합니다. $4+$□가 두 자리 수가 되려면 □ 안에 들어갈 수 있는 수는 6, 7, 8, 9입니다.

문제해결 접근하기

11 **이해하기 |** 예 □ 안에 들어갈 수 있는 세 자리 수 중에서 가장 큰 수를 구하려고 합니다.
계획 세우기 | 예 $374+569$의 계산 결과보다 1만큼 더 작은 수를 구합니다.
해결하기 | (1) 예 $374+569=943$
(2) 예 943보다 1만큼 더 작은 수는 942입니다. 따라서 □ 안에 들어갈 수 있는 세 자리 수 중에서 가장 큰 수는 942입니다.
되돌아보기 | 예 $465+385=850$보다 1만큼 더 작은 수는 849입니다.
따라서 □ 안에 들어갈 수 있는 세 자리 수 중에서 가장 큰 수는 849입니다.

문제를 풀며 이해해요 21쪽

01 (1) 211 (2) 234 02 예 500, 300, 200
03 (1) 4, 3, 1 (2) 3, 6, 2

교과서 문제 해결하기 22~23쪽

01 243 02 (1) 예 410 (2) 412
03 (1) 341 (2) 352 (3) 323 (4) 461
04 (1)-㉢ (2)-㉡ (3)-㉠ 05 683, 341
06 풀이 참조 07 112쪽
08 142번 09 830
10 영서네 학교, 12명
문제해결 접근하기
11 풀이 참조

01 $564-321=243$

02 729를 730으로, 317을 320으로 어림하여 계산하면 약 $730-320=410$이고, $729-317=412$입니다.

03 일의 자리의 수끼리, 십의 자리의 수끼리, 백의 자리의 수끼리 뺀 값을 순서대로 적습니다.

04 (1) $685-451=234$
(2) $753-512=241$
(3) $467-213=254$

05 $895-341=554$(×), $895-552=343$(×), $895-683=212$(×), $683-341=342$(○), $683-552=131$(×), $552-341=211$(×)

06 예 방법 1 $700-200$, $80-60$, $5-3$을 순서대로 계산하면 500, 20, 2입니다.
➡ $785-263=500+20+2=522$
방법 2 $85-63$, $700-200$을 순서대로 계산하면 22, 500입니다.
➡ $785-263=22+500=522$
방법 3 $5-3$, $80-60$, $700-200$을 순서대로 계산하면 2, 20, 500입니다.
➡ $785-263=2+20+500=522$

07 $264-152=112$(쪽)

08 $857-715=142$(번)

09 만들 수 있는 가장 큰 수는 954이고, 가장 작은 수는 124입니다.
따라서 가장 큰 수와 가장 작은 수의 차는 $954-124=830$입니다.

10 (영서네 학교 학생 수)$=453+426=879$(명)
(호린이네 학교 학생 수)$=442+425=867$(명)
$879>867$이므로 영서네 학교가 $879-867=12$(명) 더 많습니다.

문제해결 접근하기

11 이해하기 | 예 어떤 수에서 214를 빼면 얼마인지 구하려고 합니다.
계획 세우기 | 예 어떤 수를 □라고 하여 어떤 수를 구한 다음 어떤 수에서 214를 뺍니다.
해결하기 | (1) 예 어떤 수를 □라고 하면
□$+321=796$ ➡ □$=796-321=475$입니다.
(2) 예 어떤 수에서 214를 빼면 $475-214=261$입니다.
되돌아보기 | 예 어떤 수를 □라고 하면
□$+145=698$ ➡ □$=698-145=553$입니다.
따라서 어떤 수에서 412를 빼면 $553-412=141$입니다.

문제를 풀며 이해해요 25쪽

01 271
02 예 600, 200, 400
03 (위에서부터) (1) 4, 10 / 2, 3, 1 (2) 3, 10 / 5, 2, 8

교과서 문제 해결하기 26~27쪽

01 218
02 (1) 예 180 (2) 176
03 (1) 312 (2) 375 (3) 326 (4) 243
04 224, 243
05 >
06 509, 271
07 362
08 나예, 38 cm
09 6
10 394 cm
문제해결 접근하기
11 풀이 참조

01 $543-325=218$

02 469를 470으로, 293을 290으로 어림하여 계산하면 약 $470-290=180$이고, $469-293=176$입니다.

03 (1)
$$\begin{array}{r} {\scriptstyle 4\ 10} \\ 7\ \not{5}\ 1 \\ -\ 4\ 3\ 9 \\ \hline 3\ 1\ 2 \end{array}$$
(2)
$$\begin{array}{r} {\scriptstyle 5\ 10}\ \ \ \\ \not{6}\ 2\ 8 \\ -\ 2\ 5\ 3 \\ \hline 3\ 7\ 5 \end{array}$$

04 $681-457=224$, $435-192=243$

05 $584-257=327$이므로 $327>326$입니다.

BOOK 1 개념책

06 주어진 수를 몇백 몇십으로 어림하면 다음과 같습니다.
271 → 270, 509 → 510, 519 → 520, 841 → 840
차가 240에 가까운 두 수는 509와 271이므로 뺄셈식을 완성하면 $509-271=238$입니다.

07 찢어진 종이에 적힌 수를 □라고 하면 두 수의 합이 781이므로 $419+\square=781$, $\square=781-419=362$입니다.

08 (나예가 사용하고 남은 끈의 길이)
$=624-271=353$(cm)
(시우가 사용하고 남은 끈의 길이)
$=582-267=315$(cm)
$353>315$이므로 나예가 사용하고 남은 끈이
$353-315=38$(cm) 더 깁니다.

09 • 일의 자리 계산: 5－㉡＝2, ㉡＝3
• 십의 자리 계산: 10＋㉠－8＝4, ㉠＝2
• 백의 자리 계산: 7－1－5＝㉢, ㉢＝1
➡ ㉠＋㉡＋㉢＝2＋3＋1＝6

10 (색 테이프 3장의 길이의 합)
$=176+176+176=352+176=528$(cm)
(겹쳐진 부분의 길이의 합)
$=67+67=134$(cm)
(이어 붙인 색 테이프의 전체 길이)
$=528-134=394$(cm)

문제해결 접근하기

11 **이해하기 |** 예 0부터 9까지의 수 중에서 □ 안에 들어갈 수 있는 수를 모두 구하려고 합니다.
계획 세우기 | 예 4□3이 $957-492$의 계산 결과보다 클 때 □ 안에 들어갈 수 있는 수를 모두 구합니다.
해결하기 | (1) 예 $957-492=465$
(2) 예 4□3＞465일 때 □ 안에 들어갈 수 있는 수는 7, 8, 9입니다.
되돌아보기 | 예 $624-381=243$
2□1＞243일 때 □ 안에 들어갈 수 있는 수는 5, 6, 7, 8, 9입니다.

문제를 풀며 이해해요

29쪽

01 178 02 예 700, 500, 200
03 (위에서부터) (1) 4, 10, 10 / 2, 4, 5 (2) 7, 13, 10 / 4, 4, 6

교과서 문제 해결하기

30~31쪽

01 469 02 (1) 예 340 (2) 342
03 (1) 223 (2) 548 (3) 257 (4) 308
04 534, 378 05 (○) (   )
06 예 백의 자리의 계산에서 십의 자리로 받아내림한 수를 빼지 않았습니다. / 266
07 32개 08 4, 2, 7
09 278 m 10 407

문제해결 접근하기

11 풀이 참조

01 $736-267=469$

02 521을 520으로, 179를 180으로 어림하여 계산하면 약 $520-180=340$이고, $521-179=342$입니다.

03 (1)
$$\begin{array}{r} {\scriptstyle 4\ 10\ 10} \\ \not{5}\ \not{1}\ 2 \\ -\ 2\ 8\ 9 \\ \hline 2\ 2\ 3 \end{array}$$
(2)
$$\begin{array}{r} {\scriptstyle 6\ 12\ 10} \\ \not{7}\ \not{3}\ 4 \\ -\ 1\ 8\ 6 \\ \hline 5\ 4\ 8 \end{array}$$

04 $832-298=534$
$534-156=378$

05 $611-354=257$, $823-569=254$
➡ $257>254$

06
$$\begin{array}{r} {\scriptstyle 5\ 11\ 10} \\ \not{6}\ \not{2}\ 4 \\ -\ 3\ 5\ 8 \\ \hline 2\ 6\ 6 \end{array}$$

07 우유갑을 가장 많이 모은 반은 4반으로 421개이고, 가장 적게 모은 반은 2반으로 389개입니다.
➡ $421-389=32$(개)

08 • 일의 자리 계산: $10+1-$ ㉢ $=4$, $11-$ ㉢ $=4$, ㉢ $=7$

• 십의 자리 계산: $10+$ ㉠ $-1-8=5$, $1+$ ㉠ $=5$, ㉠ $=4$

• 백의 자리 계산: $6-1-$ ㉡ $=3$, $5-$ ㉡ $=3$, ㉡ $=2$

09 $912-249-385=663-385=278$(m)

10 두 수의 차가 가장 큰 뺄셈식을 만들어야 하므로 가장 큰 수에서 가장 작은 수를 빼야 합니다.
가장 큰 수는 801이고, 가장 작은 수는 394이므로 두 수의 차는 $801-394=407$입니다.

문제해결 접근하기

11 **이해하기** | 예 바르게 계산한 값을 구하려고 합니다.
계획 세우기 | 예 어떤 수를 □라고 하여 어떤 수를 구한 다음 바르게 계산한 값을 구합니다.
해결하기 | (1) 예 어떤 수를 □라고 하면
□$+268=721$ ➡ □$=721-268=453$입니다.
(2) 예 바르게 계산한 값은 $453-268=185$입니다.
되돌아보기 | 예 어떤 수를 □라고 하면
□$+369=935$ ➡ □$=935-369=566$입니다.
따라서 바르게 계산한 값은 $566-369=197$입니다.

단원평가로 완성하기

32~35쪽

01 549
02 (1) 예 970 (2) 975
03 (1)-㉢ (2)-㉡ (3)-㉠
04 예 십의 자리의 계산에서 일의 자리에서 받아올림한 수를 더하지 않았습니다. / 765
05 1081
06 913개
07 5, 7
08 943
09 371, 412
10 ㉢, ㉡, ㉠, ㉣
11 381장
12 521
13 8, 4, 2
14 615, 274, 341
15 (1) 862 (2) 683 (3) 179 / 179 m
16 시윤, 태규
17 윤서
18 128
19 (위에서부터) 6, 7, 5
20 3개

01 $314+235=549$

02 543을 540으로, 432를 430으로 어림하여 계산하면 약 $540+430=970$이고, $543+432=975$입니다.

03 (1) $436+349=785$
(2) $562+254=816$
(3) $607+179=786$

04
$$\begin{array}{r} {}^{1}\quad\; \\ 4\;3\;7 \\ +\;3\;2\;8 \\ \hline 7\;6\;5 \end{array}$$

05 $396♣289=396+289+396$
$=685+396=1081$

06 (오늘 판 빵의 수)$=387+139=526$(개)
(이틀 동안 판 빵의 수)$=387+526=913$(개)

07 ★+♥의 일의 자리 수가 2이고 십의 자리 수는 3이므로 일의 자리와 십의 자리에서 받아올림이 있음을 알 수 있습니다.
백의 자리의 계산에서 $1+$★$+6=12$이므로 ★$=5$입니다.
일의 자리의 계산에서 ★+♥$=12$이므로
$5+$♥$=12$, ♥$=7$입니다.

08 100이 6개, 10이 8개, 1이 9개인 수는 689입니다.
689보다 254만큼 더 큰 수는 $689+254=943$입니다.

09 $685-314=371$, $837-425=412$

10 ㉠ $235+124=359$
㉡ $173+185=358$
㉢ $698-346=352$
㉣ $512-147=365$
➡ $352<358<359<365$

11 (사고 난 후의 붙임딱지의 수)$=513+125=638$(장)
(지금 가지고 있는 붙임딱지의 수)
$=638-257=381$(장)

12 만들 수 있는 가장 큰 수: 873
만들 수 있는 두 번째로 큰 수: 870
➡ $870-349=521$

13 • 일의 자리 계산: $7-5=$㉢, ㉢$=2$
• 십의 자리 계산: $10+1-$㉡$=7$, $11-$㉡$=7$,
㉡$=4$
• 백의 자리 계산: ㉠$-1-6=1$, ㉠$=8$

14 $615>329>302>274$
가장 큰 수에서 가장 작은 수를 빼면 차가 가장 큰 뺄셈식을 만들 수 있습니다.
따라서 차가 가장 큰 뺄셈식은 $615-274=341$입니다.

15 (1) (준형이네 집에서 현우네 집까지의 거리)
$+$(현우네 집에서 학교까지의 거리)
$=387+475=862$(m)
(3) $862-683=179$(m)

채점 기준

준형이가 집에서 현우네 집에 들렀다가 학교에 가는 거리를 구한 경우	40 %
준형이가 집에서 학교에 바로 가는 거리를 구한 경우	10 %
준형이가 집에서 현우네 집에 들렀다가 학교에 가는 거리와 학교에 바로 가는 거리의 차를 구한 경우	50 %

16 (재민이가 접은 종이학의 수)
$=645-367=278$(개)
(태규가 접은 종이학의 수)
$=278+148=426$(개)
(시윤이와 재민이가 접은 종이학 수의 차)$=367$(개)
(시윤이와 태규가 접은 종이학 수의 차)
$=645-426=219$(개)
(재민이와 태규가 접은 종이학 수의 차)$=148$(개)
접은 종이학 수의 차 219가 200에 가장 가까운 수입니다.
따라서 접은 종이학 수의 차가 200에 가장 가까운 두 친구는 시윤이와 태규입니다.

17 (윤서가 사용한 철사의 길이)
$=421-247=174$(cm)
(주성이가 사용한 철사의 길이)
$=405-238=167$(cm)
$174>167$이므로 윤서가 철사를 더 많이 사용하였습니다.

18 잉크가 묻은 종이에 적힌 세 자리 수를 □라고 하면
$476+$□$=824$이므로 □$=824-476=348$입니다.
두 수는 476과 348이므로 두 수의 차는
$476-348=128$입니다.

19 • 일의 자리 계산: $10+2-$□$=7$, $12-$□$=7$, □$=5$
• 십의 자리 계산: $10+4-1-$□$=6$, $13-$□$=6$,
□$=7$
• 백의 자리 계산: □$-1-2=3$, □$=6$

20 $731-34$□$=385$라고 생각하면
34□$=731-385=346$입니다.
$731-34$□<385이므로 34□>346이어야 합니다.
따라서 □ 안에 들어갈 수 있는 수는 7, 8, 9로 모두 3개입니다.

2 평면도형

문제를 풀며 이해해요 41쪽

01 (　　)(○)(　　)
02 (1) (○) (2) (　　) (3) (　　)
　　(　　) (○) (　　)
　　(　　) (　　) (○)
03 (1) 각에 ○표 (2) 점 ㄹ에 ○표

교과서 문제 해결하기 42~43쪽

01 (○)(　　)(○)(　　)
02 (1) 라 (2) 다 (3) 가
03 (1) 선분 ㄷㄹ(또는 선분 ㄹㄷ) (2) 직선 ㅁㅂ(또는 직선 ㅂㅁ)
04 선우
05 (풀이 그림)
06 나, 라, 바
07 각 ㅅㅇㅈ(또는 각 ㅈㅇㅅ)
08 ㉡
09 3개
10 각 ㄱㄴㄹ(또는 각 ㄹㄴㄱ), 각 ㄱㄴㄷ(또는 각 ㄷㄴㄱ), 각 ㄹㄴㄷ(또는 각 ㄷㄴㄹ)

문제해결 접근하기

11 풀이 참조

01 곧은 선은 구부러지거나 휘어지지 않고 반듯하게 쭉 뻗은 선입니다.

02 (1) 선분은 두 점을 곧게 이은 선이므로 라입니다.
(2) 반직선은 한 점에서 시작하여 한쪽으로 끝없이 늘인 곧은 선이므로 다입니다.
(3) 직선은 선분을 양쪽으로 끝없이 늘인 선이므로 가입니다.

03 (1) 점 ㄷ과 점 ㄹ을 곧게 이었으므로 선분 ㄷㄹ 또는 선분 ㄹㄷ이라고 읽습니다.
(2) 선분 ㅁㅂ을 양쪽으로 끝없이 늘인 선으로 직선 ㅁㅂ 또는 직선 ㅂㅁ이라고 읽습니다.

04 점 ㅂ에서 시작하는 반직선이므로 반직선 ㅂㅁ이라고 읽습니다.

06 각은 한 점에서 그은 두 반직선으로 이루어진 도형입니다.

07 각을 읽을 때에는 각의 꼭짓점이 가운데 오도록 읽습니다. 따라서 각 ㅅㅇㅈ 또는 각 ㅈㅇㅅ으로 읽습니다.

08 ㉠ 각의 꼭짓점이 점 ㄴ이므로 각 ㄱㄴㄷ 또는 각 ㄷㄴㄱ이라고 읽습니다.
㉢ 각의 꼭짓점은 점 ㄴ으로 1개입니다.

09 각을 찾아 표시해 봅니다.

10 점 ㄴ을 각의 꼭짓점으로 하는 각을 찾아봅니다.

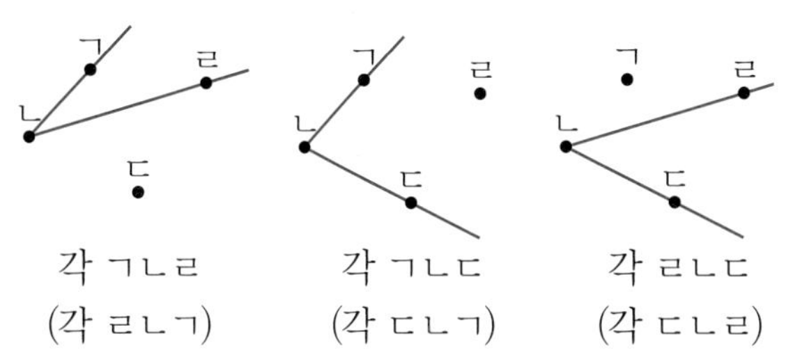

각 ㄱㄴㄹ (각 ㄹㄴㄱ)　각 ㄱㄴㄷ (각 ㄷㄴㄱ)　각 ㄹㄴㄷ (각 ㄷㄴㄹ)

문제해결 접근하기

11 **이해하기 |** 예 도형 4개 중 각이 가장 많은 도형을 찾으려고 합니다.
계획 세우기 | 예 도형에서 각을 모두 찾아 세어 그 수를 비교합니다.
해결하기 | (1) 예

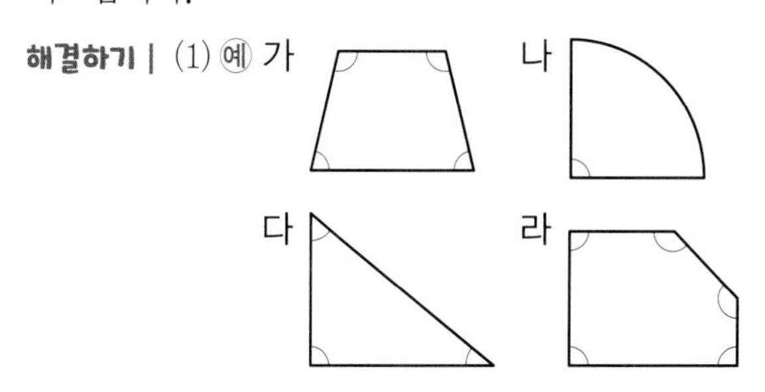

각의 수를 세어 보면 가는 4개, 나는 1개, 다는 3개, 라는 5개입니다.
(2) 예 각이 가장 많은 도형은 라입니다.
되돌아보기 | 예 각이 가장 적은 도형은 각이 1개인 나입니다.

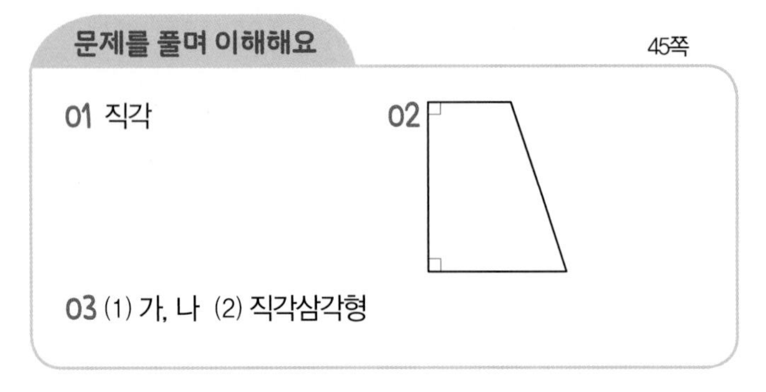

문제를 풀며 이해해요

45쪽

01 직각

02

03 (1) 가, 나 (2) 직각삼각형

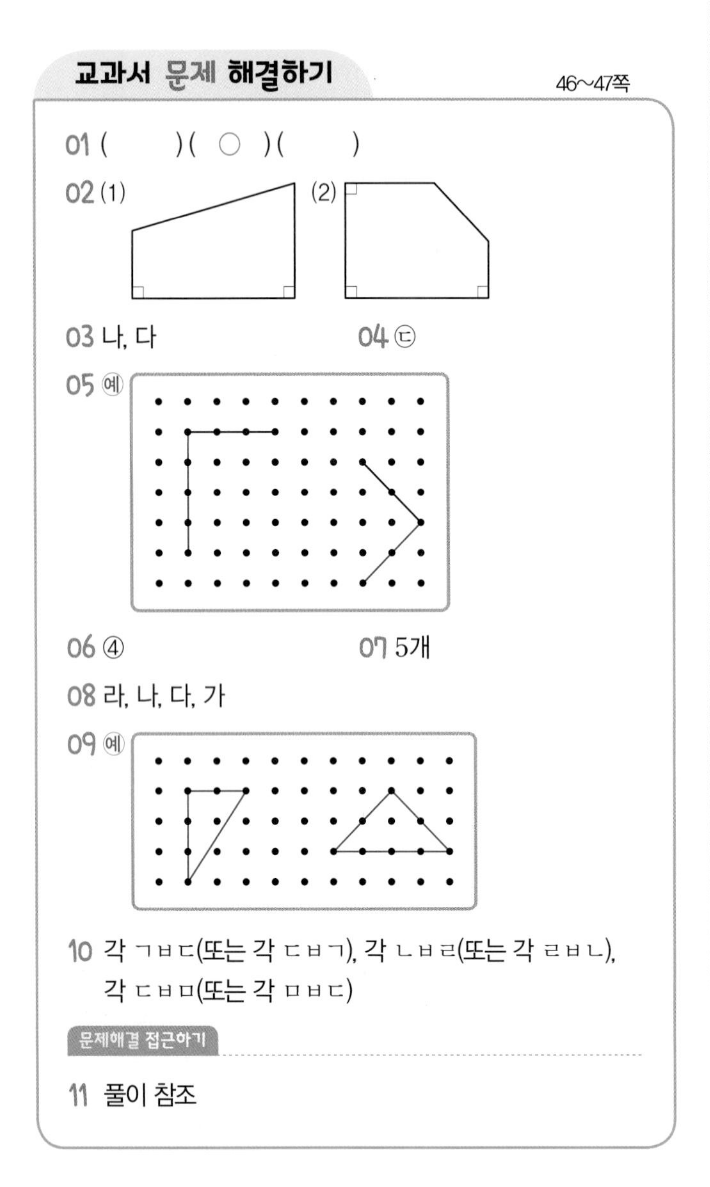

교과서 문제 해결하기

46~47쪽

01 (　　)(○)(　　)

02 (1) (2)

03 나, 다

04 ㉢

05 예

06 ④

07 5개

08 라, 나, 다, 가

09 예

10 각 ㄱㅂㄷ(또는 각 ㄷㅂㄱ), 각 ㄴㅂㄹ(또는 각 ㄹㅂㄴ), 각 ㄷㅂㅁ(또는 각 ㅁㅂㄷ)

문제해결 접근하기

11 풀이 참조

03 직각삼각형은 한 각이 직각인 삼각형입니다.

04 ㉢ 직각삼각형에는 직각이 1개 있습니다.

06 ④ 시계가 9시를 가리킬 때, 시계의 긴바늘과 짧은바늘이 이루는 작은 쪽의 각은 직각입니다.

07

➡ 직각삼각형: 5개

08 가　나　다　라

직각을 세어 보면 가: 0개, 나: 2개, 다: 1개, 라: 4개입니다.

따라서 직각이 많은 도형부터 순서대로 기호를 쓰면 라, 나, 다, 가입니다.

10 직각을 찾아봅니다.

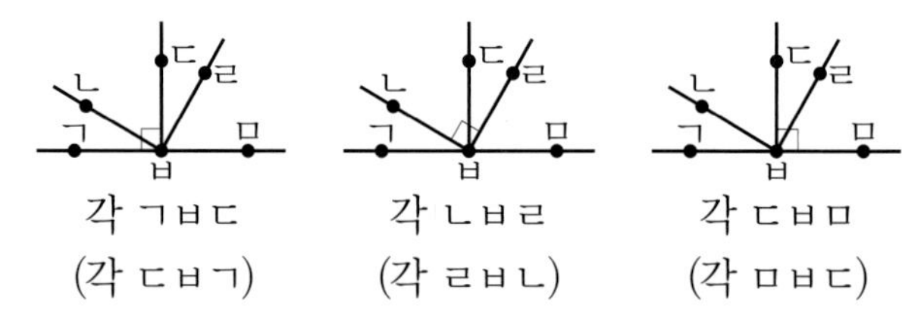

문제해결 접근하기

11 **이해하기 |** 예 도형에서 찾을 수 있는 크고 작은 직각삼각형의 수를 구하려고 합니다.

계획 세우기 | 예 작은 직각삼각형 1개로 이루어진 직각삼각형, 작은 직각삼각형 2개로 이루어진 직각삼각형, 작은 직각삼각형 4개로 이루어진 직각삼각형을 찾아 수를 세어 봅니다.

해결하기 | (1) 예 작은 직각삼각형 1개로 이루어진 직각삼각형: 8개

작은 직각삼각형 2개로 이루어진 직각삼각형: 4개

작은 직각삼각형 4개로 이루어진 직각삼각형: 4개

(2) 예 크고 작은 직각삼각형은 모두 $8+4+4=16$(개)입니다.

되돌아보기 | 예 삼각형 1개로 이루어진 직각삼각형: 2개

삼각형 2개로 이루어진 직각삼각형: 2개

따라서 도형에서 찾을 수 있는 크고 작은 직각삼각형은 모두 $2+2=4$(개)입니다.

문제를 풀며 이해해요

49쪽

01 (1) 가, 라 (2) 직사각형
02 (1) 나, 마 (2) 라, 마 (3) 마 (4) 정사각형

교과서 문제 해결하기

50~51쪽

01 직각, 직사각형　　02 가, 라

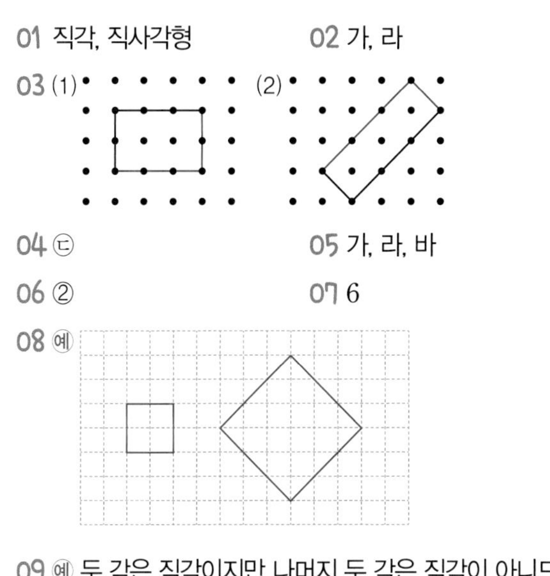

03 (1) (2)
04 ㉢　　05 가, 라, 바
06 ②　　07 6
08 예

09 예 두 각은 직각이지만 나머지 두 각은 직각이 아니므로 직사각형이 아닙니다.
10 14

문제해결 접근하기

11 풀이 참조

01 네 각이 모두 직각인 사각형을 직사각형이라고 합니다.

02 정사각형은 네 각이 모두 직각이고 네 변의 길이가 모두 같습니다.

04 ㉢ 직사각형은 마주 보는 두 변의 길이가 같습니다. 항상 네 변의 길이가 같지는 않습니다.

05 직사각형 모양의 물건은 텔레비전, 창문, 공책입니다.

06 직사각형은 네 각이 모두 직각이므로 점 가를 ②로 옮겨야 합니다.

07 정사각형은 네 변의 길이가 모두 같습니다.

09 직사각형은 네 각이 모두 직각인 사각형입니다.

10 큰 정사각형의 한 변의 길이는 작은 정사각형의 한 변의 길이의 3배입니다.
큰 정사각형의 한 변의 길이는 $2\times3=6$(cm)입니다.
따라서 $\square=2+6+6=14$입니다.

문제해결 접근하기

11 **이해하기 |** 예 도형에서 찾을 수 있는 크고 작은 직사각형의 수를 구하려고 합니다.
계획 세우기 | 예 작은 직사각형 1개, 2개, 3개, 4개, 6개로 이루어진 직사각형의 수를 각각 세어 구합니다.
해결하기 | (1) 예 작은 직사각형 1개로 이루어진 직사각형: 6개
작은 직사각형 2개로 이루어진 직사각형: 7개
작은 직사각형 3개로 이루어진 직사각형: 2개
작은 직사각형 4개로 이루어진 직사각형: 2개
작은 직사각형 6개로 이루어진 직사각형: 1개
(2) 예 크고 작은 직사각형은 모두
$6+7+2+2+1=18$(개)입니다.
되돌아보기 | 예 작은 정사각형 1개로 이루어진 정사각형: 9개
작은 정사각형 4개로 이루어진 정사각형: 4개
작은 정사각형 9개로 이루어진 정사각형: 1개
따라서 크고 작은 정사각형은 모두 $9+4+1=14$(개)입니다.

단원평가로 완성하기

52~55쪽

01 ( )(○)( )(○)
02 (1)-㉠ (2)-㉢ (3)-㉣
03
04 ③　　05 선주
06 ③　　07 가, 나

08 ㉡ 09 6개
10 다 11 19
12 6개 13 ④
14 가, 라 15 18 cm
16 ④ 17 68 cm
18 예

19 (1) 8 (2) 10 (3) 10, 5 / 5
20 7개

01 곧은 선은 구부러지거나 휘어지지 않고 반듯하게 쭉 뻗은 선입니다.

03 선분 ㄱㄴ은 점 ㄱ과 점 ㄴ을 곧게 이은 선입니다.
반직선 ㅁㄷ은 점 ㅁ에서 시작하여 점 ㄷ 쪽으로 끝없이 늘인 곧은 선입니다.

04 ③ 각의 꼭짓점은 점 ㅁ으로 1개입니다.

05 각은 한 점에서 시작하는 두 반직선으로 그려야 합니다.
한 선은 반직선, 다른 선은 굽은 선으로 그렸으므로 잘못 그렸습니다.

07 직각삼각형은 한 각이 직각인 삼각형입니다.

08 ㉠ 직각삼각형에는 직각이 1개 있습니다.
㉡ 정사각형은 네 각이 모두 직각이므로 직사각형이라고 할 수 있습니다.
㉢ 직사각형은 네 변의 길이가 항상 같지 않으므로 정사각형이라고 할 수 없습니다.

09

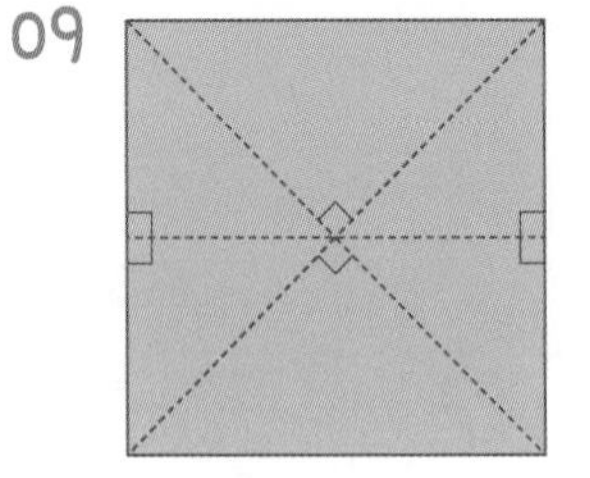

➡ 직각삼각형: 6개

10 네 각이 모두 직각인 사각형은 직사각형입니다.

11 직사각형은 마주 보는 두 변의 길이가 같습니다.
㉠$=7$, ㉡$=12$
➡ ㉠$+$㉡$=7+12=19$

12 직각삼각형에 직각이 1개 있으므로 직각삼각형 2개에는 직각이 2개 있습니다.
직사각형에는 직각이 4개 있습니다.
따라서 주아가 그린 도형에 있는 직각은 모두
$2+4=6$(개)입니다.

13 직각삼각형은 한 각이 직각인 삼각형입니다.
삼각형 ㄱㄴㄷ에서 한 각이 직각이 되기 위해서는 꼭짓점 ㄴ을 ④로 옮겨야 합니다.

14 정사각형은 네 각이 모두 직각이고 네 변의 길이가 모두 같습니다.

15 정사각형 나의 한 변의 길이는 정사각형 가의 한 변의 길이의 2배이므로
정사각형 나의 한 변의 길이는 $6 \times 2=12$(cm)입니다.
정사각형 다의 한 변의 길이는 정사각형 가와 정사각형 나의 한 변의 길이의 합과 같습니다.
따라서 정사각형 다의 한 변의 길이는
$6+12=18$(cm)입니다.

16 ① 네 변으로 둘러싸인 도형이므로 사각형입니다.
② 네 각이 모두 직각이므로 직사각형입니다.
③ 네 각이 모두 직각이고 네 변의 길이가 모두 같으므로 정사각형입니다.
⑤ 평평한 면 위에 그린 도형이므로 평면도형입니다.

17 정사각형은 네 변의 길이가 모두 같습니다.
한 변의 길이가 9 cm인 정사각형 1개를 만들 때 사용한 끈의 길이는 $9 \times 4=36$(cm)입니다.
한 변의 길이가 4 cm인 정사각형 1개를 만들 때 사용한 끈의 길이는 $4 \times 4=16$(cm)입니다.
따라서 사용한 끈의 길이는 모두
$36+16+16=68$(cm)입니다.

19 (1) 직사각형에서 마주 보는 두 변의 길이는 같으므로 변 ㄱㄴ과 변 ㄹㄷ의 길이는 같습니다.
따라서 변 ㄱㄴ의 길이는 8 cm입니다.
(2) 네 변의 길이의 합이 26 cm이므로 변 ㄱㄹ과 변 ㄴㄷ의 길이의 합은 26 cm에서 변 ㄱㄴ과 변 ㄹㄷ의 길이를 뺀 것과 같습니다.
따라서 변 ㄱㄹ과 변 ㄴㄷ의 길이의 합은 $26-8-8=10$(cm)입니다.
(3) 변 ㄱㄹ과 변 ㄴㄷ은 마주 보는 변이므로 길이가 같습니다.
$5+5=10$이므로 변 ㄱㄹ의 길이는 5 cm입니다.
따라서 □ 안에 알맞은 수는 5입니다.

채점 기준

변 ㄱㄴ의 길이를 구한 경우	40 %
변 ㄱㄹ과 변 ㄴㄷ의 길이의 합을 구한 경우	40 %
□ 안에 알맞은 수를 구한 경우	20 %

20 직각삼각형 1개로 이루어진 직각삼각형: 5개
직각삼각형 2개로 이루어진 직각삼각형: 1개
직각삼각형 3개와 사각형 2개로 이루어진 직각삼각형: 1개
따라서 크고 작은 직각삼각형은 모두 $5+1+1=7$(개)입니다.

3 나눗셈

문제를 풀며 이해해요

61쪽

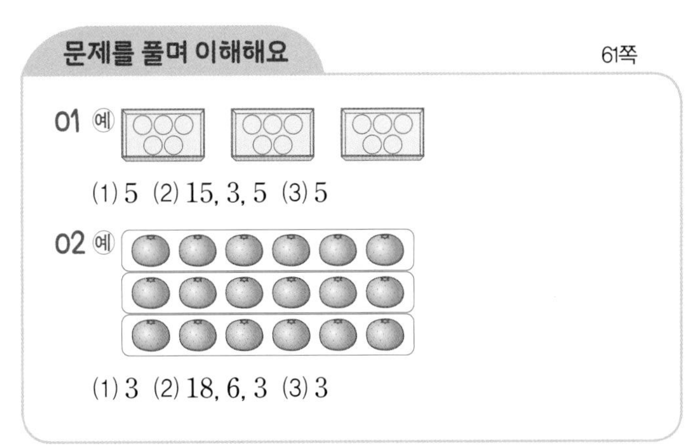

01 예
(1) 5 (2) 15, 3, 5 (3) 5

02 예
(1) 3 (2) 18, 6, 3 (3) 3

교과서 문제 해결하기

62~63쪽

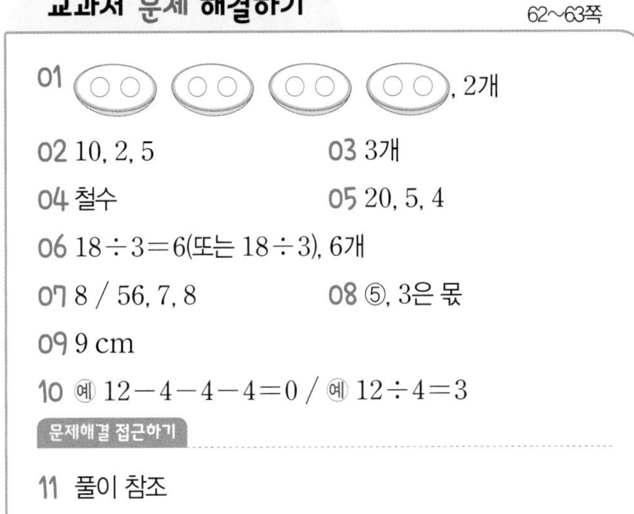

01 , 2개
02 10, 2, 5
03 3개
04 철수
05 20, 5, 4
06 $18 \div 3=6$(또는 $18 \div 3$), 6개
07 8 / 56, 7, 8
08 ⑤, 3은 몫
09 9 cm
10 예 $12-4-4-4=0$ / 예 $12 \div 4=3$

문제해결 접근하기

11 풀이 참조

01 도넛 8개를 4명이 똑같이 나누어 먹으면 한 명이 도넛을 2개씩 먹을 수 있습니다.

03 인형 6개를 한 개씩 번갈아 가며 바구니 2개에 담으면 한 바구니에 인형이 3개씩 담깁니다.

04 호빵 16개를 4개씩 묶으면 4묶음이 되므로 철수의 말이 맞습니다.

05 20에서 5씩 4번 빼면 0이 됩니다.
➡ $20 \div 5=4$

06 축구공 18개를 3개씩 묶어 한 바구니에 담으려면 바구니 6개가 필요합니다.

07 $56-7-7-7-7-7-7-7-7=0$이므로 56쪽의 책은 매일 7쪽씩 8일 동안 읽으면 모두 읽을 수 있습니다.

➡ $56\div7=8$

08 ⑤ 3은 나눗셈이 아니라 몫입니다.

09 $27\div3=9$(cm)이므로 서랍장 한 칸의 높이는 9 cm입니다.

10 옷 12벌을 한 칸에 4벌씩 담아서 보관하므로 12에서 4씩 3번 빼거나 12를 4로 나누어 몫을 구할 수 있습니다.

문제해결 접근하기

11 **이해하기 |** 예 블록 27개를 똑같이 나누어 몇 명이 가질 수 있는지 구하려고 합니다.

계획 세우기 | 예 사람 수는 4명보다 많고 10명보다 적기 때문에 5, 6, 7, 8, 9 중 27을 나누었을 때 나눌 수 있는 수를 찾습니다.

해결하기 | (1) 예 $27\div9=3$

(2) 예 9명이 가질 수 있습니다.

되돌아보기 | 예 14를 5, 6, 7, 8, 9로 나누었을 때 똑같이 나눌 수 있는 나눗셈식은 $14\div7=2$입니다.

따라서 7명이 가질 수 있습니다.

문제를 풀며 이해해요

65쪽

01 (1) 5, 20 / 4, 20 (2) 20, 5, 4 (3) 20, 4, 5

02 (1) 24, 6 (2) 4, 24 (3) 4명

02 6과 곱해서 24가 되는 수는 4이므로 $24\div6=4$입니다.

$24\div6=4$

↓ ↑

$6\times4=24$

교과서 문제 해결하기

66~67쪽

01 24, 3, 8 / 8, 24 / 8개 02 ㉠, ㉢

03 7 / 7, 14, 7, 14

04 5, 6, 30 / 30, 5, 6, 30, 6, 5

05 $27\div9=3$ / $9\times3=27$ / 3개

06 6, 48, 6, 8, 48 / 48, 6, 48, 6, 8

07 (1)-㉢ (2)-㉡ (3)-㉠ 08 3, 4, 5

09 9, 8, 7 10 2, 8 / 2, 8, 16 / 8일

문제해결 접근하기

11 풀이 참조

01 우유 24개를 3개의 모둠에 똑같이 나누어 주므로 $24\div3$이고 $3\times8=24$를 이용하여 몫 8을 구할 수 있습니다.

02 $3\times9=27$은 $27\div3$과 $27\div9$의 몫을 구하는 데 이용할 수 있는 곱셈식입니다.

03 $14\div2=7$ → $2\times7=14$, $7\times2=14$

04 감이 5개씩 6봉지가 있으므로 $5\times6=30$(개)입니다. 30개를 한 봉지에 5개씩 담으면 6봉지에 담을 수 있으므로 $30\div5=6$, 30개를 6봉지에 똑같이 나누어 담으면 한 봉지에 5개씩 담을 수 있으므로 $30\div6=5$입니다.

06 곱셈식 $8\times6=48$, $6\times8=48$에서 곱한 결과 48은 나누어지는 수가 되고 8과 6은 나누는 수 또는 몫이 되는 나눗셈식을 만들 수 있습니다.

07 (1) $36\div9=4$ ↓ ↑ $9\times4=36$

(2) $49\div7=7$ ↓ ↑ $7\times7=49$

(3) $12\div3=4$ ↓ ↑ $3\times4=12$

08 나누는 수가 5로 같고 나누어지는 수가 5씩 커지면 몫은 1씩 커집니다.

09 나누는 수가 7로 같고 나누어지는 수가 7씩 작아지면 몫은 1씩 작아집니다.

10 칭찬 스티커 16장을 하루에 2장씩 모았으므로
$2\times8=16$ ➡ $16\div2=8$에서 8일 동안 모았습니다.

문제해결 접근하기

11 **이해하기 |** ㉲ 어떤 수를 2로 나눈 몫을 구하려고 합니다.
계획 세우기 | ㉲ 6으로 나누기 전 어떤 수를 먼저 구하고 어떤 수를 2로 나눈 몫을 구합니다.
해결하기 | (1) ㉲ 6으로 나누었을 때 몫이 3인 어떤 수는 $6\times3=18$에서 18입니다.
(2) ㉲ $2\times9=18$이므로 18을 2로 나눈 몫은 9입니다.
되돌아보기 | ㉲ 6으로 나누었을 때 몫이 4인 어떤 수는 $6\times4=24$에서 24입니다.
$8\times3=24$이므로 24를 8로 나눈 몫은 3입니다.

문제를 풀며 이해해요 69쪽

01 (1) 6단 (2) 8, 8　　02 (1) 4, 6 (2) 9, 7

01 6단 곱셈구구에서 곱이 48인 경우를 찾습니다.

02 (1) 4단 곱셈구구에서 곱이 24인 경우를 찾습니다.
(2) 9단 곱셈구구에서 곱이 63인 경우를 찾습니다.

교과서 문제 해결하기 70~71쪽

01 (1)-㉡ (2)-㉢ (3)-㉠　02 4, 6, 8
03 1, 8, 6　04 9, 9, 9봉지
05 =　06 8 cm
07 ㉣, ㉠, ㉡, ㉢
08 (1) $72\div8=9$(또는 $72\div8$), 9개
(2) $72\div9=8$(또는 $72\div9$), 8개
09 ㉠, ㉢, ㉡　10 2개, 6개, 3개
문제해결 접근하기
11 풀이 참조

01 나눗셈식에서 나누는 수의 단 곱셈구구를 이용하면 몫을 구할 수 있습니다.

02 $5\times4=20$ ➡ $20\div5=4$
$5\times6=30$ ➡ $30\div5=6$
$5\times8=40$ ➡ $40\div5=8$

03 $6\times3=18$이므로 $18\div6=3$의 나눗셈식을 만들 수 있습니다.

04 $36\div4$의 몫은 4단 곱셈구구에서 $4\times9=36$이므로 9입니다.

05 $6\div2=3$, $27\div9=3$

06 $24\div3$의 몫은 3단 곱셈구구에서 $3\times8=24$이므로 8입니다.

07 ㉠ $32\div4=8$, ㉡ $49\div7=7$
㉢ $12\div2=6$, ㉣ $27\div3=9$
따라서 몫이 큰 것부터 순서대로 기호를 쓰면 ㉣, ㉠, ㉡, ㉢입니다.

08 (1) 고구마 72개를 8명에게 똑같이 나누어 주려면 한 명에게 고구마를 9개씩 주어야 합니다.
➡ $72\div8=9$(개)
(2) 고구마 72개를 9명에게 똑같이 나누어 주려면 한 명에게 고구마를 8개씩 주어야 합니다.
➡ $72\div9=8$(개)

09 ㉠ $24\div\boxed{4}=6$, ㉡ $48\div\boxed{8}=6$, ㉢ $30\div\boxed{5}=6$
$4<5<8$이므로 □ 안에 알맞은 수가 작은 것부터 순서대로 기호를 쓰면 ㉠, ㉢, ㉡입니다.

10 체리: $6\div3=2$(개)
블루베리: $18\div3=6$(개)
망고: $9\div3=3$(개)

문제해결 접근하기

11 **이해하기 |** ㉲ 36 cm를 이동하려면 4 cm씩 몇 번 가야 하는지 구하려고 합니다.
계획 세우기 | ㉲ 36을 4로 나눈 몫은 얼마인지 알아봅니다.
해결하기 | (1) ㉲ $36\div4=9$

(2) ㉠ 몫이 9이므로 9번 가야 합니다.

되돌아보기 | ㉠ $30 \div 5 = 6$이므로 6번 가야 합니다.

단원평가로 완성하기

72~75쪽

01 ㉠ 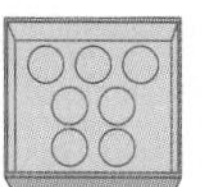 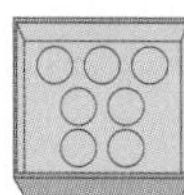 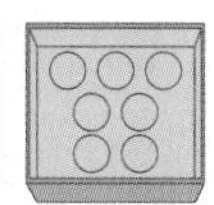

02 21, 3, 7
03 7
04 45, 9, 5
05 ㉣
06 6자루, 2자루
07 (1) 3, 3, 3, 3, 3, 3, 3, 3, 3 / 9, 9 (2) 3, 9
08 4, 9, 36
09 (1) 20, 4, 5 (2) 36, 6, 6 (3) 태훈, 1 / 태훈, 1개
10 ㉠, ㉣
11 <
12
13 3, 15, 5, 15 / 15, 5, 3, 15, 3, 5
14

×	5	6	7	8
5	25	30	35	40
6	30	36	42	48
7	35	42	49	56
8	40	48	56	(64)

, 8

15 3
16 $45 \div 9 = 5$(또는 $45 \div 9$), 5개
17 9대
18 6명
19 4
20 3모둠

01 야구공 21개를 바구니에 한 개씩 번갈아가며 담습니다.

02 야구공 21개를 바구니 3개에 똑같이 나누어 담으면 한 바구니에 7개씩 담을 수 있습니다.
➡ $21 \div 3 = 7$

03 $21 \div 3 = 7$을 곱셈식으로 나타내면 $3 \times 7 = 21$입니다.

05 ㉣ 3은 몫입니다.
➡ $6 \div 2 = 3$에서 나누는 수는 2입니다.

06 빨간 색연필: $36 \div 6 = 6$(자루)
검정 매직: $12 \div 6 = 2$(자루)

07 (1) 3씩 몇 번 뛰어 세면 27이 되는지 알아보는 것은 거꾸로 27에서 3씩 몇 번 빼면 0이 되는지 알아보는 것과 같습니다.

08 $36 \div 4$의 몫을 알아보는 곱셈식은 $4 \times 9 = 36$입니다.

09 (1) 지원이는 봉지가 $20 \div 4 = 5$(개) 필요합니다.
(2) 태훈이는 봉지가 $36 \div 6 = 6$(개) 필요합니다.
(3) 따라서 필요한 봉지의 수는 태훈이가 $6 - 5 = 1$(개) 더 많습니다.

채점 기준

지원이가 필요한 봉지 수를 구한 경우	40 %
태훈이가 필요한 봉지 수를 구한 경우	40 %
필요한 봉지의 수는 누가 몇 개 더 많은지 구한 경우	20 %

10 나눗셈의 몫을 구할 때 6단 곱셈구구가 필요한 것은 나누는 수가 6인 나눗셈입니다.
따라서 ㉠ $54 \div 6$, ㉣ $36 \div 6$입니다.

11 $20 \div 4 = 5$, $72 \div 9 = 8$
➡ $5 < 8$

12 $10 \div 5$의 몫은 5단 곱셈구구에서 $5 \times 2 = 10$이므로 2입니다.
$35 \div 7$의 몫은 7단 곱셈구구에서 $7 \times 5 = 35$이므로 5입니다.
$27 \div 9$의 몫은 9단 곱셈구구에서 $9 \times 3 = 27$이므로 3입니다.

13 블루베리는 5개씩 3줄이므로 $5 \times 3 = 15$, $3 \times 5 = 15$입니다.
➡ $15 \div 5 = 3$, $15 \div 3 = 5$

14 $64 \div 8$의 몫은 8단 곱셈구구에서 곱이 64가 되는 경우를 찾으면 됩니다.
$8 \times 8 = 64$이므로 $64 \div 8 = 8$입니다.

15 어떤 수에 4를 곱해서 36이 되었으므로 어떤 수를 □라고 하면 $□ \times 4 = 36$, $□ = 9$입니다.
따라서 어떤 수를 3으로 나눈 몫은 $9 \div 3 = 3$입니다.

16 $45\div9=5$(개)

17 $27\div3=9$(대)

18 전체 젤리는 $4\times9=36$(개)입니다.
젤리 36개를 한 사람에게 6개씩 주면 $36\div6=6$(명)에게 나누어 줄 수 있습니다.

19 어떤 수를 □라고 하면 □$\div8=3$이므로
$8\times3=24$, □$=24$입니다.
따라서 어떤 수를 6으로 나눈 몫은 $24\div6=4$입니다.

20 남학생은 $3\times5=15$(명)입니다.
전체 학생 수가 27명이므로 여학생은
$27-15=12$(명)입니다.
12명을 한 모둠에 4명씩 나누면 $12\div4=3$(모둠)입니다.

4 곱셈

문제를 풀며 이해해요

81쪽

01 (1) 3, 6 (2) 60 (3) 3, 60
02 (1) 80 (2) 40, 80 (3) 2, 80

교과서 문제 해결하기

82~83쪽

01 90 / 3, 90
02 6, 60
03 (1)-㉡ (2)-㉠ (3)-㉢
04 (1) 60 (2) 60
05 80
06 (   )(○)
07 $10\times5=50$(또는 10×5), 50개
08 방법 1 $40+40=80$(장)
방법 2 $40\times2=80$(장)
09 (1)-㉡ (2)-㉢ (3)-㉠
10 20개

문제해결 접근하기

11 풀이 참조

01 30개씩 3묶음은 $30\times3=90$입니다.

02 십 모형 1개씩 6묶음은 $10\times6=60$입니다.

03 (1) 10의 7배는 $10\times7=70$입니다.
(2) 20씩 2묶음은 $20\times2=40$입니다.
(3) 40과 2의 곱은 $40\times2=80$입니다.

06 $20\times4=80$, $10\times9=90$
➡ $80<90$

07 (5상자에 들어 있는 지우개의 수)$=10\times5=50$(개)

08 방법 1 40의 2배는 40을 2번 더한 것과 같습니다.
➡ $40+40=80$(장)
방법 2 40의 2배는 40과 2의 곱으로 구할 수 있습니다.
➡ $40\times2=80$(장)

09 (1) $10\times6=60$ (2) $20\times4=80$ (3) $30\times3=90$
㉠ $10\times9=90$ ㉡ $20\times3=60$ ㉢ $40\times2=80$

10 (호린이가 가지고 있는 구슬의 수)

$=10\times2=20$(개)

(영서가 가지고 있는 구슬의 수)

$=10\times4=40$(개)

따라서 영서는 호린이보다 구슬을 $40-20=20$(개) 더 많이 가지고 있습니다.

문제해결 접근하기

11 **이해하기 |** 예 학생들은 모두 몇 명인지 구하려고 합니다.

계획 세우기 | 예 한 줄에 20명씩 2줄과 한 줄에 30명씩 3줄이 각각 몇 명인지 구한 후 더합니다.

해결하기 | (1) 예 한 줄에 20명씩 2줄은 $20\times2=40$(명)입니다.

(2) 예 한 줄에 30명씩 3줄은 $30\times3=90$(명)입니다.

(3) 예 학생들은 모두 $40+90=130$(명)입니다.

되돌아보기 | 예 한 줄에 30명씩 2줄은 $30\times2=60$(명)입니다.

한 줄에 20명씩 4줄은 $20\times4=80$(명)입니다.

따라서 학생들은 모두 $60+80=140$(명)입니다.

문제를 풀며 이해해요

85쪽

01 (1) 3, 6 (2) 3, 3, 30 (3) 36

02 (1) 예 10 (2) 예 10, 50 03 ②

교과서 문제 해결하기

86~87쪽

01 39 / 3, 39 02 28

03 2, 2 / 2, 64

04 (1) 48 (2) 63 (3) 68 (4) 86

05 (1) 예 90 (2) 96

06 ( ) (○) ( )

07 = 08 4

09 100 10 181장

문제해결 접근하기

11 풀이 참조

05 32를 30으로 어림하여 계산하면 약 $30\times3=90$이고, $32\times3=96$입니다.

06 $11\times6=66$, $23\times3=69$, $34\times2=68$

$69>68>66$이므로 계산 결과가 가장 큰 것은 23×3입니다.

07 $21\times4=84$, $42\times2=84$

08 일의 자리 수의 곱: $1\times2=2$

십의 자리 수의 곱: $\square\times2=8$, $\square=4$

09 $33\times3=99$

$99<\square$이므로 $\square$ 안에 들어갈 수 있는 가장 작은 수는 100입니다.

10 (빨간색 색종이의 수)$=31\times3=93$(장)

(파란색 색종이의 수)$=22\times4=88$(장)

➡ $93+88=181$(장)

문제해결 접근하기

11 **이해하기 |** 예 고모의 나이는 몇 살인지 구하려고 합니다.

계획 세우기 | 예 소민이 오빠의 나이를 구한 후 오빠의 나이에 3배를 하여 고모의 나이를 구합니다.

해결하기 | (1) 예 소민이 오빠의 나이는 $10+3=13$(살)입니다.

(2) 예 고모의 나이는 $13\times3=39$(살)입니다.

되돌아보기 | 예 소영이 언니의 나이는 $10+2=12$(살)입니다.

따라서 삼촌의 나이는 $12\times4=48$(살)입니다.

문제를 풀며 이해해요

89쪽

01 (1) 5, 5 (2) 5, 15, 150 (3) 155

02 (1) 예 20 (2) 예 20, 140

03 ㉠

교과서 문제 해결하기

90~91쪽

01 126 / 3, 126
02 6, 6 / 6, 126
03 (1) 205 (2) 128 (3) 159 (4) 248
04
$$\begin{array}{r} 7\ 2 \\ \times\quad 4 \\ \hline 8 \\ 2\ 8\ 0 \\ \hline 2\ 8\ 8 \end{array}$$
05 ㉢
06 4, 204 / 200, 204
07 300
08 (위에서부터) 219, 366
09 567번
10 503쪽

문제해결 접근하기

11 풀이 참조

01 공깃돌이 42개씩 3상자 있으므로 $42 \times 3 = 126$입니다.

04 십의 자리를 계산한 값은 $70 \times 4 = 280$입니다.

05 ㉠ $63 + 63 + 63 = 189$
㉡ $63 \times 3 = 189$
㉢ $60 + 3 + 3 = 66$
따라서 계산 결과가 다른 것은 ㉢입니다.

06 방법 1 일의 자리의 곱, 십의 자리 곱의 순서로 구합니다.
방법 2 십의 자리의 곱, 일의 자리 곱의 순서로 구합니다.

08 $73 \times 3 = 219$
$61 \times 6 = 366$

09 일주일은 7일이므로 예진이가 일주일 동안 한 줄넘기는 $81 \times 7 = 567$(번)입니다.

10 (위인전을 읽은 쪽수)$= 51 \times 5 = 255$(쪽)
(동화책을 읽은 쪽수)$= 62 \times 4 = 248$(쪽)
➡ $255 + 248 = 503$(쪽)

문제해결 접근하기

11 **이해하기 |** 예 ㉠과 ㉡에 알맞은 수를 각각 구하려고 합니다.
계획 세우기 | 예 십의 자리 계산에서 $8 \times ㉡ = 24$를 이용하여 ㉡을 구하고, 일의 자리 계산에서 $㉠ \times ㉡ = 6$과 먼저 구한 ㉡을 이용하여 ㉠을 구합니다.
해결하기 | (1) 예 십의 자리 계산 $8 \times ㉡ = 24$에서 $8 \times 3 = 24$이므로 $㉡ = 3$입니다.
(2) 예 일의 자리 계산 $㉠ \times ㉡ = 6$에서 $㉠ \times 3 = 6$이고 $2 \times 3 = 6$이므로 $㉠ = 2$입니다.
되돌아보기 | 예 십의 자리 계산 $7 \times ㉡ = 35$에서 $7 \times 5 = 35$이므로 $㉡ = 5$입니다.
일의 자리 계산 $㉠ \times ㉡ = 5$에서 $㉠ \times 5 = 5$이고 $1 \times 5 = 5$이므로 $㉠ = 1$입니다.

문제를 풀며 이해해요

93쪽

01 (1) 2, 12 (2) 2, 4, 40 (3) 52
02 (1) 예 30 (2) 예 30, 90
03 20, 60

교과서 문제 해결하기

94~95쪽

01 4, 52
02 (1) 예 60개 (2) 56개
03 현우
04 (1) 72 (2) 51 (3) 75 (4) 84
05 20
06 (1)-㉡ (2)-㉠ (3)-㉢
07 ㉠, ㉢, ㉡
08 34개
09 94
10 4개

문제해결 접근하기

11 풀이 참조

02 28을 30으로 어림하여 계산하면 약 $30 \times 2 = 60$(개)이고, $28 \times 2 = 56$(개)입니다.

03
$$\begin{array}{r} {\scriptstyle 4} \\ 1\ 9 \\ \times\quad 5 \\ \hline 9\ 5 \end{array}$$

04 (1)
$$\begin{array}{r} {\scriptstyle 1} \\ 3\ 6 \\ \times\quad 2 \\ \hline 7\ 2 \end{array}$$
(2)
$$\begin{array}{r} {\scriptstyle 2} \\ 1\ 7 \\ \times\quad 3 \\ \hline 5\ 1 \end{array}$$
(3)
$$\begin{array}{r} {\scriptstyle 1} \\ 2\ 5 \\ \times\quad 3 \\ \hline 7\ 5 \end{array}$$
(4)
$$\begin{array}{r} {\scriptstyle 2} \\ 1\ 4 \\ \times\quad 6 \\ \hline 8\ 4 \end{array}$$

05 □ 안의 수 2는 일의 자리의 계산 $3 \times 7 = 21$에서 십의 자리 수이므로 실제로 20을 나타냅니다.

06 (1) $15 \times 5 = 75$

(2) $16 \times 4 = 64$

(3) $26 \times 3 = 78$

07 ㉠ $18 \times 5 = 90$

㉡ $16 \times 6 = 96$

㉢ $23 \times 4 = 92$

$90 < 92 < 96$이므로 계산 결과가 작은 것부터 순서대로 기호를 쓰면 ㉠, ㉢, ㉡입니다.

08 (봉지에 담은 밤의 수)

=(한 봉지에 담은 밤의 수)×(봉지의 수)

$= 12 \times 8 = 96$(개)

(남은 밤의 수)=130−(봉지에 담은 밤의 수)

$= 130 - 96 = 34$(개)

09 $47 > 39 > 3 > 2$이므로 가장 큰 수는 47이고, 가장 작은 수는 2입니다.

따라서 가장 큰 수와 가장 작은 수의 곱은 $47 \times 2 = 94$입니다.

10 $29 \times 3 = 87$이므로 $18 \times \square < 87$입니다.

$18 \times 1 = 18$, $18 \times 2 = 36$, $18 \times 3 = 54$, $18 \times 4 = 72$, $18 \times 5 = 90$이므로 □ 안에 들어갈 수 있는 수는 1, 2, 3, 4입니다.

따라서 □ 안에 들어갈 수 있는 수는 모두 4개입니다.

문제해결 접근하기

11 **이해하기 |** 예 ㉠보다 크고 ㉡보다 작은 두 자리 수를 모두 구하려고 합니다.

계획 세우기 | 예 ㉠과 ㉡을 각각 구한 후 ㉠보다 크고 ㉡보다 작은 두 자리 수를 모두 구합니다.

해결하기 | (1) 예 ㉠ $19 \times 5 = 95$입니다.

(2) 예 ㉡ $14 \times 7 = 98$입니다.

(3) 예 ㉠ 95보다 크고 ㉡ 98보다 작은 두 자리 수는 96, 97입니다.

되돌아보기 | 예 ㉠ $13 \times 4 = 52$이고 ㉡ $18 \times 3 = 54$입니다.

따라서 ㉠ 52보다 크고 ㉡ 54보다 작은 두 자리 수는 53입니다.

문제를 풀며 이해해요

97쪽

01 (1) 3, 24 (2) 3, 12, 120 (3) 144

02 (1) 예 60 (2) 예 60, 240

03 (1) 1, 252 (2) 4, 195 (3) 3, 150

교과서 문제 해결하기

98~99쪽

01 33, 132

02 5, 120

03

$$\begin{array}{r} 29 \\ \times \quad 6 \\ \hline 54 \\ 120 \\ \hline 174 \end{array}$$

04 (1) 136 (2) 312 (3) 117 (4) 203

05 (위에서부터) 450, 465, 15

06 (○) (   )

07 ②

08 3, 6

09 294

10 6, 9, 4, 276

문제해결 접근하기

11 풀이 참조

02 $24 \times 5 = 120$(개)

04 (1)
$$\begin{array}{r} {}^{1} \\ 68 \\ \times \quad 2 \\ \hline 136 \end{array}$$

(2)
$$\begin{array}{r} {}^{1} \\ 52 \\ \times \quad 6 \\ \hline 312 \end{array}$$

(3)
$$\begin{array}{r} {}^{2} \\ 39 \\ \times \quad 3 \\ \hline 117 \end{array}$$

(4)
$$\begin{array}{r} {}^{6} \\ 29 \\ \times \quad 7 \\ \hline 203 \end{array}$$

06 $57 \times 6 = 342$, $48 \times 7 = 336$

➡ $342 > 336$

07 ① $38 \times 7 = 266$ ② $28 \times 9 = 252$

③ $47 \times 5 = 235$ ④ $86 \times 3 = 258$

⑤ $64 \times 4 = 256$

$235 < 252 < 256 < 258 < 266$이므로 곱이 두 번째로 작은 것은 ②입니다.

08 일의 자리 수의 곱은 $4\times9=36$이므로 곱의 일의 자리 수 ㉡$=6$입니다.

$$\begin{array}{r} ㉠\ 4 \\ \times\quad 9 \\ \hline 3\ 0\ 6 \end{array}$$

$4\times9=36$에서 30을 십의 자리를 계산한 값에 더했으므로 ㉠$\times9$는 $30-3=27$입니다.

따라서 ㉠$=3$입니다.

09 ■$=49\times2=98$

●$=$■$\times3=98\times3=294$

10 수 카드의 수의 크기를 비교하면 $4<6<9$이므로 곱이 가장 작은 곱셈식은 $69\times4=276$입니다.

문제해결 접근하기

11 **이해하기 |** ㉑ 이어 붙인 색 테이프의 전체 길이를 구하려고 합니다.

계획 세우기 | ㉑ 색 테이프 5장의 길이의 합에서 겹쳐진 4부분의 길이의 합을 빼어 이어 붙인 색 테이프의 전체 길이를 구합니다.

해결하기 | (1) ㉑ 색 테이프 5장의 길이의 합은 $29\times5=145$(cm)입니다.

(2) ㉑ 색 테이프가 겹쳐진 부분이 4군데이므로 겹쳐진 부분의 길이의 합은 $4\times4=16$(cm)입니다.

(3) ㉑ 이어 붙인 색 테이프의 전체 길이는 $145-16=129$(cm)입니다.

되돌아보기 | ㉑ 색 테이프 4장의 길이의 합은 $27\times4=108$(cm)입니다.

색 테이프가 겹쳐진 부분이 3군데이므로 겹쳐진 부분의 길이의 합은 $5\times3=15$(cm)입니다.

따라서 이어 붙인 색 테이프의 전체 길이는 $108-15=93$(cm)입니다.

단원평가로 완성하기

100~103쪽

01 2, 60
02 80개
03 28, 96, 84
04 (1) ㉑ 240 (2) 249
05 ㉡
06 (1)–㉢ (2)–㉠ (3)–㉡
07 190
08 8개
09 (위에서부터) 42, 280, 322
10

$$\begin{array}{r} 7\ 6 \\ \times\quad 8 \\ \hline 4\ 8 \\ 5\ 6\ 0 \\ \hline 6\ 0\ 8 \end{array}$$

11 500
12 405
13 ㉢, ㉠, ㉡
14 245분
15 3
16 9
17 무경, 9개
18 306
19 7, 5, 8, 600
20 (1) 7, 8 (2) 1, 2, 3, 4, 5, 6, 7 (3) 7 / 7개

01 십 모형이 3개씩 2묶음이므로 $30\times2=60$입니다.

02 $20\times4=80$(개)

03 $14\times2=28$, $32\times3=96$, $21\times4=84$

04 83을 80으로 어림하여 계산하면 약 $80\times3=240$이고, $83\times3=249$입니다.

05 ㉠ $14+5=19$

㉡ 14의 5배는 14×5와 계산 결과가 70으로 같습니다.

㉢ $14+14+14+14+14+14=14\times6=84$

06 (1) $27\times3=81$ (2) $19\times4=76$ (3) $13\times6=78$

07 ㉠ $23\times4=92$

㉡ $14\times7=98$

따라서 ㉠과 ㉡의 합은 $92+98=190$입니다.

08 상자에 담은 종이거북은 $16\times6=96$(개)입니다.

따라서 상자에 담고 남은 종이거북은 $104-96=8$(개)입니다.

09

$$\begin{array}{r} 4\ 6 \\ \times\quad 7 \\ \hline 4\ 2 \\ 2\ 8\ 0 \\ \hline 3\ 2\ 2 \end{array} \quad \begin{array}{l} \\ \\ \cdots 6\times 7 \\ \cdots 40\times 7 \\ \\ \end{array}$$

11 □ 안의 수 5는 십의 자리 계산 5×9=45에 일의 자리 계산에서 올림한 수 5를 더한 50에서 5이므로 실제로 500을 나타냅니다.

12 가장 큰 수는 81이고, 가장 작은 수는 5입니다.
➡ 81×5=405

13 ㉠ 20×4=80
㉡ 17×6=102
㉢ 26×3=78
➡ 78<80<102
따라서 계산 결과가 작은 것부터 순서대로 기호를 쓰면 ㉢, ㉠, ㉡입니다.

14 일주일은 7일입니다.
(일주일 동안 산책을 한 시간)
=35×7=245(분)

15 10×6=60이므로 20×□=60입니다.
20×3=60이므로 □=3입니다.

16 일의 자리 수의 곱 3×8=24에서 20을 십의 자리를 계산한 값에 더했습니다.
□×8=74−2=72
9×8=72이므로 □ 안에 알맞은 수는 9입니다.

17 (무경이가 산 구슬 수)
=24×6=144(개)
(민진이가 산 구슬 수)
=27×5=135(개)
144>135이므로 무경이가 구슬을 144−135=9(개) 더 많이 샀습니다.

18 어떤 수를 □라고 하면 34+□=43에서
43−34=□, □=9입니다.
따라서 바르게 계산한 값은 34×9=306입니다.

19 ●>■>▲일 때 ■▲×●가 곱이 가장 큽니다.
수 카드의 수의 크기를 비교하면 8>7>5이므로 곱이 가장 큰 곱셈식은 75×8=600입니다.

20 (1) 32와 7의 곱은 32×7=224로 250보다 작습니다.
32와 8의 곱은 32×8=256으로 250보다 큽니다.
(2) 32×□<250에서 □ 안에 들어갈 수 있는 수는 8보다 작으므로 1, 2, 3, 4, 5, 6, 7입니다.
(3) 따라서 □ 안에 들어갈 수 있는 수는 모두 7개입니다.

채점 기준

□ 안에 수를 넣어 계산하여 250과 크기를 비교한 경우	30 %
□ 안에 들어갈 수 있는 수를 모두 구한 경우	50 %
□ 안에 들어갈 수 있는 수가 모두 몇 개인지 구한 경우	20 %

5 길이와 시간

문제를 풀며 이해해요

109쪽

01 (1) 10 (2) 1000

02 (1) 7 mm
7 밀리미터

(2) 3 cm 2 mm
3 센티미터 2 밀리미터

(3) 5 km
5 킬로미터

(4) 2 km 600 m
2 킬로미터 600 미터

교과서 문제 해결하기

110~111쪽

01 8 mm

02 ( )( )(○)

03 (1) 7, 5 (2) 3, 80

04 1, 300

05 (1) 5, 3 (2) 4, 500

06 (1)-㉢ (2)-㉠ (3)-㉡ (4)-㉣

07 (1)

(2)

08 ㉡

09 (1) 2, 6 (2) 2, 60

10 은행, 마트, 소방서

문제해결 접근하기

11 풀이 참조

01 작은 눈금 한 칸의 길이는 1 mm입니다.
선의 길이는 작은 눈금 8칸이므로 8 mm입니다.

04 작은 눈금 한 칸은 100 m를 나타냅니다.
1 km에서 작은 눈금 3칸 더 간 곳이므로
1 km 300 m입니다.

05 (1) 과자의 길이는 5 cm보다 작은 눈금 3칸만큼 더 길므로 5 cm 3 mm입니다.
(2) 1 km 4번과 500 m이므로 4 km 500 m입니다.

06 1 cm=10 mm
1 km=1000 m

08 ㉠ 57 mm
㉡ 6 cm=60 mm
㉢ 5 cm 9 mm=59 mm
➡ 60 mm>59 mm>57 mm

09 (1) 26 mm=20 mm+6 mm=2 cm 6 mm
(2) 2060 m=2000 m+60 m=2 km 60 m

10 학교에서 은행까지의 거리는 1100 m, 학교에서 소방서까지의 거리는 1 km 400 m=1400 m, 학교에서 마트까지의 거리는 1200 m입니다.
따라서 학교에서 가까운 곳부터 순서대로 쓰면 은행, 마트, 소방서입니다.

문제해결 접근하기

11 **이해하기 |** 예 부러진 자로 잰 연필의 길이를 구하려고 합니다.

계획 세우기 | 예 1 cm가 몇 번이고, 1 mm가 몇 번인지 세어 길이를 구합니다.

해결하기 | (1) 예 1 cm가 6번, 1 mm가 8번이므로 연필의 길이는 6 cm 8 mm입니다.
(2) 예 6 cm 8 mm=68 mm입니다.

되돌아보기 | 예 1 cm가 4번, 1 mm가 6번이므로 막대의 길이는 4 cm 6 mm입니다.
4 cm 6 mm=46 mm입니다.

문제를 풀며 이해해요

113쪽

01 예 5 / 5, 3

02 2 / 3

03 (1) mm에 ○표 (2) km에 ○표

교과서 문제 해결하기

114~115쪽

01 예 5 / 5
02 예 4 / 3, 8
03 예 6 / 6, 2
04 ㉡
05 (1)-㉡ (2)-㉢ (3)-㉠
06 (1) 예
(2) 예
07 ㉠, ㉣
08 2 km
09 1 km
10 경찰서

문제해결 접근하기

11 풀이 참조

04 ㉡ 500원짜리 동전의 두께는 1 cm보다 짧습니다.

05 (1) 풀의 길이는 약 7 cm이므로 약 69 mm입니다.
(2) 젓가락의 길이는 약 20 cm이므로 약 19 cm 5 mm입니다.
(3) 개미의 길이는 1 cm보다 짧으므로 약 7 mm입니다.

07 1 km=1000 m보다 긴 것을 모두 찾습니다.

08 학교에서 도서관까지의 거리는 약 500 m이고, 학교에서 공원까지의 거리는 학교에서 도서관까지의 거리의 4배쯤입니다. 500+500+500+500=2000(m)이므로 학교에서 공원까지의 거리는 약 2 km입니다.

09 기차역에서 병원까지의 거리는 약 500 m이고, 기차역에서 버스 정류장까지의 거리는 기차역에서 병원까지의 거리의 2배쯤입니다. 500+500=1000(m)이므로 기차역에서 버스 정류장까지의 거리는 약 1 km입니다.

10 기차역에서 병원까지의 거리는 약 500 m이고, 1500=500+500+500으로 500 m의 3배인 곳을 찾습니다. 기차역에서 병원까지의 거리의 3배쯤 되는 곳은 경찰서입니다.

문제해결 접근하기

11 **이해하기 |** 예 학교에서 수영장까지의 거리는 약 몇 km 몇 m인지 구하려고 합니다.

계획 세우기 | 예 학교에서 도서관까지의 거리를 알아보고 학교에서 수영장까지의 거리를 구합니다.

해결하기 | (1) 예 학교에서 도서관까지의 거리는 약 500 m입니다.
(2) 예 학교에서 수영장까지의 거리는 학교에서 도서관까지의 거리의 3배쯤입니다. 500+500+500=1500(m)이므로 학교에서 수영장까지의 거리는 약 1 km 500 m입니다.

되돌아보기 | 예 선우네 집에서 수영장까지의 거리는 선우네 집에서 도서관까지의 거리의 2배쯤이므로 약 2 km입니다.

문제를 풀며 이해해요

117쪽

01 (1) 1 (2) 60, 60
02 (1) 35, 30 (2) 12, 7, 46

교과서 문제 해결하기

118~119쪽

01 (○)
( )
02 1, 2
03 (1) 3, 35, 45 (2) 8, 13, 4
04
05 (1)-㉢ (2)-㉡ (3)-㉠
06 7, 25, 7
07 (1) 시간에 ○표 (2) 분에 ○표 (3) 초에 ○표
08 (1) 70 (2) 140 (3) 2, 30 (4) 4
09 ( )(○)
10 ㉡, ㉣, ㉢, ㉠

문제해결 접근하기

11 풀이 참조

01 운동장 한 바퀴 뛰기는 1분이 넘게 걸립니다.

02 60초=1분이므로 120초=60초+60초=2분입니다.

03 (1) 짧은바늘은 3과 4 사이에 있으므로 3시, 긴바늘은 7을 지나고 있으므로 35분, 초바늘은 9를 가리키고 있으므로 45초입니다.

(2) 디지털시계의 시각은 왼쪽부터 순서대로 읽습니다.

05 (1) 1분 20초=1분+20초=60초+20초=80초

(2) 3분=1분+1분+1분=60초+60초+60초

=180초

(3) 2분 30초=2분+30초=120초+30초=150초

06 짧은바늘이 7과 8 사이에 있으므로 7시, 긴바늘이 5를 지나고 있으므로 25분, 초바늘이 1에서 작은 눈금 2칸만큼 더 간 곳을 가리키고 있으므로 7초입니다.

따라서 7시 25분 7초입니다.

08 (1) 1분 10초=1분+10초=60초+10초=70초

(2) 2분 20초=2분+20초=120초+20초=140초

(3) 150초=60초+60초+30초

=1분+1분+30초=2분 30초

(4) 240초=60초+60초+60초+60초

=1분+1분+1분+1분=4분

09 5분 30초=5분+30초

=60초+60초+60초+60초+60초+30초

=330초

➡ 320초<330초

따라서 수아가 더 오랫동안 한 일은 그림 그리기입니다.

10 ㉠ 3분 5초=3분+5초=180초+5초=185초

㉡ 2분 35초=2분+35초=120초+35초=155초

➡ 155초<160초<170초<185초

문제해결 접근하기

11 **이해하기 |** 예 선우가 운동장을 한 바퀴 뛰는 데 걸린 시간이 몇 분 몇 초인지 구하려고 합니다.

계획 세우기 | 예 60초=1분을 이용하여 276초를 몇 분 몇 초로 나타냅니다.

해결하기 | (1) 예 2분=60초+60초=120초

3분=60초+60초+60초=180초

4분=60초+60초+60초+60초=240초

(2) 예 276초=60초+60초+60초+60초+36초

=4분 36초

되돌아보기 | 예 2분 15초=2분+15초=120초+15초

=135초

문제를 풀며 이해해요

121쪽

01 (1) 4, 35 (2) 3, 45

02 (1) 5, 35, 40 (2) 5, 20, 25

03 (1) 3시 25분 45초 (2) 3시 10분 20초

교과서 문제 해결하기

122~123쪽

01 (1) 12, 53 (2) 8, 19

02 9시 20분 25초

03 (1) 10, 47, 21 (2) 5, 15, 18

04 3시 55분 30초

05 (1) 6, 25 (2) 3, 55

06 5시 5분 16초

07 2시간 34분 44초

08 2시 56분 15초

09 2시간 20분 40초

10 오후 4시 30분 40초

문제해결 접근하기

11 풀이 참조

01 분 단위의 수끼리, 초 단위의 수끼리 더하거나 뺍니다.

02 시계가 가리키는 시각은 9시 15분 5초입니다.

	9시	15분	5초
+		5분	20초
	9시	20분	25초

03 시 단위의 수끼리, 분 단위의 수끼리, 초 단위의 수끼리 더하거나 뺍니다.

04

	3시	15분	
+		40분	30초
	3시	55분	30초

05 (1)

	1	
	2분	30초
+	3분	55초
	6분	25초

(2)

	4	60
	5분	25초
−	1분	30초
	3분	55초

06

	5시	10분	42초
−		5분	26초
	5시	5분	16초

07 1시간 10분 6초+1시간 24분 38초
=2시간 34분 44초

08 2시 40분 55초+15분 20초=2시 56분 15초

BOOK 1 개념책

09 영화가 시작한 시각은 4시 24분 35초이고, 영화가 끝난 시각은 6시 45분 15초입니다.
따라서 영화를 본 시간은
6시 45분 15초－4시 24분 35초＝2시간 20분 40초입니다.

10 • 경기 시간:
45분＋15분＋45분＝105분＝1시간 45분
• 경기가 시작한 시각:
6시 15분 40초－1시간 45분＝4시 30분 40초

문제해결 접근하기

11 **이해하기 |** 예 책을 더 오래 읽은 사람이 누구인지 구하려고 합니다.
계획 세우기 | 예 책 읽기를 끝낸 시각에서 책 읽기를 시작한 시각을 뺀 시간을 각각 구한 후 비교합니다.
해결하기 | (1) 예 성호: 10시 47분－9시 16분
＝1시간 31분
지아: 5시 35분－4시 32분＝1시간 3분
(2) 예 성호가 지아보다 책을 더 오래 읽었습니다.
되돌아보기 | 예 성호가 책을 읽은 시간에서 지아가 책을 읽은 시간을 뺍니다.
1시간 31분－1시간 3분＝28분

단원평가로 완성하기

124~127쪽

01 4 cm 9 mm	02 (1) 1090 (2) 6, 7
03 ( ) ( ) (○)	04 5700 05 ㉠, ㉢, ㉡ 06 3, 58
07 ㉣	08 ㉠, 5 cm 4 mm
09 62 mm	10 8, 20, 50
11 3, 28	12 2 km
13 도서관	14 ㉠, ㉢
15 (1) 228 (2) 1, 228, 22, 8 / 22 cm 8 mm	
16 ㉡	17 5시 53분 2초
18 ㉡, 예 우리 집에서 할머니 댁까지의 거리 8 km 40 m는 8040 m와 같습니다.	
19 7	20 가 모둠, 15초

01 4 cm보다 작은 눈금 9칸만큼 더 긴 길이이므로 4 cm 9 mm입니다.

02 (1) 1 km 90 m＝1 km＋90 m
＝1000 m＋90 m
＝1090 m
(2) 6007 m＝6000 m＋7 m
＝6 km 7 m

03 km는 킬로미터, m는 미터라고 읽습니다.

04 작은 눈금 한 칸의 길이는 100 m입니다.
화살표가 가리키는 곳은 5 km에서 작은 눈금 7칸만큼 더 간 곳이므로 5 km 700 m＝5700 m입니다.

05 ㉠ 3 cm 4 mm＝3 cm＋4 mm
＝30 mm＋4 mm
＝34 mm
➡ □＝34
㉡ 3000 m＝3 km
➡ □＝3
㉢ 4020 m＝4000 m＋20 m
＝4 km 20 m
➡ □＝20

07 ㉠, ㉡, ㉢은 1 km보다 짧습니다.

08 더 긴 막대는 ㉠입니다.
자로 재어 보면 ㉠ 막대의 길이는 5 cm 4 mm이고, ㉡ 막대의 길이는 4 cm 8 mm입니다.

09 1 cm가 6번, 1 mm가 2번 있으므로 머리핀의 길이는 6 cm 2 mm입니다.
6 cm 2 mm＝62 mm

10 짧은바늘이 8과 9 사이에 있으므로 8시입니다. 긴바늘이 4를 지나고 있으므로 20분입니다. 초바늘이 10을 가리키고 있으므로 50초입니다.

11
	5	60
	~~6~~시	15분
－	2시간	47분
	3시	28분

12 서점에서 약국까지의 거리가 약 500 m이므로 약국에서 박물관까지의 거리는 약 500 m, 박물관에서 학교까지의 거리는 약 1 km입니다.
따라서 서점에서 학교까지의 거리는 약 2 km입니다.

13 약국과 박물관, 학교와 병원 사이의 거리는 각각 약 500 m이고, 박물관과 학교, 병원과 도서관 사이의 거리는 약 1 km입니다.
따라서 약국에서 약 3 km 떨어진 곳에는 도서관이 있습니다.

14 1초 동안 할 수 있는 것은 ㉠ 침 한 번 삼키기와 ㉢ 눈 한 번 깜빡이기입니다.

15 (1) 나 철사의 길이는 76 mm의 3배이므로
$76 \times 3 = 228$(mm)입니다.
(2) 10 mm=1 cm이므로 100 mm=10 cm입니다.
따라서 나 철사의 길이는
228 mm=220 mm+8 mm
=22 cm+8 mm
=22 cm 8 mm입니다.

채점 기준

나 철사의 길이가 몇 mm인지 구한 경우	50 %
나 철사의 길이가 몇 cm 몇 mm인지 구한 경우	50 %

16 ㉡ 3분 5초=3분+5초
=180초+5초=185초
㉣ 2분 55초=2분+55초
=120초+55초=175초
➡ 175초<185초<190초<200초

17 4시 32분 25초+1시간 20분 37초=5시 53분 2초

18 ㉠ 2350 m=2000 m+350 m=2 km+350 m
=2 km 350 m
㉡ 8 km 40 m=8 km+40 m
=8000 m+40 m=8040 m
㉢ 2744 m=2000 m+744 m=2 km+744 m
=2 km 744 m

19 45초 후에 초바늘의 위치는 큰 눈금 9칸만큼 움직인 곳입니다.
10에서 큰 눈금 9칸을 움직이면 7을 가리킵니다.

20 가 모둠의 달리기 기록:
1분 37초+1분 12초=2분 49초
나 모둠의 달리기 기록:
1분 36초+1분 28초=3분 4초
3분 4초−2분 49초=15초이므로 가 모둠이 나 모둠보다 15초 더 빨리 달렸습니다.

BOOK 1 개념책

6 분수와 소수

문제를 풀며 이해해요 133쪽

01 나, 다, 마, 바, 아　　02 6, 2, $\frac{2}{6}$

03 (1) $\frac{2}{5}$, 5분의 2　(2) $\frac{4}{6}$, 6분의 4

01 똑같이 나누어진 조각들은 모양과 크기가 같으므로 겹쳐 보았을 때 완전히 포개어집니다.

교과서 문제 해결하기 134~135쪽

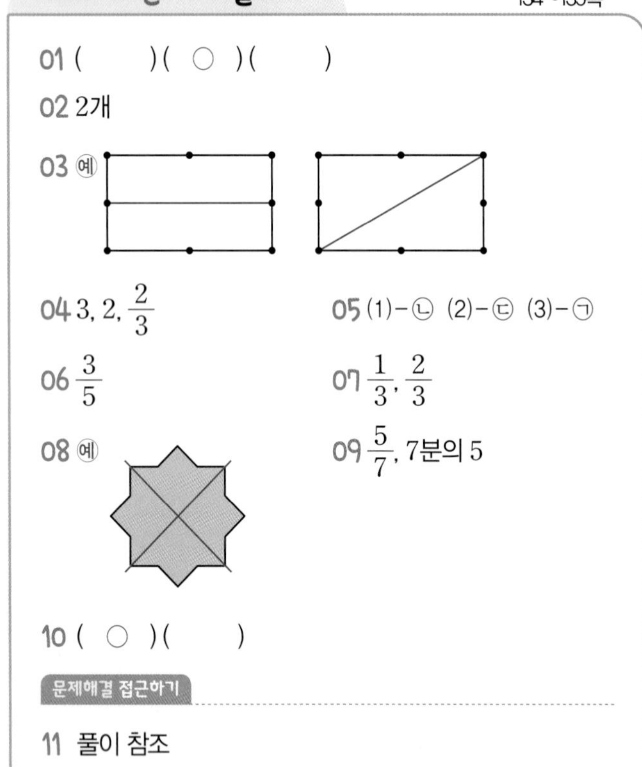

01 (　)(○)(　)

02 2개

03 예

04 3, 2, $\frac{2}{3}$　　05 (1)-㉡ (2)-㉢ (3)-㉠

06 $\frac{3}{5}$　　07 $\frac{1}{3}$, $\frac{2}{3}$

08 예　　09 $\frac{5}{7}$, 7분의 5

10 (○)(　)

문제해결 접근하기

11 풀이 참조

04 색칠한 부분은 전체를 똑같이 3으로 나눈 것 중의 2이므로 전체는 분모로, 부분은 분자에 써서 $\frac{2}{3}$입니다.

06 색칠한 부분은 전체를 똑같이 5로 나눈 것 중의 3이므로 전체는 분모로, 부분은 분자에 써서 $\frac{3}{5}$입니다.

07 분모는 분수선 아래에 있는 수이므로 분모가 3인 분수는 $\frac{1}{3}$, $\frac{2}{3}$입니다.

08 예

10 $\frac{2}{5}$는 전체를 똑같이 5로 나눈 것 중의 2입니다. 왼쪽 도형은 $\frac{2}{5}$만큼 색칠했고, 오른쪽 도형은 $\frac{2}{6}$만큼 색칠했습니다.

문제해결 접근하기

11 **이해하기 |** 예 잘못 설명한 이유를 쓰고 분수로 바르게 나타내려고 합니다.

계획 세우기 | 예 색칠한 부분이 전체를 똑같이 몇으로 나눈 것 중 몇인지를 생각해 봅니다.

해결하기 | (1) 예 전체를 똑같이 나눈 수가 6인데 분모가 4인 분수로 나타냈으므로 잘못 설명했습니다.

(2) 예 바르게 고치면 색칠한 부분은 전체를 똑같이 6으로 나눈 것 중의 2이므로 $\frac{2}{6}$입니다.

되돌아보기 | 예

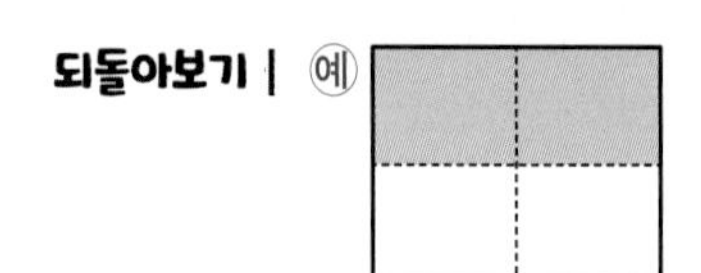

문제를 풀며 이해해요 137쪽

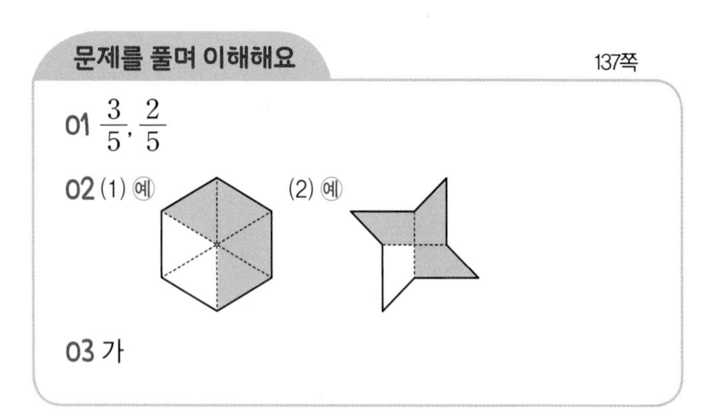

01 $\frac{3}{5}$, $\frac{2}{5}$

02 (1) 예　(2) 예

03 가

01 먹은 와플은 전체를 똑같이 5조각으로 나눈 것 중에 3조각이므로 $\frac{3}{5}$이고 남은 와플은 전체를 똑같이 5조각으로 나눈 것 중에 2조각이므로 $\frac{2}{5}$입니다.

03 부분이 $\frac{1}{3}$이므로 전체는 $\frac{1}{3}$이 3개 있는 가입니다.

교과서 문제 해결하기

138~139쪽

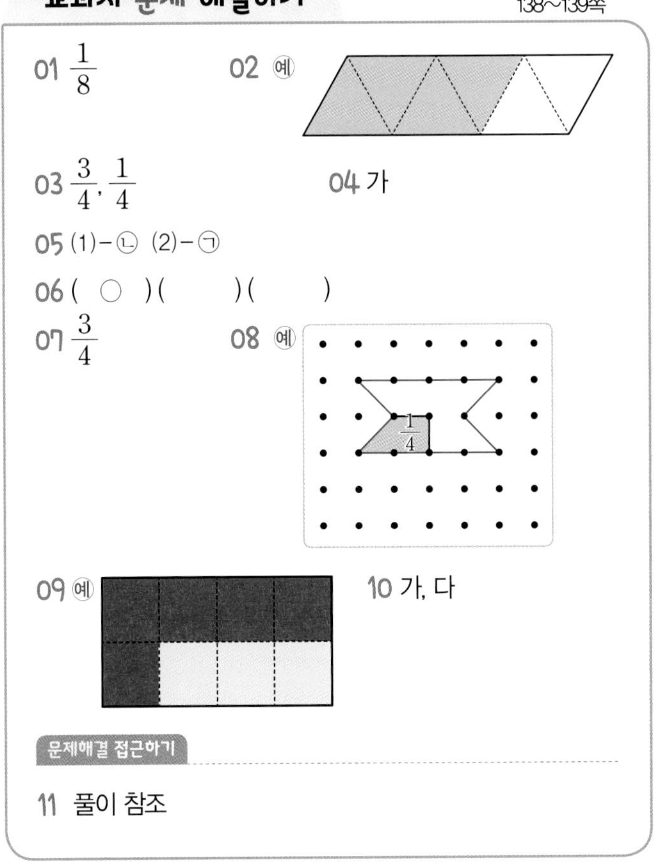

01 $\frac{1}{8}$
02 예
03 $\frac{3}{4}$, $\frac{1}{4}$
04 가
05 (1)-㉡ (2)-㉠
06 (○)( )( )
07 $\frac{3}{4}$
08 예
$\frac{1}{4}$
09 예
10 가, 다
문제해결 접근하기
11 풀이 참조

02 전체를 똑같이 6으로 나눈 것 중의 4를 색칠합니다.

04 가의 색칠하지 않은 부분은 전체를 똑같이 5로 나눈 것 중 2이므로 $\frac{2}{5}$입니다.

나, 다, 라의 색칠하지 않은 부분은 전체를 똑같이 4로 나눈 것 중의 1이므로 $\frac{1}{4}$입니다.

05 (1) 전체를 똑같이 6으로 나눈 것 중의 3만큼 남았으므로 남은 부분은 $\frac{3}{6}$입니다.

(2) 전체를 똑같이 8로 나눈 것 중의 6만큼 남았으므로 남은 부분은 $\frac{6}{8}$입니다.

06 (평행사변형 그림)은 전체를 똑같이 6으로 나눈 것 중의 2이므로 삼각형 1개는 전체를 똑같이 6으로 나눈 것 중의 1입니다. 전체는 삼각형 6개가 연결된 그림이어야 합니다.

07 마시고 남은 주스는 전체를 똑같이 4로 나눈 것 중의 3이므로 $\frac{3}{4}$입니다.

08 색칠된 부분이 $\frac{1}{4}$이므로 $\frac{1}{4}$을 4개 그려야 전체가 됩니다.

10 주어진 도형에서 3칸이 $\frac{3}{6}$을 나타내므로 한 칸이 $\frac{1}{6}$이고 $\frac{1}{6}$이 6개 있는 가, 다가 전체가 될 수 있습니다.

문제해결 접근하기

11 **이해하기 |** 예 승현이와 영건이가 차지한 땅을 각각 분수로 나타내려고 합니다.

계획 세우기 | 예 색칠한 부분은 전체를 똑같이 몇으로 나눈 것 중 몇인지 분수로 나타냅니다.

해결하기 | (1) 예 보라색은 전체를 똑같이 16으로 나눈 것 중의 7이므로 $\frac{7}{16}$입니다.

(2) 예 노란색은 전체를 똑같이 16으로 나눈 것 중의 5이므로 $\frac{5}{16}$입니다.

되돌아보기 | 예

문제를 풀며 이해해요

141쪽

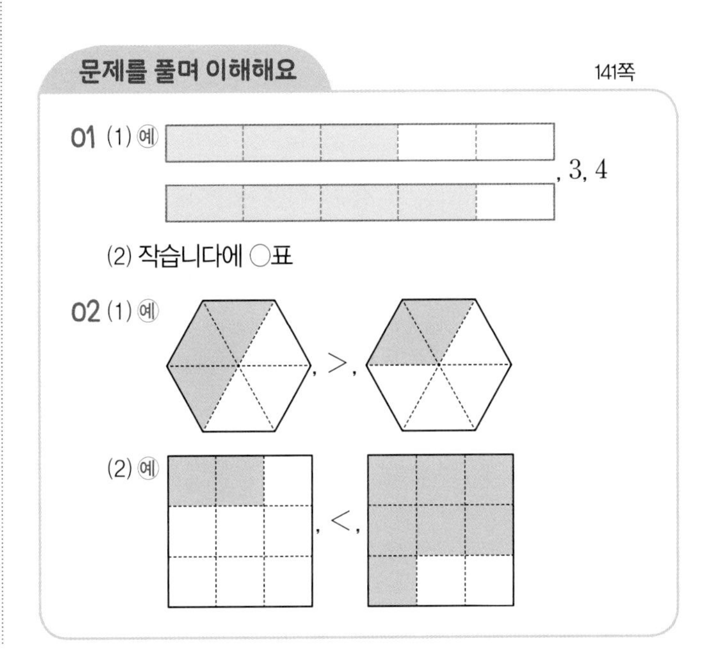

01 $\frac{3}{5}$은 $\frac{1}{5}$을 3개, $\frac{4}{5}$는 $\frac{1}{5}$을 4개 색칠합니다.

02 (1) $\frac{3}{6}$은 $\frac{1}{6}$이 3개, $\frac{2}{6}$는 $\frac{1}{6}$이 2개이므로 $\frac{3}{6}$이 더 큽니다.

(2) $\frac{2}{9}$는 $\frac{1}{9}$이 2개, $\frac{7}{9}$은 $\frac{1}{9}$이 7개이므로 $\frac{7}{9}$이 더 큽니다.

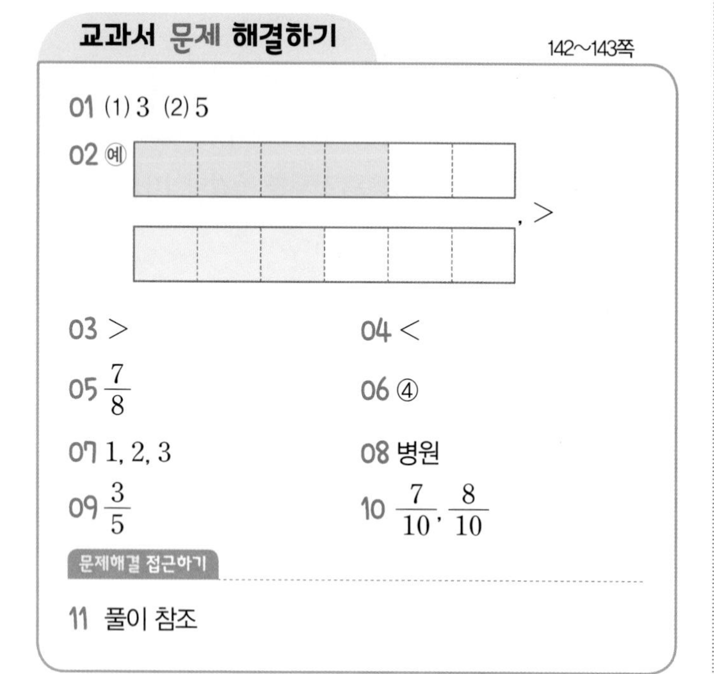

교과서 문제 해결하기

142~143쪽

01 (1) 3 (2) 5

02 예 , $>$

03 $>$

04 $<$

05 $\frac{7}{8}$

06 ④

07 1, 2, 3

08 병원

09 $\frac{3}{5}$

10 $\frac{7}{10}$, $\frac{8}{10}$

문제해결 접근하기

11 풀이 참조

03 $\frac{3}{5}$은 $\frac{1}{5}$이 3개인 수입니다.

04 $\frac{4}{9}$는 $\frac{1}{9}$이 4개, $\frac{8}{9}$은 $\frac{1}{9}$이 8개로 $4<8$이므로 $\frac{8}{9}$이 더 큽니다.

05 $\frac{3}{8}$은 $\frac{1}{8}$이 3개, $\frac{1}{8}$은 $\frac{1}{8}$이 1개, $\frac{7}{8}$은 $\frac{1}{8}$이 7개이므로 $\frac{7}{8}$이 가장 큽니다.

06 ① $\frac{2}{11}$, ② $\frac{5}{11}$, ③ $\frac{3}{11}$, ④ $\frac{8}{11}$, ⑤ $\frac{7}{11}$이므로 가장 큰 분수는 ④입니다.

07 분모가 같으므로 분자의 크기를 비교하면 □ 안에 들어갈 수 있는 수는 4보다 작은 수인 1, 2, 3입니다.

08 $\frac{7}{9}$, $\frac{2}{9}$, $\frac{5}{9}$ 중에서 가장 큰 수는 $\frac{7}{9}$입니다.

따라서 지원이네 집에서 가장 먼 곳에 있는 장소는 병원입니다.

09 $\frac{2}{5}$보다 크고 $\frac{4}{5}$보다 작은 분수 중에서 분모가 5인 분수는 $\frac{3}{5}$입니다.

10 ㉠ $\frac{6}{10}$, ㉡ $\frac{9}{10}$

분모가 10인 분수 중에서 $\frac{6}{10}$보다 크고 $\frac{9}{10}$보다 작은 분수는 $\frac{7}{10}$, $\frac{8}{10}$입니다.

문제해결 접근하기

11 **이해하기 |** 예 현미와 근영이 중 누가 끈을 더 많이 사용했는지 구하려고 합니다.

계획 세우기 | 예 $\frac{3}{6}$과 $\frac{2}{6}$의 크기를 비교합니다.

해결하기 | (1) 예

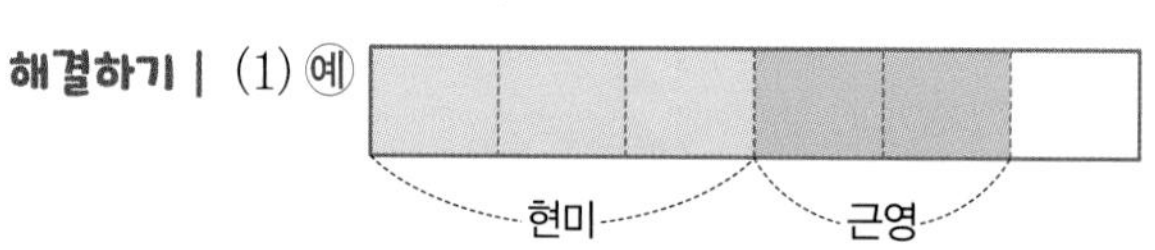

(2) 예 색칠한 부분의 길이를 비교하면 현미가 더 많이 사용했습니다.

되돌아보기 | 예

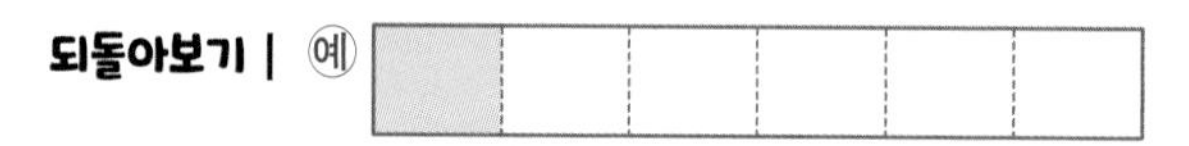

사용하고 남은 끈의 길이는 전체 끈의 $\frac{1}{6}$입니다.

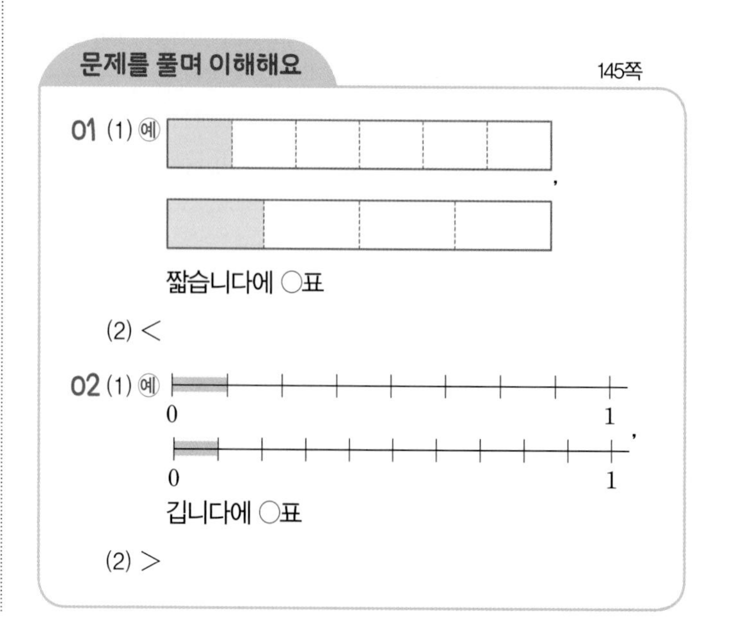

문제를 풀며 이해해요

145쪽

01 (1) 예 ,

짧습니다에 ○표

(2) $<$

02 (1) 예 0 1, 0 1

깁니다에 ○표

(2) $>$

교과서 문제 해결하기

146~147쪽

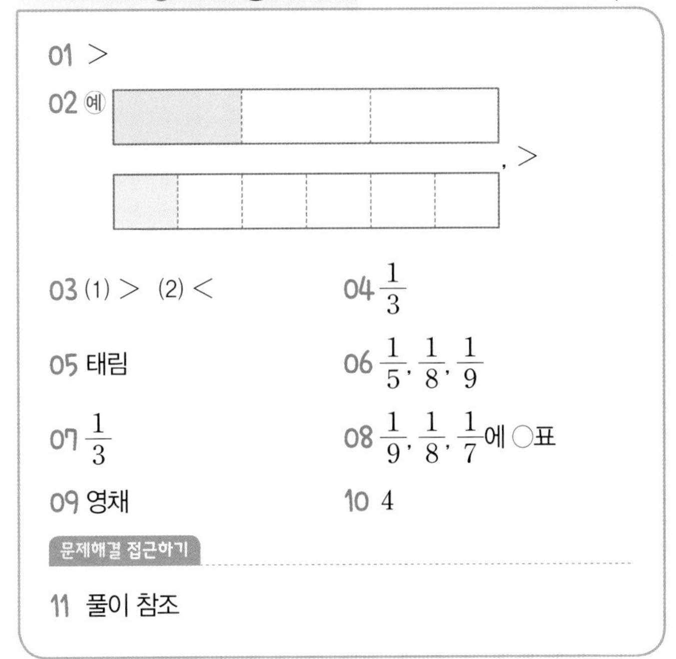

01 >

02 예 , >

03 (1) > (2) <

04 $\frac{1}{3}$

05 태림

06 $\frac{1}{5}$, $\frac{1}{8}$, $\frac{1}{9}$

07 $\frac{1}{3}$

08 $\frac{1}{9}$, $\frac{1}{8}$, $\frac{1}{7}$에 ○표

09 영채

10 4

문제해결 접근하기

11 풀이 참조

01 수직선에 나타낸 길이를 비교하면 $\frac{1}{4}$이 더 길므로 $\frac{1}{4}>\frac{1}{5}$입니다.

02 색칠한 부분이 길수록 더 큽니다.

03 단위분수는 분모가 작을수록 더 큽니다.

04 단위분수는 분모가 작을수록 더 큽니다.
따라서 분모가 가장 작은 $\frac{1}{3}$이 가장 큽니다.

05 $\frac{1}{5}$과 $\frac{1}{6}$을 비교하면 $\frac{1}{5}$이 더 크므로 태림이가 우유를 더 많이 마셨습니다.

06 단위분수는 분모가 작을수록 더 큽니다.
따라서 큰 분수부터 순서대로 쓰면 $\frac{1}{5}$, $\frac{1}{8}$, $\frac{1}{9}$입니다.

07 단위분수이므로 분자에 1을 씁니다.
1을 제외한 가장 작은 수가 3이므로 만들 수 있는 가장 큰 단위분수는 $\frac{1}{3}$입니다.

08 $\frac{1}{6}$보다 작은 단위분수는 분모가 6보다 큽니다.
따라서 $\frac{1}{9}$, $\frac{1}{8}$, $\frac{1}{7}$입니다.

09 분모가 4인 단위분수는 $\frac{1}{4}$이고 전체를 똑같이 8로 나눈 것 중의 1을 나타내는 분수는 $\frac{1}{8}$입니다.
$\frac{1}{4}>\frac{1}{8}$이므로 더 큰 분수를 말한 사람은 영채입니다.

10 $\frac{1}{5}$보다 큰 단위분수는 분모가 5보다 작습니다.
$\frac{1}{\square}>\frac{1}{5}$ ➡ $\square<5$
□ 안에 들어갈 수 있는 수 2, 3, 4 중에서 가장 큰 수는 4입니다.

문제해결 접근하기

11 **이해하기 |** 예 지원, 정원, 채원이 중에서 신발을 가장 멀리 던진 사람을 구하려고 합니다.

계획 세우기 | 예 $\frac{1}{3}$, $\frac{1}{6}$, $\frac{1}{8}$의 크기를 비교하여 신발을 가장 멀리 던진 사람을 구합니다.

해결하기 | (1) 예

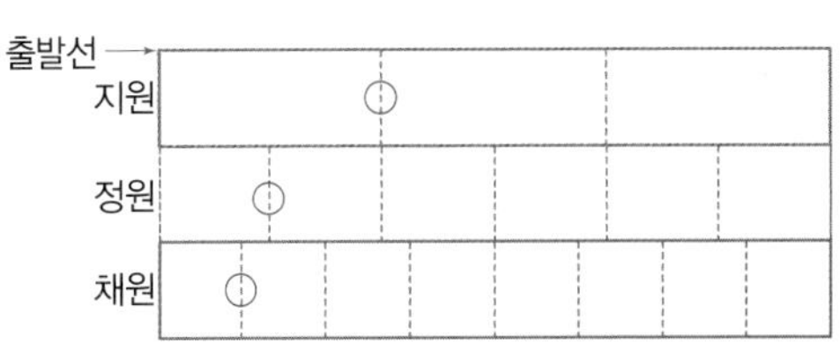

(2) 예 $\frac{1}{3}$, $\frac{1}{6}$, $\frac{1}{8}$ 중에서 가장 큰 수는 $\frac{1}{3}$입니다. 지원이가 신발을 가장 멀리 던졌습니다.

되돌아보기 | 예 $\frac{1}{9}$, $\frac{1}{15}$, $\frac{1}{7}$을 큰 수부터 순서대로 쓰면 $\frac{1}{7}$, $\frac{1}{9}$, $\frac{1}{15}$입니다.

따라서 신발을 두 번째로 멀리 던진 사람은 $\frac{1}{9}$ 위치에 던진 현수입니다.

문제를 풀며 이해해요

149쪽

01 (1) $\frac{6}{10}$ (2) 6, 0.6

02 (왼쪽부터) $\frac{2}{10}$, 0.3, 0.7, 0.9

03 (1)-㉡ (2)-㉢ (3)-㉠

교과서 문제 해결하기

150~151쪽

01 (1) 예 (수직선 0~1, 0부터 7칸 색칠)

(2) 7

02 $\frac{3}{10}$, 0.3

03 $\frac{8}{10}$, 0.8

04 $\frac{5}{10}$, 0.5

05 ( )(○)( )

06 ②

07 나래

08 (1) 3.2 (2) 25

09 (1) 0.2 (2) 1.3 (3) 8, 5 (4) 2.9 (5) 4, 6

10 ㉡

문제해결 접근하기

11 풀이 참조

02 색칠한 부분은 전체를 똑같이 10으로 나눈 것 중의 3이므로 분수로 나타내면 $\frac{3}{10}$이고, 소수로 나타내면 0.3입니다.

03 색칠한 부분은 전체를 똑같이 10으로 나눈 것 중의 8이므로 분수로 나타내면 $\frac{8}{10}$이고, 소수로 나타내면 0.8입니다.

04 수직선에 나타낸 부분은 전체를 똑같이 10으로 나눈 것 중의 5이므로 분수로 나타내면 $\frac{5}{10}$이고, 소수로 나타내면 0.5입니다.

05 0.1을 나타낸 것은 전체를 똑같이 10으로 나눈 것 중의 1을 나타내는 그림입니다.

06 $\frac{●}{10}$=0.●

07 $\frac{2}{10}$와 같은 소수는 0.2입니다.
0.1이 21개인 수는 2.1입니다.
전체를 똑같이 10으로 나눈 것 중의 2는 0.2입니다.
따라서 설명하는 소수가 다른 사람은 나래입니다.

08 (1) 0.1이 32개이면 3.2입니다.
(2) 2.5는 0.1이 25개입니다.

09 1 mm=0.1 cm
(2) 3 mm는 0.3 cm이므로 1 cm 3 mm는 1.3 cm입니다.
(4) 29 mm는 0.1 cm가 29개인 2.9 cm입니다.

10 ㉠ 0.1이 43개이면 4.3입니다.
㉡ 3과 0.4인 수는 3.4입니다.
㉢ $\frac{1}{10}$이 43개인 수는 0.1이 43개인 수와 같으므로 4.3입니다.
따라서 나타내는 수가 다른 하나는 ㉡입니다.

문제해결 접근하기

11 **이해하기 |** 예 빨간색 부분이 전체의 얼마인지 분모가 10인 분수와 소수로 나타내려고 합니다.

계획 세우기 | 예 분모가 10인 분수나 소수로 나타내려면 전체를 똑같이 10으로 나누어 색칠된 부분의 크기를 구합니다.

해결하기 | (1) 예

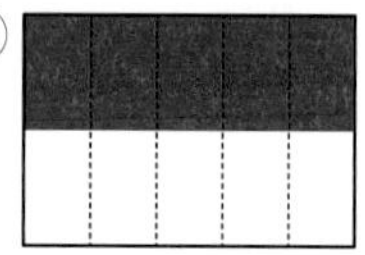

(2) 예 빨간색 부분을 분수로 나타내면 $\frac{5}{10}$이고, 소수로 나타내면 0.5입니다.

되돌아보기 | 예 전체를 똑같이 10칸으로 나눈 다음 8칸을 색칠합니다.

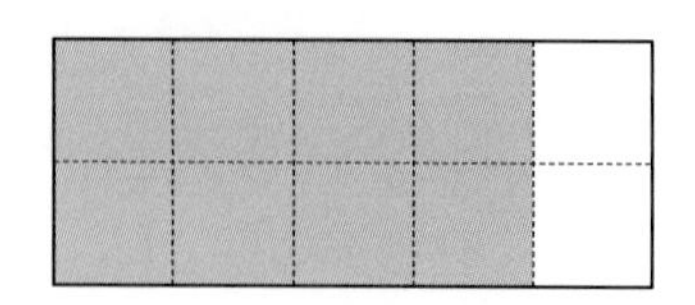

문제를 풀며 이해해요

153쪽

01 (1) 예 [그림], [그림] 깁니다에 ○표

(2) >

02 (1) 예 [수직선], [수직선] 깁니다에 ○표

(2) >

교과서 문제 해결하기

154~155쪽

01 예 [그림], >

02 19, 32, 3.2

03 53, 47 / >

04 (1) > (2) > (3) <

05 ( ) ( ) (○)

06 (1) 7에 ○표 (2) 4, 9에 ○표

07 9.4

08 희수

09 수영장, 경찰서, 도서관

10 6, 7

문제해결 접근하기

11 풀이 참조

02 19<32이므로 1.9와 3.2 중에서 더 큰 소수는 3.2입니다.

03 5.3은 0.1이 53개이고, 4.7은 0.1이 47개이므로 0.1의 개수가 더 많은 5.3이 4.7보다 큽니다.

04 (1) 0.7은 0.1이 7개, 0.4는 0.1이 4개이므로 0.7>0.4입니다.

(2) 5.1은 0.1이 51개, 3.8은 0.1이 38개이므로 5.1>3.8입니다.

(3) 7.3은 0.1이 73개, 7.5는 0.1이 75개이므로 7.3<7.5입니다.

05 0.1이 46개인 수는 4.6입니다.
0.1이 29개인 수는 2.9입니다.
7과 0.1만큼인 수는 7.1입니다.
4.6, 2.9, 7.1 중에서 가장 큰 소수는 자연수 부분이 가장 큰 7.1입니다.

06 (1) 자연수 부분이 같으므로 소수 부분을 비교하면 6<□이어야 합니다. □ 안에 들어갈 수 있는 수는 7입니다.

(2) 자연수 부분이 같으므로 소수 부분을 비교하면 3<□이어야 합니다. □ 안에 들어갈 수 있는 수는 4, 9입니다.

07 만들 수 있는 가장 큰 소수는 4장의 수 카드 중에서 가장 큰 수인 9와 두 번째로 큰 수인 4를 차례로 쓴 9.4입니다.

08 0.3이 0.8보다 더 작습니다.
따라서 정답 버튼을 더 빨리 누른 사람은 희수입니다.

09 0.6, 2.1, 1.5의 크기를 비교하면 자연수 부분이 가장 큰 2.1이 가장 크고 1.5, 0.6 순서입니다.
따라서 학교에서 먼 곳부터 순서대로 쓰면 수영장, 경찰서, 도서관입니다.

10 1.5<1.□에서 □ 안에 들어갈 수 있는 수는 6, 7, 8, 9입니다.
2.8>2.□에서 □ 안에 들어갈 수 있는 수는 1, 2, 3, 4, 5, 6, 7입니다.
따라서 □ 안에 공통으로 들어갈 수 있는 수는 6, 7입니다.

문제해결 접근하기

11 **이해하기** | 예 기온이 가장 높은 지역과 가장 낮은 지역을 각각 구하려고 합니다.

계획 세우기 | 예 소수의 크기가 클수록 기온이 높으므로 소수의 크기를 비교합니다.

해결하기 | (1) ㉮ 2.8, 4.4, 1.9, 4.9를 큰 소수부터 순서대로 쓰면 4.9, 4.4, 2.8, 1.9입니다.
가장 큰 소수는 4.9이고, 가장 작은 소수는 1.9입니다.
(2) ㉮ 기온이 가장 높은 지역은 4.9도인 울릉도이고 기온이 가장 낮은 지역은 1.9도인 서울입니다.

되돌아보기 | ㉮ 2.3, 1.5, 3.7의 크기를 비교하면 3.7이 가장 큽니다.
따라서 비가 가장 많이 온 지역은 부산입니다.

단원평가로 완성하기

156~159쪽

01 (　　)(　　)(○)

02 나, 다　　03 $\frac{5}{8}$

04 동민

05 맞지 않습니다에 ○표, ㉮ 전체를 똑같이 6으로 나누었기 때문에 분모가 4인 분수로 나타내면 안 됩니다.

06 (1) 6, 4, 큽니다에 ○표 (2) 도서관 / 도서관

07 $\frac{8}{9}$, $\frac{6}{9}$, $\frac{3}{9}$, $\frac{1}{9}$　　08

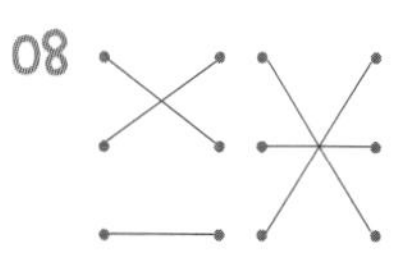

09 $\frac{9}{10}$, 0.9　　10 호박

11 2.3　　12 13, 48

13 (1) > (2) <　　14 $\frac{1}{5}$

15 ㉮

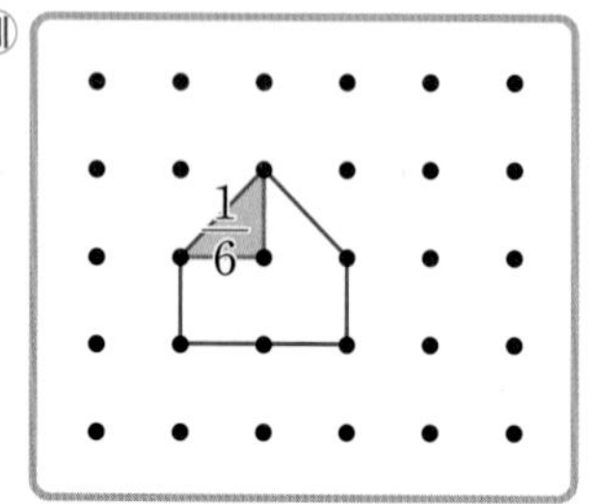

16 정하람, 이샛별, 김하늘　　17 ㉡, ㉠, ㉢

18 혜정, 지원, 영서　　19 3개

20 9.7, 2.3

02 $\frac{1}{3}$은 전체를 똑같이 3으로 나눈 것 중 1이므로 나, 다입니다.

03 색칠한 부분은 전체를 똑같이 8로 나눈 것 중에서 5이므로 $\frac{5}{8}$입니다.

04 색칠하지 않은 부분은 전체를 똑같이 5로 나눈 것 중의 3이므로 $\frac{3}{5}$이라 쓰고 5분의 3이라고 읽습니다.

05 전체를 똑같이 나눈 수는 6이고, 색칠한 부분의 수는 2입니다.
따라서 색칠한 부분을 분수로 나타내면 $\frac{2}{6}$입니다.

06 (1) 6>4이므로 $\frac{6}{7}>\frac{4}{7}$입니다.

채점 기준

$\frac{6}{7}$과 $\frac{4}{7}$의 크기를 비교한 경우	70 %
서하네 집에서 더 가까운 곳을 구한 경우	30 %

07 분모가 모두 9이므로 분자가 큰 분수부터 순서대로 쓰면 $\frac{8}{9}$, $\frac{6}{9}$, $\frac{3}{9}$, $\frac{1}{9}$입니다.

08 $\frac{8}{10}$을 소수로 나타내면 0.8이고 영 점 팔이라고 읽습니다.
$\frac{6}{10}$을 소수로 나타내면 0.6이고 영 점 육이라고 읽습니다.
$\frac{2}{10}$를 소수로 나타내면 0.2이고 영 점 이라고 읽습니다.

09 색칠한 부분은 전체를 똑같이 10으로 나눈 것 중의 9입니다.
따라서 분수로 나타내면 $\frac{9}{10}$, 소수로 나타내면 0.9입니다.

10 0.4와 0.6 중에서 더 큰 수는 0.6입니다.
따라서 호박을 심은 텃밭이 더 넓습니다.

11 작은 눈금 한 칸의 크기는 0.1 km입니다.

12 1.3은 0.1이 13개입니다.
➡ ㉠=13
4.8은 0.1이 48개입니다.
➡ ㉡=48

13 (1) $\frac{9}{10}=0.9$
0.9는 0.1이 9개이고 0.6은 0.1이 6개이므로 $0.9>0.6$입니다.
(2) 1.2는 0.1이 12개이고 3.5는 0.1이 35개이므로 $1.2<3.5$입니다.

14 $\frac{1}{6}<\frac{1}{\square}<\frac{1}{4}$ ➡ $6>\square>4$이므로 □ 안에 들어갈 수 있는 수는 5입니다. 따라서 분모가 5인 단위분수는 $\frac{1}{5}$입니다.

15 $\frac{1}{6}$은 전체를 똑같이 6으로 나눈 것 중의 1입니다.
전체는 $\frac{1}{6}$이 5개 더 연결된 그림이 되도록 그립니다.

16 기록의 수가 작을수록 빠릅니다.
$7.9<8.9<9.3$이므로 빠른 선수부터 순서대로 이름을 쓰면 정하람, 이샛별, 김하늘입니다.

17 ㉠ 62 mm=6.2 cm
㉢ 5 cm 6 mm=5.6 cm
$6.4>6.2>5.6$이므로 길이가 긴 것부터 순서대로 기호를 쓰면 ㉡, ㉠, ㉢입니다.

18 $0.3=\frac{3}{10}$
$\frac{1}{10}$과 $\frac{3}{10}$ 중에서 $\frac{3}{10}$이 더 큽니다.
$\frac{1}{10}$과 $\frac{1}{15}$ 중에서 $\frac{1}{15}$이 더 작습니다.
큰 수부터 순서대로 쓰면 $\frac{3}{10}$, $\frac{1}{10}$, $\frac{1}{15}$입니다.
따라서 끈을 많이 사용한 사람부터 순서대로 이름을 쓰면 혜정, 지원, 영서입니다.

19 단위분수는 분모가 작을수록 큰 수입니다.
$\frac{1}{7}<\frac{1}{\square}<\frac{1}{3}$ ➡ $7>\square>3$이므로 □ 안에 들어갈 수 있는 수는 4, 5, 6으로 모두 3개입니다.

20 만들 수 있는 가장 큰 소수는 가장 큰 수인 9와 두 번째로 큰 수인 7을 순서대로 쓴 9.7입니다.
만들 수 있는 가장 작은 소수는 가장 작은 수인 2와 두 번째로 작은 수인 3을 순서대로 쓴 2.3입니다.

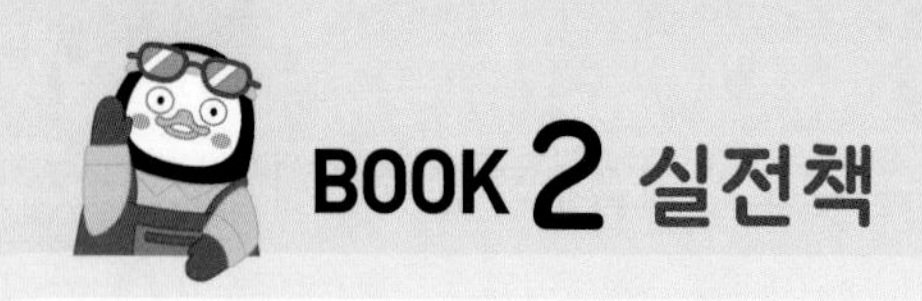

BOOK 2 실전책

1 덧셈과 뺄셈

5쪽

1단원 쪽지 시험 1. 덧셈과 뺄셈

01 300, 70, 6, 376	02 100
03 (1) 예 800 (2) 791	04 (1) 645 (2) 1034
05 563, 860	06 (1) 423 (2) 319
07 (위에서부터) 8, 10, 5, 6	08 <
09 763, 269	10 851, 587

03 518을 500으로, 273을 300으로 어림하여 계산하면 약 $500+300=800$이고, $518+273=791$입니다.

08 $712-358=354$, $700-345=355$
➡ $354<355$

09 합: $516+247=763$
차: $516-247=269$

6~8쪽

학교 시험 만점왕 1회 1. 덧셈과 뺄셈

01 597	02 풀이 참조
03 (1) 예 850 (2) 853	04 (1) 871 (2) 679
05 민준	06 610명
07 7, 5	08 802
09 1360 m	
10 (위에서부터) 890, 359, 324, 207	
11 140	12 (1)-㉡ (2)-㉠ (3)-㉢
13 327	14 372, 265, 107
15 547	16 178개
17 풀이 참조, 253번	18 396 cm
19 풀이 참조, 593권	20 374

01 $465+132=597$

02 예 방법 1 $300+400$, $20+50$, $1+8$을 순서대로 계산합니다. $300+400=700$, $20+50=70$, $1+8=9$이므로 $700+70+9=779$입니다.
방법 2 $1+8$, $20+50$, $300+400$을 순서대로 계산합니다. $1+8=9$, $20+50=70$, $300+400=700$이므로 $9+70+700=779$입니다.
다른 방법 $21+58$, $300+400$을 순서대로 계산합니다. $21+58=79$, $300+400=700$이므로 $79+700=779$입니다.

03 469를 470으로, 384를 380으로 어림하여 계산하면 약 $470+380=850$이고, $469+384=853$입니다.

04 (1)
$$\begin{array}{r} {}^{1}\ \ \ \ \\ 3\ 5\ 2 \\ +\ 5\ 1\ 9 \\ \hline 8\ 7\ 1 \end{array}$$
(2)
$$\begin{array}{r} {}^{1}\ \ \ \ \\ 2\ 9\ 4 \\ +\ 3\ 8\ 5 \\ \hline 6\ 7\ 9 \end{array}$$

05 도윤:
$$\begin{array}{r} {}^{1}\ {}^{1}\ \ \\ 4\ 9\ 5 \\ +\ 1\ 0\ 7 \\ \hline 6\ 0\ 2 \end{array}$$

06 $293+317=610$(명)

07 • 일의 자리 계산: ㉠$+4=11$, ㉠$=7$
• 백의 자리 계산: $1+8+$㉡$=14$, ㉡$=5$

08 $368♥256=368+256+178$
$=624+178=802$

09 $569+417+374=986+374$
$=1360$(m)

10 $569+321=890$, $245+114=359$,
$569-245=324$, $321-114=207$

11 14는 십의 자리 수인 5가 나타내는 50에서 일의 자리로 10만큼 받아내림하고 남은 40과 백의 자리에서 십의 자리로 받아내림한 100을 더한 수이므로 실제로 140을 나타냅니다.

12 (1) $648-321=327$
(2) $563-246=317$
(3) $715-387=328$

13 100이 8개, 10이 1개, 1이 2개인 수는 812입니다.
812보다 485만큼 더 작은 수는 $812-485=327$입니다.

14 $581-265=316$, $581-372=209$,
$372-265=107$
따라서 차가 가장 작은 뺄셈식은 $372-265=107$입니다.

15 예나가 만든 수는 백의 자리 숫자가 9이고 나머지 자리에 큰 수부터 순서대로 쓴 974입니다.
선호가 만든 수는 백의 자리 숫자가 4이고 나머지 자리에 작은 수부터 순서대로 쓴 427입니다.
따라서 두 수의 차는 $974-427=547$입니다.

16 떡 가게에서 오전과 오후에 만든 찹쌀떡은
$356+285=641$(개)입니다.
그중 463개를 팔았으므로 남은 찹쌀떡은
$641-463=178$(개)입니다.

17 예 수진이가 어제와 오늘 넘은 줄넘기는
$236+215=451$(번)입니다.
혜인이가 어제와 오늘 넘은 줄넘기도 451번입니다.
따라서 혜인이가 오늘 넘은 줄넘기는
$451-198=253$(번)입니다.

채점 기준

수진이가 어제와 오늘 넘은 줄넘기 수를 구한 경우	40 %
혜인이가 오늘 넘은 줄넘기 수를 구한 경우	60 %

18 (색 테이프 3장의 길이의 합)
$=186+186+186=372+186=558$(cm)
(겹쳐진 부분의 길이의 합)$=81+81=162$(cm)
(이어 붙인 색 테이프의 전체 길이)
$=558-162=396$(cm)

19 예 오늘은 어제보다 115권 더 적게 대출되었으므로
$354-115=239$(권) 대출되었습니다.
따라서 도서관에서 어제와 오늘 대출된 책은 모두
$354+239=593$(권)입니다.

채점 기준

오늘 대출된 책의 수를 구한 경우	40 %
어제와 오늘 대출된 책의 수를 구한 경우	60 %

20 • 일의 자리 계산: $4+□=12$, $□=8$
• 십의 자리 계산: $1+□+9=17$, $□+10=17$, $□=7$
• 백의 자리 계산: $1+□+4=8$, $□+5=8$, $□=3$
두 수는 374와 498이므로 더 작은 수는 374입니다.

9~11쪽

학교 시험 만점왕 2회 1. 덧셈과 뺄셈

01 477
02 (1) 596 (2) 738
03 (1) 예 840 (2) 835
04 842
05 예 십의 자리를 계산할 때 일의 자리에서 받아올림한 수를 더하지 않았습니다. /

$$\begin{array}{r} {\scriptstyle 1} \\ 3\ 4\ 8 \\ +\ 2\ 3\ 6 \\ \hline 5\ 8\ 4 \end{array}$$

06 1001
07 1323
08 213, 132
09 1133, 143
10 84 m
11 ⑤
12 ㉠, ㉡, ㉢
13 127개
14 156
15 938, 441, 497
16 (위에서부터) 5, 4, 3
17 풀이 참조, 716 cm
18 1202개
19 344
20 풀이 참조, 123

01 $153+324=477$

02 (1)

$$\begin{array}{r} 1 \quad \\ 3\ 5\ 7 \\ +\ 2\ 3\ 9 \\ \hline 5\ 9\ 6 \end{array}$$

(2)

$$\begin{array}{r} 1 \quad \\ 2\ 8\ 5 \\ +\ 4\ 5\ 3 \\ \hline 7\ 3\ 8 \end{array}$$

03 476을 480으로, 359를 360으로 어림하여 계산하면 약 480+360=840이고, 476+359=835입니다.

04 269+573=842

06 합이 가장 크려면 가장 큰 수와 두 번째로 큰 수를 더합니다.

647＞354＞275＞198

➡ 647+354=1001

07 [서윤] 5＜6＜9이므로 서윤이가 만들 수 있는 가장 작은 수는 569입니다.

[태섭] 7＞5＞4이므로 태섭이가 만들 수 있는 가장 큰 수는 754입니다.

따라서 두 사람이 만든 수의 합은 569+754=1323입니다.

08 427−214=213

659−527=132

09 ㉠ 100이 4개, 10이 9개, 1이 5개인 수는 495입니다.

㉡ 100이 6개, 10이 3개, 1이 8개인 수는 638입니다.

➡ 합: 495+638=1133

차: 638−495=143

10 847−763=84(m)

11 ① 357+481=838

② 428+653=1081

③ 562−246=316

④ 934−597=337

12 ㉠ 254+237=491

㉡ 635−141=494

㉢ 721−219=502

➡ 491＜494＜502

13 413＞379＞286이므로 가장 많이 팔린 빵은 크림빵으로 413개이고, 가장 적게 팔린 빵은 단팥빵으로 286개입니다.

➡ 413−286=127(개)

14 찢어진 종이에 적힌 수를 □라고 하면

389+□=934, □=934−389=545입니다.

따라서 두 수의 차는 545−389=156입니다.

15 수를 몇백 몇십으로 어림해 봅니다.

839 → 840, 441 → 440, 938 → 940, 543 → 540

940−440=500이므로 938과 441의 차가 500에 가장 가깝습니다.

➡ 938−441=497

16 • 일의 자리 계산: 10+□−9=6, 1+□=6, □=5

• 십의 자리 계산: 10+2−1−8=□, □=3

• 백의 자리 계산: 7−1−□=2, 6−□=2, □=4

17 예 4 m=400 cm이므로 두 리본의 길이의 합은

400+452=852(cm)입니다.

따라서 이어 붙인 리본의 전체 길이는

852−136=716(cm)입니다.

채점 기준

4 m를 400 cm로 바꾼 경우	20 %
두 리본 길이의 합이 몇 cm인지 구한 경우	40 %
이어 붙인 리본의 전체 길이가 몇 cm인지 구한 경우	40 %

18 (오늘 판 사탕의 수)=537+128=665(개)

(어제와 오늘 판 사탕의 수)

=537+665=1202(개)

19 194+387=581

581=926−□일 때 □=926−581=345이므로

581＜926−□에서 □ 안에 들어갈 수 있는 수는 345보다 작습니다.

따라서 □ 안에 들어갈 수 있는 수 중에서 가장 큰 세 자리 수는 344입니다.

20 예 어떤 수를 □라고 하면

□+258=872 ➡ □=872−258=614입니다.

따라서 선우가 계산한 값은 614−491=123입니다.

채점 기준	
어떤 수를 구한 경우	50 %
선우가 계산한 값을 구한 경우	50 %

1단원 서술형·논술형 평가 12~13쪽

01 풀이 참조, 784　02 풀이 참조, 1241
03 풀이 참조, 726　04 풀이 참조, 392번
05 풀이 참조　06 풀이 참조, 761 cm
07 풀이 참조, 431 m　08 풀이 참조, 9개
09 풀이 참조, 290명　10 풀이 참조, 109

01 예 십의 자리를 계산할 때 일의 자리에서 받아올림한 수를 더하지 않았습니다.

$$\begin{array}{r} {}^{1} \\ 4\ 2\ 8 \\ +\ 3\ 5\ 6 \\ \hline 7\ 8\ 4 \end{array}$$

채점 기준	
계산이 잘못된 이유를 쓴 경우	50 %
바르게 계산한 경우	50 %

02 예 보빈이가 가지고 있는 수 카드의 수의 크기를 비교하면 $7>6>3$이므로 만들 수 있는 가장 큰 세 자리 수는 763입니다.
제민이가 가지고 있는 수 카드의 수의 크기를 비교하면 $4<7<8$이므로 만들 수 있는 가장 작은 세 자리 수는 478입니다.
따라서 합은 $763+478=1241$입니다.

채점 기준	
보빈이가 만들 수 있는 가장 큰 세 자리 수를 구한 경우	30 %
제민이가 만들 수 있는 가장 작은 세 자리 수를 구한 경우	30 %
두 사람이 만든 수의 합을 구한 경우	40 %

03 예 어떤 수를 □라고 하면 □$-286=154$, □$=154+286=440$입니다.
따라서 바르게 계산하면 $440+286=726$입니다.

채점 기준	
어떤 수를 구한 경우	50 %
바르게 계산한 값을 구한 경우	50 %

04 예 1일 후에 하는 줄넘기는 $176+108=284$(번)입니다.
따라서 지율이는 오늘부터 2일 후에 줄넘기를 $284+108=392$(번) 하게 됩니다.

채점 기준	
1일 후에 줄넘기를 몇 번 하게 되는지 구한 경우	50 %
2일 후에 줄넘기를 몇 번 하게 되는지 구한 경우	50 %

05 예 **방법 1** 백의 자리부터 뺍니다.
$700-400=300$, $40-20=20$,
$5-1=4$이므로
$745-421=300+20+4=324$입니다.
방법 2 일의 자리부터 뺍니다.
$5-1=4$, $40-20=20$,
$700-400=300$이므로
$745-421=4+20+300=324$입니다.

채점 기준	
$745-421$을 한 가지 방법으로 계산한 경우	50 %
$745-421$을 다른 한 가지 방법으로 계산한 경우	50 %

06 예 (색 테이프 3장의 길이의 합)
$=321+321+321=642+321=963$(cm)
(겹쳐진 부분의 길이의 합)$=101+101=202$(cm)
(이어 붙인 색 테이프의 전체 길이)
$=963-202=761$(cm)

채점 기준	
색 테이프 3장의 길이의 합을 구한 경우	30 %
겹쳐진 부분의 길이의 합을 구한 경우	30 %
이어 붙인 색 테이프의 전체 길이를 구한 경우	40 %

07 예 (학교에서 파출소까지의 거리)
$=798-477=321$(m)
(미경이네 집에서 학교까지의 거리)
$=752-321=431$(m)

BOOK 2 실전책

채점 기준	
학교에서 파출소까지의 거리를 구한 경우	40 %
미경이네 집에서 학교까지의 거리를 구한 경우	60 %

08 예 (팔고 남은 감귤 젤리의 수)
$=431-317=114$(개)
(팔고 남은 딸기 젤리의 수)
$=352-247=105$(개)
(팔고 남은 포도 젤리의 수)
$=395-286=109$(개)
따라서 가장 많이 남은 젤리는 감귤 젤리이고, 가장 적게 남은 젤리는 딸기 젤리이므로 차는 $114-105=9$(개)입니다.

채점 기준	
팔고 남은 감귤, 딸기, 포도 젤리의 수를 각각 구한 경우	70 %
가장 많이 남은 젤리 수와 가장 적게 남은 젤리 수의 차를 구한 경우	30 %

09 예 382명이 밖으로 나온 후 미술관에 남은 관람객 수는 $513-382=131$(명)입니다.
159명이 새로 들어간 후 미술관에 있는 관람객 수는 $131+159=290$(명)입니다.
따라서 지금 미술관에 있는 관람객은 290명입니다.

채점 기준	
382명이 밖으로 나온 후 미술관에 남은 관람객 수를 구한 경우	50 %
지금 미술관에 있는 관람객 수를 구한 경우	50 %

10 예 코코아를 쏟은 종이에 적힌 세 자리 수는 $861-485=376$입니다.
따라서 두 수는 485와 376이므로 두 수의 차는 $485-376=109$입니다.

채점 기준	
코코아를 쏟은 종이에 적힌 세 자리 수를 구한 경우	50 %
두 수의 차를 구한 경우	50 %

2 평면도형

15쪽

2단원 쪽지 시험 2. 평면도형

01 (   )(○)(   )
02 직선 ㄱㄴ(또는 직선 ㄴㄱ)
03 반직선 ㄷㄹ
04 선분 ㅁㅂ(또는 선분 ㅂㅁ)
05 (   )(   )(○)
06 각 ㅂㅁㄹ에 ○표
07 나, 다
08 직각삼각형
09 가
10 정사각형

03 반직선 ㄹㄷ이라고 읽지 않도록 주의합니다.

05 각은 한 점에서 그은 두 반직선으로 이루어진 도형입니다. 따라서 각의 변은 모두 곧은 선이어야 합니다.

06 각의 꼭짓점이 가운데에 오도록 읽습니다.
각 ㄹㅁㅂ 또는 각 ㅂㅁㄹ이라고 읽습니다.

07 직각의 수를 세어 봅니다.
가: 0개, 나: 2개, 다: 1개, 라: 0개
따라서 직각이 있는 도형은 나, 다입니다.

08 한 각이 직각인 삼각형은 직각삼각형입니다.

09 직사각형은 네 각이 모두 직각이므로 가입니다.

10 네 각이 모두 직각이고 네 변의 길이가 모두 같은 사각형은 정사각형입니다.

학교 시험 만점왕 1회 2. 평면도형

01 가 02 선분
03 ③
04 ( )(○)( )
05
06 ②, ⑤
07 예
08 나, 다 09 ⑤
10 ㉡ 11 3개
12 직사각형 13 (위에서부터) 3, 4
14 정사각형 15 풀이 참조, 10개
16 48 cm 17 ③
18 예 네 변의 길이는 모두 같지만 네 각이 직각이 아니므로 정사각형이 아닙니다.
19 풀이 참조, 40 cm 20 17개

01 반직선은 한 점에서 시작하여 한쪽으로 끝없이 늘인 곧은 선입니다.

02 두 점을 곧게 이은 선을 선분이라고 합니다.

03 직선은 선분을 양쪽으로 끝없이 늘인 곧은 선입니다.

04 각 ㄹㅁㅂ에서 각의 꼭짓점은 점 ㅁ입니다.

05 직각을 모두 3개 찾을 수 있습니다.

06 ② ⑤

07 한 각이 직각인 삼각형을 그립니다.

08 직각삼각형은 한 각이 직각인 삼각형입니다.

09 직사각형은 네 각이 모두 직각인 사각형입니다.

10 ㉠ 직사각형은 직각이 4개 있습니다.
㉢ 직사각형은 정사각형이라 할 수 없고, 정사각형은 직사각형이라 할 수 있습니다.

11 찾을 수 있는 직각은 각 ㄱㅇㄹ(또는 각 ㄹㅇㄱ), 각 ㄴㅇㅁ(또는 각 ㅁㅇㄴ), 각 ㄹㅇㅅ(또는 각 ㅅㅇㄹ)으로 모두 3개입니다.

12 선분 4개로 둘러싸여 있으므로 사각형입니다.
네 각이 모두 직각이지만 이웃하는 두 변의 길이가 서로 다르므로 직사각형입니다.

13 직사각형은 마주 보는 두 변의 길이가 같습니다.

14 네 각이 모두 직각이고, 네 변의 길이가 모두 같은 정사각형이 만들어집니다.

15 예 점 ㄱ에서 그을 수 있는 선분:
선분 ㄱㄴ, 선분 ㄱㄷ, 선분 ㄱㄹ, 선분 ㄱㅁ → 4개
점 ㄴ에서 그을 수 있는 선분:
선분 ㄴㄷ, 선분 ㄴㄹ, 선분 ㄴㅁ → 3개
점 ㄷ에서 그을 수 있는 선분:
선분 ㄷㄹ, 선분 ㄷㅁ → 2개
점 ㄹ에서 그을 수 있는 선분: 선분 ㄹㅁ → 1개
따라서 그을 수 있는 선분은 모두 $4+3+2+1=10$(개)입니다.

채점 기준

점 ㄱ에서 그을 수 있는 선분의 수를 구한 경우	20 %
점 ㄴ에서 그을 수 있는 선분의 수를 구한 경우	20 %
점 ㄷ에서 그을 수 있는 선분의 수를 구한 경우	20 %
점 ㄹ에서 그을 수 있는 선분의 수를 구한 경우	20 %
그을 수 있는 선분이 모두 몇 개인지 구한 경우	20 %

16 한 변의 길이가 4 cm인 정사각형 모양 1개를 만들려면 철사가 $4 \times 4 = 16$(cm) 필요합니다.
정사각형 모양 3개를 만들려면
철사가 $16+16+16=48$(cm) 필요합니다.

17 각 ㄱㄷㄴ이 직각이 되기 위해서 ③이 점 ㄷ이 되어야 합니다.
⑤가 점 ㄷ이면 각 ㄱㄴㄷ이 직각인 직각삼각형이 그려집니다.

BOOK 2 실전책

18 정사각형은 네 각이 모두 직각이고, 네 변의 길이가 모두 같아야 합니다.

19 ㉥ 직사각형의 긴 변의 길이는 정사각형의 한 변의 길이의 3배이므로 $5\times3=15$(cm)입니다.
직사각형의 짧은 변의 길이는 정사각형의 한 변의 길이와 같으므로 5 cm입니다.
따라서 직사각형의 네 변의 길이의 합은
$15+5+15+5=40$(cm)입니다.

채점 기준

직사각형의 긴 변의 길이를 구한 경우	40 %
직사각형의 짧은 변의 길이를 구한 경우	40 %
직사각형의 네 변의 길이의 합을 구한 경우	20 %

20 작은 정사각형 1개로 이루어진 정사각형: 11개
작은 정사각형 4개로 이루어진 정사각형: 5개
작은 정사각형 9개로 이루어진 정사각형: 1개
따라서 크고 작은 정사각형은 모두
$11+5+1=17$(개)입니다.

19~21쪽

학교 시험 만점왕 2회 2. 평면도형

01 ②	02 다
03 유리	04 각 ㄱㄴㄷ(또는 각 ㄷㄴㄱ)
05 한에 ○표, 직각삼각형	06 가, 라, 사
07 5개	08 가, 나, 마
09 ⑤	10 풀이 참조, 9개
11 3시	12 나, 가, 다
13 ㉥ 한 변이 굽은 선으로 되어 있기 때문에 각이 아닙니다.	
14 8	15 28 cm
16 ④	
17 선호 / ㉥ 반직선 ㄹㄷ이라고 읽어.	
18 28 cm, 42 cm	19 30 cm
20 풀이 참조, 6개	

01 ② 휘어지고 구부러진 선이므로 굽은 선입니다.

02 반직선 ㄱㄴ은 점 ㄱ에서 시작하여 점 ㄴ 방향으로 끝없이 늘인 곧은 선입니다.
가는 반직선 ㄴㄱ이라고 읽습니다.

03 소민: 선분과 반직선 모두 곧은 선으로 되어 있습니다.
선영: 양쪽으로 끝없이 늘어나는 것은 직선입니다. 반직선은 한쪽으로만 끝없이 늘어납니다.

04 각의 꼭짓점이 점 ㄴ이므로 각 ㄱㄴㄷ 또는 각 ㄷㄴㄱ이라고 읽습니다.

06 직각이 있는 삼각형은 가, 라, 사입니다.

07 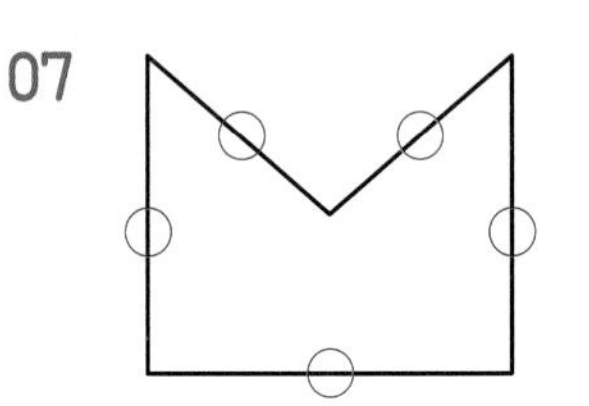

➡ 선분: 5개

08 직사각형은 네 각이 모두 직각인 사각형입니다.

09 ⑤ 직사각형은 항상 네 변의 길이가 같은 것은 아닙니다. 네 각이 모두 직각이고 네 변의 길이가 모두 같은 사각형은 정사각형입니다.

10 ㉥ 선분의 수를 세어 보면 가: 1개, 나: 3개, 다: 5개입니다.
따라서 세 도형에 있는 선분은 모두 $1+3+5=9$(개)입니다.

채점 기준

세 도형에 있는 선분의 수를 각각 구한 경우	70 %
세 도형에 있는 선분은 모두 몇 개인지 구한 경우	30 %

11 긴바늘이 12를 가리키므로 몇 시입니다.
1시와 6시 사이의 몇 시는 2시, 3시, 4시, 5시입니다.
이 중에서 긴바늘과 짧은바늘이 이루는 작은 쪽의 각이 직각인 시각은 3시입니다.

12 각의 수를 세어 봅니다.
가: 4개, 나: 1개, 다: 5개

13 각은 한 점에서 그은 두 반직선으로 이루어진 도형입니다. 반직선은 곧은 선입니다.

14 직사각형에서 마주 보는 두 변의 길이는 같습니다.

15 정사각형은 네 변의 길이가 모두 같습니다.
따라서 한 변의 길이가 7 cm인 정사각형의 네 변의 길이의 합은 $7 \times 4 = 28$(cm)입니다.

16 삼각형 ㄱㄴㄷ이 직각삼각형이 되기 위해서는 각 ㄴㄱㄷ이 직각이 되게 하는 ④에 점 ㄷ을 옮겨야 합니다.

17 도형은 점 ㄹ에서 시작하여 점 ㄷ 방향으로 끝없이 이어지는 곧은 선이므로 반직선 ㄹㄷ이라고 읽어야 합니다.

18 직사각형 모양의 종이를 그림과 같이 접은 후 자르면 가는 정사각형, 나는 직사각형이 됩니다.
정사각형 가의 한 변의 길이는 7 cm이므로 네 변의 길이의 합은 $7 \times 4 = 28$(cm)입니다.
직사각형 나의 긴 변의 길이는 $21 - 7 = 14$(cm)이고, 짧은 변의 길이는 7 cm입니다.
직사각형 나의 네 변의 길이의 합은
$14 + 7 + 14 + 7 = 42$(cm)입니다.

19 정사각형은 모든 변의 길이가 같으므로 빨간색 선의 길이는 3 cm가 10개인 길이와 같습니다.
따라서 빨간색 선의 길이는
$3+3+3+3+3+3+3+3+3+3=30$(cm)입니다.

20 ㉠ 각 1개로 이루어진 각:
각 ㄱㅁㄴ, 각 ㄴㅁㄷ, 각 ㄷㅁㄹ → 3개
각 2개로 이루어진 각: 각 ㄱㅁㄷ, 각 ㄴㅁㄹ → 2개
각 3개로 이루어진 각: 각 ㄱㅁㄹ → 1개
따라서 크고 작은 각은 모두 $3 + 2 + 1 = 6$(개)입니다.

채점 기준

각 1개로 이루어진 각의 수를 구한 경우	30 %
각 2개로 이루어진 각의 수를 구한 경우	30 %
각 3개로 이루어진 각의 수를 구한 경우	30 %
크고 작은 각은 모두 몇 개인지 구한 경우	10 %

2단원 서술형·논술형 평가 22~23쪽

01 풀이 참조, (ㄱ ㄴ 반직선 그림)
02 풀이 참조, 6개
03 ㉢, 풀이 참조
04 풀이 참조, 나, 라
05 풀이 참조, 4개
06 풀이 참조
07 풀이 참조, 12개
08 풀이 참조, 7개, 4 cm
09 풀이 참조, 21, 12
10 풀이 참조, 정사각형, 52 / 직사각형, 40

01 ㉠ 점 ㄱ에서 시작하여 점 ㄴ 쪽으로 끝없이 늘인 곧은 선을 그어야 합니다.

채점 기준

반직선 ㄱㄴ을 잘못 그은 이유를 쓴 경우	50 %
반직선 ㄱㄴ을 바르게 그은 경우	50 %

02 ㉠ 점 ㄱ에서 그을 수 있는 선분:
선분 ㄱㄴ, 선분 ㄱㄷ, 선분 ㄱㄹ → 3개
점 ㄴ에서 그을 수 있는 선분: 선분 ㄴㄷ, 선분 ㄴㄹ → 2개
점 ㄷ에서 그을 수 있는 선분: 선분 ㄷㄹ → 1개
따라서 그을 수 있는 선분은 모두 $3 + 2 + 1 = 6$(개)입니다.

채점 기준

점 ㄱ에서 그을 수 있는 선분의 수를 구한 경우	30 %
점 ㄴ에서 그을 수 있는 선분의 수를 구한 경우	30 %
점 ㄷ에서 그을 수 있는 선분의 수를 구한 경우	30 %
그을 수 있는 선분은 모두 몇 개인지 구한 경우	10 %

03 ㉠ 꼭짓점은 1개이고, 점 ㄹ입니다.

채점 기준

잘못 설명한 것을 찾은 경우	50 %
잘못 설명한 것을 바르게 고친 경우	50 %

04 ㉠ 각을 찾아 수를 세어 보면 가는 2개, 나는 5개, 다는 3개, 라는 1개입니다.
따라서 각이 가장 많은 도형은 나이고, 각이 가장 적은 도형은 라입니다.

채점 기준

각 도형에서 각의 수를 센 경우	70 %
각이 가장 많은 도형과 가장 적은 도형을 각각 찾아 기호를 쓴 경우	30 %

05 예 그림에서 찾을 수 있는 직각은
각 ㄴㅈㅇ(또는 각 ㅇㅈㄴ), 각 ㄱㅈㅅ(또는 각 ㅅㅈㄱ), 각 ㄴㅈㄹ(또는 각 ㄹㅈㄴ), 각 ㄷㅈㅁ(또는 각 ㅁㅈㄷ) 입니다.
따라서 찾을 수 있는 직각은 모두 4개입니다.

채점 기준

찾을 수 있는 직각을 알아본 경우	80 %
찾을 수 있는 직각은 모두 몇 개인지 구한 경우	20 %

06 예 가는 삼각형이지만 직각이 없으므로 직각삼각형이 아닙니다.
나는 직각이 있으나 사각형이므로 직각삼각형이 아닙니다.

채점 기준

가가 직각삼각형이 아닌 이유를 쓴 경우	50 %
나가 직각삼각형이 아닌 이유를 쓴 경우	50 %

07 예 작은 직사각형 1개로 이루어진 직사각형: 5개
작은 직사각형 2개로 이루어진 직사각형: 5개
작은 직사각형 3개로 이루어진 직사각형: 1개
작은 직사각형 4개로 이루어진 직사각형: 1개
따라서 크고 작은 직사각형은 모두
$5+5+1+1=12$(개)입니다.

채점 기준

작은 직사각형 1개로 이루어진 직사각형의 수를 구한 경우	20 %
작은 직사각형 2개로 이루어진 직사각형의 수를 구한 경우	30 %
작은 직사각형 3개로 이루어진 직사각형의 수를 구한 경우	20 %
작은 직사각형 4개로 이루어진 직사각형의 수를 구한 경우	20 %
크고 작은 직사각형은 모두 몇 개인지 구한 경우	10 %

08 예 한 변의 길이가 2 cm인 정사각형 1개를 만들려면 $2\times4=8$(cm)의 철사가 필요합니다.
$8\times7=56$(cm)이므로 60 cm 길이의 철사로 정사각형을 7개까지 만들 수 있습니다.
따라서 남는 철사의 길이는 $60-56=4$(cm)입니다.

채점 기준

정사각형 한 개를 만드는 데 필요한 철사의 길이를 구한 경우	40 %
정사각형을 몇 개까지 만들 수 있는지 구한 경우	40 %
남는 철사의 길이를 구한 경우	20 %

09 예 중간 크기 정사각형의 한 변의 길이는 가장 작은 정사각형의 한 변의 길이의 3배이므로 $3\times3=9$(cm)입니다.
가장 큰 정사각형의 한 변의 길이는 $9+3=12$(cm)입니다.
따라서 ㉠$=9+12=21$, ㉡$=12$입니다.

채점 기준

중간 크기 정사각형의 한 변의 길이를 구한 경우	30 %
가장 큰 정사각형의 한 변의 길이를 구한 경우	30 %
㉠과 ㉡은 각각 얼마인지 구한 경우	40 %

10 예 직사각형 모양의 종이를 그림과 같이 접어 자르면 가는 정사각형, 나는 직사각형이 됩니다.
가는 한 변의 길이가 13 cm인 정사각형이므로 네 변의 길이의 합은 $13+13+13+13=52$(cm)입니다.
나는 긴 변의 길이가 13 cm, 짧은 변의 길이가 $20-13=7$(cm)인 직사각형이므로 네 변의 길이의 합은 $13+7+13+7=40$(cm)입니다.

채점 기준

가와 나의 이름을 각각 구한 경우	40 %
가의 네 변의 길이의 합을 구한 경우	30 %
나의 네 변의 길이의 합을 구한 경우	30 %

3 나눗셈

25쪽

3단원 쪽지 시험 3. 나눗셈

01 12, 6, 2	02 7
03 8	04 5, 4
05 3	06 5명

07 5, 10, 2, 10 / 10, 2, 10, 2, 5

08 (○)(　　)(　　)

09 7, 7

10 (　　) (○)(　　)

10　$24 \div 8 = 3$, $54 \div 6 = 9$, $18 \div 3 = 6$

26~28쪽

학교 시험 만점왕 1회 3. 나눗셈

01  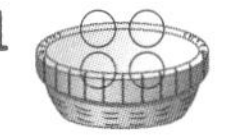  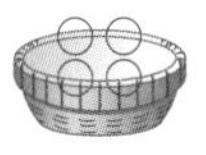

02 12, 3, 4	03 10, 2, 5
04 현지	05 42 / 42, 6, 7, 42, 7, 6

06 ④ / 예 뺄셈식으로 나타내면 $21-7-7-7=0$입니다.

07 6, 30, 5, 30 / 30, 5, 30, 5, 6

08 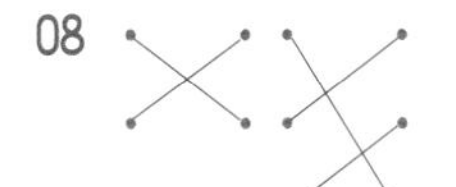

09 6 / 9, 6

10 9, 8 / 8개

11 $35 \div 5 = 7$(또는 $35 \div 5$), 7권

12 ㉡, ㉢, ㉣, ㉠	13 5점
14 8 cm	15 풀이 참조, 8
16 6개	17 1, 2, 3
18 7봉지	19 풀이 참조, 4상자
20 7, 35, 5	

03　10개의 우유를 하루에 2개씩 마시면 $10 \div 2 = 5$(일) 동안 마실 수 있습니다.

04　현지는 20개의 바둑돌을 5상자에 4개씩 나누어 담을 수 있습니다.
지수는 20개의 바둑돌을 6상자에 남김없이 똑같이 나누어 담을 수 없습니다.

05　$6 \times 7 = 42$
42를 6으로 나누면 몫이 7이고, 42를 7로 나누면 몫이 6인 나눗셈식으로 나타낼 수 있습니다.

07　곱셈식은 당근이 6개씩 5줄이므로 $6 \times 5 = 30$, $5 \times 6 = 30$으로 나타낼 수 있습니다.
나눗셈식은 30개의 당근을 6개씩 또는 5개씩 묶을 수 있습니다.
따라서 $30 \div 6 = 5$, $30 \div 5 = 6$으로 나타낼 수 있습니다.

08　$27 \div 3$의 몫은 3단 곱셈구구에서 $3 \times 9 = 27$이므로 9입니다.
$45 \div 9$의 몫은 9단 곱셈구구에서 $9 \times 5 = 45$이므로 5입니다.
$64 \div 8$의 몫은 8단 곱셈구구에서 $8 \times 8 = 64$이므로 8입니다.

09　$54 \div 9$의 몫은 9단 곱셈구구에서 $9 \times 6 = 54$이므로 6입니다.

10　$72 \div 9 = 8$(개)

11　$35 \div 5 = 7$(권)

12　㉠ $27 \div 3 = 9$, ㉡ $12 \div 2 = 6$
㉢ $42 \div 6 = 7$, ㉣ $32 \div 4 = 8$
따라서 몫이 작은 것부터 순서대로 기호를 쓰면 ㉡, ㉢, ㉣, ㉠입니다.

13　$45 \div 9 = 5$(점)

14　희수가 가지고 있는 끈은 $16 \div 2 = 8$(cm)입니다.

15　예 $24 \div \square$의 몫을 가장 크게 하려면 나누는 수가 가장 작아야 합니다.
3, 4, 6, 8 중 가장 작은 수가 3이므로 나누는 수는 3이어야 합니다.
따라서 가장 큰 몫은 $24 \div 3 = 8$입니다.

채점 기준

몫을 가장 크게 하는 나누는 수를 찾은 경우	50 %
가장 큰 몫은 얼마인지 구한 경우	50 %

16 $36 \div 6 = 6$(개)

17 $4 \times 4 = 16 \rightarrow 16 \div 4 = 4$이므로 $4 > \square$입니다.
따라서 □ 안에 들어갈 수 있는 수는 4보다 작은 수이므로 1, 2, 3입니다.

18 (남은 초콜릿의 수)$= 60 - 10 - 1 = 49$(개)
초콜릿 49개를 한 봉지에 7개씩 담으려면
$49 \div 7 = 7$(봉지)가 필요합니다.

19 ㉵ 만두가 한 줄에 8개씩 2줄 있으므로
$8 \times 2 = 16$(개)입니다.
이 만두를 한 상자에 4개씩 포장하려면
$16 \div 4 = 4$(상자)가 필요합니다.

채점 기준

만두의 수를 구한 경우	40 %
필요한 상자의 수를 구한 경우	60 %

20 28에서 ▲를 4번 빼서 0이 되므로
$28 - 7 - 7 - 7 - 7 = 0$에서 ▲$= 7$입니다.
5와 7의 곱은 35이므로 ■$= 35$입니다.
$35 \div$ ●$= 7$이므로 $35 \div 5 = 7$에서 ●$= 5$입니다.

29~31쪽

학교 시험 만점왕 2회 3. 나눗셈

01 28, 4, 7	02 ㉡, ㉣
03 12	04 (1)-㉢ (2)-㉠ (3)-㉡
05 지원	06 (왼쪽에서부터) 4, 8, 4
07 6, 42, 6, 7, 42 / 42, 6, 42, 6, 7	
08 ㉢	09 2, 5, 7, 9
10 $30 \div 5 = 6$(또는 $30 \div 5$), 6개	
11 >	12 3명
13 5개	14 3개
15 5	16 6
17 풀이 참조, 42장	18 3개
19 32	20 풀이 참조, 7그루

01 야구공 28개를 4팀에게 똑같이 나누어 주면 한 팀에 7개씩 줄 수 있으므로 나눗셈식은 $28 \div 4 = 7$입니다.

02 $6 \times 4 = 24$에서 24가 나누어지는 수가 되고 6과 4가 나누는 수가 되는 식을 찾으면 ㉡ $24 \div 6$, ㉣ $24 \div 4$입니다.

03 $27 -$ ▲ $-$ ▲ $-$ ▲ $= 0$
27에서 9를 3번 빼면 0이 되므로 ▲$= 9$입니다.
$27 \div 9 =$ ■이므로 ■$= 3$입니다.
따라서 ▲와 ■의 합은 $9 + 3 = 12$입니다.

04 (1) $81 \div 9$의 몫은 9단 곱셈구구에서 $9 \times 9 = 81$이므로 9입니다.
(2) $48 \div 6$의 몫은 6단 곱셈구구에서 $6 \times 8 = 48$이므로 8입니다.
(3) $12 \div 2$의 몫은 2단 곱셈구구에서 $2 \times 6 = 12$이므로 6입니다.

05 달걀 30개를 한 봉지에 5개씩 담으면 $30 \div 5 = 6$이므로 6봉지에 똑같이 나눌 수 있습니다.
하지만 달걀 30개를 7명에게 나누어 주거나 한 바구니에 9개씩 담으면 달걀이 남거나 부족합니다.

06 하나의 곱셈식으로 2개의 나눗셈식을 만들 수 있습니다.

07 42, 7, 6을 이용하여 곱셈식을 만들면 $7 \times 6 = 42$, $6 \times 7 = 42$를 만들 수 있습니다.
나눗셈식은 곱이 나누어지는 수가 되어 $42 \div 7 = 6$, $42 \div 6 = 7$로 나타낼 수 있습니다.

08 8단 곱셈구구를 이용하여 몫을 구할 수 있는 나눗셈식은 나누는 수가 8인 ㉢ $32 \div 8$입니다.

09 $9 \times 2 = 18$ ➡ $18 \div 9 = 2$
$9 \times 5 = 45$ ➡ $45 \div 9 = 5$
$9 \times 7 = 63$ ➡ $63 \div 9 = 7$
$9 \times 9 = 81$ ➡ $81 \div 9 = 9$

10 $30 \div 5 = 6$(개)

11 나누는 수가 7로 같으므로 나누어지는 수가 클수록 몫이 큽니다.
$35 \div 7 = 5$, $28 \div 7 = 4$ ➡ $5 > 4$

12 남학생과 여학생은 모두 $12+15=27$(명)입니다.
➡ $27\div9=3$(명)

13 공책: $10\div2=5$(개)
연필: $15\div3=5$(개)
따라서 선물 세트를 5개 만들 수 있습니다.

14 $36\div6=6$
1부터 9까지의 수 중에서 6보다 큰 수는 7, 8, 9로 모두 3개입니다.

15 $64\div8=8$이므로 얼룩으로 가려진 수를 □라고 하면
$40\div$□$=8$에서 □$\times8=40$입니다.
$5\times8=40$이므로 □$=5$입니다.

16 어떤 수를 □라고 하면 □$\div9=4$이므로
$9\times4=36$, □$=36$입니다.
따라서 어떤 수를 6으로 나눈 몫은 $36\div6=6$입니다.

17 예 가 프린터로 30장을 출력하려면 1분에 5장씩 출력하므로 $30\div5=6$(분)이 걸립니다.
나 프린터는 1분에 7장씩 출력하므로 6분 동안
$7\times6=42$(장)을 출력할 수 있습니다.

채점 기준	
가 프린터로 출력한 시간을 구한 경우	50 %
나 프린터로 몇 장을 출력할 수 있는지 구한 경우	50 %

18 지우가 나누어 준 군밤은 $2\times3=6$(개)입니다.
지우가 나누어 주고 남은 군밤은 $15-6=9$(개)입니다.
따라서 태지는 군밤을 한 사람에게 $9\div3=3$(개)씩 주었습니다.

19 30과 40 사이의 수 중에서 4로도 나누어지고 8로도 나누어지는 수를 찾아야 합니다.
4로 나누어지는 수는 $4\times8=32$, $4\times9=36$이므로 32와 36입니다.
이 중 8로 나누어지는 수는 $8\times4=32$이므로 32입니다.

20 예 (나무 사이의 간격의 수)$=42\div7=6$(군데)
도로의 처음과 끝에도 나무를 심어야 하므로 나무의 수는 간격의 수보다 1만큼 더 큽니다.
따라서 나무를 모두 $6+1=7$(그루) 심어야 합니다.

채점 기준	
나무 사이의 간격의 수를 구한 경우	60 %
심어야 하는 나무의 수를 구한 경우	40 %

3단원 서술형·논술형 평가 32~33쪽

01 예 연필이 12자루 있습니다. 한 필통에 6자루씩 담으려면 필통이 몇 개 필요할까요? / 예 2개
02 풀이 참조, 6개　03 풀이 참조, 5봉지
04 풀이 참조, 9대　05 풀이 참조, 27
06 풀이 참조, 7개　07 풀이 참조, 태훈, 3봉지
08 풀이 참조, 9묶음, 4포대, 2통
09 풀이 참조, 20개　10 풀이 참조, 8마리

01

채점 기준	
나눗셈식에 맞는 문제를 만든 경우	50 %
만든 나눗셈 문제를 해결한 경우	50 %

02 예 18개를 3명에게 똑같이 나누어 주므로 한 사람에게 $18\div3=6$(개)씩 줄 수 있습니다.

채점 기준	
한 사람에게 자두를 몇 개씩 줄 수 있는지 나눗셈식을 세운 경우	50 %
한 사람에게 자두를 몇 개씩 줄 수 있는지 구한 경우	50 %

03 예 한 봉지에 5개씩이므로 오이를 25개 사려면 $25\div5=5$(봉지)를 사야 합니다.

채점 기준	
몇 봉지를 사야 하는지 나눗셈식을 세운 경우	50 %
몇 봉지를 사야 하는지 구한 경우	50 %

04 예 36명이 한 보트에 4명씩 타므로 보트는 $36\div4=9$(대) 필요합니다.

채점 기준	
보트가 몇 대 필요한지 나눗셈식을 세운 경우	50 %
보트가 몇 대 필요한지 구한 경우	50 %

05 예 9단 곱셈구구 중에서 곱이 25보다 크고 30보다 작은 경우를 알아보아야 합니다.

따라서 $9\times3=27$ ➡ $27\div9=3$이므로 설명하는 수는 27입니다.

채점 기준

9단 곱셈구구 중에서 곱이 25보다 크고 30보다 작은 경우를 알아보아야 하는 것을 아는 경우	50 %
설명하는 수를 구한 경우	50 %

06 예 2분 동안 물통 한 개를 채울 수 있으므로 14분 동안 채울 수 있는 물통은 $14\div2=7$(개)입니다.

채점 기준

14분 동안 물통을 몇 개 채울 수 있는지 나눗셈식을 세운 경우	50 %
14분 동안 물통을 몇 개 채울 수 있는지 구한 경우	50 %

07 예 지원이는 12개의 고구마를 한 봉지에 4개씩 담으므로 $12\div4=3$(봉지)에 담았습니다.

태훈이는 18개의 고구마를 한 봉지에 3개씩 담으므로 $18\div3=6$(봉지)에 담았습니다.

따라서 태훈이가 $6-3=3$(봉지) 더 많이 담았습니다.

채점 기준

지원이가 담은 봉지 수를 구한 경우	40 %
태훈이가 담은 봉지 수를 구한 경우	40 %
누가 몇 봉지 더 많이 담았는지 구한 경우	20 %

08 예 벽돌 27묶음을 똑같이 나누어 가지면 각자 $27\div3=9$(묶음)씩 가집니다.

모래 12포대를 똑같이 나누어 가지면 각자 $12\div3=4$(포대)씩 가집니다.

페인트 6통을 똑같이 나누어 가지면 각자 $6\div3=2$(통)씩 가집니다.

채점 기준

각자 벽돌을 몇 묶음씩 가져야 할지 구한 경우	40 %
각자 모래를 몇 포대씩 가져야 할지 구한 경우	30 %
각자 페인트를 몇 통씩 가져야 할지 구한 경우	30 %

09 예 (가로등 사이의 간격의 수)

$=81\div9=9$(군데)

(도로의 한쪽에 필요한 가로등의 수)

$=9+1=10$(개)

따라서 도로의 양쪽에 필요한 가로등은 모두 $10+10=20$(개)입니다.

채점 기준

가로등 사이의 간격의 수를 구한 경우	40 %
도로의 한쪽에 필요한 가로등의 수를 구한 경우	40 %
도로의 양쪽에 필요한 가로등의 수를 구한 경우	20 %

10 예 오리의 다리 수의 합은 $2\times9=18$(개)입니다.

(염소의 다리 수의 합)

$=$(전체 다리 수의 합)$-$(오리의 다리 수의 합)

$=50-18=32$(개)

염소 한 마리의 다리는 4개이므로 염소의 수는 $32\div4=8$(마리)입니다.

채점 기준

염소의 다리 수의 합을 구한 경우	40 %
염소의 수를 구한 경우	60 %

4 곱셈

35쪽

4단원 쪽지 시험 4. 곱셈

01 2, 80
02 (1) 예 90 (2) 93
03 41, 164
04 90 / 15, 6, 90
05 76
06 (1) 60 (2) 48 (3) 75 (4) 476
07 90
08 $<$
09 ㉠, ㉢, ㉡
10 414개

02 31을 30으로 어림하여 계산하면 약 $30 \times 3 = 90$이고 $31 \times 3 = 93$입니다.

36~38쪽

학교 시험 만점왕 1회 4. 곱셈

01 2, 4 / 2, 6 / 2, 64
02 ( )(○)
03 (1)-㉡ (2)-㉢ (3)-㉠
04 ③
05 (○)( )( )
06 (위에서부터) 1, 92
07 5, 80
08 ㉢, ㉡, ㉠
09 99, 189, 306
10 50
11 $>$
12 539
13

$$\begin{array}{r} {\scriptstyle 1} \\ 83 \\ \times 6 \\ \hline 498 \end{array}$$

예 십의 자리 계산에서 일의 자리에서 올림한 수를 더하지 않았기 때문입니다.

14 ( )( )
(○)( )
15 108자루
16 282권
17 (위에서부터) 5, 6
18 8
19 4, 3, 6, 258
20 풀이 참조, 6상자

02 $20 \times 3 = 60$이므로 곱셈식에서 6은 60을 나타냅니다.

03 (1) $10 \times 8 = 80$, (2) $10 \times 9 = 90$, (3) $30 \times 2 = 60$
㉠ $20 \times 3 = 60$, ㉡ $20 \times 4 = 80$, ㉢ $30 \times 3 = 90$

04 빵의 수는 $12 \times 4 = 48$(개)입니다.

05 $83 \times 3 = 249$
$83 + 3 = 86$
83의 3배 ➡ $83 \times 3 = 249$
$83 + 83 + 83 = 249$

06

$$\begin{array}{r} {\scriptstyle 1} \\ 23 \\ \times 4 \\ \hline 92 \end{array}$$

07 16씩 5번 뛰어서 세면 $16 \times 5 = 80$입니다.

08 ㉠ $30 \times 3 = 90$, ㉡ $19 \times 5 = 95$, ㉢ $48 \times 2 = 96$
$96 > 95 > 90$이므로 계산 결과가 큰 것부터 순서대로 기호를 쓰면 ㉢, ㉡, ㉠입니다.

09 $11 \times 9 = 99$, $21 \times 9 = 189$, $34 \times 9 = 306$

10 □ 안의 수 5는 일의 자리 수의 곱 $7 \times 8 = 56$에서 50을 십의 자리로 올림한 것입니다.

11 $56 \times 6 = 336$, $67 \times 5 = 335$
➡ $336 > 335$

12 ㉠$= 49 \times 7 = 343$
㉡$= 49 \times 4 = 196$
➡ ㉠$+$㉡$= 343 + 196 = 539$

13

채점 기준	
잘못 계산한 이유를 쓴 경우	50 %
바르게 계산한 경우	50 %

14 $38 \times 5 = 190$, $49 \times 4 = 196$
$67 \times 3 = 201$, $32 \times 6 = 192$
계산 결과 중 200보다 큰 수는 201입니다.

15 $12 \times 9 = 108$(자루)

16 (동화책 수)$= 24 \times 7 = 168$(권)
(위인전 수)$= 19 \times 6 = 114$(권)
➡ $168 + 114 = 282$(권)

17 • 일의 자리의 계산: $7\times\square=●2$
7과 곱하여 일의 자리 수가 2인 경우는 $7\times6=42$이므로 □ 안에 알맞은 수는 6입니다.
$7\times6=42$에서 40을 십의 자리의 곱에 더해야 합니다.
• 십의 자리의 계산: $\square\times6$에 4를 더한 값이 34가 되어야 하므로 $\square\times6=30$입니다.
따라서 $\square=5$입니다.

18 $85\times7=595$, $85\times8=680$
$85\times\square>600$이므로 □ 안에 들어갈 수 있는 가장 작은 수는 8입니다.

19 ●>■>▲일 때 ■▲×●가 곱이 가장 큽니다.
수 카드의 수의 크기를 비교하면 $6>4>3$이므로 곱이 가장 큰 곱셈식은 $43\times6=258$입니다.

20 ㉮ 7개 반의 학생 수는 $25\times7=175$(명)입니다.
모자가 한 상자에 30개씩 들어 있으므로
$30\times5=150$, $30\times6=180$에서 5상자를 사면 25개가 모자라므로 적어도 6상자를 사야 합니다.

채점 기준

학생 수를 구한 경우	50 %
필요한 상자의 수를 구한 경우	50 %

39~41쪽

학교 시험 만점왕 2회 4. 곱셈

01 20, 3, 60
02 12, 4, 48
03 5
04 (왼쪽에서부터) 60, 24, 84
05
```
    2
  2 8
×   3
-----
  8 4
```
06 336
07 46, 276
08 341
09 180 cm
10 =
11 200 cm
12 647
13 풀이 참조, 72장
14 (위에서부터) 6, 0
15 ④
16 208장
17 84
18 120개
19 138개
20 풀이 참조, 7개

01 20을 3번 더한 것은 $20\times3=60$과 같습니다.

02 12씩 4묶음은 $12\times4=48$입니다.

03 32×4에 32를 더한 것은 32를 5번 더한 것과 같으므로 32×5와 계산 결과가 같습니다.

04 $10\times6=60$, $4\times6=24$
➡ $14\times6=60+24=84$

05 일의 자리 계산에서 올림한 수 20은 십의 자리 위에 작게 2로 씁니다.

06 $16+16+16=48$, ♣$=48$
♣$\times7=48\times7=336$, ♥$=336$

07 $23\times2=46$, $46\times6=276$

08 $67\times8=536$, $39\times5=195$
➡ $536-195=341$

09 정사각형은 네 변의 길이가 모두 같습니다.
(한 변의 길이가 45 cm인 정사각형의 네 변의 길이의 합)
$=45\times4=180$(cm)

10 $48\times6=288$, $32\times9=288$

11 $25\times8=200$(cm)

12 ㉠ $98\times3=294$
㉡ 47의 6배 ➡ $47\times6=282$
㉢ 73씩 5묶음 ➡ $73\times5=365$
계산 결과가 가장 큰 것은 365이고, 가장 작은 것은 282입니다.
따라서 합은 $365+282=647$입니다.

13 ㉮ 보빈이가 가지고 있는 카드는 $10+3=13$(장)입니다.
보빈이가 가지고 있는 카드 수의 5배는
$13\times5=65$(장)입니다.
따라서 제민이가 가지고 있는 카드는 $65+7=72$(장)입니다.

채점 기준

보빈이가 가지고 있는 카드 수를 구한 경우	20 %
제민이가 가지고 있는 카드 수를 구한 경우	80 %

14 • 일의 자리의 계산: □$\times$9=●4, 6$\times$9=54이므로 □=6입니다.
• 십의 자리의 계산: 5$\times$9=45, 45+5=50이므로 □=0입니다.

15 ① 28$\times$9=252 ② 63$\times$5=315
③ 51$\times$6=306 ④ 37$\times$8=296
⑤ 42$\times$7=294
곱이 300에 가장 가까운 것은 ④ 37$\times$8입니다.

16 (접어야 하는 장미 수)=26$\times$2=52(송이)
(필요한 색종이 수)=52$\times$4=208(장)

17 14$\times$2=28, ●=28
●$\times$3=28$\times$3=84, ■=84

18 (재영이네 반 학생 수)=13+11=24(명)
(필요한 공깃돌 수)=24$\times$5=120(개)

19 (한 봉지에 들어 있는 포도 맛 사탕의 수)
=9+5=14(개)
(한 봉지에 들어 있는 딸기 맛 사탕과 포도 맛 사탕의 수)
=9+14=23(개)
(6봉지에 들어 있는 사탕의 수)
=23$\times$6=138(개)

20 예 64$\times$4=256
32$\times$8=256이므로 □ 안에 들어갈 수 있는 수는 8보다 작아야 합니다.
따라서 □ 안에 들어갈 수 있는 수는 1, 2, 3, 4, 5, 6, 7로 모두 7개입니다.

채점 기준

64$\times$4를 계산한 경우	20 %
□ 안에 들어갈 수 있는 수의 범위를 구한 경우	60 %
□ 안에 들어갈 수 있는 수는 모두 몇 개인지 구한 경우	20 %

4단원 서술형·논술형 평가 42~43쪽

01 풀이 참조, 84개 02 풀이 참조, 287분
03 풀이 참조, 128 cm 04 풀이 참조, 선우, 91쪽
05 풀이 참조, 3개 06 풀이 참조, 7상자
07 풀이 참조, 87 08 풀이 참조, 17
09 풀이 참조, 171 10 풀이 참조, 127장

01 예 한 칸에 21개씩 4칸에 붙인 타일 작품은 21$\times$4=84(개)입니다.

채점 기준

타일 작품은 모두 몇 개인지 곱셈식을 세운 경우	50 %
타일 작품은 모두 몇 개인지 구한 경우	50 %

02 예 일주일은 7일입니다.
따라서 일주일 동안 수영을 한 시간은 모두 41$\times$7=287(분)입니다.

채점 기준

수영을 한 시간은 모두 몇 분인지 곱셈식을 세운 경우	40 %
수영을 한 시간은 모두 몇 분인지 구한 경우	60 %

03 예 빨간색 선의 길이는 정사각형 한 변의 길이의 8배와 같습니다.
따라서 빨간색 선의 길이는 16$\times$8=128(cm)입니다.

채점 기준

빨간색 선의 길이는 정사각형 한 변의 길이의 몇 배인지 구한 경우	30 %
빨간색 선의 길이는 몇 cm인지 구한 경우	70 %

04 예 (승희가 일주일 동안 읽은 동화책의 쪽수)
=43$\times$7=301(쪽)
(선우가 일주일 동안 읽은 동화책의 쪽수)
=56$\times$7=392(쪽)
따라서 선우가 동화책을 392−301=91(쪽) 더 많이 읽었습니다.

채점 기준

승희와 선우가 일주일 동안 읽은 동화책의 쪽수를 각각 구한 경우	80 %
누가 몇 쪽 더 많이 읽었는지 구한 경우	20 %

05 예) $49 \times 6 = 294$

$49 \times \square > 294$가 되려면 □ 안에는 6보다 큰 수가 들어가야 합니다.

따라서 □ 안에 들어갈 수 있는 수는 7, 8, 9로 모두 3개입니다.

채점 기준

□ 안에 들어갈 수 있는 수의 범위를 구한 경우	80 %
□ 안에 들어갈 수 있는 수는 모두 몇 개인지 구한 경우	20 %

06 예) $28 \times 7 = 196$, $28 \times 8 = 224$

$196 < 200$, $224 > 200$이므로 구슬을 7상자까지 가득 담을 수 있습니다.

채점 기준

28×7과 28×8을 각각 계산한 경우	80 %
구슬을 몇 상자까지 가득 담을 수 있는지 구한 경우	20 %

07 예) 어떤 수를 □라고 하면 $29 - \square = 26$이므로 $\square = 3$입니다.

따라서 바르게 계산하면 $29 \times 3 = 87$입니다.

채점 기준

어떤 수를 구한 경우	40 %
바르게 계산한 값을 구한 경우	60 %

08 예) 일의 자리 수의 곱은 9 × ㉡ = ■1입니다.

9에 어떤 수를 곱하여 일의 자리 수가 1이 되는 경우는 $9 \times 9 = 81$이므로 ㉡ = 9입니다.

㉠ × 9에 8을 더한 수가 5㉢이 되려면 ㉠ = 5이어야 합니다.

$59 \times 9 = 531$이므로 ㉢ = 3입니다.

따라서 ㉠ + ㉡ + ㉢ = $5 + 9 + 3 = 14 + 3 = 17$입니다.

채점 기준

㉠, ㉡, ㉢은 각각 얼마인지 구한 경우	70 %
㉠ + ㉡ + ㉢의 값을 구한 경우	30 %

09 예) ▲ < ■ < ●일 때 ■● × ▲가 곱이 가장 작습니다.

수 카드의 수를 작은 수부터 3개 쓰면 3, 5, 7입니다.

따라서 곱이 가장 작은 곱셈식은 $57 \times 3 = 171$입니다.

채점 기준

곱이 가장 작은 곱셈식을 만들기 위한 수 카드 3장을 고른 경우	30 %
곱이 가장 작은 곱셈식을 계산한 값을 구한 경우	70 %

10 예) 동연이가 가지고 있는 딱지는 $63 \times 4 = 252$(장)입니다.

따라서 윤주가 가지고 있는 딱지는

$252 - 125 = 127$(장)입니다.

채점 기준

동연이가 가지고 있는 딱지의 수를 구한 경우	70 %
윤주가 가지고 있는 딱지의 수를 구한 경우	30 %

5 길이와 시간

45쪽

5단원 쪽지 시험 5. 길이와 시간

01 (1) 10 (2) 1000	02 (1) 3, 6 (2) 1, 700
03 ㉮ 4 / 3, 8	04 (1) mm (2) km
05 1 km	06 (1) 1 (2) 60
07 9, 15, 30	08 (1) 80 (2) 2, 30
09 7, 35	10 16, 4

46~48쪽

학교 시험 만점왕 1회 5. 길이와 시간

01 (1) 36 (2) 9, 1	02 6, 3, 63
03 10 cm 5 mm	04 ④
05 2690 m	06 7, 10, 16
07 <	08 (1) 160 (2) 3, 10
09 ①, ④	10 
11 ㉡, ㉠, ㉢	12 2 km
13 소방서	14 (1) 9, 45 (2) 14, 28
15 4 cm 7 mm	16 7시 12분 35초
17 풀이 참조, 은행	18 5시 13분 55초
19 다	20 풀이 참조, 48분

01 (1) 3 cm 6 mm＝3 cm＋6 mm
＝30 mm＋6 mm＝36 mm
(2) 91 mm＝90 mm＋1 mm
＝9 cm＋1 mm＝9 cm 1 mm

02 6 cm보다 3 mm 더 긴 것은 6 cm 3 mm입니다.

03 10 mm＝1 cm이므로 100 mm＝10 cm입니다.
105 mm＝100 mm＋5 mm
＝10 cm＋5 mm＝10 cm 5 mm

04 킬로미터는 km로, 미터는 m로 나타냅니다.

05 집에서 학교를 지나 공원까지 가는 거리는
2 km 690 m입니다.
2 km 690 m＝2690 m

06 짧은바늘이 7과 8 사이에 있으므로 7시, 긴바늘이 2를 지나고 있으므로 10분, 초바늘이 3에서 작은 눈금 1칸만큼 더 간 곳에 있으므로 16초입니다.

07 5 km 30 m＝5 km＋30 m
＝5000 m＋30 m＝5030 m
➡ 5030 m＜5300 m

08 (1) 2분 40초＝2분＋40초
＝120초＋40초＝160초
(2) 190초＝60초＋60초＋60초＋10초
＝1분＋1분＋1분＋10초＝3분 10초

09 멀리 떨어져 있는 두 도시 사이의 거리나 긴 다리의 길이 등을 나타내기에 적절한 단위는 km입니다.

10 54초는 초바늘이 10에서 작은 눈금 4칸만큼 더 간 곳을 가리킵니다.

11 ㉠ 2분 10초＝2분＋10초＝120초＋10초
＝130초
㉡ 3분－45초＝180초－45초
＝135초
➡ 135초＞130초＞125초

12 병원에서 공원까지의 거리는 약 500 m입니다.
병원에서 소방서까지의 거리는 병원에서 공원까지의 거리의 4배쯤이므로
약 500＋500＋500＋500＝2000(m)입니다.
따라서 병원에서 소방서까지의 거리는 약 2 km입니다.

13 병원에서 공원까지의 거리가 약 500 m이므로 공원에서 약 1500 m 떨어진 곳은 병원에서 공원까지의 거리의 3배쯤 되는 곳인 소방서입니다.

14 분 단위의 수끼리, 초 단위의 수끼리 더하거나 뺍니다.

15 4 mm＋17 mm＋26 mm
＝47 mm＝4 cm 7 mm

16 시계가 나타내는 시각은 7시 20분 15초입니다.
7시 20분 15초에서 7분 40초 전의 시각은
7시 20분 15초－7분 40초＝7시 12분 35초입니다.

17 예 학교에서 병원을 지나 공원까지 가는 거리는
1 km 200 m＋1400 m＝1200 m＋1400 m
＝2600 m입니다.
학교에서 은행을 지나 공원까지 가는 거리는
900 m＋1 km 500 m＝900 m＋1500 m
＝2400 m입니다.
2600 m＞2400 m이므로 은행을 지나서 가는 길이 더 가깝습니다.

채점 기준

채점 기준	
병원을 지나는 거리를 구한 경우	40 %
은행을 지나는 거리를 구한 경우	40 %
어디를 지나서 가는 길이 더 가까운지 구한 경우	20 %

18 (야구 경기가 끝난 시각)
＝(야구 경기가 시작한 시각)＋(경기 시간)
＝2시 30분 45초＋2시간 43분 10초
＝5시 13분 55초

19 (낮의 길이)＝(해가 진 시각)－(해가 뜬 시각)
가: 19시 40분 38초－5시 24분 30초
＝14시간 16분 8초
나: 20시 45분 58초－6시 30분 45초
＝14시간 15분 13초
다: 19시 51분 53초－5시 34분 22초
＝14시간 17분 31초
따라서 낮의 길이가 가장 긴 도시는 다입니다.

20 예 첫째 날과 둘째 날에 운동한 시간은
1시간 55분＋1시간 37분＝3시간 32분입니다.
따라서 셋째 날에 운동한 시간은
4시간 20분－3시간 32분＝48분입니다.

채점 기준

채점 기준	
첫째 날과 둘째 날에 운동한 시간의 합을 구한 경우	50 %
셋째 날에 운동한 시간을 구한 경우	50 %

학교 시험 만점왕 2회 5. 길이와 시간

01 4, 2
02 (1) mm (2) m
03 (1) 64 (2) 8, 1
04 (1)-㉡ (2)-㉢ (3)-㉠
05 ㉢
06 ＜
07 경찰서, 공원, 수영장
08

09 2 km
10 은행
11 3시 47분 10초
12 ㉡
13 3, 31, 56
14 5시 8분 19초
15 풀이 참조, 1 cm 8 mm
16 4시 39분 33초
17 2분 39초
18 14 cm 4 mm
19 12시 50분 22초
20 풀이 참조, 2시간 20분

01 4 cm보다 작은 눈금 2칸만큼 더 길므로
4 cm 2 mm입니다.

02 (1) 1 cm＝10 mm

03 (1) 6 cm 4 mm＝6 cm＋4 mm
＝60 mm＋4 mm＝64 mm
(2) 81 mm＝80 mm＋1 mm
＝8 cm＋1 mm＝8 cm 1 mm

04 (1) 4030 m＝4000 m＋30 m
＝4 km＋30 m＝4 km 30 m
(2) 4300 m＝4000 m＋300 m
＝4 km＋300 m＝4 km 300 m
(3) 4003 m＝4000 m＋3 m
＝4 km＋3 m＝4 km 3 m

05 짧은바늘이 1과 2 사이에 있으므로 1시, 긴바늘이 5를 지나고 있으므로 25분, 초바늘이 9에서 작은 눈금 4칸만큼 더 간 곳을 가리키고 있으므로 49초입니다.

06 20 cm 7 mm＝20 cm＋7 mm
＝200 mm＋7 mm＝207 mm
➡ 207 mm＜241 mm

07 2 km 300 m=2300 m
따라서 학교에서 먼 곳부터 순서대로 쓰면 2300 m인 경찰서, 2080 m인 공원, 2009 m인 수영장입니다.

08 25초는 초바늘이 5를 가리켜야 합니다.

09 학교에서 은행까지의 거리는 학교에서 문구점까지의 거리의 2배쯤이므로 약 2 km입니다.

10 도서관에서 문구점까지의 거리는 약 500 m입니다. 1500 m는 500 m의 3배이고, 도서관에서 문구점까지의 거리의 3배쯤인 곳은 은행입니다.

11 짧은바늘이 3과 4 사이에 있으므로 3시, 긴바늘이 9에서 작은 눈금 2칸만큼 더 간 곳을 지나고 있으므로 47분, 초바늘이 2를 가리키므로 10초입니다.

12 ㉡ 302 mm=300 mm+2 mm
=30 cm+2 mm=30 cm 2 mm

13 분 단위의 수끼리, 초 단위의 수끼리 더합니다.

14 분 단위의 수끼리, 초 단위의 수끼리 뺍니다.

15 예 사용하고 난 크레파스의 길이는 6 cm 2 mm입니다. 새 크레파스의 길이가 8 cm이므로 사용한 크레파스의 길이는 8 cm−6 cm 2 mm=80 mm−62 mm =18 mm입니다.
➡ 18 mm=1 cm 8 mm

채점 기준

사용하고 난 크레파스의 길이를 구한 경우	30 %
사용한 크레파스의 길이가 몇 cm 몇 mm인지 구한 경우	70 %

16 시계가 가리키는 현재 시각은 4시 35분 48초입니다.
(76번 버스의 도착 예정 시각)
=4시 35분 48초+3분 45초
=4시 39분 33초

17 7분 15초−4분 36초=2분 39초

18 한 변의 길이가 36 mm인 정사각형의 네 변의 길이의 합은 36 mm+36 mm+36 mm+36 mm= 144 mm입니다.
➡ 144 mm=14 cm 4 mm

19 (도착한 시각)=(출발 시각)+(달린 시간)
=10시 15분 46초+2시간 34분 36초
=12시 50분 22초

20 예 토요일에 봉사 활동을 한 시간은
3시 50분−2시 45분=1시간 5분입니다.
일요일에 봉사 활동을 한 시간은
6시 5분−4시 50분=1시간 15분입니다.
따라서 토요일과 일요일에 봉사 활동을 한 시간은 모두 1시간 5분+1시간 15분=2시간 20분입니다.

채점 기준

토요일에 봉사 활동을 한 시간을 구한 경우	35 %
일요일에 봉사 활동을 한 시간을 구한 경우	35 %
토요일과 일요일에 봉사 활동을 한 시간의 합을 구한 경우	30 %

5단원 서술형·논술형 평가 52~53쪽

01 ㉡, 풀이 참조 02 풀이 참조, 미술관
03 풀이 참조, 4 cm
04 풀이 참조,

	6시	50분	
−		5분	20초
	6시	44분	40초

05 ㉡, 풀이 참조 06 풀이 참조, 연아
07 풀이 참조, 5시 30초 08 풀이 참조, 9시간 14분
09 풀이 참조, 43 cm 10 풀이 참조, 3시 2분 10초

01 예 초바늘이 시계를 한 바퀴 도는 데 걸리는 시간은 60초입니다.

채점 기준

잘못된 설명을 찾아 기호를 쓴 경우	50 %
바르게 고친 경우	50 %

02 예 공원에서 도서관까지의 거리는 4 km 100 m, 공원에서 미술관까지의 거리는 4020 m=4 km 20 m, 공원에서 서점까지의 거리는 4 km 200 m입니다.
따라서 공원에서 가장 가까운 곳은 미술관입니다.

채점 기준

거리의 단위를 통일하여 나타낸 경우	50 %
공원에서 가장 가까운 곳을 구한 경우	50 %

03 예 138 mm=13 cm 8 mm
따라서 가장 긴 길이와 가장 짧은 길이의 차는
13 cm 8 mm−9 cm 8 mm=4 cm입니다.

채점 기준

길이의 단위를 통일하여 나타낸 경우	50 %
가장 긴 길이와 가장 짧은 길이의 차를 구한 경우	50 %

04 예 단위를 맞추어 빼지 않아 잘못 계산하였습니다.

채점 기준

계산이 잘못된 이유를 쓴 경우	50 %
바르게 계산한 경우	50 %

05 예 내 발의 길이는 230 mm입니다.

채점 기준

단위를 잘못 쓴 것을 찾아 기호를 쓴 경우	50 %
단위를 바르게 고친 경우	50 %

06 예 세 사람이 어림한 길이와 실제 길이의 차를 구합니다.
주아: 15 cm 7 mm−14 cm=1 cm 7 mm
민호: 15 cm 7 mm−15 cm=7 mm
연아: 16 cm−15 cm 7 mm=3 mm
따라서 가장 가깝게 어림한 사람은 연아입니다.

채점 기준

어림한 길이와 실제 길이의 차를 각각 구한 경우	50 %
가장 가깝게 어림한 사람을 찾은 경우	50 %

07 예 초바늘이 시계를 4바퀴 도는 데 4분이 걸리므로 지수는 피아노 연주를 4분 동안 했습니다.
시계가 나타내는 시각이 4시 56분 30초이므로 피아노 연주를 마친 시각은 4시 56분 30초+4분=5시 30초입니다.

채점 기준

피아노 연주를 한 시간을 구한 경우	50 %
피아노 연주를 마친 시각을 구한 경우	50 %

08 예 (밤의 길이)=(하루의 시간)−(낮의 길이)
하루의 시간은 24시간입니다.
따라서 밤의 길이는
24시간−14시간 46분=9시간 14분입니다.

채점 기준

밤의 길이를 구하는 식을 세운 경우	50 %
밤의 길이는 몇 시간 몇 분인지 구한 경우	50 %

09 예 길이가 16 cm인 종이 끈 3개의 길이의 합은
16×3=48 (cm)입니다.
25 mm씩 2군데 겹쳤으므로 겹친 부분의 길이의 합은
25 mm×2=50 mm=5 cm입니다.
따라서 이어 붙인 종이 끈 전체의 길이는
48 cm−5 cm=43 cm입니다.

채점 기준

종이 끈 3개의 길이의 합을 구한 경우	30 %
겹친 부분의 길이의 합을 구한 경우	30 %
이어 붙인 종이 끈 전체의 길이를 구한 경우	40 %

10 예 국어 영상과 사회 영상을 보는 데 걸리는 시간은
6분 40초+5분 30초=12분 10초입니다.
2시 50분부터 12분 10초 동안 영상을 보았습니다.
따라서 영상을 본 후의 시각은
2시 50분+12분 10초=3시 2분 10초입니다.

채점 기준

국어와 사회 영상을 보는 데 걸리는 시간의 합을 구한 경우	50 %
국어와 사회 영상을 본 후의 시각을 구한 경우	50 %

6 분수와 소수

55쪽

6단원 쪽지 시험 6. 분수와 소수

01 가, 다

02 2, 1, $\frac{1}{2}$

03 예 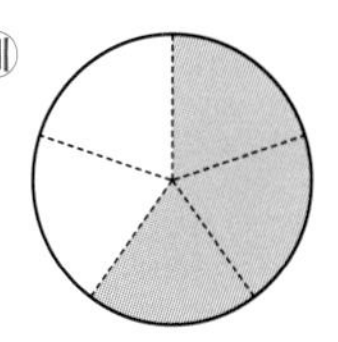

04 예 $\frac{1}{3}$

05 (1) < (2) >

06 $\frac{7}{8}$, $\frac{5}{8}$, $\frac{3}{8}$, $\frac{1}{8}$

07 $\frac{1}{8}$, $\frac{1}{6}$

08 17, 1.7, 일 점 칠

09 (1) < (2) <

10 2.1, 1.9, 0.8, 0.6

56~58쪽

학교 시험 만점왕 1회 6. 분수와 소수

01 가

02 $\frac{6}{9}$, 9분의 6

03 $\frac{3}{4}$, $\frac{1}{4}$

04 ( )(○)(○)

05 2칸

06 2조각

07 예 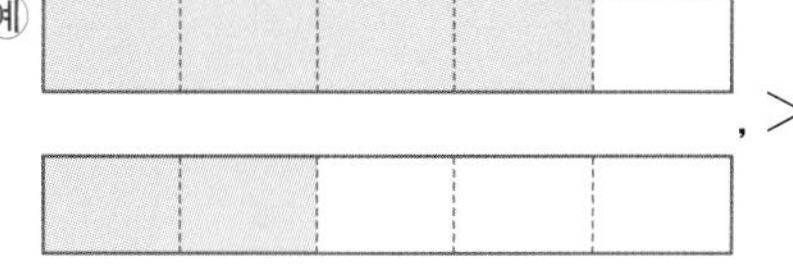 , >

08 경지

09 15, 23, 2.3

10 (1)-㉡ (2)-㉠ (3)-㉢

11 ④

12 2개

13 7, 8, 9

14 예 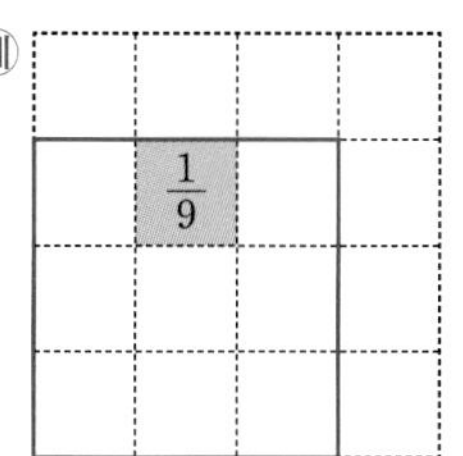

15 진수

16 9.8, 1.2

17 풀이 참조, 수컷

18 5, 6, 7

19 가

20 풀이 참조, 4개

01 가는 전체를 똑같이 2로 나눈 것입니다.

02 색칠한 부분은 전체를 똑같이 9로 나눈 것 중의 6이므로 분수로 $\frac{6}{9}$이라 쓰고, 9분의 6이라고 읽습니다.

03 색칠한 부분은 전체를 똑같이 4로 나눈 것 중 3이므로 $\frac{3}{4}$입니다. 색칠하지 않은 부분은 전체를 똑같이 4로 나눈 것 중 1이므로 $\frac{1}{4}$입니다.

04 부분이 $\frac{1}{4}$이므로 전체는 부분의 조각이 4개 붙어 있는 모양입니다.

05 색칠한 부분은 $\frac{3}{8}$이므로 $\frac{5}{8}$만큼 색칠하려면 2칸을 더 색칠해야 합니다.

06 $\frac{4}{6}$는 전체를 똑같이 6으로 나눈 것 중의 4이므로 먹고 남은 피자는 전체를 똑같이 6으로 나눈 것 중의 2입니다. 따라서 먹고 남은 피자는 2조각입니다.

07 색칠한 부분이 길수록 분수의 크기는 더 큽니다.

08 단위분수는 분모가 클수록 작은 분수입니다.

09 15 < 23 ➡ 1.5 < 2.3

10 0.5는 0.1이 5개, 1.3은 0.1이 13개, 0.8은 0.1이 8개입니다.

11 ④ 0.1이 3개이면 0.3이고 0.1이 30개이면 3입니다.

12 분모가 8인 분수 중에서 $\frac{3}{8}$보다 크고 $\frac{6}{8}$보다 작은 분수는 $\frac{4}{8}$, $\frac{5}{8}$로 2개입니다.

13 단위분수는 분모가 클수록 더 작습니다.
$\frac{1}{6} > \frac{1}{\square}$에서 $6 < \square$이므로 □ 안에 들어갈 수 있는 수는 7, 8, 9입니다.

14 전체는 $\frac{1}{9}$이 9개입니다.
따라서 전체는 주어진 부분이 9개 이어진 모양으로 그립니다.

15 2.6은 0.1이 26개이고 1.9는 0.1이 19개이므로 $2.6>1.9$입니다.
따라서 연을 만드는 데 실을 더 많이 사용한 사람은 진수입니다.

16 만들 수 있는 가장 큰 소수는 가장 큰 수 9와 두 번째로 큰 수 8을 차례로 쓴 9.8입니다.
만들 수 있는 가장 작은 소수는 가장 작은 수 1과 두 번째로 작은 수 2를 차례로 쓴 1.2입니다.

17 예 암컷의 길이는 $4\text{ cm } 2\text{ mm}=4.2\text{ cm}$이고 수컷의 길이는 6.3 cm입니다.
4.2는 0.1이 42개이고 6.3은 0.1이 63개이므로 $4.2<6.3$입니다.
따라서 수컷이 더 깁니다.

채점 기준

길이를 같은 단위로 바꾸어 바르게 비교한 경우	50 %
더 긴 것을 쓴 경우	50 %

18 $3.4<3.\square<3.8$을 만족하는 $3.\square$는 3.5, 3.6, 3.7입니다.
따라서 □ 안에 들어갈 수 있는 수는 5, 6, 7입니다.

19 9.2, 6.9, 3.5 중에서 가장 큰 수가 9.2이므로 철사의 길이가 가장 긴 것은 가입니다.

20 예 $\frac{9}{10}=0.9$입니다.
주어진 수 중에서 0.3보다 크고 0.9보다 작은 수는 $\frac{4}{10}=0.4$, 0.8, 0.7, 0.5로 모두 4개입니다.

채점 기준

분수나 소수 중 하나로 나타낸 경우	40 %
조건을 만족하는 수는 모두 몇 개인지 구한 경우	60 %

학교 시험 만점왕 2회 6. 분수와 소수

01 가, 라	02 $\frac{2}{3}$
03 예 (그림)	04 (1)-㉠ (2)-㉢ (3)-㉡
05 $\frac{5}{6}$, $\frac{5}{8}$	06 풀이 참조, $\frac{4}{6}$
07 1	08 진영
09 $\frac{2}{7}$, $\frac{4}{9}$	10 (그림)
11 3개	12 17
13 $\frac{5}{7}$, $\frac{3}{7}$, $\frac{2}{7}$, $\frac{1}{7}$	14 튤립
15 2.9	16 수컷
17 6, 7, 8, 9	18 3, 4
19 ㉢	20 풀이 참조, 하리

01 나는 똑같이 6으로 나누어졌습니다.
다는 똑같이 4로 나누어졌습니다.

02 색칠한 부분은 전체를 똑같이 3으로 나눈 것 중의 2이므로 $\frac{2}{3}$입니다.

03 $\frac{8}{9}$만큼 색칠하려면 9칸으로 똑같이 나누어져 있으므로 8칸을 색칠합니다.

04 분수를 읽을 때에는 분모의 수를 먼저 읽고 분자의 수를 읽습니다.

05 분자는 분수선 위의 수이므로 분자가 5인 분수는 $\frac{5}{6}$, $\frac{5}{8}$입니다.
$\frac{1}{5}$, $\frac{4}{5}$는 분모가 5인 분수입니다.

06 예 색칠한 부분은 $\frac{4}{6}$이고 색칠하지 않은 부분은 $\frac{2}{6}$입니다.

$\frac{4}{6}>\frac{2}{6}$이므로 더 큰 분수는 $\frac{4}{6}$입니다.

채점 기준

색칠한 부분을 분수로 나타낸 경우	30 %
색칠하지 않은 부분을 분수로 나타낸 경우	30 %
더 큰 분수를 쓴 경우	40 %

07 $\frac{3}{7}$은 $\frac{1}{7}$이 3개이므로 ㉠=7입니다.
$\frac{8}{9}$은 $\frac{1}{9}$이 8개이므로 ㉡=8입니다.
따라서 ㉠과 ㉡의 차는 $8-7=1$입니다.

08 지영이와 세미가 설명하는 분수는 $\frac{1}{8}$입니다.
진영이가 설명하는 분수는 $\frac{1}{4}$입니다.

09 단위분수는 분자가 1인 분수이므로 단위분수가 아닌 것은 $\frac{2}{7}$, $\frac{4}{9}$입니다.

10 $\frac{3}{10}$은 소수로 0.3이라 쓰고, 영 점 삼이라고 읽습니다.
$\frac{5}{10}$는 소수로 0.5라 쓰고, 영 점 오라고 읽습니다.
$\frac{1}{10}$은 소수로 0.1이라 쓰고, 영 점 일이라고 읽습니다.

11 분모가 10인 분수 중에서 $\frac{4}{10}$보다 크고 $\frac{8}{10}$보다 작은 분수는 $\frac{5}{10}$, $\frac{6}{10}$, $\frac{7}{10}$이므로 모두 3개입니다.

12 $\frac{1}{4}$이 3개인 수는 $\frac{3}{4}$이므로 ㉠=3입니다.
1.4는 0.1이 14개이므로 ㉡=14입니다.
➡ ㉠+㉡$=3+14=17$

13 분모가 같은 분수는 분자가 클수록 더 큽니다.

14 $\frac{1}{3}$과 $\frac{1}{9}$의 크기를 비교하면 $\frac{1}{3}$이 더 큽니다.
따라서 튤립을 심은 부분이 더 넓습니다.

15 이 점 삼은 2.3입니다.
0.1이 29개인 수는 2.9입니다.
2와 0.3만큼인 수는 2.3입니다.
따라서 나타내는 수가 다른 하나는 2.9입니다.

16 4.9는 0.1이 49개이고, 5.2는 0.1이 52개이므로 $4.9<5.2$입니다.
따라서 수컷이 더 깁니다.

17 단위분수는 분모가 클수록 더 작습니다.
5<□이어야 하므로 □ 안에 들어갈 수 있는 수는 6, 7, 8, 9입니다.

18 자연수 부분이 같으므로 2<□<5이어야 합니다.
따라서 □ 안에 들어갈 수 있는 수는 3, 4입니다.

19 집에서 도서관까지의 거리는 0.8 km보다 길고 4.2 km보다 짧습니다.
따라서 집에서 도서관까지의 거리가 될 수 있는 것은 ㉢ 2.1 km입니다.

20 예 민우: 0.1 m 길이를 35개 사용했으므로 3.5 m입니다.
영은: 3 m와 0.7 m만큼이므로 3.7 m입니다.
하리: 0.1 m 길이를 41개 사용했으므로 4.1 m입니다.
큰 수부터 순서대로 쓰면 4.1, 3.8, 3.7, 3.5이므로 철사를 가장 많이 사용한 사람은 하리입니다.

채점 기준

사용한 철사의 길이를 각각 소수로 나타낸 경우	60 %
철사를 가장 많이 사용한 사람을 구한 경우	40 %

6단원 서술형·논술형 평가 62~63쪽

01 나누어지지 않았습니다에 ○표, 풀이 참조
02 풀이 참조, $\frac{4}{5}$
03 풀이 참조, 10
04 풀이 참조, $\frac{1}{4}$
05 풀이 참조, 0.5, 0.3
06 풀이 참조, 가로
07 풀이 참조, 지영
08 풀이 참조, 제주
09 풀이 참조, 3.5 cm
10 풀이 참조, 5, 6

01 예 나누어진 조각의 크기가 다르므로 똑같이 나누어지지 않았습니다.

채점 기준

똑같이 나누어지지 않았음을 아는 경우	50 %
이유를 설명한 경우	50 %

02 예 색칠한 부분은 전체를 똑같이 5로 나눈 것 중 4이므로 $\frac{4}{5}$입니다.

색칠하지 않은 부분은 전체를 똑같이 5로 나눈 것 중 1이므로 $\frac{1}{5}$입니다.

$\frac{4}{5} > \frac{1}{5}$이므로 $\frac{4}{5}$가 더 큽니다.

채점 기준

색칠한 부분을 분수로 나타낸 경우	40 %
색칠하지 않은 부분을 분수로 나타낸 경우	40 %
더 큰 분수를 쓴 경우	20 %

03 예 $\frac{1}{8}$이 5개인 수는 $\frac{5}{8}$이므로 ㉠=5입니다.

$\frac{4}{9}$보다 크고 $\frac{6}{9}$보다 작은 분수는 $\frac{5}{9}$이므로 ㉡=5입니다.

따라서 ㉠+㉡=5+5=10입니다.

채점 기준

㉠을 구한 경우	40 %
㉡을 구한 경우	40 %
㉠과 ㉡의 합을 구한 경우	20 %

04 예 단위분수는 분자가 1인 분수입니다.

만들 수 있는 가장 큰 단위분수는 1을 제외한 수 중에서 가장 작은 수인 4를 분모에 넣어 만든 $\frac{1}{4}$입니다.

채점 기준

단위분수가 분자가 1인 분수임을 아는 경우	30 %
만들 수 있는 가장 큰 단위분수를 구한 경우	70 %

05 예 명우가 먹은 양은 전체를 똑같이 10으로 나눈 것 중 5이므로 0.5입니다.

희성이가 먹은 양은 전체를 똑같이 10으로 나눈 것 중 3이므로 0.3입니다.

채점 기준

명우가 먹은 양을 소수로 나타낸 경우	50 %
희성이가 먹은 양을 소수로 나타낸 경우	50 %

06 예 액자의 가로의 길이는 $\frac{5}{10}$ m=0.5 m입니다.

세로의 길이는 0.3 m입니다.

0.5는 0.1이 5개이고 0.3은 0.1이 3개이므로

0.5>0.3입니다.

따라서 가로가 더 깁니다.

채점 기준

길이를 분수나 소수 중 하나로 나타낸 경우	50 %
어느 쪽이 더 긴지 구한 경우	50 %

07 예 채영: $\frac{1}{5}$이 3개인 수는 $\frac{3}{5}$입니다.

지영: 분모가 5인 단위분수는 $\frac{1}{5}$입니다.

성희: $\frac{2}{5} < \frac{\square}{5} < \frac{4}{5}$인 $\frac{\square}{5}$는 $\frac{3}{5}$입니다.

따라서 다른 분수를 설명하는 사람은 지영입니다.

채점 기준

설명하는 분수를 각각 구한 경우	70 %
다른 분수를 설명하는 사람을 구한 경우	30 %

08 예 비의 양이 몇 cm인지 소수로 나타냅니다.

서울: 2.3 cm, 부산: 3.2 cm, 제주: 3.7 cm

3.7>3.2>2.3이므로 비가 가장 많이 내린 지역은 제주입니다.

채점 기준

비의 양을 같은 단위로 바꾸어 바르게 비교한 경우	50 %
비가 가장 많이 내린 지역을 구한 경우	50 %

09 예 정희의 지우개 길이는 25 mm이고 희아의 지우개 길이는 25+10=35(mm)입니다.

35 mm=3.5 cm

따라서 희아의 지우개 길이를 소수로 나타내면 3.5 cm입니다.

채점 기준

희아의 지우개 길이가 몇 mm인지 구한 경우	30 %
희아의 지우개 길이가 몇 cm인지 소수로 구한 경우	70 %

10 예 $1.7>1.\square$에서 □ 안에 들어갈 수 있는 수는 1, 2, 3, 4, 5, 6입니다.

$4.\square>4.4$에서 □ 안에 들어갈 수 있는 수는 5, 6, 7, 8, 9입니다.

따라서 □ 안에 공통으로 들어갈 수 있는 수는 5, 6입니다.

채점 기준

$1.7>1.\square$의 □ 안에 들어갈 수 있는 수를 모두 구한 경우	30 %
$4.\square>4.4$의 □ 안에 들어갈 수 있는 수를 모두 구한 경우	30 %
□ 안에 공통으로 들어갈 수 있는 수를 모두 구한 경우	40 %

BOOK 2 실전책

MEMO

MEMO

MEMO

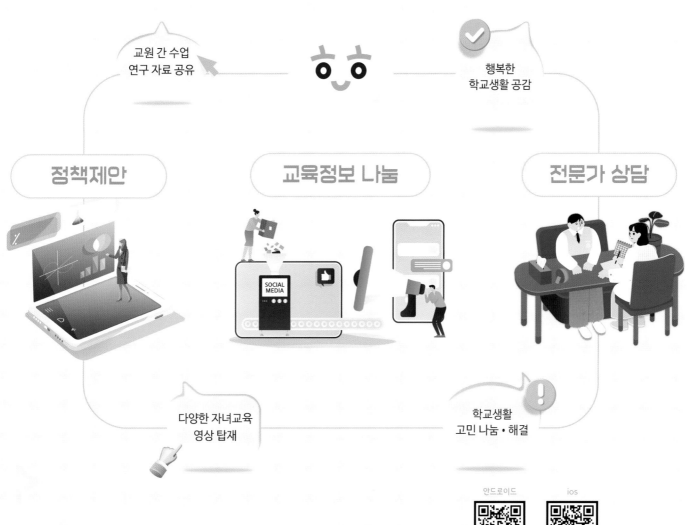

EBS와 함께하는

자기주도 학습 초등·중학 교재 로드맵

예비 초등 | 1학년 | 2학년 | 3학년 | 4학년 | 5학년 | 6학년

전과목 기본서/평가

- BEST **만점왕** 국어/수학/사회/과학 — 교과서 중심 초등 기본서
- **만점왕 통합본** 3~6학년 학기별(8책) HOT — 바쁜 초등학생을 위한 국어·사회·과학 압축본
- **만점왕 단원평가** 3~6학년 학기별(8책) — 한 권으로 학교 단원평가 대비
- **기초학력 진단평가** 초2~중2 HOT — 초2부터 중2까지 기초학력 진단평가 대비

국어

- 어휘: BEST **어휘가 독해다!** 초등 국어 어휘 1~4단계 — 독해로 완성하는 초등 필수 어휘 학습
- 어휘: **어휘가 독해다!** 초등 국어 어휘 실력 — 5, 6학년 교과서 필수 낱말 + 읽기 학습
- 독해: **4주 완성 독해력** 1~6단계 — 학년군별 교과 연계 단기 독해 학습
- 문학
- 문법: **헷갈리지 않는 만능 맞춤법+받아쓰기** — 평생 만점 받는 능력, 맞춤법 실력 다지기
- 한자: **참 쉬운 급수 한자** 8급/7급 II/7급 — 한자능력검정시험 대비 급수별 학습
- 한자: **어휘가 독해다!** 초등 한자 어휘 1~4단계 — 하루 1개 핵심 한자를 통해 어휘와 독해 동시 학습
- 문해력: BEST **어휘/쓰기/ERI독해/배경지식/디지털독해가 문해력이다** — 평생을 살아가는 힘, 문해력을 키우는 학기별·단계별 종합 학습
- 문해력: **문해력 등급 평가** 초1~중1 — 내 문해력 수준을 확인하는 등급 평가

영어

EBS ELT 시리즈 | 권장 학년 : 유아~중1

- EBS Big Cat — Collins BIG CAT — 다양한 스토리를 통한 영어 리딩 실력 향상
- EBS Big Cat — Shinoy and the Chaos Crew — 흥미롭고 몰입감 있는 스토리를 통한 풍부한 영어 독서
- EBS easy learning — easy learning — 저연령 학습자를 위한 기초 영어 프로그램

- 독해: **EBS랑 홈스쿨 초등 영독해** LEVEL 1~3 — 다양한 부가 자료가 있는 단계별 영독해 학습
- 독해: **EBS 기초 영독해** — 중학 영어 내신 만점을 위한 첫 영독해
- **Step by Step 초등 영문법/영구문, 독해의 힘!** 영문법 LEVEL 1~4, 영구문 LEVEL 1~3 — 기초 문장 학습으로 문법/구문과 독해를 한 번에 학습
- 문법: **EBS랑 홈스쿨 초등 영문법** 1~2 — 다양한 부가 자료가 있는 단계별 영문법 학습
- 문법: **EBS 기초 영문법** 1~2 HOT — 중학 영어 내신 만점을 위한 첫 영문법
- 어휘: **EBS랑 홈스쿨 초등 필수 영단어** LEVEL 1~2 — 다양한 부가 자료가 있는 단계별 영단어 테마 연상 종합 학습
- 쓰기
- 듣기: **초등 영어듣기평가 완벽대비** 3~6학년 학기별(8책) — 듣기 + 받아쓰기 + 말하기 All in One 학습서

수학

- 연산: **만점왕 연산** Pre 1~2단계, 1~12단계 — 과학적 연산 방법을 통한 계산력 훈련
- 연산: **실수하지 않는 만능 구구단** — 평생 만점 받는 능력, 구구단 실력 다지기
- 개념
- 응용: **만점왕 수학 플러스** 1~6학년 학기별(12책) — 교과서 중심 기본 + 응용 문제
- 심화: **만점왕 수학 고난도** 5~6학년 학 — 상위권 학생을 위한 초등 고난도 문제집
- 특화: **초등 수해력** 영역별 P단계, 1~6단계(14책) — 다음 학년 수학이 쉬워지는 영역별 초등 수학 특화 학습서

사회

- 사회/역사: **초등학생을 위한 多담은 한국사 연표** — 연표로 흐름을 잡는 한국사 학습
- 사회/역사: **매일 쉬운 스토리 한국사** 1~2 /**스토리 한국사** 1~2 — 하루 한 주제를 이야기로 배우는 한국사/ 고학년 사회 학습 입문서

과학

- 과학

기타

- 창체: **여름·겨울 방학생활** 1~4학년 학기별(8책) — 재미와 공부를 동시에 잡는 완벽한 방학생활
- 창체: **창의체험 탐구생활** 1~12권 — 창의력을 키우는 창의체험활동·탐구
- AI: **쉽게 배우는 초등 AI** 1(1~2학년) — 초등 교과와 융합한 초등 1~2학년 인공지능 입문서
- AI: **쉽게 배우는 초등 AI** 2(3~4학년) — 초등 교과와 융합한 초등 3~4학년 인공지능 입문서
- AI: **쉽게 배우는 초등 AI** 3(5~6학년) — 초등 교과와 융합한 초등 5~6학년 인공지능 입문서